储层表面物理化学

师永民　廖广志　王正茂　刘卫东　靳文奇　著

石油工业出版社

内容提要

本书在大量碎屑岩储层微观孔喉壁结构观察基础上，提出了储层骨架颗粒与孔隙之间表面层的概念，并对其内涵、外延、分布、矿物材料特性及储层存储渗流影响进行了阐述。重点表述了表面层的比表面、表面功与自由能、吸附性、润湿性、带电性、离子交换性、迁移性、絮凝性与膨胀性等各种物理、化学性质，进而分析这些性质对微观油气水赋存、采收率及外来工作液体的影响。

本书可作为高等院校石油工程、石油地质和油田化学等相关专业教材，也可作为石油科研院所和生产一线从事地质、油藏、采油及开发管理人员学习参考书。

图书在版编目（CIP）数据

储层表面物理化学 / 师永民等著 .—北京：石油工业出版社，2024.1
ISBN 978–7–5183–4675–2

Ⅰ．①储… Ⅱ．①师… Ⅲ．①储集层 – 物理化学 – 研究 Ⅳ．① P618.130.2

中国版本图书馆 CIP 数据核字（2021）第 157121 号

出版发行：石油工业出版社
（北京安定门外安华里 2 区 1 号楼　100011）
网　　址：www.petropub.com
编辑部：（010）64523546　　图书营销中心：（010）64523633
经　　销：全国新华书店
印　　刷：北京中石油彩色印刷有限责任公司

2024 年 1 月第 1 版　2024 年 1 月第 1 次印刷
787×1092 毫米　开本：1/16　印张：19.25
字数：480 千字

定价：150.00 元
（如出现印装质量问题，我社图书营销中心负责调换）
版权所有，翻印必究

前 言

储层表面物理化学是研究碎屑岩油气储层中各种填隙物的物理与化学性质及其对储层物性、渗流和勘探开发的影响。不同于传统的储层地质研究，它注重于骨架矿物颗粒和孔喉之间各种微纳米级多孔材料组成的填隙物物理化学性质表征，更偏重于化学成因的黏土矿物和沸石类水铝硅酸盐胶体矿物物理化学性质分析，如比表面、表面功、吸附性、润湿性、带电性、离子交换性、迁移性、酸碱盐敏感性、絮凝性与膨胀性等。目前，有关此方面的研究相对比较少。本书以此为切入点，在对国内主要含油气盆地300余口取心井1200块碎屑岩储层样品扫描电镜观察和各种物理化学性质测试的基础上，系统分析了碎屑岩储层除骨架颗粒以外的各种矿物材料物理化学性质，提出了骨架、孔隙和流体之外的表面层概念，并认为碎屑岩储层中表面层是普遍存在的，在油气藏地下高温、高压、高矿化度环境中物理化学性质活跃，具有表（界）面化学、胶体化学的很多特性，不但对储集性能、渗流状态、微观原始油气水和剩余油分布起着重要的控制作用，而且对开发方式、注入介质、原油采收率、储层伤害、采油气工艺及措施效果等有着重要影响。

本书结合了大量国内外相关储层地质、开发地质、矿物岩石、晶体光学、油层物理、渗流力学、油田化学、物理化学、界面化学和胶体化学等学科的最新研究进展。本书共分七章，包括概论、储层存储渗流网络体系、表面层矿物学特征、储层表面物理化学性质、表面层性质与微观油气水赋存状态、表面层性质与原油采收率、表面层性质与采油气工艺。采油气工程施工过程中储层表面性质与各种工作液相互作用及工作液体系优化是本书的初衷和归宿。遵循地质→油藏→开发、理论→方法→技术→应用、岩心实验→机理分析→矿场试验→规模化应用的科学研究规律和逻辑思维。无论是多种开发方式、多次采油（气），还是钻井液、井筒液、压裂液、注入水、注入气、聚合物、表面活性剂、碱、调剖剂、堵水剂、微生物等入地介质，或多或少与储层发生物理化学作用，有些对勘探开发是有利的，有些是不利的。可见，任何注入油藏中的介质研究都离不开对地下储层各种物理化学性质的认识。《储层表面物理化学》的问世将为油气田高效勘探开发和进一步提高采收率开拓一个新的视野。

笔者及其团队近30年来一直致力于相关学科应用基础研究和探索，早期参加了大庆油田三次采油重大工程矿场试验，主持和组织了"九五"到"十三五"提高采收率重大试验工程，取得了一批重要成果和前瞻性认识，考察并研究了大庆、吉林、海拉尔、辽河、大港、胜利、华北、塔里木、克拉玛依、吐哈、玉门、长庆和四川及中亚、南美、东南亚等油气田，主持完成了国家级和油田合作项目160余项，积累了各种油气藏类型第一手资料，从中挑选出具有代表性图片250多张、汇总数据表150多组，大量实验数据和实物照片例证推理是本书的特点。

本书凝结了中国石油天然气股份有限公司、北京大学、陕西科技大学、华巍博大（北京）科技有限公司在此领域相关成果，参加编写人员还有田雨、李文宏、马子麟、师翔、杜书恒、王磊、张腾飞、徐蕾、张志强、王哲麟、李晓敏、汪贺、张恩瑜、盛英帅、李兆亮、孙彤、梁耀欢、郭春安、史世元、刘培刚、方媛媛、王梓媛、赵晔、师俊峰、庞珊、柴光胜、吴洛菲、郭馨蔚、熊文涛、师春爱、秦小双、吴文娟、王勇茗、李绪涛、李炜、师巍锋、杨成等同志。在编写过程中，陈权生、蔡明俊、张玉广、何勇、王红庄、靳军、聂小斌、白雷、贾军红等专家提出了宝贵意见和建议。出版过程中石油工业出版社给予了大力支持，在此表示深深的感谢！

储层表面物理化学是随着储层开发地质研究的不断深入，与油藏物理、表（界）面化学、油田化学紧密结合提高原油采收率而出现的一个新的研究方向和专业学科交叉点，是今后老油田提高原油采收率和低渗透/非常规油气提质增效开发重要的研究方向之一，还处于不断地探索之中，恳请广大读者批评指正。

目 录

第一章 概论 ... 1
- 第一节 储层骨架矿物表面层基础理论 ... 1
- 第二节 储层表面物理化学的概念与结构特征 ... 8
- 第三节 储层表面物理化学研究现状与发展趋势 ... 13
- 第四节 储层表面物理化学研究目的和内容 ... 19
- 第五节 储层表面物理化学性质表征方法 ... 22
- 第六节 储层表面物理化学研究趋向及展望 ... 37
- 讨论与思考 ... 40

第二章 储层存储渗流网络体系 ... 42
- 第一节 骨架—表面层—孔喉基本配置关系 ... 42
- 第二节 孔喉网络体系 ... 48
- 第三节 存储类型与结构特征 ... 60
- 第四节 存储模态与渗流状态 ... 65
- 讨论与思考 ... 68

第三章 表面层矿物学特征 ... 70
- 第一节 表面层材料组成与分布 ... 70
- 第二节 层状水铝硅酸盐黏土类胶体矿物 ... 84
- 第三节 架状水铝硅酸盐沸石类胶体矿物 ... 106
- 第四节 碳酸盐类胶结矿物 ... 114
- 第五节 火山碎屑岩类表面层物质 ... 116
- 第六节 机械杂质类表面层物质 ... 117
- 讨论与思考 ... 118

第四章 表面层物理化学性质 ... 121
- 第一节 比表面能及其吸附性 ... 121

第二节	固—液表（界）面张力及其润湿性	131
第三节	表面层离子交换及其带电性	142
第四节	水化及其膨胀性	161
第五节	絮凝—分散及其迁移性	171
讨论与思考		176

第五章　表面层性质与微观油气水赋存状态　179

第一节	表面层性质对储层物性的影响	179
第二节	表面层对水赋存状态的影响	182
第三节	表面层性质对原油赋存状态的影响	185
第四节	表面层性质对天然气赋存状态的影响	192
讨论与思考		197

第六章　表面层性质与原油采收率　199

第一节	表面层性质对油气藏弹性开采的影响	199
第二节	表面层性质对水驱效果的影响	201
第三节	表面层性质对化学驱效果的影响	208
第四节	表面层性质对气驱的影响	244
讨论与思考		250

第七章　储层表面性质与采油气工艺　253

第一节	表面层与钻（完）井液相互作用及其体系优化	253
第二节	表面层与压裂液相互作用及其体系优化	263
第三节	表面层与酸化液相互作用及其体系优化	274
第四节	表面层与堵水调剖液相互作用及其体系优化	277
讨论与思考		281

参考文献　284

后记　289

Reservoir Interface Physicochemistry

By Shi Yongmin, Liao Guangzhi, Wang Zhengmao, Liu Weidong, Jin Wenqi

Petroleum Industry Press

Executive summary

Based on the observation of microscopic pore throat wall structure in a large number of clastic reservoirs, this book presents the concept of interface layer between reservoir skeleton particles and pores, and elaborates on its connotation, extension, distribution, mineral material properties and reservoir storage percolation effects. The various physical and chemical properties of the interface layer such as specific interface area, interface work and free energy, adsorption, wettability, chargeability, ion exchange, mobility, flocculation and swelling are highlighted. The effects of these properties on microscopic oil and gas water availability, recovery and foreign working fluids are analyzed by the end.

This book can be used as a textbook for petroleum engineering, petroleum geology and oilfield chemistry and other related majors in higher education institutions, or as a reference book for study by petroleum research institutes and production line managers engaged in geology, reservoir, oil recovery and development.

Reservoir Interface Physicochemistry

By Shi Yongmin, Liao Guangzhi, Wang Zhengmao, Liu Weidong, Jin Wenqi

ISBN 978-7-5183-4675-2
Copyright©2024 by Petroleum Industry Press

(Anhuali, Andingmenwai St., Beijing 100011, P.R.China)
All rights reserved. No part of this publication may be reproduced, stored in a retrieval system or transmitted in any form or by any means: electronic, electrostatic, magnetic tapes, mechanical, photocopying, recording or otherwise, without permission in writing from the publisher.
Printed in Beijing, China

PREFACE

Reservoir interface physicochemistry is the study of the mineral composition, genesis, structure, production, physicochemical properties of the void-filling materials on the interface and in the pore throats of clastic oil and gas reservoir skeletal mineral particles and their effects on reservoir performance, seepage characteristics, hydrocarbon water reservoir state, crude oil recovery, development effect and foreign fluids in the process of oil and gas recovery. Unlike traditional reservoir geological studies, which focus on the characterization of the physicochemical properties of the interface layer composed of various micro- and nano-scale porous materials between the skeletal mineral particles and pore throats, the description of the properties of clay minerals and zeolite-type hydrous alum inosilicate colloidal minerals, such as specific interface, interface work, adsorption, wettability, chargeability, ion exchange, migration, acid and alkali salt sensitivity, flocculation and swelling, etc., is more important. Interface physicochemical properties. At present, there are relatively few studies on this aspect. Based on the scanning electron microscope observation and various physicochemical properties testing of 1200 samples from more than 300 core wells in major hydrocarbon-bearing basins in China, this book systematically investigates the physicochemical properties of various mineral materials other than skeletal particles in clastic reservoirs, and proposes the concept of interface layer other than skeleton, pores and fluids, and argues that interface layer is prevalent in high temperature, high pressure and high mineralization environment of deep oil and gas reservoirs. The physical and chemical properties are active in the high temperature, high pressure and high mineralization environment of deep oil and gas reservoirs, and have many characteristics of interface chemistry and colloid chemistry, which not only play an important controlling role on the reservoir performance, seepage state, microscopic original oil and gas water and remaining oil distribution, but also have an important influence on the development method, injection medium, crude oil recovery, reservoir damage, oil and gas recovery process and measure effect, etc.

Number of relevant domestic and international research advances in reservoir geology, development geology, mineral rocks, crystal optics, reservoir physics, seepage mechanics, oilfield chemistry, physical chemistry, interfacial chemistry and colloid chemistry. The book is divided into seven chapters, including the introduction, reservoir storage and seepage network system, interface layer mineralogical characteristics, reservoir interface physicochemical properties and interface layer properties and microscopic oil and gas water endowment state, the influence of interface layer properties on crude oil recovery in chapter 6, and the interaction between reservoir interface properties and various working fluids and optimization of working fluid system during the construction of oil and gas recovery engineering in chapter 7 are the original intention and destination of the book. It follows the scientific research rules and logical thinking from geology to reservoir to development, theory to methodological techniques to applications, core experiments to mechanism analysis to mine tests and large-scale applications. As can be seen, whether it is multiple oil (gas) recovery, multiple development methods, or entry media (drilling fluids, wellbore fluids, fracturing fluids, injection water, injection gas, polymers, surfactants, alkalis, conditioning agents, water plugging agents, microorganisms, etc.) are inseparable from the understanding of various physicochemical properties of sub-interface reservoirs. The introduction of Reservoir Interface Physicochemistry will open a new horizon for efficient oil and gas field development and further enhancement of recovery.

The author and his team have been devoted to applied basic research and exploration in related disciplines for nearly three decades, participating in three major engineering mine tests of oil recovery in early Daqing oilfield, presiding over and organizing major experimental projects to improve recovery rates from the Ninth to the Thirteenth Five-Year Plan, achieving a number of important results and forward-looking understanding, inspecting and studying Daqing, Jilin, Hailar, Liaohe, Dagang, Shengli, North China, Tarim, Karamay, Tuha. He has examined and studied oil and gas fields such as Daqing, Jilin, Hailar, Liaohe, Dagang, Shengli, North China, Tarim, Karamay, Tuha, Yumen, Changqing and Sichuan and Central Asia, South America, Southeast Asia, etc. He has presided over the completion of more than 160 national and oilfield cooperation projects and accumulated first-hand information on various oil and gas reservoir types, from which more than 250 representative pictures and over 150 sets of summary data tables have been selected.

This book condenses the achievements of China National Petroleum Corporation, Peking University, Shaanxi University of Science and Technology, and Huawei Bodai (Beijing) Technology Co. in this field, with the participation of Tian Yu, Li Wenhong, Ma Zilin, Shi Xiang, Du Shuheng, Wang Lei, Zhang Tengfei, Xu Lei, Zhang Zhiqiang, Wang Zhelin, Li Xiaomin, Wang He, Zhang Enyu, Sheng Yingshuai, Li Zhaoliang, Sun Tong, Liang Yaohuan, Guo Chun'an, Shi Shiyuan, Liu Peigang, Fang Yuanyuan, Wang Ziyuan, Zhao Ye, Shi Junfeng, Pang Shan, Chai Guangsheng, Wu Luofei, Guo Xinwei, Xiong Wentao, Shi Chun'ai, Qin Xiaoshuang, Wu Wenjuan, Wang Yongming, Li Xutao, Li Wei, Shi Weifeng, Yang Cheng and other comrades. During the preparation process, experts such as Chen Quansheng, Cai Mingjun, Zhang Yuguang, He Yong, Wang Hongzhuang, Jin Jun, Nie Xiaobin, Bai Lei, Jia Junhong and others made valuable comments and suggestions. The Petroleum Industry Press has given great support during the publication process, and we would like to express our deep gratitude!

The Reservoir Interface Physicochemistry is a new research direction and professional discipline intersection that emerges with the continuous deepening of geological research on reservoir development and the close integration with petroleum engineering and oilfield chemistry to improve recovery, and is an important research direction for the future development of old oilfields to improve crude oil recovery and low permeable/unconventional oil and gas quality and efficiency. This book only covers a certain aspect of the above-mentioned professional disciplines and issues, and is still in the process of continuous exploration and research, so we sincerely invite readers' criticism and correction.

CONTENTS

CHAPTER 1 INTRODUCTION ·· 1
    Section 1 CONCEPT OF THE RESERVOIR SKELETON MINERAL INTERFACE
               LAYER ·· 1
    Section 2 CONCEPTS AND CONNOTATIONS OF RESERVOIR INTERFACE
               PHYSICOCHEMISTRY ·· 8
    Section 3 CURRENT STATUS AND TRENDS OF RESEARCH ON RESERVOIR
               INTERFACE PHYSICOCHEMISTRY ·· 13
    Section 4 PURPOSE AND CONTENT OF RESERVOIR INTERFACE
               PHYSICOCHEMICAL STUDIES ·· 19
    Section 5 METHODS FOR CHARACTERIZING THE PHYSICOCHEMICAL
               PROPERTIES OF RESERVOIR INTERFACES ···························· 22
    Section 6 PERSPECTIVES ON RESERVOIR INTERFACE PHYSICOCHEMICAL
               STUDIES ··· 37
    DISCUSSION AND REFLECTION ·· 40

CHAPTER 2 RESERVOIR STORAGE SEEPAGE NETWORK SYSTEM ········· 42
    Section 1 SKELETON–INTERFACE LAYER–HOLE THROAT BASIC
               CONFIGURATION RELATIONSHIP ·· 42
    Section 2 HOLE–AND–THROAT NETWORK SYSTEM ····························· 48
    Section 3 STORAGE TYPES AND STRUCTURAL FEATURES ···················· 60
    Section 4 STORAGE MODES AND PERCOLATION STATES ····················· 65
    DISCUSSION AND REFLECTION ·· 68

**CHAPTER 3 MINERALOGICAL CHARACTERISTICS OF THE INTERFACE
               LAYER** ·· 70
    Section 1 INTERFACE LAYER MATERIAL COMPOSITION AND DISTRIBUTION ··· 70

Section 2	LAMINATED HYDROUS ALUMINOSILICATE CLAY–LIKE COLLOIDAL MINERALS	84
Section 3	SHELF HYDROALUMINOSILICATE ZEOLITE–LIKE COLLOIDAL MINERALS	106
Section 4	CARBONATE–BASED CEMENTING MINERALS	114
Section 5	VOLCANIC CLASTIC–LIKE INTERFACE LAYER MINERALS	116
Section 6	MECHANICAL IMPURITY–LIKE INTERFACE LAYER MINERALS	117
DISCUSSION AND REFLECTION		118

CHAPTER 4 RESERVOIR INTERFACE PHYSICOCHEMICAL PROPERTIES 121

Section 1	SPECIFIC INTERFACE ENERGY AND ITS ADSORPTION	121
Section 2	SOLID–LIQUID INTERFACE TENSION AND ITS WETTABILITY	131
Section 3	ION EXCHANGE IN INTERFACE LAYERS AND THEIR CHARGED PROPERTIES	142
Section 4	HYDRATION AND ITS EXPANSIVENESS	161
Section 5	FLOCCULATION–DISPERSION AND ITS TRANSPORTABILITY	171
DISCUSSION AND REFLECTION		176

CHAPTER 5 INTERFACE LAYER PROPERTIES AND MICROSCOPIC OIL AND GAS WATER FUGITIVE STATES 179

Section 1	EFFECT OF INTERFACE LAYER PROPERTIES ON RESERVOIR PHYSICAL PROPERTIES	179
Section 2	INFLUENCE OF INTERFACE LAYERS ON THE STATE OF WATER FUGACITY	182
Section 3	INFLUENCE OF INTERFACE LAYER PROPERTIES ON THE STATE OF CRUDE OIL FUGACITY	185
Section 4	INFLUENCE OF INTERFACE LAYER PROPERTIES ON THE STATE OF GAS FUGACITY	192
DISCUSSION AND REFLECTION		197

CHAPTER 6 INTERFACE LAYER PROPERTIES AND CRUDE OIL RECOVERY 199

    Section 1 THE EFFECT OF INTERFACE LAYER PROPERTIES ON THE ELASTIC RECOVERY OF OIL AND GAS RESERVOIRS 199

    Section 2 EFFECT OF INTERFACE LAYER PROPERTIES ON WATER DRIVE EFFECTIVENESS 201

    Section 3 EFFECT OF RESERVOIR INTERFACE PROPERTIES ON CHEMICAL DRIVE EFFECTIVENESS 208

    Section 4 EFFECT OF INTERFACE LAYER PROPERTIES ON GAS DRIVE 244

    DISCUSSION AND REFLECTION 250

CHAPTER 7 RESERVOIR INTERFACE PROPERTIES AND OIL AND GAS RECOVERY PROCESSES 253

    Section 1 INTERFACE LAYER–DRILL COMPLETION FLUID INTERACTIONS AND THEIR SYSTEM OPTIMIZATION 253

    Section 2 INTERFACE LAYER–FRACTURING FLUID INTERACTIONS AND THEIR SYSTEM OPTIMIZATION 263

    Section 3 INTERFACE LAYER–ACIDIFICATION SOLUTION INTERACTIONS AND OPTIMIZATION OF THEIR SYSTEMS 274

    Section 4 INTERACTION OF INTERFACE LAYERS WITH PLUGGING AND WATER CONDITIONING FLUIDS AND THEIR SYSTEM OPTIMIZATION 277

    DISCUSSION AND REFLECTION 281

REFERENCES 284

POSTSCRIPT 289

层放大 10000 倍，可清晰地观察到黏土矿物质薄膜内微纳米级孔隙非常发育，比表面大，矿物晶体结构不稳定，反映出物理化学性质不稳定。

(a) 砂砾岩储层岩心特征　　(b) 砂砾岩微观储层特征
(c) 砂砾岩储层矿物表面特征　　(d) 砂砾岩储层矿物颗粒间特征

图 1-1-2　准噶尔盆地西北缘七中区克下组砂砾岩储层颗粒与孔隙之间表面层扫描电镜下分布特征

在油藏高温、高压、高矿化度的封闭体系中，储层表面层微结构及其活跃的胶体矿物与气、水、聚合物、表面活性剂、碱等流体发生复杂的物理化学作用，这些作用有些是积极的，有些是消极的。由此可见，表面层性质对一次采油、二次采油和三次采油效果有重要影响。

地下封闭的油藏环境中，不仅包括常见的岩石骨架、孔喉空间和孔喉中流体等，还包括表面层矿物。这些主要由水铝硅酸盐胶体组成的黏土矿物表面层在很大程度上决定了油藏物理化学性质（如润湿性、带电性、吸附性、离子交换性以及各种储层敏感性等），这些特性影响可动油、束缚油、可动气、可动水、束缚水等多相流体的赋存与流动，是开发阶段油藏剩余油标定和提高采收率重要影响因素[1]。

图 1-1-3 中列举了位于中蒙边境的海拉尔—塔木察格（以下简称海塔）以及渤海湾、松辽、准噶尔、柴达木和鄂尔多斯等陆相盆地储层表面层的特征及其在骨架颗粒表面分布状况，发现油藏中储层孔隙存在表面层是一个普遍现象，不同盆地中油藏孔隙表面层差异源自其所经历的沉积和成岩环境。也就是说，不同沉积环境和成岩过程中储层孔隙表面层在赋存形态、特征、类型、厚度、产状、成分、结构等方面会有显著差异。

CHAPTER 6　INTERFACE LAYER PROPERTIES AND CRUDE OIL RECOVERY ······ 199

　Section 1　THE EFFECT OF INTERFACE LAYER PROPERTIES ON THE ELASTIC RECOVERY OF OIL AND GAS RESERVOIRS ······ 199

　Section 2　EFFECT OF INTERFACE LAYER PROPERTIES ON WATER DRIVE EFFECTIVENESS ······ 201

　Section 3　EFFECT OF RESERVOIR INTERFACE PROPERTIES ON CHEMICAL DRIVE EFFECTIVENESS ······ 208

　Section 4　EFFECT OF INTERFACE LAYER PROPERTIES ON GAS DRIVE ······ 244

　DISCUSSION AND REFLECTION ······ 250

CHAPTER 7　RESERVOIR INTERFACE PROPERTIES AND OIL AND GAS RECOVERY PROCESSES ······ 253

　Section 1　INTERFACE LAYER–DRILL COMPLETION FLUID INTERACTIONS AND THEIR SYSTEM OPTIMIZATION ······ 253

　Section 2　INTERFACE LAYER–FRACTURING FLUID INTERACTIONS AND THEIR SYSTEM OPTIMIZATION ······ 263

　Section 3　INTERFACE LAYER–ACIDIFICATION SOLUTION INTERACTIONS AND OPTIMIZATION OF THEIR SYSTEMS ······ 274

　Section 4　INTERACTION OF INTERFACE LAYERS WITH PLUGGING AND WATER CONDITIONING FLUIDS AND THEIR SYSTEM OPTIMIZATION ······ 277

　DISCUSSION AND REFLECTION ······ 281

REFERENCES ······ 284

POSTSCRIPT ······ 289

第一章 概 论

第一节 储层骨架矿物表面层基础理论

一、储层骨架矿物表面层的特征

储层沉积学与现代沉积对比研究发现,碎屑岩储层沉积成岩后孔喉壁表面并非像现代河流沉积砂粒那样表面光滑干净(图1-1-1)。陆源碎屑岩储层矿物颗粒表面往往被碳酸盐、硫酸盐、火山凝灰质、黏土矿物和杂基包裹、覆盖或充填在孔喉中,在颗粒与孔隙之间形成以水铝硅酸盐胶体矿物为主,具有一定厚度的储层骨架矿物表面层(简称表面层),其厚度一般为0.01~10.00μm,厚者可达30.00~60.00μm。这些矿物材料具有巨大的比表面以及表面功、吸附性、带电性、离子交换性等胶体化学性质,在很大程度上决定了储层岩石的润湿性、渗透性、存储性、敏感性,是制约原油采收率的关键因素,尤其是在非常规油气藏中扮演的角色更加突出,决定了其有效动用程度。

(a)现代河流沉积砂粒

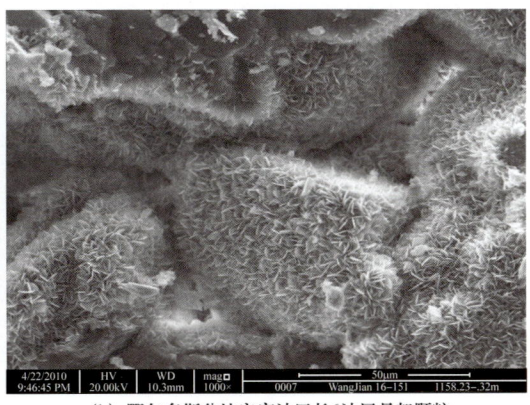
(b)鄂尔多斯盆地安塞油田长6油层骨架颗粒、孔喉及颗粒表面结构特征

图1-1-1 常见的储层骨架及其矿物颗粒表面特征

图1-1-2展示了准噶尔盆地西北缘克拉玛依油田七中区克下组砂砾岩储层不同视域下,岩石骨架颗粒与孔隙腔之间表面层发育特征:(1)图1-1-2(a)是砂砾岩储层岩心照片,无论是砾石表面还是砂岩颗粒表面,都被黏土矿物质细小颗粒包裹;(2)图1-1-2(b)是扫描电镜下放大100倍的照片,可观察到颗粒表面与孔隙之间附着一层黏土矿物质薄膜;(3)将图1-1-2(b)小红圈局部放大1200倍,便可观察到图1-1-2(c)红色圈标注部位黏土矿物质薄膜层发育较多微小孔隙;(4)将图1-1-2(c)红圈所示的局部薄膜

层放大10000倍，可清晰地观察到黏土矿物质薄膜内微纳米级孔隙非常发育，比表面大，矿物晶体结构不稳定，反映出物理化学性质不稳定。

(a) 砂砾岩储层岩心特征　　　　　　　(b) 砂砾岩微观储层特征

(c) 砂砾岩储层矿物表面特征　　　　　(d) 砂砾岩储层矿物颗粒间特征

图 1-1-2　准噶尔盆地西北缘七中区克下组砂砾岩储层颗粒与孔隙之间表面层扫描电镜下分布特征

在油藏高温、高压、高矿化度的封闭体系中，储层表面层微结构及其活跃的胶体矿物与气、水、聚合物、表面活性剂、碱等流体发生复杂的物理化学作用，这些作用有些是积极的，有些是消极的。由此可见，表面层性质对一次采油、二次采油和三次采油效果有重要影响。

地下封闭的油藏环境中，不仅包括常见的岩石骨架、孔喉空间和孔喉中流体等，还包括表面层矿物。这些主要由水铝硅酸盐胶体组成的黏土矿物表面层在很大程度上决定了油藏物理化学性质（如润湿性、带电性、吸附性、离子交换性以及各种储层敏感性等），这些特性影响可动油、束缚油、可动气、可动水、束缚水等多相流体的赋存与流动，是开发阶段油藏剩余油标定和提高采收率重要影响因素[1]。

图 1-1-3 中列举了位于中蒙边境的海拉尔—塔木察格（以下简称海塔）以及渤海湾、松辽、准噶尔、柴达木和鄂尔多斯等陆相盆地储层表面层的特征及其在骨架颗粒表面分布状况，发现油藏中储层孔隙存在表面层是一个普遍现象，不同盆地中油藏孔隙表面层差异源自其所经历的沉积和成岩环境。也就是说，不同沉积环境和成岩过程中储层孔隙表面层在赋存形态、特征、类型、厚度、产状、成分、结构等方面会有显著差异。

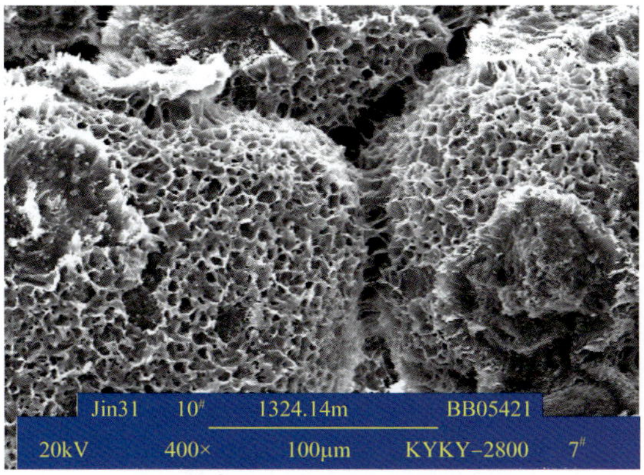

(a) 海塔盆地金31井南屯组蜂窝状蒙皂石

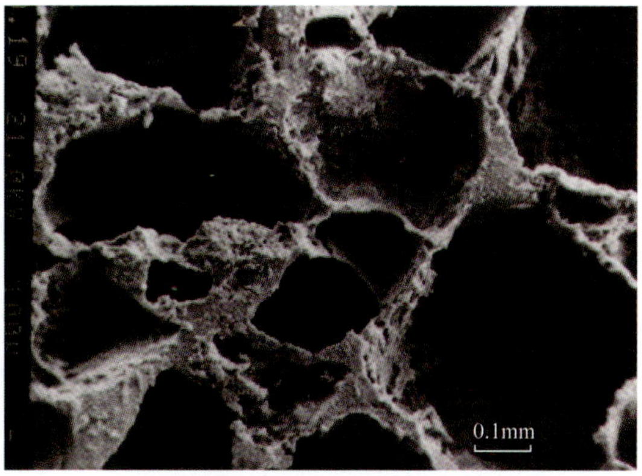

(b) 大港油田港深5-5井古近系沙河街组骨架扫描观察到的表面层特征

(c) 三肇凹陷肇州油田肇32-291井扶扬油层颗粒表面特征

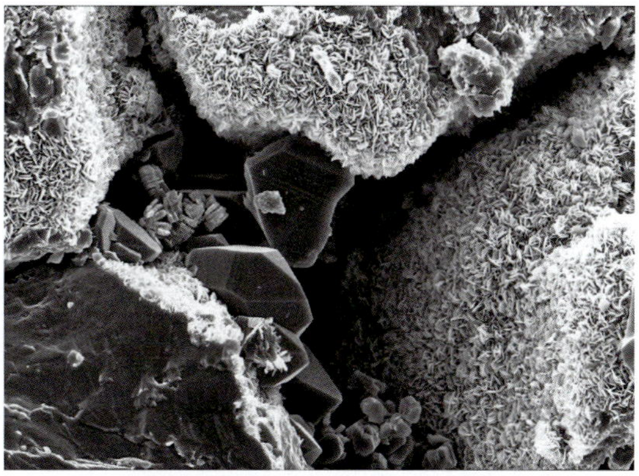

(d) 准噶尔盆地腹部莫5井三工河组颗粒表面特征

(e) 柴达木盆地马北12井表面层分布特征

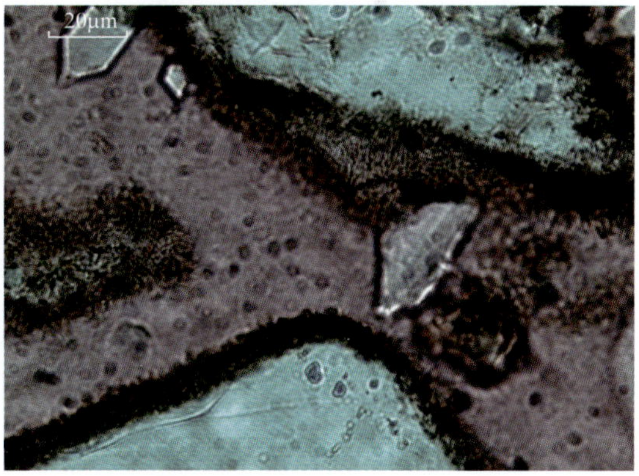

(f) 鄂尔多斯盆地安塞油田王8-15井长6油层铸体薄片观察到的颗粒、孔隙和表面层结构特征

图 1-1-3　中国陆相典型储层表面层分布对比图

储层岩石孔隙表面层是一种普遍现象，不仅在碎屑岩储层中较为发育，而且在碳酸盐岩储层中分布也十分广泛。

有了储层孔隙表面层构架，就可以将储层孔隙表面性质与外来流体性质结合起来，揭示储层孔隙表面层与注入流体之间的相互作用，分析采油过程中发生的各种物理化学变化，如表面层矿物选择性溶解、孔隙表面润湿性反转、Zeta电位逆转、原油组分黏附机制变化等各种稳定、不稳定作用，为提高原油采收率研究提供技术支撑。

此外，储层孔隙表面层除了包裹在颗粒表面的细小成分外，还应包括孔隙间零散分布的细小组分，为孔隙填隙物的重要组成部分（图1-1-4）。

(a) 准噶尔盆地腹部石南31井侏罗系大孔道
砂岩颗粒表面包裹特征

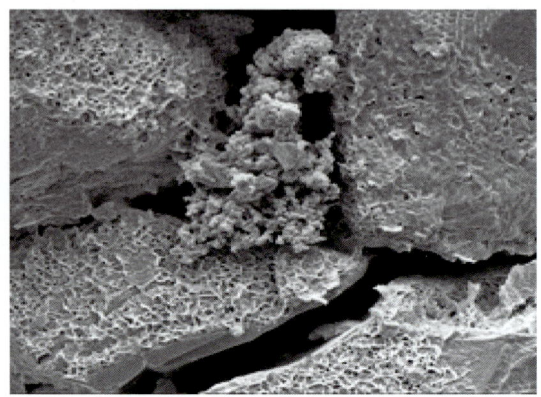
(b) 柴达木盆地马北12井表面层分布特征

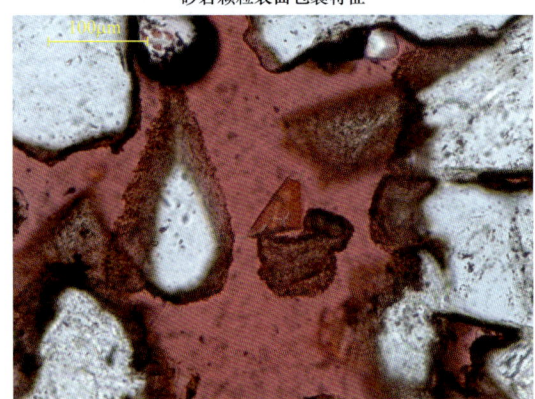
(c) 鄂尔多斯盆地安塞油田王8-15井长6油层铸体薄片
观察到的颗粒、孔隙和表面层结构特征

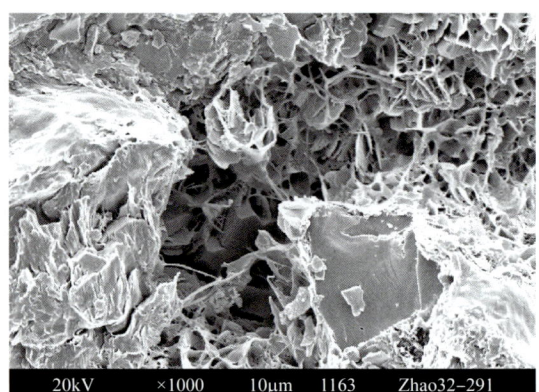
(d) 三肇凹陷肇州油田肇32-291井扶扬油层
颗粒表面微孔隙发育特征

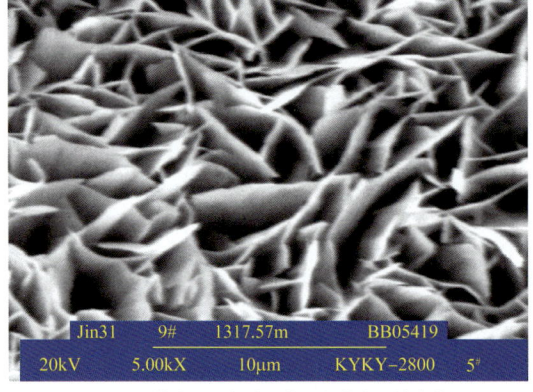
(e) 海塔盆地贝尔油田金31井南屯组绒球状
绿泥石微纳米级孔喉分布特征

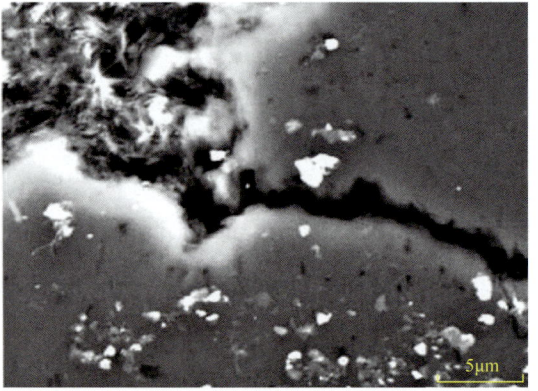
(f) 鄂尔多斯盆地延长油矿长6油层
狭窄的喉道中表面层不发育

图1-1-4　扫描电镜下碎屑岩储层表面层产状和形态及其内部发育特征

储层孔隙表面层具有以下特点：（1）广泛发育，无论是孔喉发育程度如何，颗粒表面广泛包裹一层细小的黏土矿物质材料；（2）孔隙表面层产状和分布具有多样性，细小的表面层物质可以附着在颗粒表面，也可以分散分布，以前者为主；（3）表面层内微纳米级孔隙发育，由于颗粒细小，形状各异，往往形成细小的微纳米级孔隙，是束缚水、束缚油赋存的主要场所。

二、储层骨架矿物表面层的定义

储层孔隙表面层是指广泛分布于储层矿物颗粒与孔隙之间的微纳米级多孔材料，泛指分布在岩石骨架表面的填隙物。比表面大，具有一定的表面自由能，并具带电性、阳离子交换性、润湿性、絮凝与分散性、膨胀性等物理化学性质，制约着油气成藏充注、注水和三次采油等过程中油、气、水赋存和分布，对原油采收率有重要影响。

图1-1-5为储层岩石中表面层在电镜下观察到的结构，发现表面层具有一定的产状和厚度，多分布在骨架颗粒表面。这种多孔材料在储层中的分布状态，即包裹骨架颗粒表面，称为表面层，其厚度一般较小（通常低于10μm）。

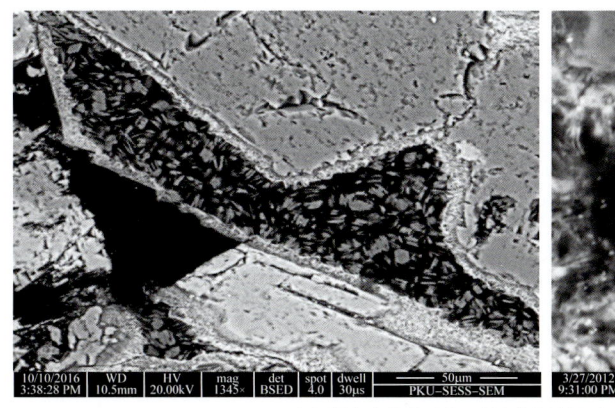
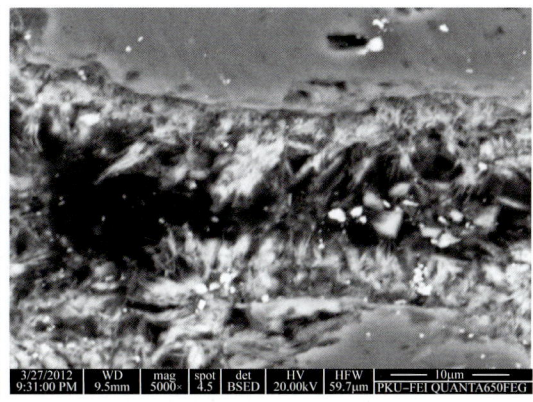

(a) 鄂尔多斯盆地长6油层砂岩绿泥石、伊利石表面层分布特征

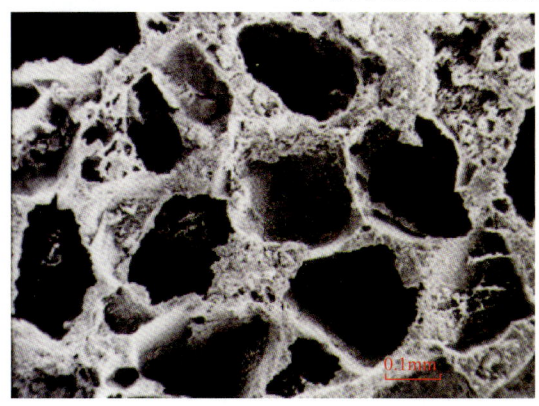
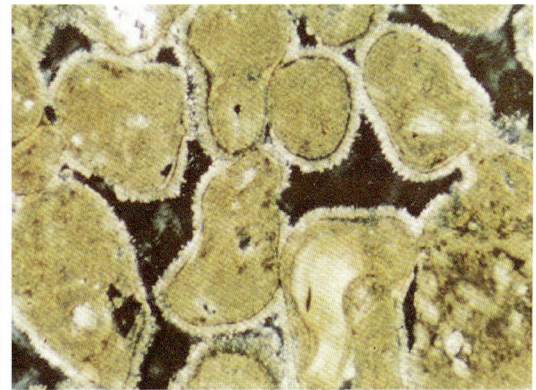

(b) 大港油田古近系孔店组骨架扫描镜下观察到的储层表面层分布特征

图1-1-5 碎屑岩储层镜下表面层分布特征

表面层矿物组成非常复杂，一般为层状或架状水铝硅酸盐胶体矿物、碳酸盐、硫酸盐、火山凝灰质、机械杂基；赋存结构形态多样，微纳米级孔喉较为发育；从颗粒表面到孔喉空间有的呈多级圈层状［图1-1-5（b）］，反映了不同的沉积与胶结次序。在岩石骨架外缘构成一个有别于骨架矿物颗粒的特殊多孔材料层，弱化岩石骨架矿物的作用。

油藏中，油、气、水以及注入水、聚合物、表面活性剂、碱等直接与上述表面层接触，流体与表面层相互作用，直接制约着孔隙中流体赋存和各种渗流过程，影响开发效果。

随着现代各种实验手段逐步完善与升级，可以从更多角度和更深层次揭示驱油新机制和新方法[2]。由此可见，随着现代油层物理学和物理化学、表面化学、胶体化学在油藏中深入应用，储层表面物理化学有望成为油田开发技术研究的重要组成部分。

储层孔隙表面层，不仅包含了上述骨架矿物颗粒表面广泛分布的黏土矿物，而且包含颗粒与孔隙之间所有填隙物，即包括杂基（机械杂质、凝灰质）和胶结物（各种黏土矿物、碳酸盐、自生石英、自生长石和沸石类矿物等），如图1-1-6所示。

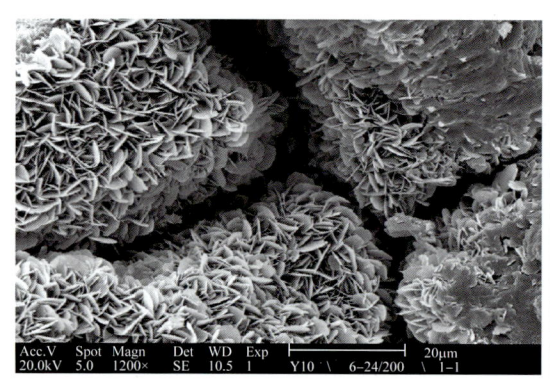
(a) 鄂尔多斯盆地沿河湾沿106-24井长6油层颗粒表面被大量的叶片状绿泥石包裹

(b) 柴达木盆地马北12井表面层分布特征

图1-1-6 碎屑岩储层表面层分布类型

对表面层的应用和理解，应该突破传统储层岩石学、矿物学中填隙物概念的约束，从纳米级孔隙材料形成一个独特的矿物材料层角度去理解、认识这一特殊的结构，并在油藏开发中注重表面层界面化学、表面物理化学特性的影响，系统分析、解剖和表征表面层构成与性质，研究其成分、结构、构造特征，注重巨大比表面和电化学性质与油、气、水及外界注入流体的相互作用，从微尺度上揭开采油过程的神秘面纱。

三、储层表面层与孔隙填隙物研究的异同点

储层孔隙表面层是孔隙填隙物重要组成部分，但是在研究目的、研究对象和研究方法等方面又有自己的体系和特点，储层表面层与孔隙填隙物二者在以下4个方面存在不同点。

1. 研究对象相同但目的不同

骨架、填隙物、孔隙及孔隙中的流体是储层四个组成要素，按照 SY/T 5368—2016《岩石薄片鉴定》规定，填隙物包括杂基和胶结物，杂基是砂岩中与较粗碎屑一起沉积下来的细粒填隙组分，粒度一般小于 32μm，是机械沉积产物，而不是化学沉淀物，其主要成分为陆源黏土质碎屑、片云母、长石、石英、凝灰质等碎屑；胶结物是沉积成岩作用过程中形成的化学沉淀矿物或胶体矿物，因此，孔隙填隙物研究是从沉积、成岩作用角度研究和认识储层成因特点。

储层表面层研究对象从广义上讲也是这些填隙物，但更侧重于这些矿物材料组成、结构、构造、分布特征及各种物理化学性质对油、气、水赋存和微观渗流的影响（图 1-1-7）。表面层研究主要针对这些活跃的水铝硅酸盐胶体矿物比表面、表面功、吸附性、带电性、离子交换性、润湿性、敏感性等物理化学性质进行表征，有助于揭示孔隙中微观水岩相互作用及油、气、水赋存状态和微观渗流机制。

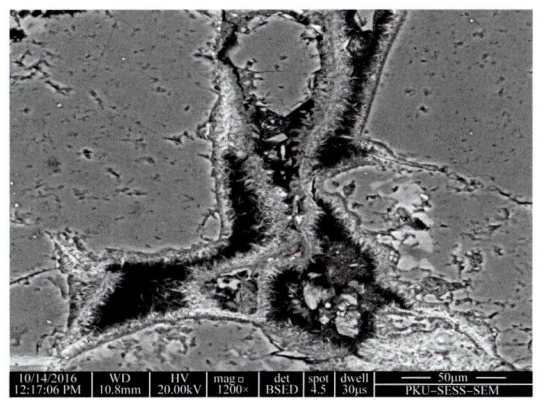

(a) 长6油层岩石薄片下绿泥石膜形成的表面层特征　　(b) 长6油层扫描电镜下绿泥石膜形成的表面层特征

图 1-1-7　鄂尔多斯盆地长 6 致密储层绿泥石膜形成的微观渗流屏障

2. 研究的内容和关注点不同

储层填隙物研究主要目的是认识储层沉积成因和成岩以及不同成岩演化阶段中孔隙和胶结过程等差异，是储层地质研究的重要内容，关注孔隙和胶结物、填隙物空间变化。

储层表面层研究目的是认识界面物理化学性质和孔隙中物理化学渗流过程，从孔隙表面层与外来流体性质的结合点去研究驱油过程，分析储层表面层对启动微观剩余油和残余油的影响，以达到提高原油采收率的目的[3]。

3. 研究的侧重点不同

储层地质侧重于成岩作用和孔隙演化研究，对黏土矿物等填隙物的研究也侧重于这些填隙物对孔隙喉道的影响，将泥质含量作为计算孔隙度、渗透率的重要参数；储层表面层研究立足于填隙物研究，但又超越其研究范围，更加注重生长、覆盖在骨架矿物颗粒表面的材料，重点关注比表面、表面功、吸附性、离子交换性、导电性等物理化学性能及其与开发过程中外来流体的相互作用。

4. 研究方式和手段不同

填隙物研究以镜下定性观察为主（图1-1-8），结合X射线衍射、能谱分析，注重成岩作用和成因机理认识。

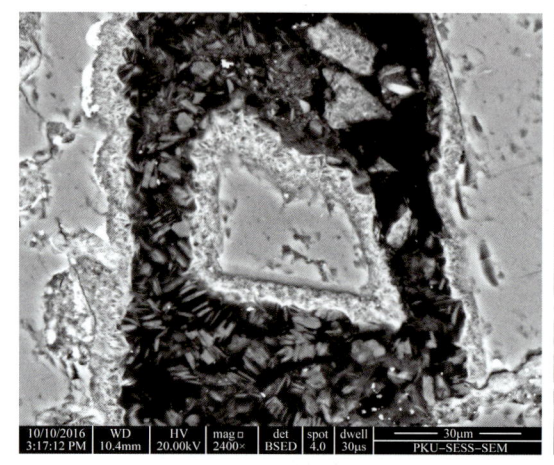 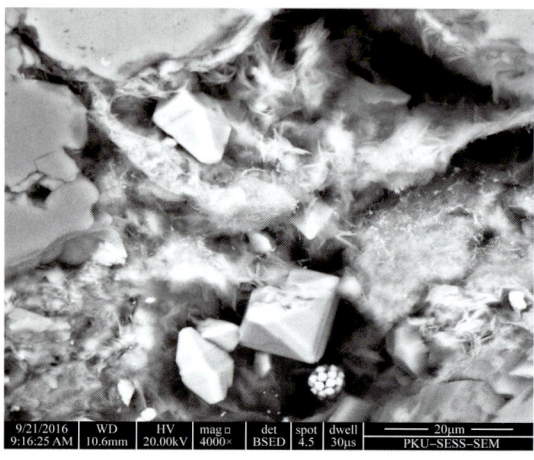

(a) 黏土矿物包裹矿物颗粒特征　　　　　　(b) 砂砾微观储层孔隙黏土矿物附着特征

图1-1-8　鄂尔多斯盆地长7致密储层填隙物（或表面层）扫描电镜下分布特点

储层表面层研究，除上述定性观察、定量分析外，主要依靠大量物理化学性质测定（如比表面、表面功函数、阳离子交换性、Zeta电位、润湿性、各种储层敏感性等），表征表面层性质和性能，以及与外来流体耦合响应特点。

第二节　储层表面物理化学的概念与结构特征

一、储层表面物理化学基本概念及内涵与外延

1. 储层表面物理化学的基本概念

储层表面物理化学是以胶体与表（界）面物理化学为基础，研究储层中骨架矿物颗粒表面或分散在孔喉中各种填隙物（主要是具有胶体性质的水铝硅酸盐黏土矿物和沸石类矿物、火山凝灰质、碳酸盐胶结物、机械杂质）（图1-2-1）的物理化学性质以及与油、气、水、外来聚合物、表面活性剂、酸、碱、盐等的相互作用，包括比表面、表面功、界面张力、离子交换性、带电性、吸附性、乳化性、润湿性、膨胀性、水化性、迁移性、分散性、絮凝性、沉淀性以及酸、碱、盐的敏感性等。这些性质与储层中油气微观赋存状态密切相关，影响原油采收率。

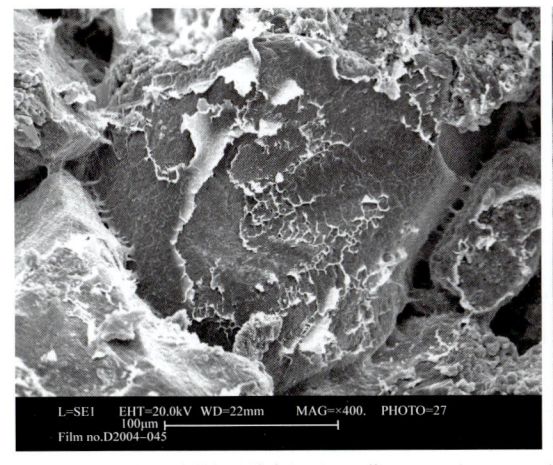 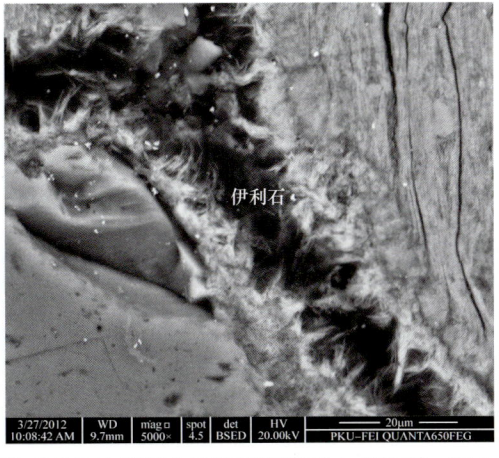

(a) 伊利石沿原生粒间孔壁生长（Z067井，404.7m）　　(b) 丝状伊利石桥接式充填于原生粒间孔中（Z067井，407.0m）

图 1-2-1　鄂尔多斯盆地长 6 油层孔喉壁表面胶体矿物分布特征

随着科学技术的迅速发展和各学科间相互渗透，物理化学与物理学、无机化学、有机化学在内容上存在着难以准确划分的界限，从而不断地产生新的分支学科，例如物理有机化学、生物物理化学、化学物理等。物理化学还与许多非化学学科有着密切联系，例如，冶金学中物理冶金实际上就是金属物理化学。储层表面物理化学也与此类似，应运而生。

图 1-2-2 展示了储层表面物理化学与其他学科关系，从中可以看出，储层表面物理化学就是物理化学与地球化学、矿物岩石学、石油地质学、储层地质学、油藏工程、采油工程、钻井工程以及油田化学等密切结合的边缘交叉学科。

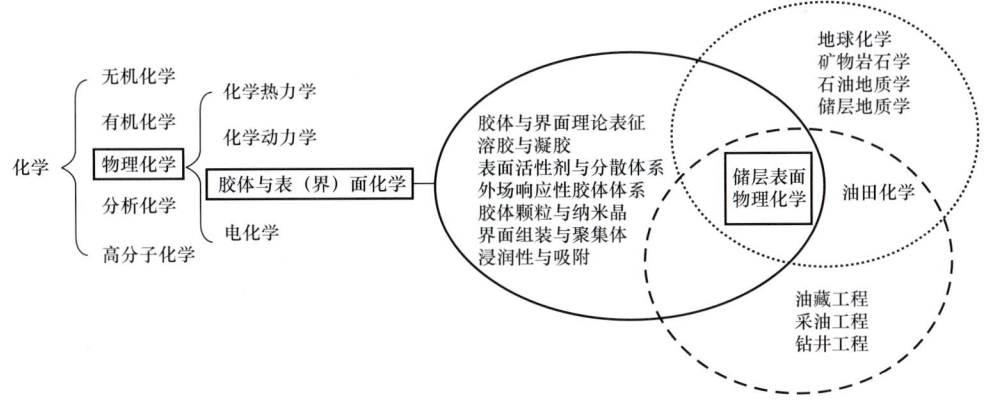

图 1-2-2　储层表面物理化学与其他学科关系图

2. 储层表面物理化学的内涵与外延

1）储层表面物理化学属于物理化学范畴

物理化学属于化学二级学科，是以物理原理和实验技术为基础，研究化学体系的性质和行为，发现并建立化学体系中热力学、动力学、电化学、胶体与表（界）面行为等特殊规律的学科。

胶体与表（界）面物理化学又是物理化学的一个重要组成部分，是一门理论性、应用性极强的学科，它所研究的领域涉及化学、物理学、材料科学、环境科学、生物化学等，是诸多学科的交叉和重叠，主要研究胶体分散体系和表（界）面现象。因此，应用领域广泛，主要包括：（1）分析吸附指示剂、离子交换、沉淀物的可滤性、色谱等；（2）物理化学中的成核作用，过饱和及液晶等；（3）生物化学和分子生物学中的电泳、膜现象、蛋白质和核酸等；（4）化学制造中的催化剂、洗涤剂、润滑剂、黏合剂等；（5）环境科学中的气溶胶、泡沫、污水处理等；（6）材料科学中的陶瓷制品、水泥、纤维、塑料等；（7）石油科学中的油水界面张力、润湿性、乳化等[4]；（8）日用品中的牛奶、啤酒、雨衣等。

2）传统表（界）面化学基本原理在地下油气藏中的延伸应用

储层表面物理化学始终以胶体与表（界）面化学为理论支撑体系，以胶体体系研究为主体，借助于流体力学、静电学、经典电磁学以及统计力学的理论和各种研究手段，透过体系所表现出的各种物理和化学现象，研究体系的性质。

油藏中的储层表面物理化学适用于各种类型油气储层，特别是适于描述陆相致密砂岩、砂砾岩等储层孔隙中流体分布与渗流、渗吸状态。无论中高渗透储层，还是特低渗透、致密储层，都需要借助表（界）面物理化学的方法原理开展地下油气藏固—液、液—液、气—液、气—固相互作用研究，为提高原油采收率提供决策依据。

3）储层表面物理化学与传统岩石表面物理化学也不尽相同

储层岩石孔隙表面物理化学主要研究表面层矿物，即富含各种状态水（如吸附水、层间水、结晶水、结构水和沸石水）的层状或架状水铝硅酸盐矿物，具有胶体化学诸多特性。另外，表面层矿物颗粒细小，纳微空间发育，具有巨大的比表面和表面自由能、电化学性质以及固—液特殊润湿性、分散与絮凝性、膨胀性等表面化学的特性，而传统岩石表面物理化学主要研究孔隙骨架颗粒光滑表面的性质。

油藏中的储层孔隙表面层矿物与油、气、水在相互作用过程中涉及传统表面化学的很多内容，如固—液和液—液界面张力、表面电化学性质、比表面和表面功、润湿性等，因此在研究储层表面物理化学性质的过程中，借鉴和引用了传统表面化学的很多理论技术、方法和分析测试手段。

二、储层表面层结构特征

1. 岩石骨架矿物颗粒表面特性

1）储层岩石骨架颗粒表面普遍被各种化学成因的矿物包裹

大量扫描电镜观察发现，骨架矿物颗粒表面普遍被各种黏土矿物、沸石类和碳酸盐类等化学成因的矿物包裹（图1-2-3）。

 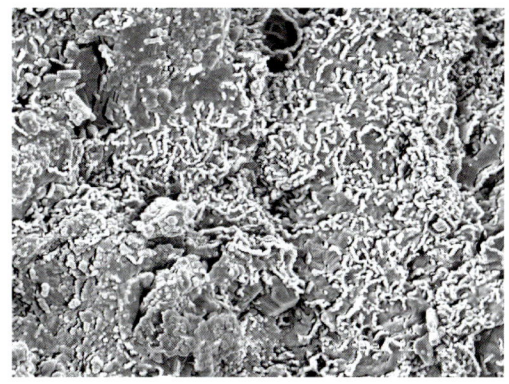

(a) 矿物颗粒被大量伊利石包裹　　　　　　　(b) 贝12井矿物颗粒表面蠕虫状高岭石

(c) 鄂尔多斯盆地安塞油田长6油层矿物颗粒被绿泥石包裹　　(d) 海塔盆地苏德尔特油田贝13井铜钵庙组矿物颗粒被高岭石和自生石英包裹

图1-2-3　碎屑岩储层骨架岩石矿物颗粒表面特征

2）表面层矿物物理化学性质决定了储层性质

石英、长石、岩屑、云母等骨架矿物属于稳定的硅酸盐或铝硅酸盐矿物，物理化学性质稳定。虽然附着在骨架大颗粒表面（图1-2-4）的各种水铝硅酸盐矿物相对含量少，但是各种物理化学性质活跃，导致储层具有诸多胶体化学的特性。

 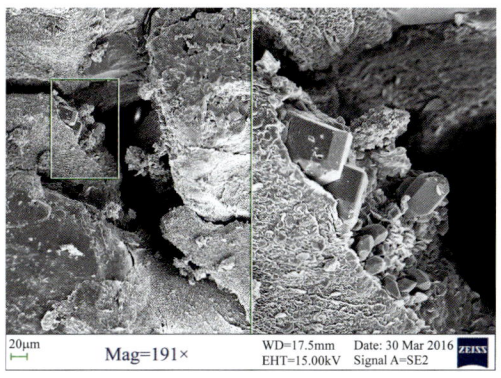

(a) 海塔盆地贝尔油田南屯组砂岩储层表面特征　　(b) 准噶尔盆地艾湖1井乌尔禾组砾岩储层表面特征

图1-2-4　显微镜下观察到的储层骨架矿物颗粒被表面层黏土矿物包裹特征

3）骨架矿物表面层具有胶体化学的诸多特性

黏土矿物与地层水介质处于一种亚平衡稳定状态，极易与注入油层的各种外来流体发生各种物理、化学反应（如膨胀、运移、水化、溶蚀、溶解等），打破了原始的平衡状态，使储层呈现水敏、酸敏、速敏等特性，对油藏开发产生较大影响。

由图1-2-4可见，不但储层孔喉和岩石矿物颗粒之间常常分布有黏土矿物，而且骨架颗粒的表面也往往被黏土矿物所包裹。储层中黏土矿物的组成和分布特征对岩石表面物理化学性质有着特别重要的影响。在多数情况下，孔隙中碎屑颗粒表面完全被黏土矿物所包裹，这时油层中黏土矿物的物理化学特征决定了储层的物理化学特征。

2. 储层孔隙表面层产状

按成因类型，表面层大致分为同沉积期形成和成岩作用过程中形成两种类型。

1）同沉积期形成的表面层产状

同沉积期形成的表面层多呈杂基状包裹在骨架矿物颗粒表面或分散在孔隙喉道中，组成成分复杂多样，没有固定的晶形，具有杂乱无序的"感觉"（图1-2-5）。

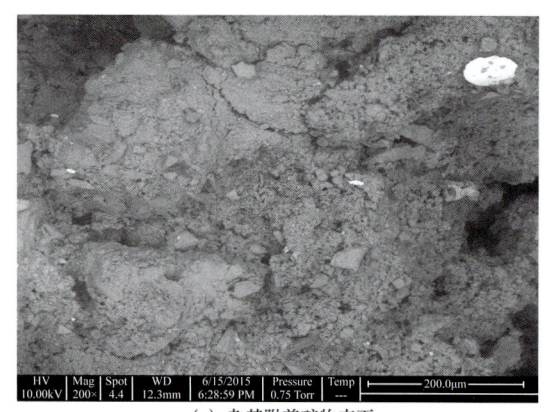
(a) 杂基附着矿物表面

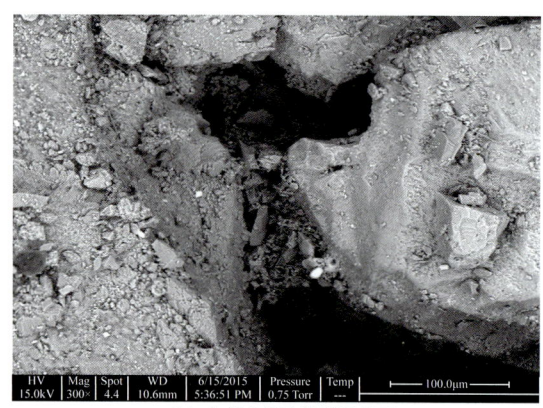
(b) 杂基分散孔隙喉道表面

图1-2-5 同沉积期形成的表面层产状

同沉积期形成的表面层一般分布在成岩作用较弱的储层中，保留了原始沉积填隙物的诸多特征，如准噶尔盆地西北缘克下组和海塔盆地南屯组扇三角洲砂砾岩沉积，岩石胶结疏松，各种细小的机械杂质和火山凝灰质含量高，储层水敏、速敏、酸敏、盐敏、碱敏等各种敏感性较强。

2）成岩作用过程中形成的表面层产状

成岩作用过程中形成的表面层通常分布在骨架矿物颗粒表面，从里到外具有圈层结构和特征的晶体形态，一般可见2~4个圈层结构，分别对应典型的成岩作用阶段和成岩作用环境。通常在靠近骨架矿物表面内部圈层，空间受限，晶形较小且密实；外部圈层晶形较大，晶体结构完整但疏松。图1-2-6展示了在扫描电镜下观察到的鄂尔多斯盆地延长油田郑 067 井长 6 油层表面层结构，具有从骨架颗粒到孔隙空间结晶程度越来越好的结构产状特征。

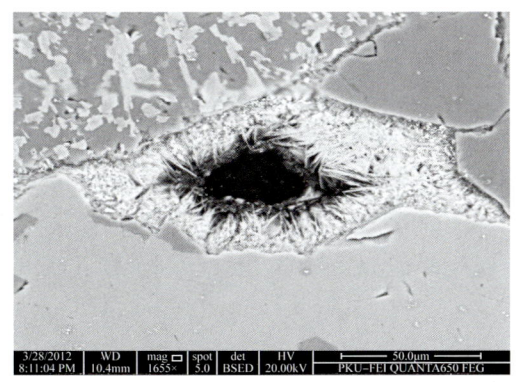
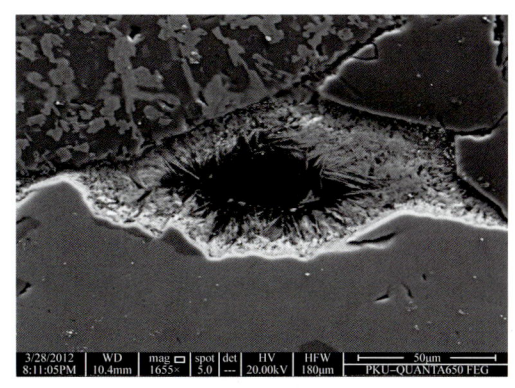

(a) 扫描电镜背散射图像
伊利石垂直骨架矿物表面生长，形貌清晰

(b) 扫描电镜二次电子图像
孔隙及伊利石圈层结构的立体感较强

图 1-2-6　成岩作用过程中形成的表面层产状

第三节　储层表面物理化学研究现状与发展趋势

根据松辽、海塔、渤海湾、准噶尔、柴达木和鄂尔多斯等陆相盆地典型储层表面层研究发现，储层表面层的存在具有普遍性，对于掌握低渗透和致密油气储层的特性非常重要。当油田开发进入三次采油或强化采油阶段，了解储层与注入流体之间的物理化学耦合则显得更为重要。储层表面层对注入的各种化学剂的物理吸附和化学吸附不仅降低了化学剂的有效浓度，而且还改变了不同化学剂组成比例，影响了各组分之间的协同效应，从而降低了驱油效率。它是继采油过程中油层孔隙中剩余油的微观赋存状态标定之后的重要评价内容之一，是指导剩余油挖潜的重要依据。此外，表面层本身也是剩余油赋存的重要元素，细小的表面层物质可以附着在颗粒表面，也可以呈分散状分布，由于颗粒细小、形状各异，表面层内往往发育着微纳米级孔隙，影响储层中微观剩余油的赋存状态。

在低渗透、非常规致密砂岩和泥页岩储层中，束缚油有效动用程度与其储层孔隙表面层物理化学性质密切相关。

目前，研究储层表面层实验内容包括黏土矿物等表面层材料动静态吸附、比表面、表面功、Zeta 电位、离子交换性、润湿性、储层敏感性等。

一、胶体与表（界）面化学发展与应用

胶体与表（界）面化学是研究胶体分散体系和表（界）面现象的一门学科，与能源、材料、生物、化学和环境科学有着密切的关系，并涉及其中一些重大科学问题，如土壤

改良、功能与复合材料、三次采油、浆体的管道运输、人造血浆、药物缓释与靶向、摩擦与润滑和油漆涂料等。有关胶体与表（界）面化学在提高原油采收率方面的研究目前还处于探索阶段，是一个新的课题和研究方向。

1. 胶体与表（界）面化学发展历程

胶体与表（界）面化学是一门古老而年轻的学科。1861年，英国化学家Graham首先提出了"胶体"（Colloid）这一名词，并建立了一门系统的学科——胶体化学。但是长期以来，由于胶体体系的复杂性，许多规律停留在定性或半定量描述。近20年来，这门学科有了明显发展与突破。中国胶体与表（界）面化学的研究始于20世纪50年代，著名化学家傅鹰院士于1954年在北京大学化学系主持建立了国内第一个胶体化学教研室，推动了全国胶体与表（界）面化学的发展。其后，赵国玺在表面活性剂物理化学基础研究与应用上，特别是在混合表面活性剂体系的研究中做出了突出贡献，并成为第一位应邀担任国际期刊 *Journal of Colloid and Interface Science* 编委的中国学者。之后，王果庭在分散体系稳定性与油田化学品方面，李干佐在将表面活性剂应用于三次采油、油田开发方面均做出了突出贡献。

20世纪80年代以来，中国胶体与表（界）面化学得到了长足发展。1983年，成立了中国化学会物理化学专业委员会胶体与表（界）面化学学科组，该学科经过23年的建设和发展，于2006年升格为胶体与表（界）面化学专业委员会。1983年，召开了第一届全国胶体与表（界）面化学会议，迄今已举办过15届。从历年全国胶体与表（界）面化学会议与会代表数可以看出，30多年来我国胶体与表（界）面化学处于蓬勃发展的阶段。大批青年学者加入胶体与表（界）面化学科学与技术研究队伍中，一批胶体与表（界）面化学学者在国际上已经具有影响，进入本领域权威期刊，如 *Advance in Colloid and Interface Science*、*Current Opinion in Colloid & Interface Science*、*ACS Applied Materials & Interfaces*、*Soft Matter*、*Langmuir*、*Journal of Colloid and Interface Science* 等，表明了中国胶体与表（界）面化学研究与实践的进步和提高。

从以上发展历程看，胶体与表（界）面化学主要是围绕流体和固—液表（界）面研究，表面活性剂是研究的中心内容，两相或三相界面相对单一，很少涉及地下高温、高压、高矿化度条件下与胶体相关的各种表征[5]。将油气藏中各种水铝硅酸盐架状、层状胶体矿物作为一个表面层，专门讨论表面层胶体化学几乎是一个空白。

2. 胶体与表（界）面化学研究现状

近年来，由于功能材料、仿生学和生物医药等学科迅速发展，要求在纳米尺度（胶体）范围内进行分子组装和材料的排列，制备具有各种功能与结构的有序分子组合体和进行仿生合成，特别是与生命现象有关的超分子组装、新型表面活性剂有序聚集体的构建和分子间相互作用的研究方兴未艾。

作为探测物质内部动力学和结构信息的介电谱方法正越来越多地发挥其在胶体与表面科学研究中的独特作用，近年来以该方法为主要手段的应用成果数量也呈现指数增长趋势。随着胶体与表（界）面科学自身的发展以及与材料、生物等学科的结合，理论上和方法上都有了显著的改进与突破。除此之外，测量手段和表征技术开发也变得更加重要。简单的表征往往不能对研究所涉及本质问题给出答案。因此，建立在理论基础之上的实验方法和表征手段也是目前胶体与表面科学发展策略上值得关注的问题之一。正确的介电谱解析可以为实验表征向内部参数详细计算提供一个很好的衔接，完成从物质体系直接观察到内部微区域和各组分的理论分析与洞察。

油气藏中主要由水铝硅酸盐胶体矿物组成的表面层，因其具有微观的链状、岛状、层状和架状结构，介观的聚集态结构和宏观的流变行为相当复杂，通常的物理测试方法很难同时对体系三个尺度上的性质进行研究[6]。因此，寻求并建立能够探测水铝硅酸盐层状（各种自生黏土矿物）、架状（沸石类）等胶体矿物内时间和空间不同层次内部信息的方法，从微、纳米尺度了解比表面、表面功、吸附性、荷电性、离子交换性、膨胀性以及酸、碱、盐敏感性等十分重要和必要。

3. 胶体与表（界）面化学在油气田开发中的应用现状

胶体与表（界）面化学是密切结合实际并与其他学科息息相关的学科，它涉及的范围广，研究内容丰富。工农业持续发展中将会更广泛地运用胶体化学的基本原理和研究方法，特别是在石油的开采和炼制过程中，都涉及胶体化学。

近年来，在三次采油研究与应用过程中围绕聚合物在地下油藏中的滞留、表面活性剂的吸附和碱的消耗等问题，人们越来越重视除骨架之外各种黏土矿物及其他矿物材料与注入储层的化学剂之间的相互作用[7-12]。但是有关此领域的研究内容比较简单，多数仅仅限于各种测试，地下油藏中大量赋存的各种胶体矿物类型、产状、分布、含量（一般为5.0%~25.0%）等对采收率的影响机理还不明确，需要进一步做大量深入细致的研究工作。

4. 胶体与表（界）面化学在提高原油采收率方面的应用现状

储层中除人们通常关心的骨架、孔隙和孔隙中的流体之外，普遍存在物理化学性质相对活跃的表面层，在很大程度上决定了油藏的性质，制约着可动油、可动水、束缚油、束缚水的分布，进而对地下原油赋存状态和采收率有着重要影响。无论是注水开发后期的中高渗透油藏，还是新发现的特低渗透、致密储层，束缚油能否有效动用与其储层的表面化学性质密切相关，因此储层表面化学研究对提高采收率有重要作用。近年来，地下高温、高压、高矿化度封闭环境中胶体与表（界）面化学研究出现了许多新的研究方向，特别是胶体与表（界）面化学的基本物理化学问题还没有一套较成熟的理论指导，例如，化学复合驱过程中化学剂在油层内产生的吸附滞留、损耗与色质分离、黏土矿物聚集体的形成等。需要深化胶体与表（界）面化学的基本物理化学问题研究，包括对新型表面活性分子构建、经典胶体分散体系理论的完善以及模型构建与理论模拟等。

5. 新方法、新技术的应用以及学科交叉

新的方法在胶体与表（界）面化学研究中不断产生，新的学科交叉点不断生长，对胶体与表（界）面化学的发展将起重要推动作用。这些方向包括：自组装过程、新组装方法和组装体的结构与功能；胶体分散体系（组装体和单层等软模板）在微纳米功能材料合成中的应用；胶体分散体系、表面与软物质科学相关渗透研究；特殊介质（如离子液体）、化学反应和功能研究；胶体化学及其在清洁能源和环境中的应用。此外，如何从现有的聚集体出发，构筑结构更丰富、功能更多样的聚集结构，已成为油气藏胶体与表（界）面化学研究中的重要发展方向。

二、胶体矿物对储层性质影响研究进展

储层孔隙中，岩石表面层主要由黏土矿物、浊沸石类胶体矿物构成，绝大多数是结晶质的。各种黏土矿物和浊沸石类矿物作为胶结物对储层孔隙演化和影响因素研究历来是储层研究的重点，但是由于比表面大，化学性质活跃，将它们作为特殊的胶体矿物类型，并侧重胶体化学性质的研究则较为少见。在宏观上，储层中黏土矿物含量往往与孔隙度和储层渗透率呈负相关；储层孔隙中黏土矿物表面层的特殊结构和性质，导致储层物性、孔隙结构、岩石润湿性和水驱油过程不同程度的复杂化[13]。

1. 储层黏土矿物是胶体矿物的重要类型

油气黏土矿物地质学主要研究在油气勘探开发过程中以黏土矿物为核心的相关地质问题，是一门与石油地质学、有机地球化学、地层学、沉积岩石学和储层地质学等多种学科相交叉的边缘学科，属于应用黏土矿物学，服务于煤田、油气田勘探与开发。其主要内容应包括：（1）黏土矿物在地层对比和沉积环境研究中的应用；（2）黏土矿物的成岩变化及其与油气生成、运移和富集的关系；（3）黏土矿物的成岩变化及其对储层成岩作用、孔隙演化和储层产能的影响；（4）用黏土矿物成分和结构的变化作为地质温度计和地质压力计，研究区域构造运动及盆地构造发展史和地热史。油气黏土矿物工程学主要研究油气勘探开发过程中与黏土矿物有关的工程问题，是一门实用性很强的黏土矿物应用科学。它与钻井工艺、油田化学和各种油层保护工程技术密切结合，并直接为它们服务。其主要内容包括：（1）钻井液与油层保护问题；（2）低渗透油层酸化、压裂过程中的黏土矿物问题；（3）油田注水开发和三次采油过程中的黏土矿物问题[14-15]。

2. 储层黏土矿物地质学发展

为使黏土矿物研究更好地为石油勘探和开发服务，发展了油气黏土矿物地质学和油气黏土矿物工程学理论，除继续加强石油地质和油层保护中黏土矿物研究外[16]，还应开

展以下三个方面的研究工作。

1）有机黏土矿物化学理论标度油气生成

目前，干酪根生油理论重视生油岩有机组分的分析研究，忽视了地质过程中有机质与黏土矿物组分相互反应及其对有机质沉积和油气生成影响研究，将不同矿物组成的烃源岩与有机质生烃反应都理解为单一的有机质热降解过程，从而提出了生油门限的概念。近年来，在生油门限以外的"未成熟带"内发现了丰富的"低熟"或"未熟"油，打破了生油门限的界限，表明干酪根生油理论存在某种局限性。

有机黏土矿物化学是一门新兴的研究有机质与黏土矿物（包括黏土矿物和黏土矿物粒级碳酸盐、二氧化硅胶体等）之间相互作用的边缘学科，也是目前国内外黏土矿物研究的热点。

研究表明：（1）沉积过程中有机质与黏土矿物的相互作用使有机质以有机黏土矿物复合体的形式快速沉积，这是导致烃源岩中有机质与黏土矿物紧密共生的根本原因；（2）有机质向油气转化的过程不是简单的有机质热降解过程，而是有机黏土矿物复合体在新的条件下发生有机黏土矿物化学反应，有机分子和黏土矿物质点之间存在物质和能量迁移。

以往分析表明：（1）在未成熟烃源岩中，黏土矿物八面体结构中铁均为 Fe^{3+}，在有机质脱羧基反应中，这类 Fe^{3+} 逐渐被还原成 Fe^{2+}，揭示了反应过程中黏土矿物与有机质之间的电子迁移特征，也为黏土矿物催化性能随其八面体中 Fe^{3+} 含量的增加而增强现象提供了很好的解释；（2）有机质裂解反应是一个加氢反应，其中有机质从黏土矿物中夺取一个质子，因此有机质生烃反应也是一个有机黏土矿物化学反应。反应发生不仅与地层温度、压力和介质条件变化有关，而且与有机黏土矿物复合体中有机分子和黏土矿物成分及它们的结合状态有关。

不同特征的有机黏土矿物复合体向油气转化的条件不同。用有机黏土矿物化学反应的观点去研究和描述有机质生烃反应考虑更多的地质因素，因此它更能适应复杂地质条件下各种生烃机理的研究。用这种理论不仅可以对沉积盆地中有机质与黏土矿物紧密共生的关系、有机质沉积机理进行解释，还可以对世界含油气盆地中存在生油门限深度与烃源岩中蒙皂石脱水深度之间的密切关系做出成因解释，而这些都是目前干酪根生油学说没有解释的问题。

另外，它还可以为碳酸盐岩生油研究和"未成熟烃""煤成烃"成因机理提供新的支持。

2）黏土矿物对提高原油采收率的影响

黏土矿物研究与提高原油采收率工作密切相关。目前，国内老油田主力油层都已进入高含水开采阶段，进一步提高油层开采水平难度大。对于水驱开发后的油藏，一般仍然有 40%～60% 原油滞留在地下未采出，有效动用这部分资源意义重大，其中黏土矿物类型、含量和分布形式对剩余油影响较大。因此，开展陆相复杂油气储层黏土矿物研究十分必要，主要体现在以下两个方面：

（1）低渗透油藏压裂液体系引起储层伤害及其预防。油层压裂后增产效果随黏土矿物含量的增加而变差。高岭石属于速敏矿物，高排量、快速滤失容易形成速敏伤害；绿泥石属于酸敏矿物，尽量避免酸化压裂；蒙皂石和伊/蒙混层矿物属于水敏矿物，压裂液中应全程加入防膨剂。因此，针对储层中不同的黏土矿物类型和含量，进行压裂液体系优化，防止压裂液造成储层伤害。

海相砂岩由于搬运距离一般较远，簸选性好，骨架矿物颗粒结构成熟度和成分成熟度较高，化学性质十分稳定，所以在油层酸化时主要考虑绿泥石溶解产生氢氧化铁沉淀对油层的危害。陆相砂岩通常搬运距离较近，石英、长石和岩屑等成分复杂，化学性质十分活泼。室内实验表明，油层样品在土酸（氢氟酸与盐酸的混合酸）中浸泡一定时间后，在扫描电镜下清楚可见长石和岩屑发生溶解，黏土矿物套膜保存下来，结果不仅产生大量的次生氟硅酸盐和胶体的沉淀，而且导致大量黏土矿物微粒释放，堵塞孔隙喉道，甚至造成油层骨架的破坏，这可能是重复酸化或土酸用量过大导致油层减产的一个重要原因。由此可见，陆相砂岩油层酸化的重要问题是防止储层酸敏伤害。

目前，国内外广泛采用降低酸液与地层反应速率、扩大酸化半径等各种酸化工艺措施，适用于骨架组分以石英为主的海相砂岩，不能很好地适应石英、长石和岩屑组成的陆相砂岩，所以对陆相砂岩油层的黏土矿物酸化应采用新的技术思路，根据黏土矿物组合特征，充分利用各种黏土矿物化学组成和阳离子交换反应的基本原理，研究出针对不同黏土矿物组合类型的砂岩储层酸液配方和工艺流程，简化操作并使之与压裂和注水作业配套，发展适合陆相砂岩储层酸化工艺系列，提高陆相渗透砂岩储层开发水平。

（2）开展三次采油过程中黏土矿物研究。在三次采油过程中，无论是用碱、聚合物或其他介质驱油，注入地层流体都会引起孔隙介质条件的变化，从而诱发储层黏土矿物发生一系列物理化学变化，可能导致油层伤害，影响驱油效果，如注入地层的碱必然引起地层 pH 值升高，导致黏土矿物分散迁移。黏土矿物表面层内微纳米级孔隙非常发育，比表面巨大，矿物晶体结构不固定，反映出物理化学性质因表面层组成和含量的不同而存在差异。

地下储层微结构及其物理化学环境对聚合物、表面活性剂和碱以及其他外来注入剂有很强的物理化学作用。不同黏土矿物组成、含量和产状变化对注入地层驱替介质的吸附作用不仅会大大提高三次采油成本，而且由于它对驱替物选择吸附，结果会改变驱替物的原有配方而影响驱油效果。因此，需要开展黏土矿物表面层的物理化学性质研究，如在化学采油过程中各种物理和化学吸附性，可通过测定比表面、表面功、Zeta 电位、离子交换性、润湿性等研究手段，开展油层黏土矿物对驱替液作用的室内实验评价，为工业性试验方案设计提供依据，对提高三次采油经济效益和油田最终采收率有着重要意义。

3）用水铝硅酸盐矿物作为地质温度计和地质压力计

为研究构造运动和盆地构造发育史，目前常采用镜质组反射率、磷灰石裂变径迹、氧同位素以及包裹体等方法研究地质历史时期地层温度、压力变化过程，这些方法常常受到样品条件的限制。各种层状（如黏土矿物类）、架状（如沸石类）水铝硅酸盐矿物是陆相沉积盆地中分布较广泛的化学成因结晶矿物，对温度、压力和pH值、各种无机盐离子含量较为敏感，通过晶体结构演化分析，可以很好地反演沉积成岩过程中环境的变化。

众所周知，地层中黏土矿物组分和结晶程度与其所经历的最高古地温有着密切关系，而且这种关系在成岩埋藏过程中具有不可逆性，因此它是一种理想的地质温度计。目前，国内外广泛采用烃源岩黏土矿物组成的纵向演变特征，划分成岩阶段和油气演化阶段，获得了良好的应用效果，但是对黏土矿物结构变化与古环境的关系研究相对较少。通过黏土矿物组成和结构变化与温度关系的深入研究，不仅可以为盆地热史的研究提供有用信息，而且还可以揭示盆地构造发展史以及盆地内不同地区构造发展史的差异[17]。

第四节　储层表面物理化学研究目的和内容

一、储层表面物理化学研究目的和作用

1. 揭示原始油藏中油气水微观赋存机制

原始油藏中，储层孔隙表面层及性质制约着可动油、可动水、束缚油、束缚水的量和分布规律，进而决定了油气水赋存和开采机制。因此，通过对储层孔隙表面层物理化学性质表征，可以揭示原始油藏中油气水的赋存和流动机制（图1-4-1）。

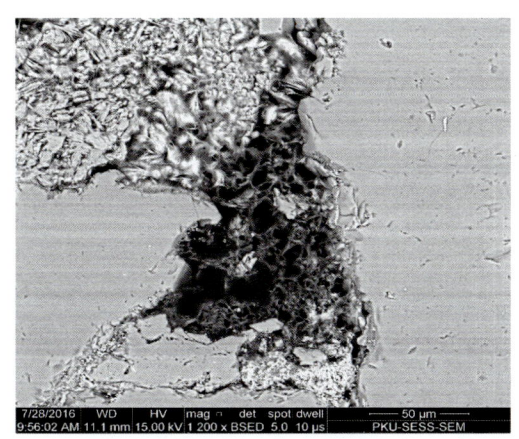
(a) 准噶尔盆地西北缘七东区克下组砾岩储层表面层差异造成物理化学性质差别很大

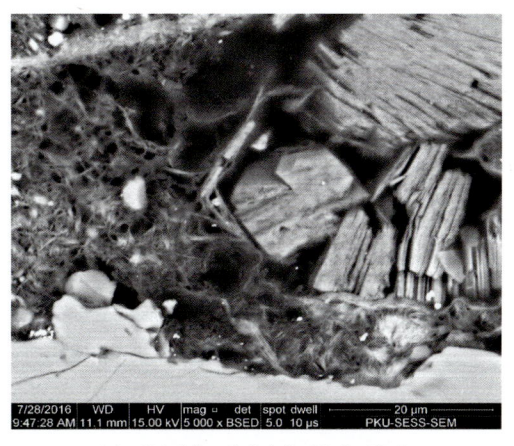
(b) 手风琴状、片状高岭石比表面积小，伊蒙混层蜂窝状比表面积巨大

图1-4-1　不同类型表面层矿物材料分布特征

2. 确定各个采油阶段微观剩余油分布规律

在各个开采阶段,剩余油赋存状态很大程度上取决于表面层的物理化学性质,通过比表面及其自由能、表面电化学性质、润湿性、分散与絮凝性、膨胀性等储层表面物理化学性质研究,可以分析储层中不同开采方式和开发阶段哪部分原油被采出,哪部分没有被采出,搞清剩余油分布及其与表面层性质关系,为进一步提高采收率提供决策依据。

3. 揭示三次采油过程中驱油体系吸附滞留和色质分离规律

各种化学剂注入过程中,油藏储层孔隙表面层对聚合物、表面活性剂和碱有较强的亲和吸附能力(如聚合物的滞留、表面活性剂的吸附和碱的消耗等),这无疑会破坏驱油体系的整体性和协同性,进而影响化学驱三次采油效果。比较典型的例子就是准噶尔盆地西北缘七东$_1$区克下组三元复合驱,采用200m×150m矩形反九点井网,油井中见聚合物周期短、浓度高,而油井中见表面活性剂和碱的浓度低、时间长,说明三元复合体系在地下注采井间发生了色质分离,没有起到预想的协同作用。储层表面物理化学研究目的就是揭示这些色质分离的规律,建立吸附、滞留、消耗损失图版,加入前置牺牲剂,优化配方体系。

4. 有利于提高调剖堵水等增产措施效果

井筒附近化学堵水、调剖等效果主要取决于这些化学剂与储层的相互作用,通过各种化学剂与储层表面层相互作用研究,搞清化学剂堵水和调剖机理,指导措施用各种化学剂选型和性能研制,针对不同的储层表面物理化学特性,优化措施配方和用量,从而达到提高化学堵水、调剖等措施效果。

从以上储层表面物理化学研究目的和任务可以看出,在与油、气、水相互作用过程中表现出很多胶体性质和固—液、液—液、气—液、气—固表面化学性质,有别于骨架矿物、孔隙和流体(图1-4-2),其物理化学性质在很大程度上决定了油藏的性质,又对原油赋存状态和采收率(特别是化学采油)有着重要影响。

(a) 马北12井镜下骨架表面层分布特征　　　　(b) 马北12井镜下孔隙表面层分布特征

图1-4-2　柴达木盆地马北12井镜下观察到的表面层特征

5. 有助于预防储层伤害

地下油气藏可以看作是在漫长地质历史演化过程中形成的一个巨大的相对封闭体系，体系内的各种流体、无机盐离子和表面层处于相对平衡状态，无论是注入水，还是化学剂一旦进入油藏，势必会打破这种物理、化学平衡，可能使储层物性变好，也可能使储层物性变差，这些都是本书研究的内容，尤其是表面层与外来注入流体相互作用引起的储层伤害是研究重点。

比如，目前使用的压裂液体系为了降低成本，提高携砂能力、抗剪切、破胶和滤失性能，一般注入十多种化学添加剂，势必会与储层表面层发生物理化学作用，引起低渗透储层物理伤害和化学伤害，因此储层表面物理化学性质与压裂液相互作用研究，优化压裂液配方体系也是本书研究的一个重要内容。

二、储层表面层研究的意义

相对于骨架矿物颗粒直径大小而言，储层表面层厚度较小，一般在 10μm 以下，占总体积的 5.0%～30.0%，但是它的物理化学性质基本上决定了储层的物理化学性质。

对储层表面物理化学性质的研究意义体现在以下几个方面：（1）表面层是束缚流体（包括束缚水和束缚油）储存的主要场所之一；（2）表面层的润湿性、絮凝性、膨胀性、水理性和分散迁移性等无论是对一次采油、二次采油，还是三次采油过程中剩余油分布均有着重要影响；（3）储层表面物理化学性质对储层物性，尤其是低渗透储层物性有着重要影响；（4）储层表面物理化学性质对注水开发过程中引起储层伤害起着重要的控制作用；（5）储层表面物理化学性质影响着三次采油过程中聚合物物理吸附滞留和化学吸附损失；（6）储层表面物理化学性质影响着三次采油过程中表面活性剂物理吸附滞留和化学吸附损失；（7）储层表面物理化学性质影响着三次采油过程中耗碱量，从而影响了化学驱配方体系；（8）储层表面物理化学性质对开发过程中各个阶段驱油效率有着重要影响。

总之，在钻井、完井、射孔、试油、酸化、压裂、修井、注水、提高采收率等生产作业过程中，外来物质与油藏接触所发生的各种物理化学变化均与表面层性质密切相关，这些变化有些是利于采油的（如酸化、压裂、堵水、调剖、水驱、化学驱、气驱、热采、微生物驱等），有些是不利于采油的（如水敏、盐敏、速敏、酸敏、碱敏、压敏、水锁等）。

三、储层表面物理化学主要研究内容

根据前述储层孔隙表面物理化学研究的目的和意义，研究内容聚焦在储层微观地质结构、物理化学性质宏观表征及其对高效开发的影响上，具体包括以下 5 个方面。

1. 表面层结构特征

研究储层表面物理化学性质，首先从储层表面结构特征认识入手，主要研究储层骨架结构、微观孔喉结构、储层表面结构特征及储层中表面层矿物分布。

2. 表面层矿物组成及形成机制

储层表面矿物材料及其组成特征决定了表面层的各种物理化学性质，基本上代表了整个储层的各种物理化学性质。研究内容大体包括以下几个方面：（1）储层表面材料组成；（2）表面层矿物晶体结构与化学组成；（3）表面层矿物形成与演化；（4）表面层矿物类型及特点；（5）表面层矿物组合类型。

3. 表面层物理化学性质

储层表面物理化学性质研究是本书的重点，主要侧重以下几个方面：（1）比表面能及其吸附性；（2）固—液表面张力及其润湿性；（3）储层表面电化学性质；（4）水理性及其膨胀性；（5）絮凝与分散迁移性；（6）储层中机械杂质的化学不稳定性；（7）储层中碳酸盐矿物的物理化学性质。

4. 表面层物理化学性质与油水赋存及流动机制关系

储层表面性质在很大程度上决定了原始油藏油气水赋存状态和在开发过程中各个采油阶段剩余油的赋存状态，主要包括：（1）储层表面性质与原油赋存状态；（2）储层表面性质与剩余油赋存状态；（3）储层表面与水的类型及其赋存状态；（4）储层储存空间中的无机盐。

5. 表面层物理化学性质对采收率的影响

从储层表面物理化学性质看，无论是对一次采油、二次采油，还是三次采油各个阶段采收率均有着重要影响，主要体现在：（1）储层表面性质对物性的影响；（2）储层表面性质对驱油效率的影响；（3）表面层与注入介质相互作用引起的储层伤害；（4）储层表面性质对化学驱效果的影响；（5）储层表面性质与压裂液体系优化；（6）储层表面性质与堵水调剖剂优选。

第五节 储层表面物理化学性质表征方法

一、显微镜定性表征方法

1. 切磨钻全程液氮制样

储层表面物理化学性质的研究要求在岩心制样过程中首先要最大限度地保留地下油

藏矿物岩石的各种物理化学性质和原油的微观赋存状态，显然，在传统的切磨钻过程中，水作为降温媒介制样方法，不可避免地改变了表面层性质和原油分布。因此，在切磨钻制样过程中采用全程液氮降温方法可有效地避免含油岩心与水的接触（图1-5-1）。

 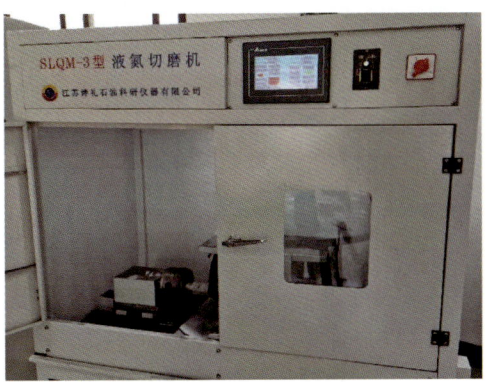

图1-5-1　全程切磨钻一体化实验装置

2. 显微镜微观结构定性表征

1) 岩石薄片定性观察描述

除了观察储层矿物岩石组构特征和岩石定名外，普通岩石薄片镜下观察方法是储层填隙物（主要是表面层矿物）定性表征最简单直观的方法之一（图1-5-2）。正交光与单偏光配合使用，尤其是消光现象的观察，准确识别不同类型的表面层矿物是其他显微镜不可比拟的。

 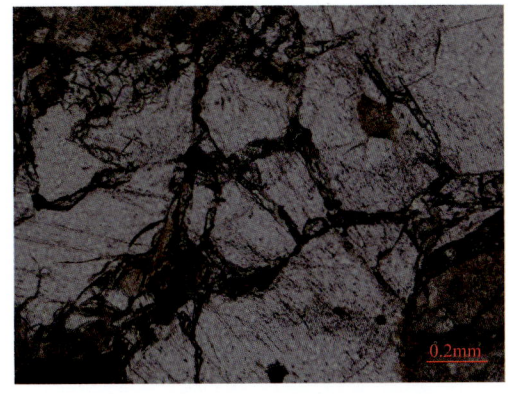

(a) 新疆砾岩储层正交光下储层表面层矿物特征　　(b) 新疆砾岩储层单偏光下储层表面层矿物特征

图1-5-2　新疆砾岩储层普通显微镜下各种表面层矿物分布产状特征

2) 铸体薄片定性观察描述

铸体薄片注入有色剂后，能够清晰地反映出孔隙与骨架矿物颗粒表面层的产状、厚度（图1-5-3）。通过对孔隙和喉道分析统计，计算面孔率、孔隙与喉道特征参数、配置关系等。借助消光特征还可以识别出表面层矿物类型，简单实用，是储层表面层矿物表征不可缺少的手段。

(a) 新疆砾岩储层铸体薄片储层表面层矿物特征

(b) 大港砂岩储层铸体薄片孔喉群落与表面层矿物分布特征

图1-5-3　普通显微镜下各种表面层矿物分布产状特征

3）荧光薄片微观原油赋存状态表征

荧光薄片法是显微镜下分析微观剩余油分布最简单实用的方法。通过与正交光配合，可以清晰地反映出剩余油相对饱和度及其与表面层矿物的关系（图1-5-4），是储层表面层性质研究的基本方法之一。

(a) 大港砂岩储层孔隙分布特征

(b) 大港砂岩储层孔隙剩余油分布特征

图1-5-4　大港港西明化镇组砂岩储层荧光薄片微观剩余油分布特征

4）高倍电子显微镜

扫描电子显微镜（SEM）法是储层表面层研究使用率最高的方法，二次电子和背散射配合使用，结合能谱打点（或能谱面扫描），解决了表面层矿物的形态特征、类型识别、微观油水分布表征等诸多问题，是各种机理分析的主要手段。具有以下诸多优点：（1）有较高的放大倍数，1万～20万倍之间连续可调；（2）有很大的景深，视野大，成像富有立体感，可直接观察各种试样凹凸不平表面的细微结构；（3）试样制备简单。目前的扫描电镜都配有 X 射线能谱仪装置，这样可以同时进行储层显微组织形貌的观察和成分分析（图 1-5-5）。

(a) 大港油田港西二区馆陶组储层表面层粒间孔喉中分布

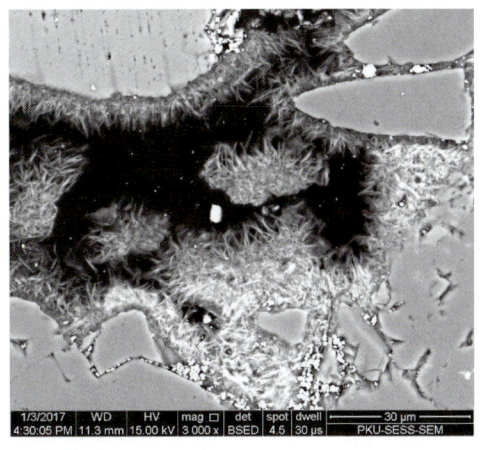
(b) 长庆静安油田长6油层伊利石表面层沿骨架颗粒边缘垂直生长

图 1-5-5　扫描电镜观察到储层中的骨架颗粒表面特征

5）激光共聚焦扫描显微镜

激光共聚焦扫描显微镜是 20 世纪 80 年代中期发展起来并得到广泛应用的新技术。用激光作为光源，采用共轭聚焦原理，并利用计算机对所观察的对象进行数字图像处理、分析和输出。其特点是可以对样品进行断层扫描和成像，进行无损伤观察，分析样品三维结构。通过计算机分析和模拟，就能显示储层样品的立体结构（图 1-5-6）。

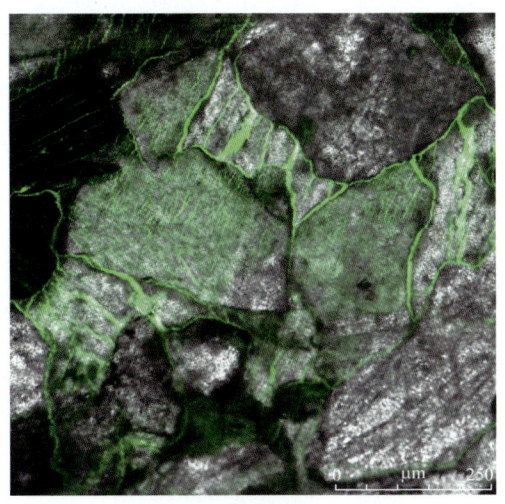
(a) 骨架矿物颗粒溶蚀微纳米级孔缝特征

(b) 储层微纳米级孔缝特征

图 1-5-6　安塞油田长 6 油层激光共聚焦观察到颗粒表面包裹膜内微纳米级孔隙发育特征

在结构配置上，除了包括普通光学显微镜的基本结构外，激光扫描共聚焦显微镜还包括激光光源、扫描装置、检测器、计算机系统（包括数据采集、处理、转换、应用软件)、图像输出设备、光学装置和共聚焦系统等部分。由于该仪器具有高分辨率、高灵敏度、光学切片、三维重建、动态分析等优点，可以分析样品立体结构，直观地进行微观孔喉结构形态观察，并揭示各种孔喉结构的空间关系（图 1-5-6）。

6）全能谱面扫描技术

通过全能谱面扫描可以获得一定视域范围内平面上连续的能谱元素分布，如与表面层及骨架矿物密切相关的硅、铝、氧、钙、镁、铁、硫、钾、钠等元素，与原油密切相关的碳元素，通过元素含量组合识别矿物类型和原油饱和度，进而分析原油微观赋存状态及控制因素（图 1-5-7）。

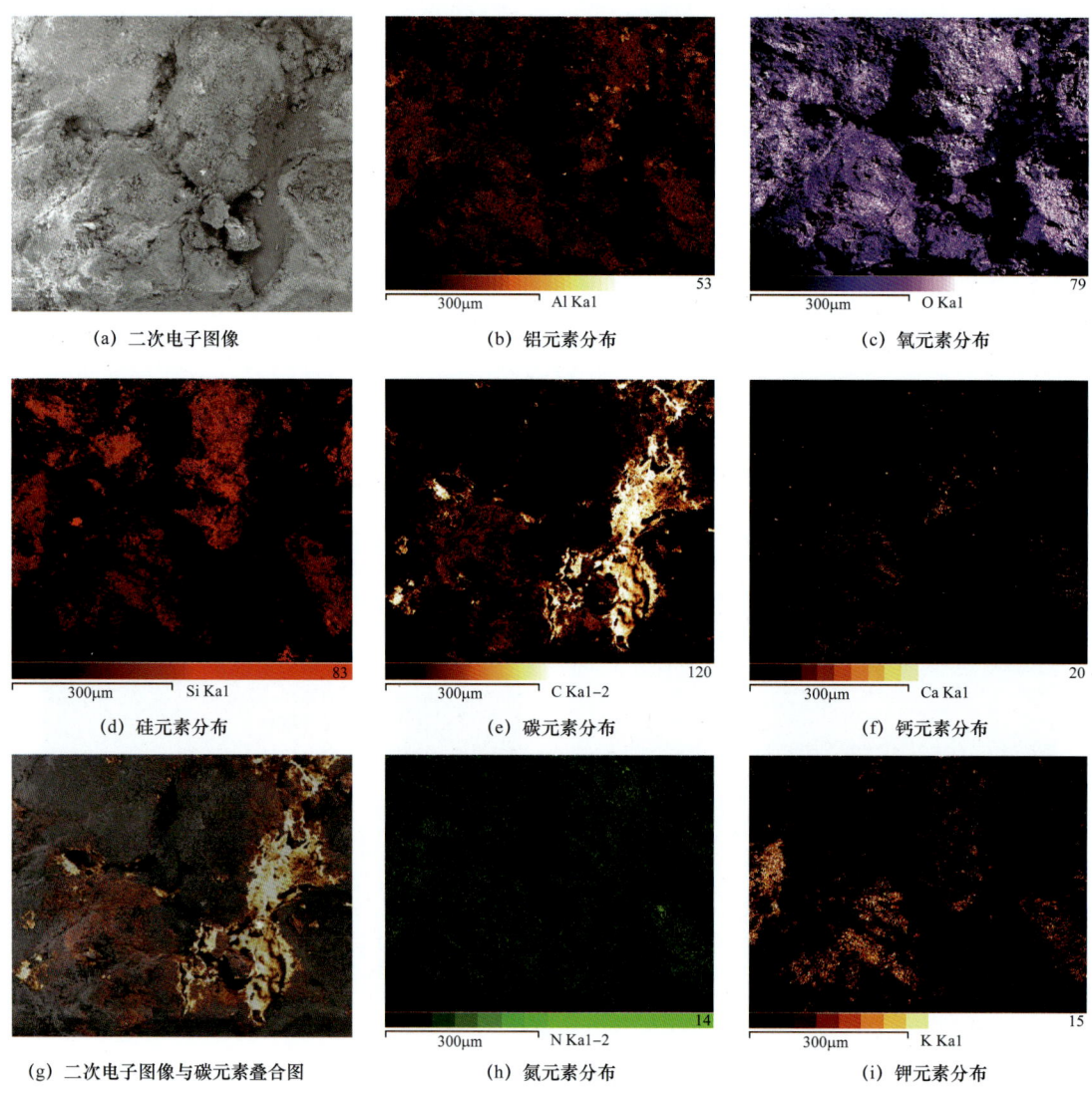

图 1-5-7 鄂尔多斯盆地安塞油田长 10 油层全能谱面扫描图像

分图右下角的 53、79 等数字为颜色色标

二、压汞表征方法

压汞法是用来定量测定不同孔径分布的方法。汞为非润湿相,欲使汞进入孔隙需施加外压,外压越大,汞能进入的孔喉半径越小,因而测量不同外压下进入孔喉中汞的量即可知相应孔喉大小的孔喉体积。

在恒速压汞实验中,以非常低的恒定速度使汞进入岩石孔隙,可以观察到系统毛细管压力的变化过程。恒定低速使得进汞过程可以近似为准静态过程。在准静态过程中,表面张力与接触角保持不变,汞前缘所经历的每一处孔隙形状变化,都会引起弯月面形状的改变,从而引起系统毛细管压力的改变。当汞前缘进入主喉道时,压力逐渐上升,突破后压力突然下降,第一级压力降落,之后汞逐渐将第一级孔室填满并进入下一个次级喉道,产生次级压力降落,以下渐次将主喉道所控制的所有次级孔室填满。直至压力上升到主喉道处的压力值,为一个完整的孔隙单元。主喉道半径由突破点的压力确定,孔隙大小由进汞体积确定。这样通过进汞压力的涨落变化曲线可以推断岩石的孔隙结构。

目前,采用高压泵最大进汞压力可以高达200MPa,理论上可以进入3.75nm连通空间,获得3.75nm以上孔喉连续谱分布曲线(图1-5-8),为微纳米储层分类及微观油气水分布定量表征提供了丰富的实验数据。

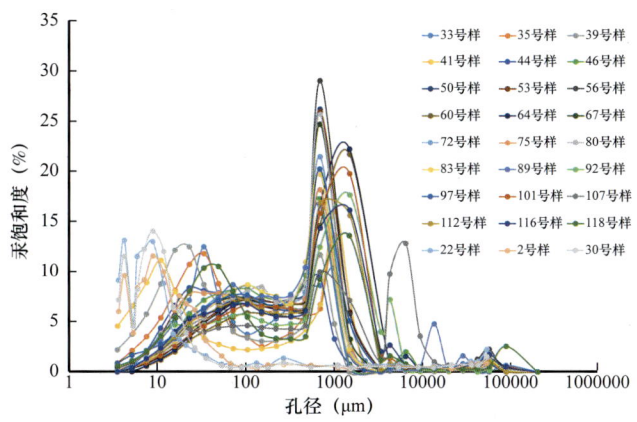

图1-5-8 青海英西地区盐下致密油储层孔喉连续谱分布曲线

三、核磁共振及渗吸表征方法

核磁共振主要以T_2弛豫谱为源信号,分析频谱幅值、截止值、弛豫时间、谱峰间距等参数,测量孔隙度、渗透率、饱和度、可动流体、润湿性、渗吸效率、采收率、油品性质等参数,从全直径岩心到钻井岩屑均可测试,适合多种岩性。

超长时自发渗吸+核磁共振联测技术发展迅速,可获得不同渗吸时间段渗吸量的多少(图1-5-9),判断不同储层毛细管压力渗吸能力,进行储层评价分类。另外,通过重水或氯化锰对水的信号屏蔽,可以获得不同空间原油信号强弱,推断不同储集空间含油饱和度、剩余油饱和度、可动与否等信息,为提高采收率研究提供依据。

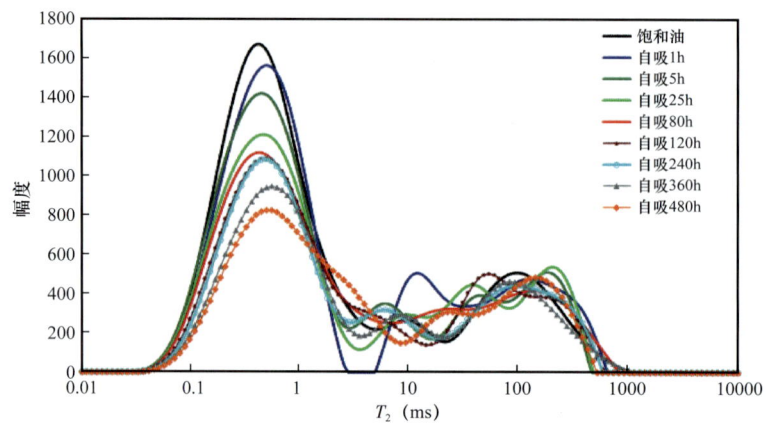

图 1-5-9　研究区长 6 油层组致密砂岩核磁渗吸 T_2 谱孔隙半径分布

四、X 射线衍射表征方法

通过分析 X 射线衍射图谱，获得材料的成分、内部原子（或分子）的结构或形态等方面的信息。定量分析要求样品细度在 45μm 左右，即过 325 目筛。物相分析 X 射线衍射在金属中应用最多，在研究性能与各相含量的关系、检查材料的成分配比及随后的处理规程是否合理等方面广泛应用。

X 射线是原子内层电子在高速运动电子的轰击下跃迁而产生的光辐射，主要有连续 X 射线和特征 X 射线两种。晶体可被用作 X 射线的光栅，很大数目的粒子（原子、离子或分子）所产生的相干散射将会发生光的干涉作用，从而使得散射的 X 射线的强度增强或减弱。由于大量粒子散射波叠加，互相干涉而产生最大强度的光束，称为 X 射线的衍射线。

满足衍射条件，可应用布拉格公式：$2d\sin\theta=n\lambda$。应用已知波长的 X 射线来测量 θ 角，从而计算出晶面间距 d，用于 X 射线结构分析；另一个是应用已知 d 的晶体来测量 θ 角，从而计算出特征 X 射线的波长，综合已有资料查出试样中所含的元素。

黏土矿物定量测定和定性分析始终是开发地质研究的重要内容，除了常规的差热分析、红外光谱、X 射线衍射、扫描电镜观察外，近年来随着页岩油气研究迅速发展，对黏土矿物纳米级微观颗粒及其颗粒间孔隙结构研究技术手段日益成熟，在一定程度上为储层表面黏土矿物研究创造了良好的条件。

五、比表面和表面功函数表征方法

以氮分子作为吸附质的氮吸附法测定需要在液氮温度下进行，又称为低温氮吸附法，可以获得吸附—脱附曲线（图 1-5-10），氮分子性质稳定、分子直径小、安全无毒、来源广泛，是目前理想且主要的吸附法比表面测试吸附质。

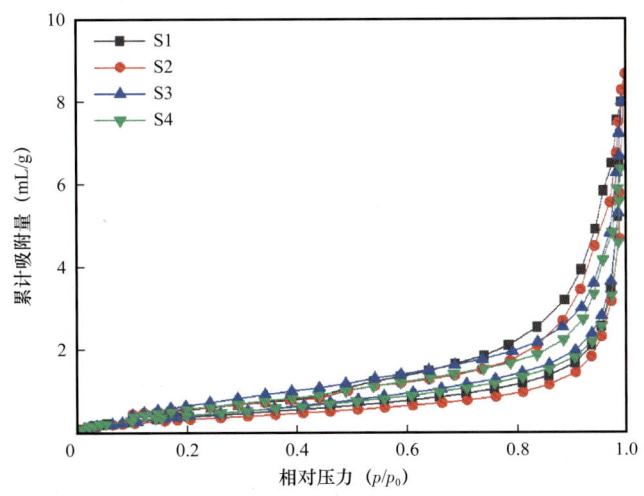

图 1-5-10 中上扬子地区太阳气田龙马溪组氮吸附—脱附曲线

由吸附量来计算比表面的理论很多,如朗格缪尔吸附理论、BET 吸附理论、统计吸附层厚度法吸附理论等。其中,BET 理论在比表面计算方面大多数情况下与储层实际值吻合较好,广泛应用于比表面测试,通过 BET 理论计算得到的比表面又称为 BET 比表面。统计吸附层厚度法主要用于计算外比表面积。

以氮吸附 BET 比表面测定标准样品为例,该方法依据有两个:(1) BET 理论假设之一是在吸附一层之后的吸附过程中能量变化相当于吸附质分子液化热,也就是和粉体本身无关;(2) 在相同氮气分压(5%~30%)、相同液氮温度条件下,吸附层厚度一致。这就是以此种简单方法所得出的比表面值与 BET 多点法得到值一致性较好的原因。

比表面积研究理论相对成熟,特别是针对粉体物质比表面积的测定方法和相关理论研究较深入,主要理论支撑是 BET 吸附理论。石油相关领域主要研究对象是黏土矿物,石英、长石等骨架矿物比表面积小并且稳定,蒙皂石、伊利石、高岭石等黏土矿物比表面积相差较大,蒙皂石与高岭石比表面积可相差 8 倍以上。目前,比较先进的测量方法是利用常规氮气吸附实验法测定岩心柱比表面积,打破测定对象为粉末的传统,在不破坏岩石原本物理结构的基础上测定比表面积[18]。

六、润湿性表征方法

岩石润湿性是指液体在分子力的作用下对岩石表面的一种流散现象,它反映出固体表面对某种液体亲和或憎离特性。润湿性基本原理是固体表面附近液体分子所受的分子间力与相内液体分子不同,其分子间相互作用力取决于固体和液体的性质。固体和液体之间存在的力包括范德华力、静电力和结构力。润湿性就是这些分子间相互作用的综合结果。润湿性会对不相溶的流体分布状态和流动产生影响,因此润湿性在提高原油采收率过程起着决定性的作用。若岩石表面亲水,说明水能够自发地将原油从岩石表面上驱走；而岩石亲油，则水无法将油从岩石表面上驱走。因此，润湿机理及其改变润湿性研究逐渐成为提高采收率研究的热点[19-26]。

1. 润湿性研究进展

影响储层润湿性的因素有很多，主要包括原油成分、有无水膜的存在、岩石矿物类型和含量、地层水化学性质、温度、孔隙结构、pH值等[27-31]。

原油中存在极性组分并且吸附在岩石矿物的表面，可以改变岩石的润湿性，主要向油湿的方向变化。极性成分包括沥青质、胶质以及含有氮、硫、氧的化合物，表现比较突出和典型的是沥青质[32-33]。原油中沥青是一种极性物质，因沥青吸附性很强，当有水存在时，原油和矿物表面接触变得更加复杂，沥青质吸附受到多种环境因素的影响，包括水的分布、离子含量、pH值、矿物表面的成分和性质等。Graue等利用北海油田新鲜原油替代原来罐装原油之后，通过实验发现体系更加水湿。有无水膜对润湿性的影响较大，原油中表面活性剂通常可以穿透水膜而吸附在岩石表面，但是在很多情况下，水膜的存在会降低沥青的吸附，从而改变岩石润湿性[34]。姚凤英等分别对表面含有水膜和干燥的石英在质量分数为0.05%的沥青质甲苯溶液中浸泡，结果显示含水膜的样品亲油性弱于干燥的石英[35]。Lyutin和Burdyn发现，在含水饱和度为10%的非胶结填砂模型中沥青质吸附量，是无水条件下沥青吸附量的80%。

pH值和地层水矿化度对于润湿性起着重要的作用，因为它们影响岩石表面和流体表面的电荷，最终影响岩石对表面活性剂的吸附。带正电荷的阳离子表面活性剂会被带负电的岩石表面所吸引，而带负电的阴离子表面活性剂会被带正电的岩石表面所吸引。在不同pH值体系中，方解石表面会带不同的电荷，体现出不同的带电性。有关温度对岩石润湿性的影响，前人做了很多工作，Karyampudi和Rao发现，原油、地层水和石英表面形成的体系随着温度升高，石英表面和砂岩表面也由初始亲水变成亲油。

2. 润湿性评价方法

截至目前，尽管通过很多工作去测量接触角和表（界）面张力或表面能，提出了一些相应的方法和理论[36]（表1-5-1），但是固体颗粒物质润湿性测量方法至今仍没有得到充分的解决。

表1-5-1 不同测量固体颗粒润湿性方法比较

润湿性测定类型	实验方法	测量范围	优点	缺点
固着液滴法	将液滴滴在固体表面，测量润湿角	0°～180°	测量角范围大，操作简单	不适合表面较粗糙材料，人为误差大
毛细管上升法	将粉体物质放在玻璃管中，测量润湿高度	0°～90°	在一定接触角范围内，结果准确，误差小	只适用于粉体物质测量
USBM方法	吸入和驱替毛细管曲线	范围大	实验操作简单	不能确定属于部分润湿，还是混合润湿

续表

润湿性测定类型	实验方法	测量范围	优点	缺点
自动吸入法	饱和油岩心，测量自吸水量	范围大	利用岩心，能够真实反映油层真实情况	对岩心样品要求高，只能确定岩心相对润湿性
自吸驱替法（自吸离心法）	离心或驱替方法测量	0°～1°	利用岩心，没有破坏其物理形态	只能半定量、半定性评价润湿性
滴水法	水滴滴在岩心上，观察液滴形状变化	范围大	操作简单，成本低	只能定性评价

1）角度测量法

接触角测量试验中借助的是杨氏方程，主要原理是固—液与固—气表面能差等于气液表面能与接触角余弦值的乘积，具体表征如下：

$$\gamma_{s-g}-\gamma_{s-l}=\gamma_{g-l}\cos\theta \tag{1-5-1}$$

式中，γ_{s-g}、γ_{s-l} 和 γ_{g-l} 分别为固—气、固—液、液—气表面张力，mN/m；θ 为接触角，（°）。

根据式（1-5-1）来计算和测量润湿角时必须满足以下条件：固体表面是刚性、均匀和光滑的，而且固体表面是惰性的，没有膨胀和化学变化。

角度测量法是最直接的方法。根据定义测量接触角 θ，直接观测固体表面上平衡液滴或附着在固体表面上的气泡外形，观测三相交界点，此方法人为因素较多，精度差。

2）液滴最大高度法

液滴最大高度法是将液体滴在固体表面上形成的液滴，当不断增加液滴量时，液滴高度会达到一个最大值，如果继续增加液量只能扩大固—液表面的面积，最终在均匀的固体表面形成一个固定高的圆形"液饼"，具体计量方法和公式如下：

$$\cos\theta=1-\rho gh^2/(2\gamma_{l-g}) \tag{1-5-2}$$

式中，h 表示液滴最大高度，m；g 为重力加速度，取 9.8m/s²；ρ 为液体密度，g/cm³；γ_{l-g} 为液体表面张力，mN/m。

接触角测量难度大，而且由于形状和表面粗糙程度及化学均质性的影响，可能导致平衡力和热力学定义的本质接触角偏差，经常在比较平滑的固体表面测量接触角，很难测定固体介质的本质接触角。

3）毛细管上升法

毛细管上升法是测量粉体尺寸的常用方法，将晾干的尺寸小于 2mm 的颗粒充填于玻璃管中，将玻璃管下端用过滤器封合，以润湿前段最大润湿高度 h 作为润湿性参数。

对于非多孔性质的固体，通常采用量角法或张力计法；对于多孔介质材料，通常采用润湿性指数来表征其润湿性。量角法包括接触角测量法、双滴—双晶法，张力法主要利用吊板法。润湿性指数法通常包括 Amoot 法、USBM 法和自动渗吸法。

4）USBM 润湿性指数法

USBM 润湿性指数法是通过做功使一种流体驱替另一种流体，润湿流体从岩心中驱替所需要的功不大于非润湿性流体驱替所做的功。已经证明，所需要做的功与毛细管压力曲线下对应的面积成正比。通过离心就能求得吸入和驱替毛细管压力的曲线，来表示孔隙介质润湿性能。

5）自动吸入法

自动吸入法是在吸水仪中放入已饱和油岩心，在毛细管压力作用下，水自动被吸入岩石孔隙中，将原油驱替出来，通过仪器的上部刻度直接读出吸入体积；相反，如果发生自发驱水的现象，则岩石就具有亲油能力，由仪器刻度管可直接读出驱出水量。

6）自吸驱替法

自吸驱替法是将饱和油的岩心自吸水，测出自吸水量，然后利用水驱的方式驱油，测量出水驱的油量；同理，将饱和水的样品放在油相中自动吸油排水，接着用油驱水，分别测出自动吸油量、排水量和油驱排水量，计算水湿指数和油湿指数：（1）水湿指数 = 自吸水排油量/（自吸水排油量 + 水驱排油量）；（2）油湿指数 = 自吸油排水量/（自吸油排水量 + 油驱排水量）。

7）自吸离心法

自吸离心法和自吸驱替法原理相同，不同之处是利用离心机而非驱替设备将岩心中的油或水驱出来（表 1-5-1）。

利用间接方法测定多孔介质接触角和表面能，Bachmann 等提出使用单层过滤的固体颗粒直接测量接触角，由于受到毛细作用力的影响，固定液滴法只能用于测定憎水的颗粒。对于利用毛细管上升法测定材料的润湿性，局限性在于：如果接触角大于 90°，则测试液体不能渗入颗粒；对于憎水的固体颗粒，水则不能作为测试液体。C.W.Extrand 等测定接触角曲面的关系，当液体在曲面上延展接触角明显增加时，不同曲面上接触角与平面上接触角有一定的关系。

上述自吸法受喉道半径、形状及连通性影响较大。目前，测定部分饱和多孔介质接触角和表面能方法应用方面存在局限性，还没有发现一种有效、准确、被公认的测定多孔介质润湿性方法，特别是储层表面润湿性测定。

七、储层敏感性表征方法

由于黏土矿物颗粒细小（小于 5μm），比表面极大，并具有特殊结构组成，因此它们对外来作业流体，如注入水、压裂液、酸化液、压井液等的侵入极为敏感。当与外来流体接触时，黏土矿物往往会发生膨胀、微粒运移、生成某种沉淀等，从而堵塞储层渗透孔隙通道，造成储层渗流能力下降，伤害油气层[37-38]。

1. 流速敏感性

流速敏感性是指在试油、采油、注水等作业过程中，当流体在储层中流动时，由于流体流动速度变化引起地层微粒运移、堵塞孔隙喉道，造成储层岩石渗透率发生变化的现象。实践证明，微粒运移在各作业环节中都可能发生，而且在各种伤害的可能性原因中是最主要的一种。它主要取决于流体动力的大小，流速过大或压力波动过大都会促使微粒迁移、运移。地层微粒主要有以下几种来源：（1）地层中原有的自由颗粒和可自由运移的黏土矿物颗粒；（2）受水动力冲击脱落的颗粒；（3）黏土矿物水化膨胀、分散、脱落，参与运移的颗粒。这些将随流体运动而运移至孔喉处，或单个颗粒堵塞孔隙喉道，或几个颗粒架桥在孔喉处形成桥堵，并拦截后来的颗粒造成堵塞性伤害。

2. 水敏感性

水敏感性是指较低矿化度注入水进入储层后引起黏土矿物膨胀、分散、运移，使得渗流通道发生变化，导致储层岩石渗透率发生变化的现象。产生水敏感性的根本原因与储层中黏土矿物的特性有关，如蒙皂石、伊/蒙混层矿物在接触到低矿化度水时发生膨胀，膨胀后体积比正常体积要大许多倍；高岭石在接触到低矿化度水时由于离子强度突变会扩散运移。膨胀黏土矿物占据许多孔隙空间，非膨胀黏土矿物扩散释放许多微粒，因此水敏感性评价实验的目的在于评价产生黏土矿物膨胀或微粒运移时引起储层岩石渗透率变化的最大程度。黏土矿物含量的高低直接影响储层水敏感性的强弱。

此外，影响储层水敏感伤害程度的因素不仅包括黏土矿物的种类和含量，而且还包括其在地层中的分布形态以及地层本身的孔隙喉道、结构特征等。

3. 盐敏感性

盐敏感性是指一系列矿化度的注入水进入储层后引起黏土矿物膨胀或分散、运移，使得储层岩石渗透率发生变化的现象。储层产生盐敏感性的根本原因是储层黏土矿物对注入水的成分、离子强度及离子类型很敏感。盐敏感性伤害机理与水敏感性伤害机理相似。盐敏感性是各类油气层敏感性伤害中最常见的一种，大量研究结果表明，对于中、强水敏地层在选择入井液时应避免低矿化度流体。

室内研究和现场实践中，也存在高于地层水矿化度入井液引起渗透率降低的现象，这是因为高矿化度流体压缩黏土矿物颗粒扩散双电层厚度，造成颗粒失稳、脱落，堵塞孔隙喉道。所以对入井液矿化度应针对具体情况进行评价并做出合理选择。盐敏感性评价实验的目的在于了解储层岩石在接触不同矿化度流体时渗透率发生变化的规律。

4. 酸敏感性

酸敏感性是指酸液进入储层后与储层酸敏性矿物及储层流体发生反应，产生沉淀或释放出微粒，使储层渗透率发生变化的现象。酸敏感性导致储层伤害的形式主要有两种：一是产生化学沉淀或凝胶；二是破坏岩石原有结构，产生或加剧流速敏感性。酸敏与酸化不同，酸敏实验一般反映的是酸化过程中残酸自身变化及与储层岩石矿物发生反应对储层渗透率造成的影响。酸敏感性评价实验的目的在于了解酸液是否会对地层产生伤害及其伤害程度，以便优选酸液配方，寻求更为合理、有效的酸化处理方法，为油田开发方案设计、油气层伤害机理分析提供科学依据。

产生酸敏的因素很多，一般而言，储层酸敏潜在因素有：

（1）储层中绿泥石、菱铁矿、辉铁矿等含铁矿物较多时，易形成铁的氢氧化物沉淀，堵塞孔隙喉道，使酸化效果变差。

（2）氟化物沉淀，土酸中 F^- 与 Ca^{2+}、Mg^{2+} 反应生成不溶性 CaF_2、MgF_2，同时石英可以和氢氟酸反应生成氟硅酸盐和水化硅凝胶，堵塞孔隙喉道，导致渗透率下降。

（3）酸化释放出的黏土矿物颗粒发生膨胀运移，也可降低酸化效果。

不同地层应有不同的酸液配方。配方不合适或措施不当，不但不会改善地层状况，反而会使地层受到伤害，影响措施效果。

5. 碱敏感性

碱敏感性是指外来碱性液体与储层中的矿物反应使其分散、脱落或生成新的沉淀物质，堵塞孔隙喉道，造成储层渗透率变化的现象。地层流体 pH 值一般为 4.0~9.0，如果进入储层的外来流体 pH 值过高或过低，都会引起外来流体与储层不配伍问题。常见的碱敏感性矿物主要有隐晶质类石英、碳酸盐、高岭石、蒙皂石等。碱敏感性评价实验的目的在于了解各种入井碱液对储层是否造成伤害及伤害程度，如钻井过程中钻井液、水泥浆、油层压裂改造使用的压裂液等碱性工作液进入储层，与岩石矿物反应，造成微粒运移形成对储层的伤害；在碱驱及有碱复合驱过程中，高浓度碱性工作液与储层长时间接触，不仅与储层中岩石矿物反应，还造成岩石矿物的溶解，对储层造成伤害。

国内外研究结果表明，碱敏伤害机理主要包括：

（1）碱性工作液诱发黏土矿物分散，造成结构失稳。黏土矿物表面所带电荷分为结构电荷和表面电荷两种。表面电荷一般是黏土矿物表面化学变化造成，受介质 pH 值变化影响。在碱性介质中，黏土矿物晶片相互排斥而分散。在流体作用下易产生运移，堵塞喉道，降低储层渗透率[39]。

（2）高 pH 值碱液对黏土矿物及石英、长石等矿物有溶解作用。高 pH 值（pH 值大于 9.0）的碱液可与高岭石、石英发生溶解作用生成胶体或沉淀影响储层渗透率。由于反应形成了 H_4SiO_4，在高温及 pH 值大于 9.0 的条件下，其与高岭石反应形成蒙皂石，进一步对储层造成伤害。高 pH 值的碱液还与长石在一定条件下发生水解反应，生成高岭石和石英、高岭石、石英又可与高 pH 值的碱液反应生成沉淀，这种矿物间的循环反应，使得储层渗透率降低[40]。

八、离子交换性与带电性表征方法

1. 阳离子交换性

阳离子交换容量（CEC）是储层表面层性质评价的一个重要参数，定义为分散介质 pH 值为 7.0 时，1.0kg 黏土矿物所能交换下来的阳离子毫摩尔数（以一价阳离子毫摩尔数表示）。CEC 可用来表示黏土矿物在水中带电的多少，它与黏土矿物水化分散、吸附等性质密切相关。

离子交换是固—液表面吸附领域中一种化学吸附机制，离子交换吸附是指离子交换剂或某些黏土矿物在电解质溶液中吸附某种离子时，必然会有等当量的同电荷从固体上置换出来，如某阳离子交换剂 $DB+A^+ \rightleftharpoons DA+B^+$，离子交换吸附实质起因于离子的静电引力。

离子交换过程中总交换速率受到以下因素的影响[41]：（1）两相电荷梯度；（2）两相浓度梯度；（3）交换性质（结构和官能团）；（4）任何一相化学反应等。

Sprynskyy 研究了污水中重金属离子（包括铜离子、铬离子、镍离子等）在沸石上的吸附作用，最终结果显示吸附过程分为快速萃取阶段、翻转阶段和稳定阶段。体系中存在电位是重金属离子重新分布的重要驱动力[42]。

2. 表面层电化学性质

在固—液表面处，固体表面附近的液体通常存在电性相反、电量相同的两层离子形成的双电子层。固—液表面处的双电子层模型存在多种类型，如 Helmholtz 模型、Guoy-Chapman 模型、Stern 模型和 Grahame 模型，目前普遍认可的是 Stern 模型。Stern 模型是在 1924 年提出的双电子结构模型，固体表面因静电引力和范德华力而吸引一层反离子，紧紧贴在固体表面形成了一个固定的吸附层。被吸附的水化离子中心连成的面就是 Stern 面，从固体表面到 Stern 面之间的吸附层为 Stern 层。Stern 将模型中的双电层分为两层：一层是紧密层，紧靠在质点表面，厚度由吸附离子大小决定；另一层与分散双电子层模型中的分散层相似，该层包含了电泳时固—液相的滑动面。

当对砂岩储层岩心施加电流时，砂岩矿物结构发生变化，矿物层间的距离有了不同程度的减小。对软岩的电化学性质测定研究表明，软岩的膨胀性越强，电化学性质越活跃（电渗脱水及离子交换），致使结构和性质发生改变，从而生成新的矿物。对蒙皂石进行电化学实验表明，利用电化学改性后，蒙皂石比表面积和总孔隙体积减小，但是平均孔隙直径增加。

黏土矿物颗粒表面一般带有负电荷，周围存在电场。在静电力和布朗运动作用下，紧邻黏土矿物表面的静电力最强，水化离子和极性分子会吸附在矿物颗粒的表面形成固定层。由固定层向外静电力减小，水化离子和极性分子的活动性增大，形成扩散层。固定层和扩散层阳离子与表面负电荷形成双电子层。

3. 储层表面层 Zeta 电位

在外加直流电场作用下，带电粒子向正负极做相对移动，这种现象称为电泳。产生电泳现象的根本原因是在外力作用下，液—固表面内的双电层沿着移动表面分离开，而产生电位差。电位差大小可以反映表面带电状况，是表面吸附密切相关的参数。ζ 电位为滑动切面与溶液内部的电位之差。如果固相所固定的液层较厚或扩散层的厚度较小，则 ζ 电位较低；反之，ζ 电位较高。ζ 电位又称 Zeta 电位。

大部分储层矿物是由硅氧四面体和铝氧八面体组成的，在晶体结构中常由于晶格取代而使晶体结构电价不平衡，需要在表面结合一定数量的阳离子以平衡电价，李继山等研究了石英砂在不同表面活性剂作用下对渗流作用的影响，未处理的样品砂岩表面带负电，对原油存在静电吸引作用，使原油粘在壁上，增加了原油流动时的阻力，而加入阳离子表面活性剂处理后，砂岩表面电性减弱，对原油的阻力也相应减弱，随着阳离子浓度的增加，砂岩表面 Zeta 电位等于零时，孔道对原油的静电吸引力几乎为零[43]。周霞等指出固体表面 Zeta 电位随着 pH 值变化而改变，建议在测定岩石表面 Zeta 电位时，pH 值适宜的范围为 7.0~10.0，如果 pH 值小于 7.0，溶液会与岩石表面发生化学反应[44]；如果 pH 值大于 10.0，溶液会与岩石表面含铝的成分发生反应。王继乾等测定了原油沥青质与双亲分子作用下的 Zeta 电位，原油沥青质是否通过甲苯溶液的处理，Zeta 电位大小和正负并不相同，说明其与沥青质的表面官能团相关[45]。王炜等利用微电泳技术对不同条件下乳化油中废水的 Zeta 电位进行了测试，随着静置时间延长，油珠平均粒径增加且影响油珠的 Zeta 电位[46]。李宏亮等根据高岭石结构，建立了一个 Zeta 电位模型，并在不同 Ca^{2+} 环境下验证模型的准确性，结果显示当 Ca^{2+} 浓度不小于 25.00mg/L 时较准确。

目前针对 Zeta 电位的研究比较深入，砂岩储层中的矿物类型和含量及所处的环境决定带电性，表面的带电性会直接影响到储层中流体的渗流及对原油的吸附，进而影响剩余油分布和水驱效率，测定砂岩储层 Zeta 电位可以定量评价储层表面与水驱效率的关系[47-48]。

目前，针对表（界）面物理化学方面的研究技术和理论相对成熟，但是对于储层表（界）面而言，相应的文献和理论较少。从前人实验方法和技术得知，涉及岩石矿物的研究，基本是针对骨架矿物和黏土矿物的吸附性及离子交换性，对应的测试是对矿物做提纯处理，忽略了储层的概念，不能从本质上直观评价储层表（界）面的物理化学性质。

九、CT 扫描数字岩心与图像处理表征方法

X 射线微米级 CT 扫描是利用锥形 X 射线穿透物体，通过不同倍数的物镜放大图像，

由 360° 旋转所得到的大量 X 射线衰减图像重构出三维立体模型。利用微米级 CT 进行岩心扫描的特点在于不破坏样品的条件下，能够通过大量图像数据对细微的特征面进行全面展示。由于 CT 图像反映了 X 射线在穿透物体过程中能量衰减的信息，因此三维 CT 图像能够真实地反映出岩心内部的孔隙结构与相对密度大小（图 1-5-11）。

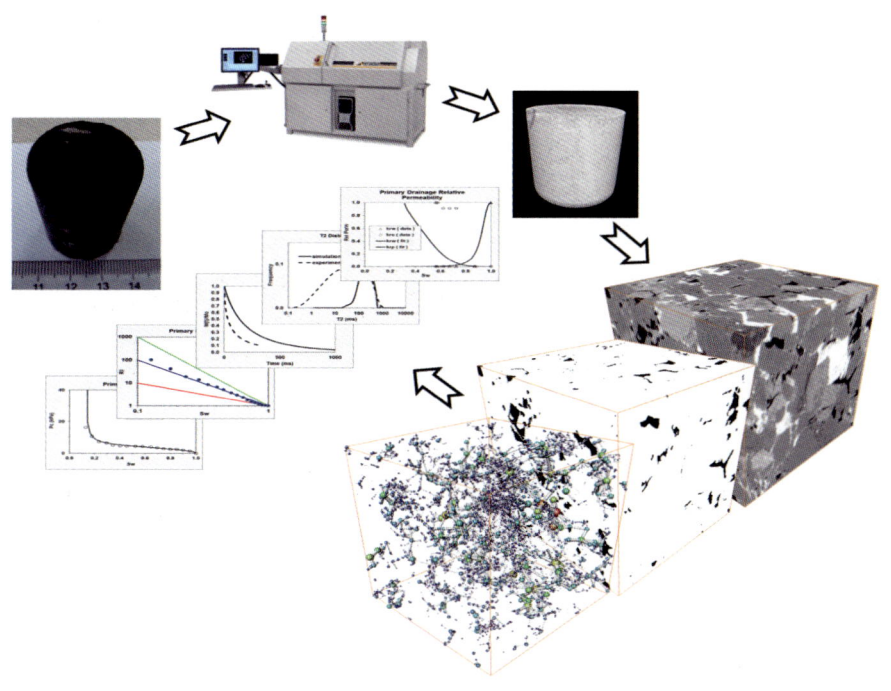

图 1-5-11　CT 工作流程图

CT 图像上每个像素点的灰度值反映了该区域密度大小，由于干燥样品孔隙空间的密度几乎为零，因此孔隙在灰度图像上的色阶相对最黑，灰度值最小。通过阈值分割的方法可以确定一个灰度值来区分孔隙和矿物，进而将灰度图像转换为二值化图像。利用从二值化图像中提取出来的孔隙信息可以定量分析孔隙结构、充填物分布、颗粒表面结构、构造及物性参数等。突出的优势是能从三维空间上表征表面层的特征。

第六节　储层表面物理化学研究趋向及展望

地下油气藏储层表面层物理化学性质研究是顺应油藏提高采收率和陆相非常规油气藏有效开发动用而提出来的，目前还处于多学科融合逐渐探索阶段，随着老油田大幅度提高采收率和非常规油气藏的大规模开发，这方面的研究与应用将会越来越受到人们的重视。

一、储层表面物理化学研究趋向

（1）现代测试技术和物理学、化学最新前沿研究成果在提高采收率领域广泛应用是今后重要发展方向。

现代科学仪器迅速发展，不断地更新换代，为储层矿物胶体化学深入研究提供了有力的手段和支持。例如，激光散射、红外光谱、核磁共振、电子能谱、拉曼光谱、电子显微、全能谱面扫描技术等，对固体表面的结构、吸附机理、分子聚集状态以及结构和性能的本质关系有了更深入的了解。计算机发展也积极推进了胶体化学的发展，利用计算机不仅可以解决一些复杂的数学问题，还可以利用各种软件模拟吸附、脱附、胶核生长以及分子热动力学变化过程等。

（2）表面层的提出及其物理化学性质研究为提高原油采收率导向研究指出了新的方向。

储层表面层一般由化学成因的水铝硅酸盐矿物和杂基组成，颗粒细小、微纳米孔喉发育，具有很多特殊的物理化学性质（图1-6-1），如巨大的比表面和自由能、表面电化学性质、固—液表（界）面张力和润湿性、膨胀性、迁移性、酸碱盐的敏感性等胶体特性，这些物理化学性质对油水赋存状态、储层伤害防治具有重要的影响，因此对表面层的认识和研究是今后提高采收率的一个重要方向。

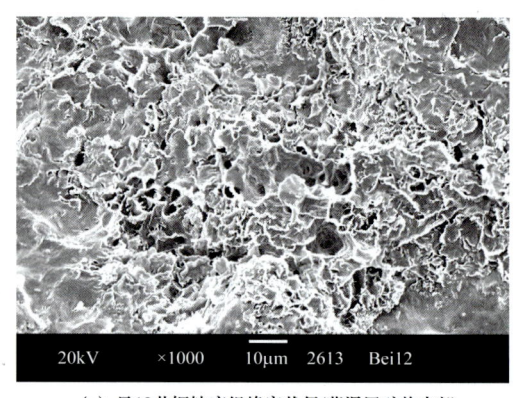
(a) 贝12井铜钵庙组蜂窝状伊/蒙混层矿物内部
微纳米孔喉分布特征

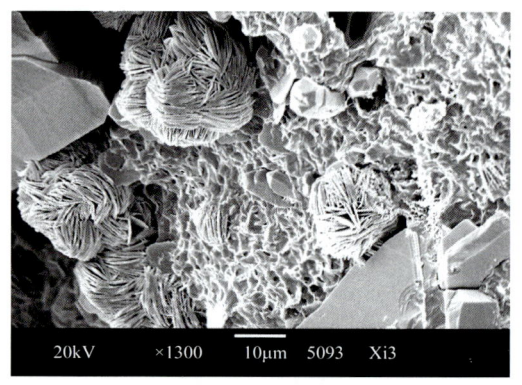
(b) 希3井铜钵庙组绒球状绿泥石内部
微纳米孔喉分布特征

图1-6-1　海塔盆地苏德尔特油田铜钵庙组矿物内部复杂微纳米孔喉分布特征

长期以来，人们在提高采收率机理方面开展了大量研究，或多或少、自觉与不自觉地涉及储层表面物理化学性质的研究，如黏土矿物与敏感性的研究、注入化学剂的滞留吸附消耗影响因素研究等。储层表面物理化学的提出为大幅度提高采收率机理研究指明了方向。

（3）压裂—吞吐—洗油一体化是今后低渗透致密油藏有效开发的重要发展方向。

为适应低渗透致密油藏经济有效开发形势需求，转变传统油藏单一压裂和注水开发思维，同时解决低渗透化学驱效果差的问题，简化压裂、注水和化学驱工艺流程，充分利用大量压裂液补充地层能量，同时考虑注入碱—表面活性剂二元复合驱，降低油水表面张力，实现低渗透油藏压驱一体化。为此需要解决以下问题：① 所应用的体系续提高采收率是努力方向。采收率是波及系数与驱油效率的乘积，波及系数改变的方式很多，目前成熟的技术是通过压裂改造储层或水驱补充能量的方式扩大波及范围，达到改变波及系数的目的。驱油效率受很多因素的影响，现今的主流方向是研究孔隙度、渗透率、孔喉结构的特点，结合本书的研究方向，主要通过对储层表面的微观结构特征、机理及用途研究，通过化学介质改变储层表面物理化学性质，改变油水表面张力及储层润湿性反转，提高驱油效率。

思考

1. 储层表面层的概念、内涵、外延是什么？它与传统储层地质学研究中的填隙物有什么区别？
2. 除了骨架、孔隙和孔隙中的流体之外，为什么还要提出表面层？它的提出有什么科学意义和使用价值？
3. 储层表面层的物理化学性质有哪些？研究手段有哪些？
4. 储层表面物理化学性质与表面化学的异同点？
5. 储层表面物理化学性质与胶体化学的异同点？
6. 储层表面层对采收率有什么影响？

第二章 储层存储渗流网络体系

在组成油藏的骨架、表面层、孔隙和流体四大基本要素中，表面层内微纳米级孔喉是束缚、半束缚油—气—水分布的主要场所，在低渗透/非常规油气藏中所占比例较高，对有效动用程度和采收率影响大。相对粒间、粒内较大的孔喉来说，表面层分布在喉道壁上或溶蚀颗粒的外壳，又是一个相对渗流屏障[50]，可见，表面层不但物理化学性质活跃，在油、气、水存储和渗流中也扮演着重要角色。本章以表面层为纽带，重点介绍骨架、表面层、孔喉之间基本配置关系和存储及渗流特征。

第一节 骨架—表面层—孔喉基本配置关系

一、储层骨架结构特征

大量碎屑岩储层镜下观察发现，储层岩石矿物骨架结构具有以下几个方面特征。

1. 包裹特性

在普通扫描电镜下（岩心实物观察），骨架颗粒表面普遍被微纳米级填隙物包裹，形成一般小于10μm的薄膜层，薄膜层内微纳米级孔隙非常发育，比表面巨大（图2-1-1）、物理化学性质活跃。被包裹的骨架矿物类型（石英、长石、岩屑、云母等）识别比较困难。

(a) 岩心实物扫描电镜下储层概貌　　(b) 表面层局部放大观察到的蠕虫状高岭石分布特征

图2-1-1　大港油田西检2井沙三段储层高岭石表面孔隙特征

2. 定向性

矿物颗粒普遍具有定向性排列特征，决定了孔隙、喉道的形状和定向性排列（孔喉群落优势方向），通常形成水淹、水窜和聚合物窜的优势通道方向，这种微观孔喉定向性对水驱和化学驱及剩余油分布状态有着重要影响[51]（图2-1-2）。图2-1-2（b）展示了在高泥质细粉砂岩中孔喉分布特点，优质储层"甜点"除受泥质含量和骨架颗粒粒径、分选性控制外，仍然受沉积展布颗粒定向性的控制，说明在储层评价中，沉积物源和天然水道方向是判别优势通道方向的一个重要方面。认识这些矿物颗粒和孔喉优势通道方向性特点对深部调驱也具有重要的指导意义。

(a) 铸体薄片下骨架矿物和孔喉展布的定向性特征　　(b) 高泥质细粉砂岩中孔喉定向性分布特征

图 2-1-2　大港油田西检 2 井沙三段储层铸体薄片观察到的骨架颗粒和孔喉定向性排列特征

3. 粒内存储性

长石类、沸石类脆性矿物颗粒在应力作用下容易发生破碎或在酸性水介质环境下发生溶蚀，形成粒内孔隙（图2-1-3），由于被表面层所包裹，通常在扫描电镜下不容易发现，但是通过岩石减薄片扫描电镜下观察，特征就很明显了。

 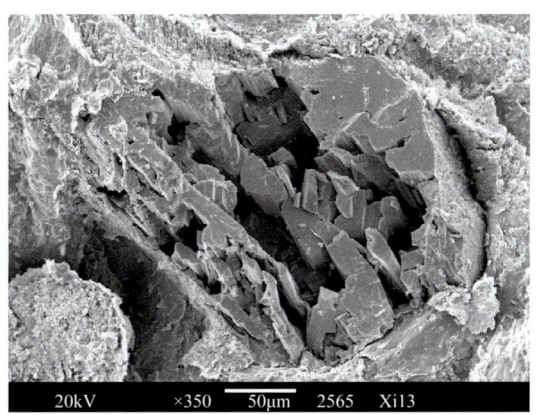

(a) 大港油田西检2井沙三段储层矿物颗粒　　　　(b) 海塔盆地南屯组长石粒内孔隙
　　　在应力作用下发生破碎

图 2-1-3　矿物颗粒内部微裂缝和孔隙发育特征

4. 微观非均质性

骨架颗粒的分选性及磨圆度因沉积环境差异而相差甚大。例如：准噶尔盆地西北缘克拉玛依油田七东₁区块克下组扇三角洲平原砾岩储层骨架颗粒大小混杂，分选性差[图 2-1-4（a）]；柴达木盆地马北 12 井新近系曲流河沉积，水动能稳定，颗粒分选性好[图 2-1-4（b）]。

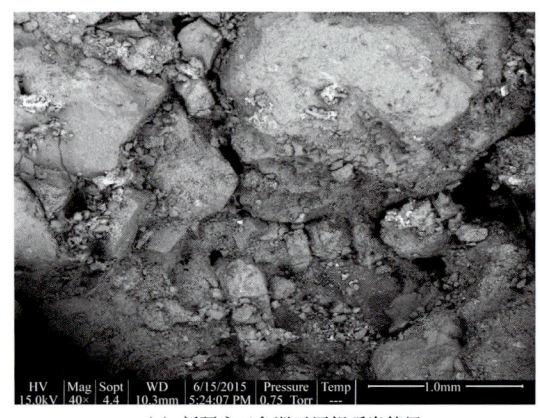 

(a) 新疆扇三角洲平原相砾岩储层　　　　　　(b) 大港三角洲平原相中砂岩储层

图 2-1-4　不同沉积环境下骨架颗粒组构特征

5. 弹塑性

骨架矿物颗粒的脆性差别较大。石英颗粒表现出刚性，不容易被压碎或变形；岩屑和云母塑性强；长石往往表现出脆性，在埋藏较深或地质历史时期成岩压实强烈的地区颗粒容易破碎，表面层表现为弹塑性。

二、孔喉基本结构特征

储层地质和油藏工程中通常把主要目标集中在组成岩石的骨架、孔隙和孔隙中的流体（图 2-1-5），近年来随着三次采油技术在低渗透、致密油、砂砾岩等复杂油藏的试验性应用，发现聚合物滞留、表面活性剂吸附和碱的消耗与包裹在颗粒表面的填隙物密切相关。因此，应把注意力逐渐集中在骨架、表面层、孔隙和孔隙流体综合研究上，特别是黏土矿物的物理化学性质对注入介质的影响[52]。

储层岩石骨架一般由长石、石英和岩屑及少量云母组成，通过 X 射线衍射全岩分析可以获得骨架和填隙物中各种矿物的相对含量和绝对含量（表 2-1-1），是研究储层骨架类型、成因和岩石分类定名的基础。从表 2-1-1 中可以看出，在同一口井、同一油层中储层骨架矿物组成和绝对含量以及黏土矿物总量相差较大，反映出储层成因以及由此引起的储层物理化学性质差异较大。

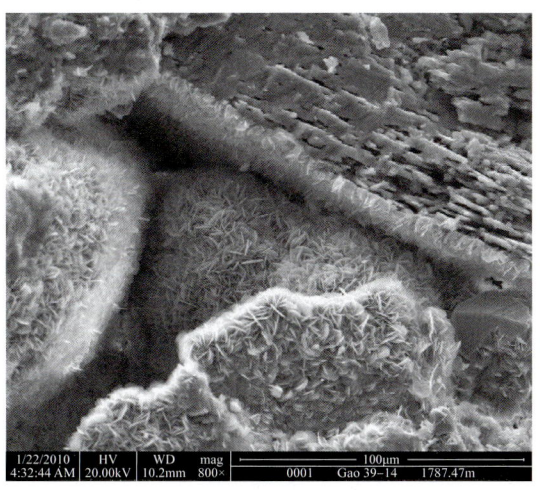 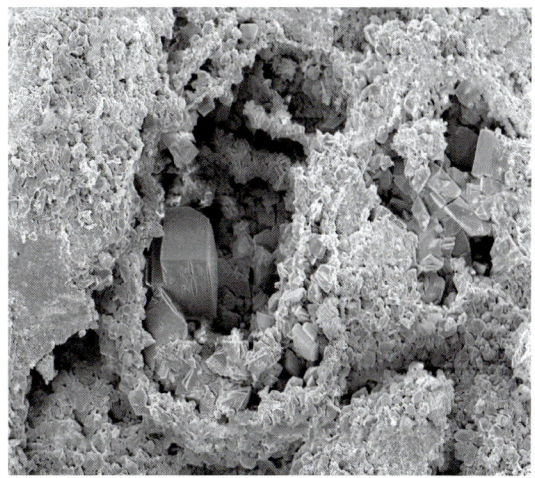

(a) 鄂尔多斯盆地安塞油田长10油层骨架颗粒、孔喉及颗粒表面结构特征　　(b) 海塔盆地苏德尔特油田贝13井铜钵庙组骨架颗粒表面结构

图 2-1-5　常见的储层骨架及其矿物颗粒表面特征

表 2-1-1　吉林红岗油田 7-061 井萨尔图油层 X 射线衍射全岩分析结果统计

样品编号	矿物含量（%）							黏土矿物总量（%）
	石英	钾长石	斜长石	方解石	白云石	菱铁矿	黄铁矿	
S5	37.6	8.5	26.1	7.3	12.7	—	—	7.8
S11	36.3	5.3	26.9	3.7	5.3	—	1	21.5
S17	41.5	4.7	26.9	13.5	3	—	—	10.4
S24	41.4	5.6	19.4	15.3	7.1	—	—	11.2
S28	45.7	8.7	22.8	6.8	8.5	—	—	7.5
S31	41.6	6.3	22.3	2.5	6	—	—	21.3
S33	36.4	5.4	18	20.1	15	—	0.8	4.3
S42	46	6	29.5	0.6	—	1.8	—	16.1
S45	35.6	7.2	22.3	28.5	—	—	—	6.4
S47	40.8	6.1	22.3	5.4	—	—	—	25.4
S53	39.9	5.2	30.2	0.2	—	—	—	24.5
S57	41.4	9.7	33.4	—	—	—	—	15.5
S63	48.4	8.7	29.5	8.1	—	—	0.5	4.8
S65	35.4	8.4	17.4	32	—	—	0.3	6.5
S73	29.4	6.6	29.8	10.8	5.6	—	1	16.8
S78	48.1	7.5	35.7	3.2	—	—	—	5.5

续表

样品编号	矿物含量（%）							黏土矿物总量（%）
	石英	钾长石	斜长石	方解石	白云石	菱铁矿	黄铁矿	
S82	22.4	8.2	19.1	10.6	26.9	—	1.3	11.5
S89	36.4	3.4	30	18.8	—	3.2	—	8.2
S95	36	15.2	31.2	4.2	—	3	—	10.4
S102	37.5	5.8	31.1	—	5.1	—	—	20.5
S111	39.2	6.2	23.4	1.3	8.7	1.1	—	20.1
S113	33.9	5.4	32.2	—	—	6.5	—	22.0
S120	55	8.3	26	—	4.2	—	—	6.5
S129	47.4	6.9	32.9	0.2	3.4	—	—	9.2
S135	36.2	12.6	32.6	2.4	4.4	—	—	11.8
S140	49.2	7.2	31.7	2.7	—	—	—	9.2
S142	34.3	5.5	29.1	3.5	—	3.3	—	24.3
S149	47.4	7.4	29.6	9.4	—	—	—	6.2
S150	45.5	8.7	35.5	2.6	—	—	—	7.7

岩石薄片和铸体薄片是定性研究骨架组成和属性的重要手段，通过偏光显微镜可以观察到主要骨架矿物的晶体光学特性，判断其结构组成。在正交偏光下可以看出，骨架矿物紧密堆积，类型多样[图2-1-6（a）]；在单偏光下观察到棕褐色表面层在颗粒间广泛分布，孔隙发育程度差[图2-1-6（b）]。

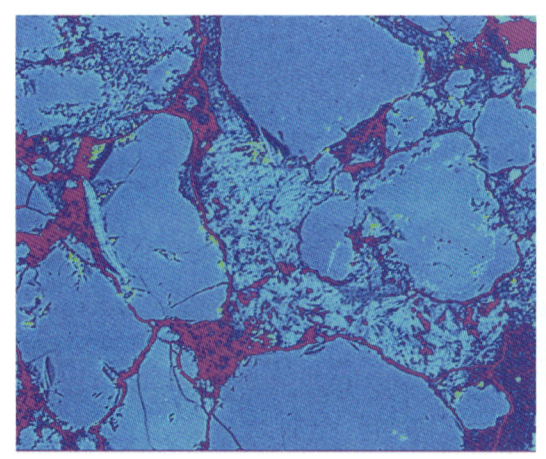
（a）薄片观察到的骨架—孔隙—表面层组构特征

（b）安塞长6油层喉道被绿泥石充填

图2-1-6 塔里木盆地东河塘组CⅢ1油层骨架孔隙表面层

鄂尔多斯盆地延长组长6油层岩石减薄片经过氩离子抛光、喷碳后扫描电镜观察到骨架矿物颗粒表面及其内部组构特征［图2-1-7（a）］，结合能谱打点可以鉴别出骨架矿物亚类（如长石可以进一步识别出钾长石、钠长石、钙长石等亚类，钾长石溶蚀可产生粒内孔隙等），便于分析亚类骨架矿物物理化学特性。图2-1-7（b）中观察到钾长石颗粒内部发生溶蚀，产生较多的粒内孔隙和渗流通道。

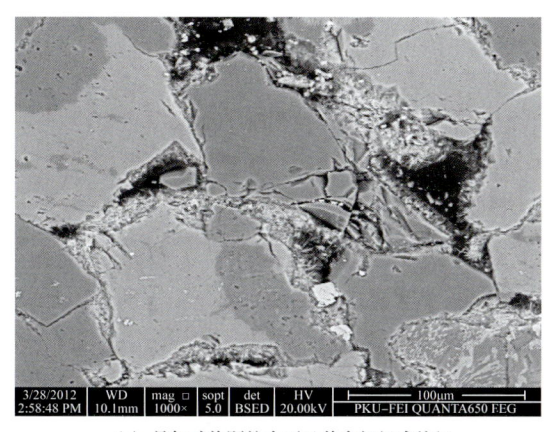 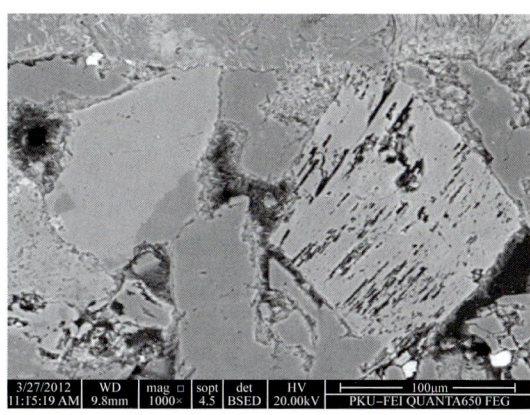

(a) 骨架矿物颗粒表面及其内部组成特征　　　　(b) 骨架矿物颗粒溶蚀产生粒内孔隙特征

图2-1-7　延长油田长6油层扫描电镜下骨架矿物颗粒表面及其内部组构特征

三、表面层的相对渗流屏障作用

表面层与骨架和孔隙不同，是一种以水铝硅酸盐胶体矿物和火山碎屑岩等组成的特殊材料，除了物理化学性质活跃外，内部微纳米级孔喉网络发育，存储有大量的束缚水和束缚油，但是相对粒间大孔道和粒内溶蚀孔来说，往往附着在喉道壁或包裹着溶蚀孔，渗流能力差，起到了相对渗流屏障的作用。如图2-1-8所示，鄂尔多斯盆地安塞油田长6油层绿泥石膜环边将大的孔喉分割开来，形成了若干个相对封闭的储集空间。

 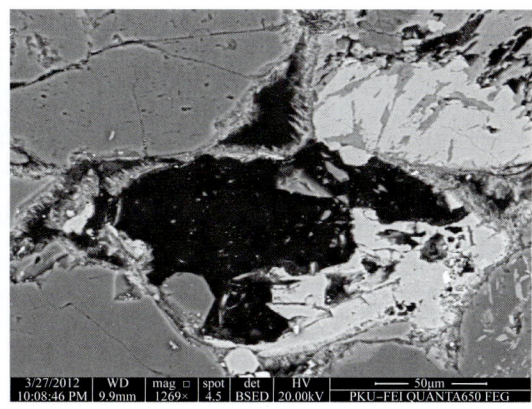

(a) 孔隙喉道比表面绿泥石分布特征　　　　(b) 储层微观绿泥石膜环边分割孔喉特征

图2-1-8　鄂尔多斯盆地安塞油田长6油层绿泥石环边形成了微观渗流屏障

第二节 孔喉网络体系

一、油藏储层孔喉网络体系

1. 储层中孔喉网络体系表征

虽然利用铸体薄片、扫描电镜等定性观察和压汞、核磁共振、氮吸附、CT等定量测量孔喉分布特征参数，能很好地将孔喉在三维空间上连通分布状态表征出来，但是对化学驱中聚合物在存储及渗流空间中的分布难以表征，也使得深部调驱、聚合物驱目标不明确，缺乏微观存储渗流体系定量表征的有效方法。

储层中的孔喉网络体系是把孔隙和喉道的几何形状、大小、分布、相互连通情况，以及孔隙与喉道间的配置关系作为一个整体系统来表征。它反映了储层中各类孔隙与孔隙之间连通喉道的组合，能够很好地表征存储与渗流特征。利用微纳米级CT方法测量储层岩石X射线穿透能力（CT值），形成三维正交网格节点CT值，通过数据门槛值确定，把骨架和孔隙喉道分割开来，再用球棍模型以三维可视化的形式把孔喉三维空间分布表达出来，展示了孔喉网络体系及其连通关系（图2-2-1）。

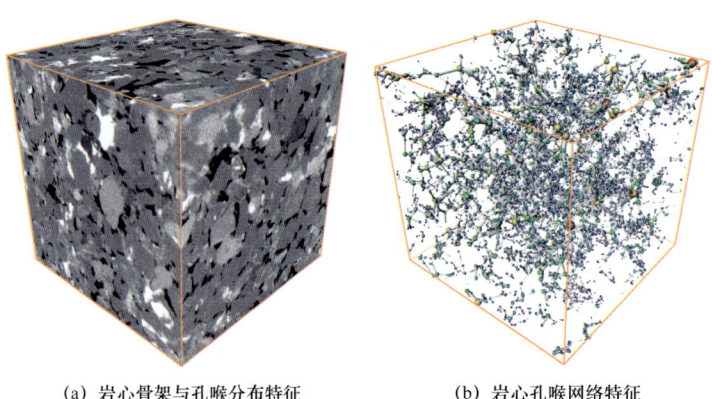

(a) 岩心骨架与孔喉分布特征　　　(b) 岩心孔喉网络特征

图 2-2-1　鄂尔多斯盆地安塞油田王窑区块长 6 油层 CT 展示的孔喉网络体系

2. 孔喉网络体系的镜下特征

随着纳米级CT、恒速压汞、万倍扫描电镜和氮吸附、Zeta电位、阳离子交换能力、表面功及纳米分析测试等现代实验技术手段的应用，越来越多地发现油气储层中存储渗流类型丰富多彩。对松辽、鄂尔多斯、准噶尔和渤海湾等盆地中大量的低渗透和致密储层微观研究发现，主要存在粒间孔、粒内孔和表面孔三种存储场所[53]，如图2-2-2所示。通过镜下观察发现，储层岩石孔喉中发育着各种各样形态的黏土矿物，它们有的呈手风琴状充填在孔隙中[图2-2-2（a）]；有的分布于储层岩石颗粒之间[图2-2-2（b）]；有的呈绒球状发育于孔喉中[图2-2-2（c）]；有的则呈丝状充填在孔隙中[图2-2-2（d）]。这些形态各异的黏土矿物不仅会降低储层渗透率，而且会堵塞喉道，对启动微观剩余油有较大影响。

(a）松辽盆地葡萄花油层粒间原生孔
（扫描电镜下放大330倍）

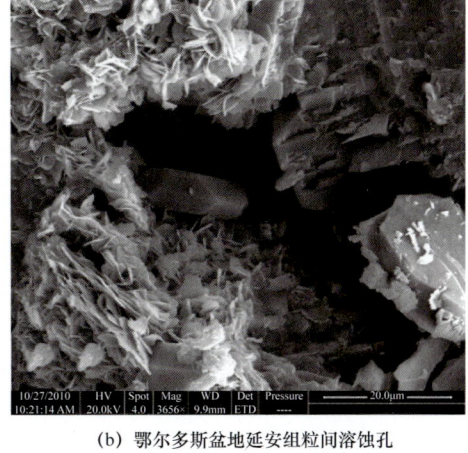

(b）鄂尔多斯盆地延安组粒间溶蚀孔
（扫描电镜下放大3856倍）

(c）海塔盆地铜钵庙组被自生石英和高岭石充填的
残余粒间孔（扫描电镜下放大900倍）

(d）鄂尔多斯盆地延安组钾长石被溶蚀后形成的
粒内溶孔（扫描电镜下放大1000倍）

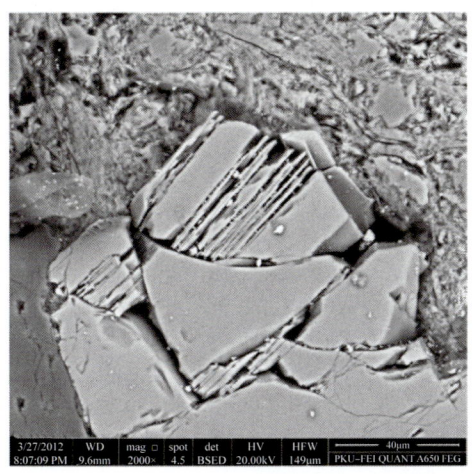

(e）鄂尔多斯盆地延长组钙长石脆性矿物在高应力作用下
形成的粒内微裂隙（扫描电镜下放大2000倍）

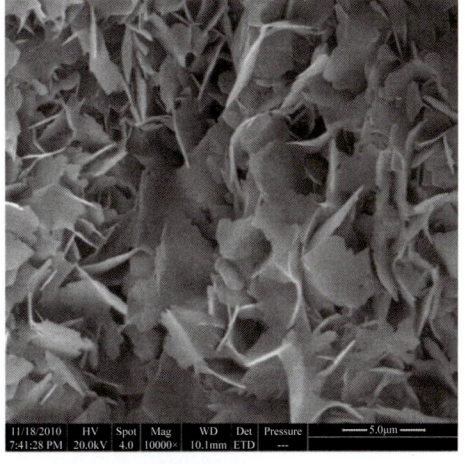

(f）鄂尔多斯盆地致密砂岩蒙皂石矿物中形成的表面
微纳米级孔隙（扫描电镜下放大10000倍）

图 2-2-2 扫描电镜下观察到的各种储集空间类型

3. 孔隙与喉道的相对配置关系

近年来，大量的纳米级 CT、激光共聚焦和高倍扫描电镜观察研究发现，储层中孔隙空间是一个复杂的立体孔隙网络系统（图 2-2-3），按其在流体储存和渗流过程中所起的作用分为孔隙和喉道两个基本单元。在该系统中，被骨架颗粒包围并对流体储存起较大作用的相对较大部分，称为孔隙（狭义）；另一些在扩大孔隙容积中所起作用不大，但在沟通孔隙形成通道中却起着关键作用的相对狭窄部分，则称为喉道，它仅仅是两个颗粒间连通的狭窄部分或两个较大孔隙之间的收缩部分（图 2-2-3）。

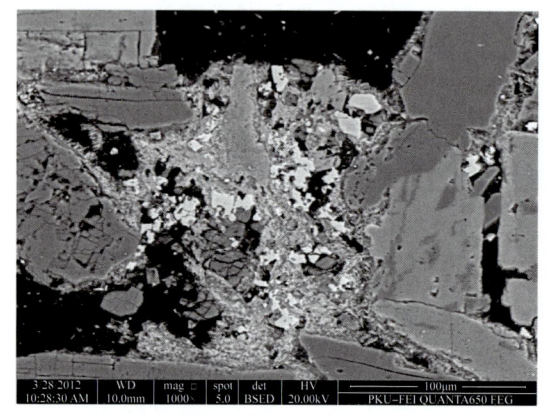

(a) 鄂尔多斯盆地延长油矿郑067井长6油层薄片镜下观察到的粒间、粒内及表面孔网络体系

(b) 柴达木盆地马北12井新近系实物镜下观察到的粒间、粒内及表面孔网络体系

图 2-2-3　镜下观察到的粒间、粒内及表面孔网络体系

4. 孔喉网络体系中的存储与渗流

从上述孔喉分布特征看，孔隙和喉道群落指由于古水流潜蚀、差异风化、应力集中等多种成因类型形成的孔隙或喉道所组成的聚集区域，宏观上表现为储层物性参数较好，且能直接影响致密储层储集空间结构和渗流通道的分布（图 2-2-4）。

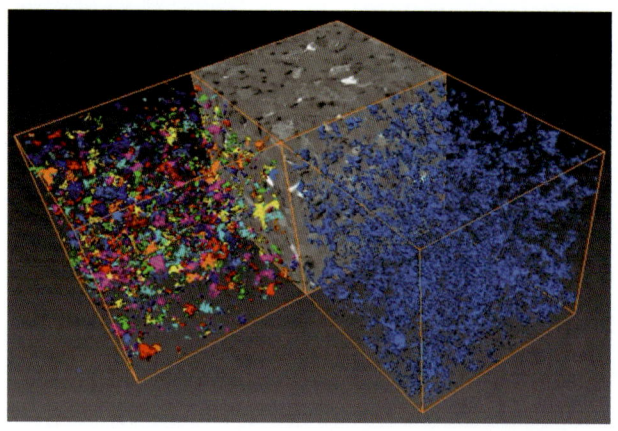

图 2-2-4　大庆长垣南部扶杨致密油层 CT 展示孔喉的连通性

流体在岩石中沿着这一自然复杂的立体孔隙网络系统流动时，经过一系列相互连通的粒间、粒内和表面孔隙喉道，且受流体渗流通道中最小的断面（喉道直径）所控制，即几乎所有的孔隙都受喉道所控制（图2-2-5）。由此可见，喉道的粗细特征必然影响岩石的渗透性。对于同样大小的孔隙空间，由于其多少及宽窄不同，岩石渗透性可能差别很大。孔隙喉道的几何形状是控制油气生产潜能的关键。也就是说，液体流动条件取决于孔隙喉道的结构（包括孔喉半径的大小、截面形状）以及原油与岩石的接触面大小等[54]。

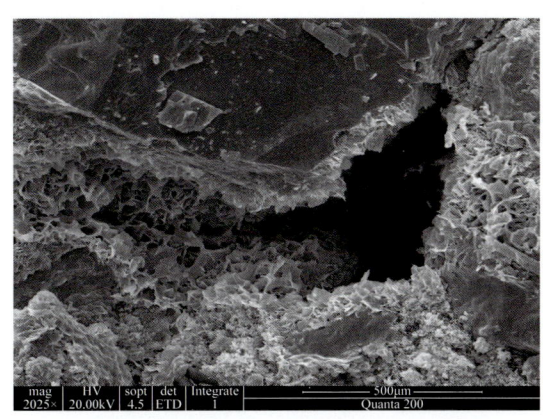
(a) 显微镜下观察到的鄂尔多斯盆地延长组砂岩储集空间特征及砂岩颗粒表面被大量的绿泥石包裹

(b) 海塔盆地苏德尔特油田贝12井长石溶蚀后被高岭石充填形成的粒内孔喉体系

图 2-2-5 鄂尔多斯盆地安塞油田长6油层储层孔喉网络系统

由于储集岩孔隙系统十分复杂，而常规物性不一定能完全反映岩石的渗流特征。除了常规物性与孔隙结构具有一致性外，在沉积特征变化较大的砂岩和各类碳酸盐岩中可以经常遇到孔隙结构特征与常规物性呈现出不一致性。图2-2-6展示了鄂尔多斯盆地安塞油田长6油层三维空间骨架与孔喉分布及其孔喉之间的连通性，可以看出孔喉网络体系非常发育，一部分是表面层中微纳米级孔隙喉道在做贡献。可见，在储层研究中，尤其是在低渗透/致密储层研究中，还应特别重视孔隙表面层中微孔系统及其供油作用。

孔隙和喉道的空间配置及其连通关系始终是储层有效性评价的核心，从海塔盆地塔南油田塔19-31井铜钵庙组储层扫描电镜结果可以看到，颗粒表面孔虽然很小，但非常发育[图2-2-7（a）]。

二、孔喉网络成因机制

自沉积物形成以后，孔隙喉道网络体系和各种物理化学场就已形成，并伴随着沉积成岩演化的各个阶段，这种孔喉网络的"命运"与沉积作用、成岩作用以及后生作用息息相关。孔喉网络的形成演化基本上经历了原生粒间孔喉网络—原生粒间、次生粒内孔喉网络—原生粒间、次生粒内和表面孔喉网络的演化过程（图2-2-8）。在碎屑岩储层中，上述单一的孔喉网络情况很少，往往以两种或两种以上混合孔喉网络为主。

(a) 纳米级CT三维空间骨架与孔喉分布　　　　(b) 不同颜色代表孔喉之间形成的连通体

图 2-2-6　鄂尔多斯盆地安塞油田长 6 油层骨架与孔喉网络体系

 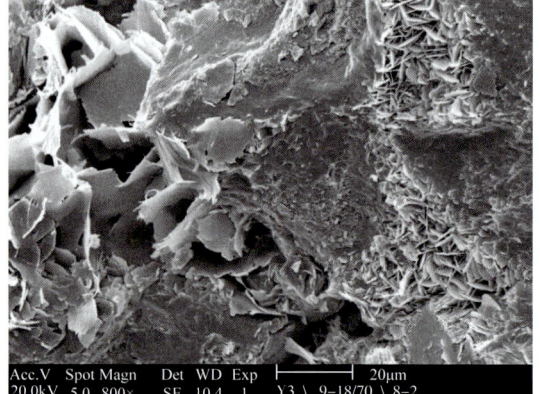

(a) 骨架矿物颗粒间孔喉分布特征　　　　(b) 储层矿物表面黏土矿物孔喉分布特征

图 2-2-7　微纳米级扫描观察到的孔喉网络体系空间展布

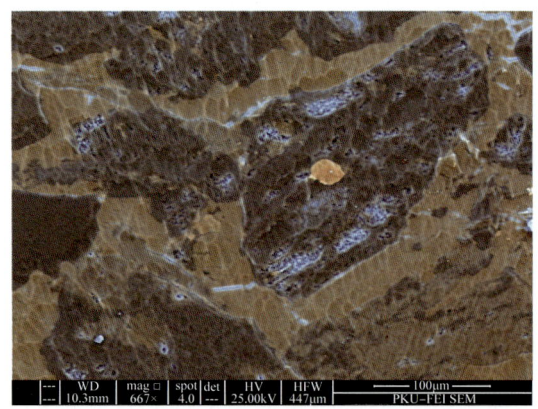 

(a) 鄂尔多斯盆地安塞油田王检16-159井长6油层粒内孔隙　　(b) 海塔盆地苏德尔特油田贝13井铜钵庙组长石粒内
（铸体薄片蓝色部分）　　　　　　　　　　　　　　孔隙特征

图 2-2-8　粒内孔发育特征及其粒内渗流网络体系

三、孔喉网络的空间定向性分布

由于原始沉积颗粒的定向排列，在沉积成岩演化过程中原生孔隙和喉道具有定向性（往往沿着天然水道自上游到下游的方向），沿着这一优势方向地下水也相对活跃，溶蚀作用等次生孔隙发育程度比其他方向也较发育，造成孔喉网络体系在空间上往往具有优势方向分布的特点（图2-2-9）。在注水开发过程中这种特征对油水井之间水驱波及范围和方向影响明显，对于开发中后期的油藏往往易形成沿天然水道优势方向，造成水淹、水洗、水窜等，降低了水驱控制程度，特别是在化学驱中聚合物要控制大孔道优势方向的窜流，形成有效驱替段塞，扩大波及体积。可见，调驱及三次采油技术应重视这种微观孔喉网络定向性研究[55]。

 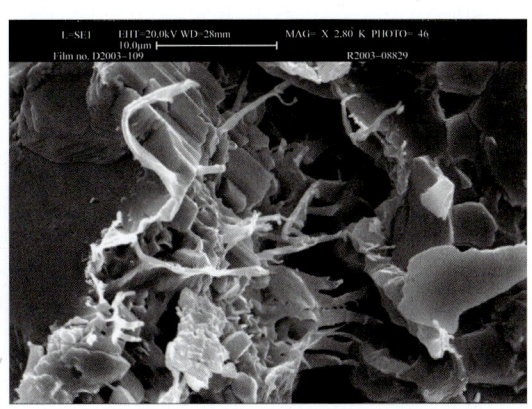

(a) 铸体薄片观察到的粒间孔定向性特征　　(b) 准噶尔盆地腹部莫8井三工河组表面孔从里到外垂直颗粒表面发育的微纳米级表面孔分布特征

图2-2-9　微观孔喉定向性排列

四、孔喉缝共同组成的网络体系

在碎屑岩成岩过程中因岩石组分的收缩作用或构造应力作用而形成的裂缝（图2-2-10），呈细微的片状，缝面弯曲或平直，一般宽度为几微米到几十微米。虽然其孔隙空间通常只占岩石总体积的1.0%，最多百分之几，但它作为主要渗滤通道提高了储集岩的渗透能力，尤其是微孔隙或孤立溶蚀孔隙的储集岩，初流速高，随后急剧下降。

粒间孔隙属原生孔隙，微孔隙属原生及次生混合成因，溶蚀孔隙及裂缝均属次生成因。裂缝在渗流中起到了决定性作用，连接基质微孔和微裂缝，对低渗透/非常规油气开发起着重要作用（图2-2-11），大庆长垣西部齐家古龙地区齐平1井致密储层CT孔喉缝网络体系大幅度提高了储层的渗流能力，使近裂缝地带孔隙中原油得以充分动用。

颗粒间微裂缝具有很好的导流能力，尤其是对非常规和低渗透等导流能力差的储层大大地提高了渗透性（图2-2-12）。由此可见，微裂缝在低渗透/非常规油气开发中扮演了重要角色。因此，在压裂过程中通过对压裂工艺、施工参数和材料优化改进，使地层中尽量产生基质微裂缝,如鄂尔多斯盆地元 284 区块长 6 超低渗透储层改造中优化暂堵材料,开展缝内 3~4 次暂堵,实现了基质微裂缝压裂的目的。

(a) 接触式骨架矿物碎裂特征　　　　　　(b) 镶嵌式骨架矿物碎裂特征

图 2-2-10　柴达木盆地马北 12 井粒内裂缝

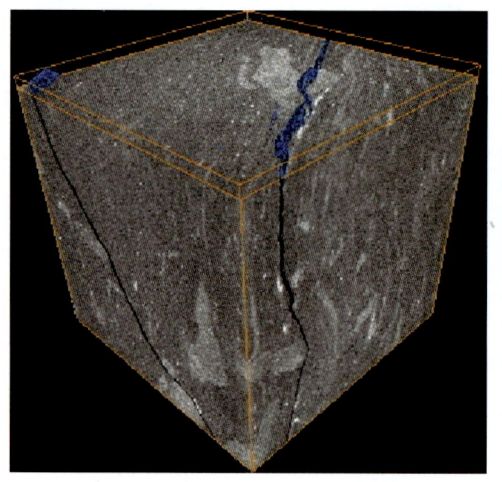 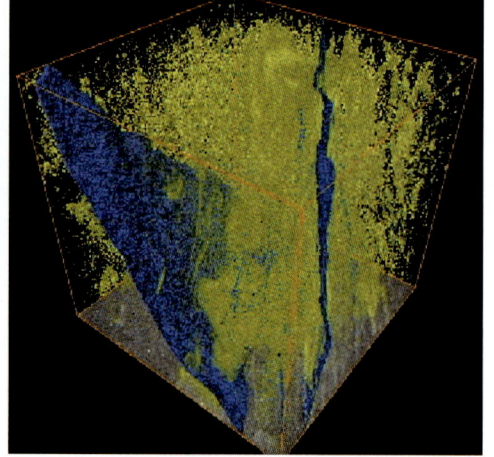

(a) 齐平1井致密储层CT裂缝网络特征　　　　　　(b) 齐平1井致密储层CT孔喉缝网络特征

图 2-2-11　大庆长垣西部齐家古龙地区齐平 1 井致密储层 CT 孔喉缝网络体系

五、致密储层中孔喉群落特征及成因

1. 孔喉群落特征

孔喉群落概念的引入对评价储层微观非均质性起到重要作用,特别是在低渗透、特低渗透和致密砂岩油藏有效动用程度评价中,微观孔喉网络体系研究尤为重要。

图 2-2-13 展示了鄂尔多斯盆地长 6 油层致密砂岩储层微纳米级 CT 三维孔隙结构孔喉群落分布特征,受沉积和成岩差异性影响,微纳米级孔喉在三维空间上呈群落状分布。群落之间连通性好的地方往往动用程度高,剩余油相对较少;连通性差的地方水驱未波及,剩余油集中分布,工艺上可以通过重复压裂缝网改造提高动用程度。

 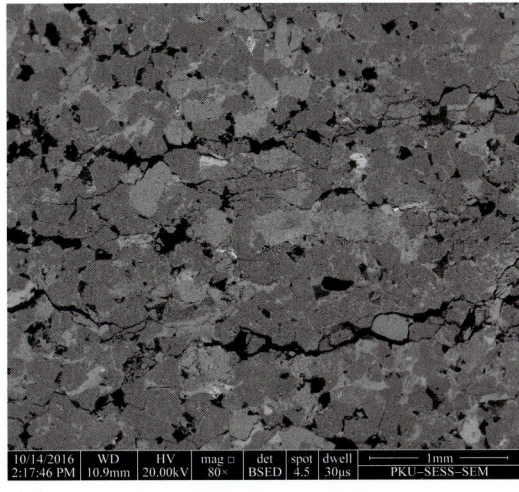

(a) 元284区块长6喉道连通特征　　　　　　　　(b) 元284区块长6孔、喉道分布特征

图 2-2-12　鄂尔多斯盆地元 284 区块长 6 超低渗透储层微裂缝具有很好的导流能力

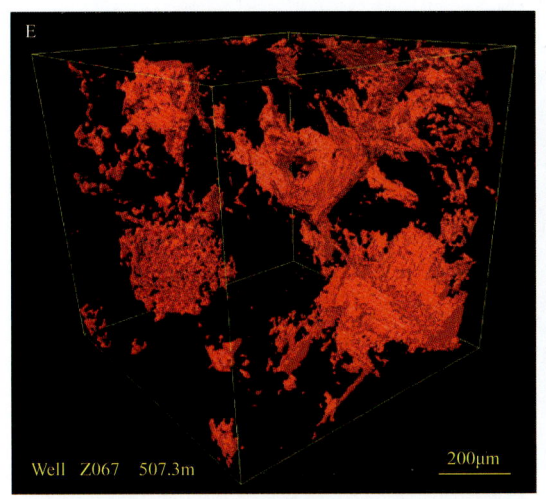 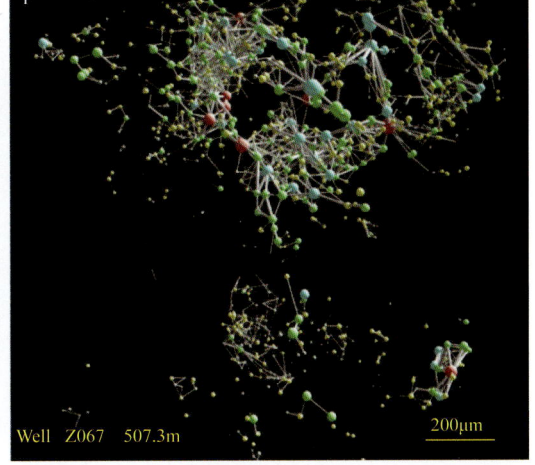

(a) CT三维孔喉群落分布特征　　　　　　　　(b) CT三维孔喉群落连通性分布特征

图 2-2-13　鄂尔多斯盆地长 6 油层致密砂岩微米级 CT 三维孔隙结构孔喉群落分布特征

2. 孔喉群落成因

从鄂尔多斯盆地长 6 油层组岩石样品测试和观察结果可分析出，致密储层孔喉群落发育有如下特征。

1）孔喉群落分布的定向性

依据铸体薄片和岩石薄片镜下观察统计，长 6 储层孔喉群落主要由粒间孔隙、长石溶蚀孔等构成，偶见铸模和成岩微裂缝，其他孔隙类型较少见（表 2-2-1、图 2-2-14）。岩石薄片中均可见明显的钙质、硅质和泥质胶结，颗粒之间以线接触为主，压实致密。

岩性以灰色细粒长石砂岩为主，碎屑成分以长石为主，石英次之。砂岩颗粒分选较好，呈定向排列，成岩压实作用强。

表 2-2-1 鄂尔多斯盆地某区长 6 典型致密砂岩储层孔隙群落构成统计　　单位：%

层位	粒间孔	粒内孔	微孔	溶孔		铸模孔	晶间孔	收缩孔	超大孔	裂缝	面孔率
				长石溶蚀孔	石英溶蚀孔						
长6	0~3.0	0~2.0	0~1.0	1.0~5.0	1.0~2.0	0~2.0	—	—	—	0~1.0	5.0~10.0

(a) 样品18-33-1-41，Z067井，502.83m，长6₃²⁻³，可见裂缝及沿节理溶蚀现象

(b) 样品8-13-54，Z060井，478.52m，可见明显的长石错断及石英次生加大

(c) 样品18-22-41，499.66m，长6₃²⁻³，可见颗粒边缘的浊沸石胶结及节理溶蚀

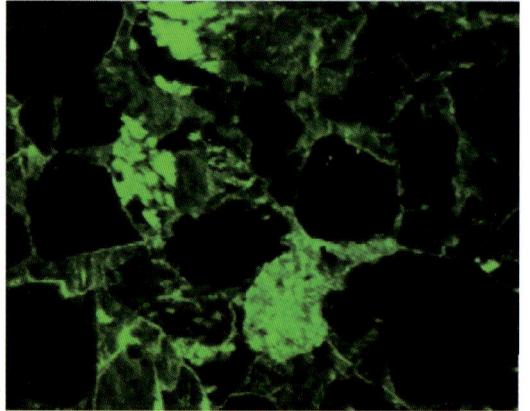

(d) 激光共聚焦样品067-9，Z067井，可以明显看到颗粒内及颗粒间的细小喉道

图 2-2-14　鄂尔多斯盆地某区长 6 典型致密砂岩储层铸体薄片照片和激光共聚焦照片

除上述微观骨架颗粒和组构特征非均质变化较强之外，还可见粒间孔形态不规则，且往往经历了一期溶蚀和二期次生黏土矿物充填，如丝状伊利石呈搭桥状充填等。偏光显微镜中可发现有石英次生加大现象。此外，根据场发射扫描电镜和能谱观察，钠长石和钙长石常出现沿解理有规则破碎和钾长石溶蚀孔洞（图 2-2-14）。

孔喉群落在鄂尔多斯盆地致密储层中往往是由粒径很小的残余粒间孔和颗粒溶蚀孔组成，在泥质和硅质胶结各向异性明显的地方，孔喉群落的尺寸相应变小，使得孔喉集群的空间综合效应增强（图2-2-14、图2-2-15）。这也是致密储层比常规储层往往更需要压裂改造的内在原因。

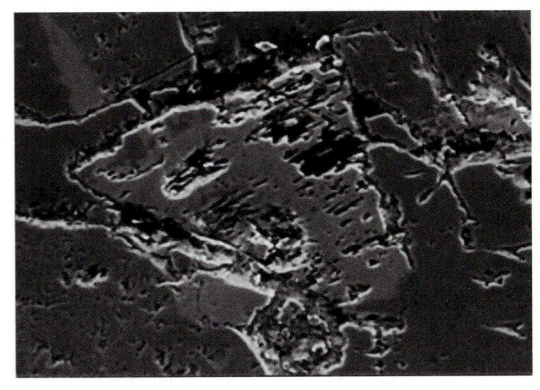
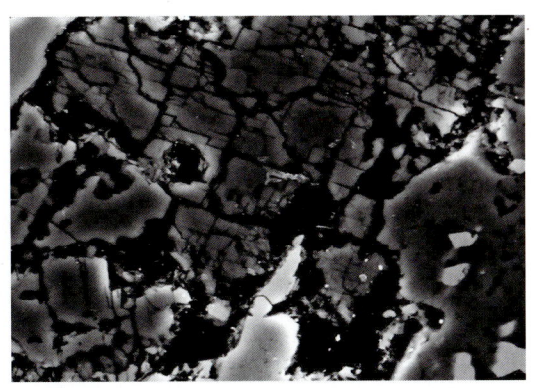

(a) 样品号11-13-1-36，Z067井，428.13m，长6_1^{3-3}，水平取心。钙长石沿解理面发生溶蚀，产生次生储集空间，粒间孔隙被伊利石等黏土矿物填充

(b) 样品号8-33-2-36，Z067井，404.73m，长6_1^{1-3}，水平取心。钾长石颗粒受到地表淋滤作用发生强烈溶蚀，形成粒间溶孔，增加孔隙度，产生喉道群落

图2-2-15 长6典型致密砂岩储层场发射扫描电镜特征

2）孔喉群落分布的微观非均质性

普通压汞实验和恒速压汞实验结果均表明，储层喉道群落分选系数和变异系数变化较大；孔喉群落由分选差、半径小的孔隙所组成。

鄂尔多斯盆地安塞油田长6油层普通压汞实验结果表明，该区平均渗透率为0.10mD，孔隙度为7.06%，平均孔隙半径为0.25μm，平均中值孔隙半径为0.17μm，分选系数为2.07，均质系数为0.30，结构系数为7.28，退汞效率为28.14%。将三块岩心分别从X、Y、Z方向钻取进行压汞测定，压汞曲线投在同一个坐标中（图2-2-16），发现三维空间不同方向孔喉结构差别较大。

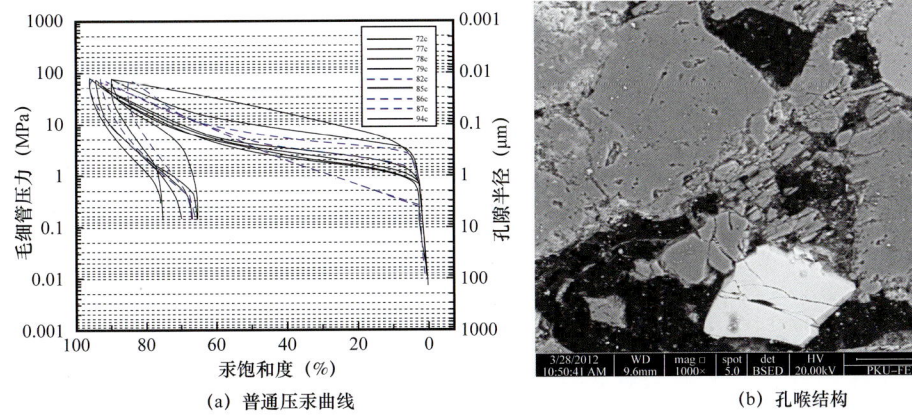

(a) 普通压汞曲线　　　　　　　　(b) 孔喉结构

图2-2-16 长6典型致密砂岩储层普通压汞曲线与显微镜下孔喉结构对比图

同低渗透储层一样，致密储层典型毛细管压力曲线也是由三部分组成（图2-2-16）。初始段由起点压力和排驱压力之间的一段所组成；初始段近乎垂直，可见汞进入岩心需要克服很大阻力，间接反映了储层强致密性；中间平坦段和尾部段不明显且退汞效率很低，可见渗透率非常小，孔隙分选差，孔隙半径小。

3）不同群落流体分布的差异性

对四种不同样品进行核磁共振测试，结果如图2-2-17所示，从 T_2 图谱可以看出，致密储层流体弛豫时间短、弛豫速度快的左峰比较明显，而弛豫时间长、弛豫速度慢的右峰则不明显，意味着岩石微小孔隙发育，流体基本处于束缚状态，可动流体较少，表明致密储层岩石物性差、比表面大、孔隙微小，固体表面束缚力对孔隙流体作用较强。

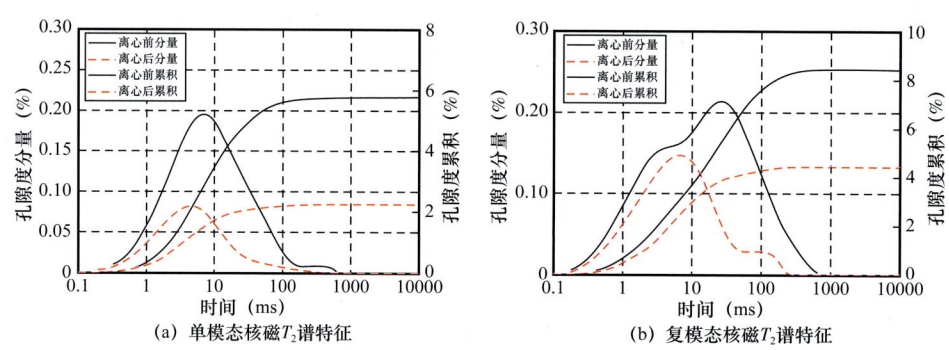

图2-2-17　长6典型致密砂岩储层核磁共振 T_2 分布图

依据 T_2 几何均值与孔隙参数统计回归公式计算平均孔喉、微观均质系数等参数，由表2-2-2可以看出：（1）平均孔喉在0.09μm左右，反映出岩石孔隙结构较差；（2）微观非均质系数约为0.17，反映出孔隙分布不均匀，分选较差；（3）排驱压力平均在3.76MPa左右，中值压力约为30.00MPa，表明储层喉道半径小、毛细管压力较大等特点。核磁计算得到中值压力与普通压汞实验差别较大，核磁共振测量精度高，对孔隙结构变化反应灵敏。

表2-2-2　延长油矿长6致密储层核磁共振数据分析结果

样品号	T_2 几何均值（ms）	平均孔喉（μm）	微观均质系数	排驱压力（MPa）	中值压力（MPa）	核磁渗孔比
Z0608-12-54	9.11	0.06	0.16	4.09	30.26	0.04
Z0608-15-54	7.87	0.05	0.16	4.84	30.52	0.03
Z06719-17-44	12.91	0.10	0.17	2.74	29.64	0.06
Z06711-13-1-36	20.94	0.17	0.20	1.57	28.81	1.00
Z067 泥岩	1.97	—	0.14	23.74	33.13	0.01
Z067 钙质砂岩	6.98	0.04	0.16	5.55	30.74	0.03
平均值（剔除泥岩）	11.56	0.08	0.17	3.76	29.99	0.05

4）差异溶蚀造成孔喉群落分布

除了碎屑颗粒沉积水动能局部差异引起分选性和颗粒定向性差异造成孔喉群落局部定向分布外，成岩作用过程中局部差异溶蚀也是造成孔喉群落局部集中分布的重要因素。例如，对柴达木盆地英西 E_3^2 盐下油层 CT 观察和孔隙网络建立球棍模型（图 2-2-18）发现，白云岩差异溶蚀产生孔洞具有明显群落分布特点。

 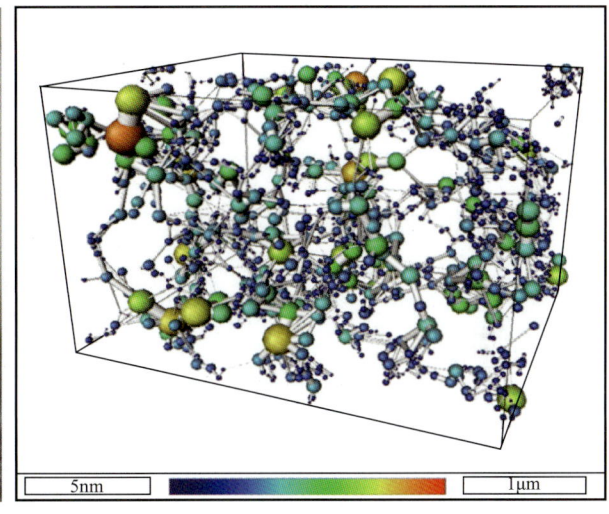

(a) 狮41-2井E_3^2层白云质差异溶蚀岩心观察特征　　(b) 狮41-2井E_3^2层白云质差异溶蚀岩心样品CT孔喉分布的球棍模型

图 2-2-18　柴达木盆地英西地区 E_3^2 盐下白云质差异溶蚀形成的孔喉群落分布特征

微观上孔喉群落往往经历了一期溶蚀和二期硅质或泥质胶结，导致原生孔隙较少。油气储集主要依赖次生孔隙、矿物破碎缝等后期形成曲折细小、束缚力大的孔喉群落，这些次生孔喉群落与定向流体有关，而矿物破碎缝也与矿物周围所受应力相关，因此会有一定程度的定向连通性。孔喉群落的综合效应在致密储层中相应增强（图 2-2-19）。

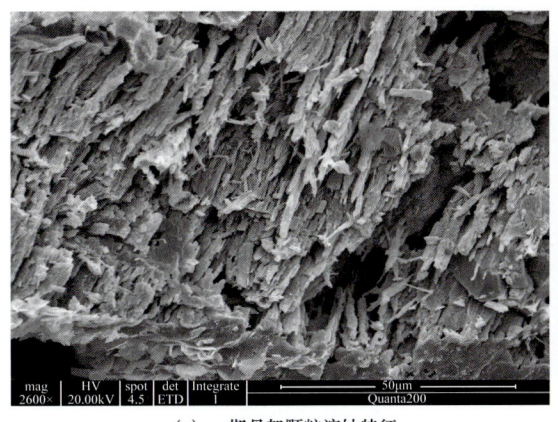

(a) 一期骨架颗粒溶蚀特征　　(b) 二期骨架颗粒溶蚀特征

图 2-2-19　长石内部孔喉发育特征

第三节 存储类型与结构特征

一、粒间存储类型与结构特征

1. 粒间原生孔隙

粒间孔隙是最普遍的一种发育在碎屑颗粒、基质及胶结物之间的孔隙空间（图2-3-1）。它是碎屑岩中最主要的原生储集空间，其多少、大小及分布是碎屑颗粒的粒度、分选性、磨圆度、颗粒排列及填隙物等各种因素变化的结果。

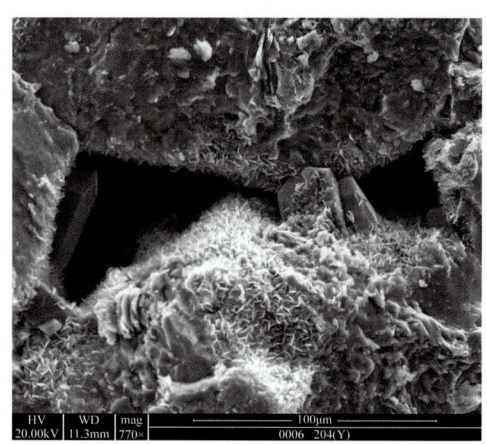

(a) 储层铸体薄片孔喉连通特征　　　　　(b) 储层孔喉比表面黏土矿物附着特征

图2-3-1　大港油田港西三区西检2井沙三段骨架与粒间孔喉组构特征

松辽盆地白垩系、渤海湾盆地古近系、柴达木盆地古近系与新近系、塔里木盆地石炭系东河塘组砂岩等均以原生粒间孔隙为主，孔喉类型简单，孔喉半径较大，微观分布相对比较均质，水驱较均匀，表面层物理化学性质相对稳定，化学驱和深部调驱等效果一般较好，如大庆油田主力开发区块、辽河、胜利、大港、南阳等油田三次采油比较典型的区块。

2. 粒间溶蚀孔隙

粒间孔隙遭受溶蚀后所形成的孔隙除了分布在碎屑颗粒之间外，从孔隙周边形态、相邻颗粒表面特征、孔隙中残留填隙物的产状和（或）孔隙分布状况等方面分析，不同程度地保留溶蚀痕迹（图2-3-3）。

根据溶蚀部位及程度不同，进一步可分为部分溶蚀、印模溶蚀、港湾状溶蚀、长条状溶蚀和特大溶蚀等粒间孔隙：（1）部分溶蚀粒间孔隙，孔隙周围颗粒或粒间孔隙内的填隙物，部分被溶蚀并保留有溶蚀痕迹或残留团块；（2）印模溶蚀粒间孔隙，一些碎屑颗粒和（或）填隙物被溶蚀成粒间孔隙；（3）港湾状溶蚀粒间孔隙，是骨架矿物或填隙物差异溶蚀的结果;(4)长条状溶蚀粒间孔隙是相邻粒间孔隙之间的喉道同时受到溶蚀,致使两个或多个粒间孔隙连成长条状孔隙;(5)特大溶蚀粒间孔隙是指岩石受到了强烈的溶蚀作用,致使一个甚至几个碎屑颗粒与其周围的填隙物都被溶掉而形成的粒间特大孔隙。显然,从部分溶蚀粒间孔隙至特大溶蚀粒间孔隙,溶蚀作用强度是逐渐增大的。

二、粒内存储类型与粒内溶蚀特征

1. 粒内存储类型

粒内溶蚀产生存储空间是次生孔隙的主要类型。在成岩后生阶段,受物理、化学等作用影响(尤其是酸性环境),使长石、沸石颗粒内部 K^+、Ca^{2+} 离开晶格位置,发生溶蚀,形成粒内孔喉存储空间。这种现象在鄂尔多斯盆地石炭系—二叠系、三叠系—侏罗系普遍发育,占总孔隙体积的50%~60%,成为主要的存储空间类型(图2-3-2)。粒内孔喉的发育使存储和渗流发生了很大变化,表征起来较为困难。

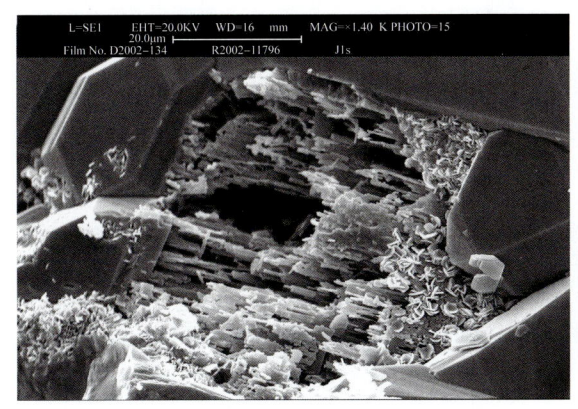
(a)石南油田西山窑组长石溶蚀后的粒内孔隙

(b)安塞油田长6油层激光共聚焦扫描观察到的粒间与粒内孔隙分布特征

图2-3-2　长石溶蚀后产生的粒内孔隙

2. 粒内溶蚀作用类型

通过大量铸体薄片和扫描电镜观察,主要溶蚀作用孔隙类型总结如下。

1)粒内溶蚀孔隙

碎屑颗粒内部所含可溶矿物被溶解,或沿颗粒解理等易溶部位发生溶解而成的孔隙。特点是孔隙不仅处在颗粒内部,而且数量比较多,往往呈蜂窝或串珠状。常见的是长石溶蚀粒内孔隙与岩屑溶蚀粒内孔隙,有时被体积细小的高岭石等充填(图2-3-3)。

2)填隙物内溶蚀孔隙

填隙物受溶蚀作用所形成的孔隙因杂基及自生胶结物晶粒之间的孔隙很小,使流体在其中比较难通过,溶蚀作用相对弱,从而在填隙物内孔隙中发育差,一般只在可溶填隙物中发育，如碳酸盐岩类、沸石等自生矿物晶粒间溶蚀所成的孔隙等（图2-3-4）。当溶蚀作用强烈发育，使填隙物大量溶解时，此类孔隙即可转变为溶蚀粒间孔隙。浊沸石溶蚀形成的粒内存储渗流现象在鄂尔多斯盆地含油气碎屑岩储层中较常见，属于早期充填在骨架颗粒之间的胶结物溶蚀，与长石粒内溶蚀不同，对残余粒间喉道连通、改善渗流能力起了积极作用[56]。

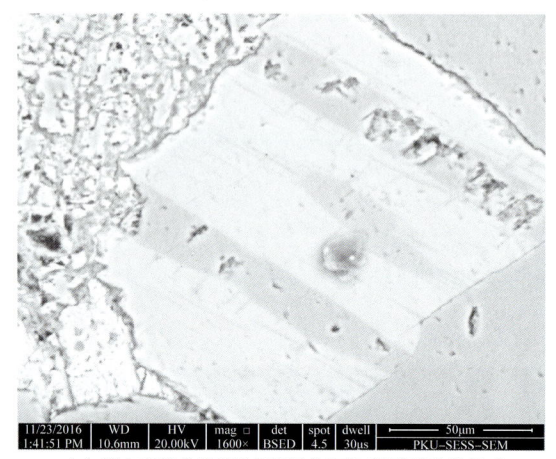
(a) 鄂尔多斯盆地苏里格气田盒8下亚段致密砂岩长石沿双晶面差异性溶蚀

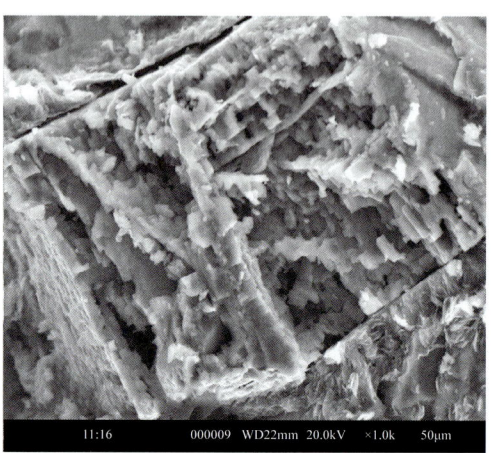
(b) 鄂尔多斯盆地安塞油田长6油层长石颗粒发生溶蚀

图2-3-3　长石溶蚀特征

(a) 大港油田港西三区西检2井沙三段胶结物内孔隙扫描镜下特征

(b) 鄂尔多斯盆地安塞油田长6浊沸石胶结物溶蚀产生的粒内孔隙

图2-3-4　浊沸石填隙物溶蚀特征

三、表面层内微纳米孔产状与孔径分布特征

1. 表面层微纳米孔产状

如前所述，表面层具有一定的厚度，储层表面层孔隙是指表面层内发育的微纳米级

孔隙，主要是自生黏土矿物晶间孔［图2-3-5（a）］。

表面层内微纳米级孔隙主要是细小填隙物颗粒之间形成的孔隙，大小一般在2μm以下，形态和成因各异，主要类型和产状包括杂基内微孔隙、黏土矿物晶间孔、矿物解理缝、岩屑内粒间微孔以及晶体再生长晶间孔等（图2-3-5至图2-3-7）。其中，前两种最常见，几乎在所有碎屑岩储层中均有分布。微孔隙有时数量相当可观，因其为小孔径及高比面，从而能吸附大量束缚水。

(a) 大庆长垣南部葡54井扶扬油层填隙物内微纳米孔扫描电镜特征

(b) 鄂尔多斯盆地安塞油田王检29-061井铸体薄片观察到的表面孔平面分布特征（浅蓝色部分）

图2-3-5　扫描电镜和铸体薄片下观察到的表面层内微纳米孔整体分布特征

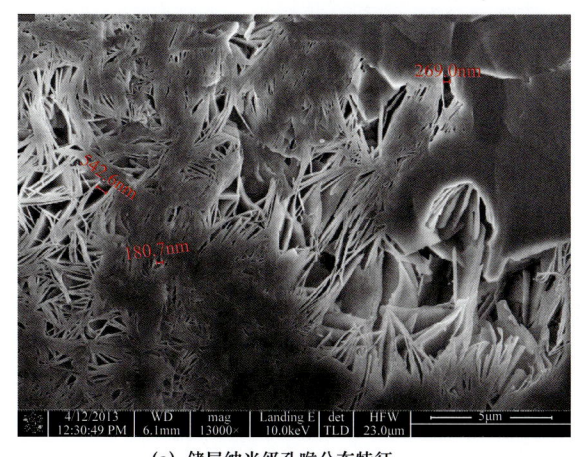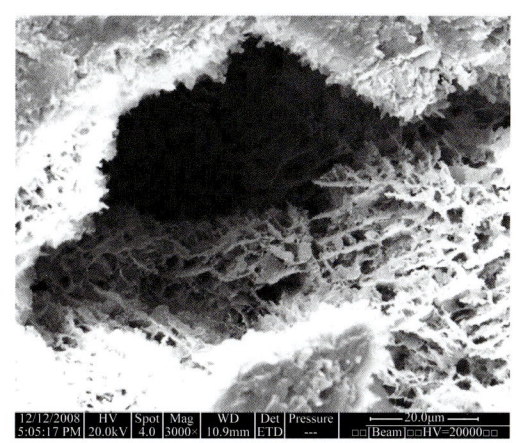

(a) 储层纳米级孔喉分布特征

(b) 储层孔喉比表面黏土矿物附着特征

图2-3-6　鄂尔多斯盆地安塞油田王检16-154井长6油层表面孔隙镜下特征

储层表面孔大小与粒间孔相比要小得多（图2-3-8），但是因其具有巨大的比表面和表面自由能，对外来注入介质具有较强的物理吸附作用，如对聚合物、表面活性剂等的吸附，在地下油藏环境下将改变化学驱配方体系，影响化学驱效果[6]。

2. 表面层内微纳米级孔径分布特征

表面层内纳米级孔径分布和孔体积测定一般采用N_2吸附获得（图2-3-9），从准噶尔盆地西北缘七东₁区克下组砾岩表面层100nm以下氮吸附孔径分布图可以看出，与微米级孔径分布一样，表面层内纳米级孔径分布也具有多峰态特征，说明内部存储空间类型及成因复杂多样。

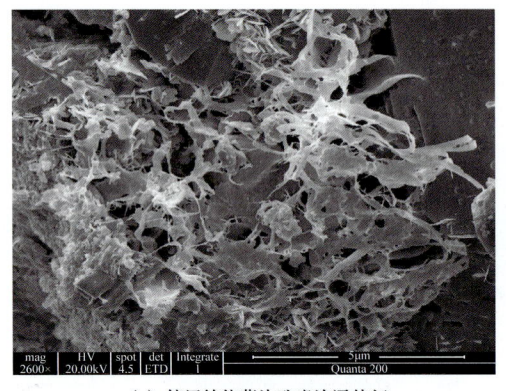

(a) 储层铸体薄片孔喉连通特征　　　　　(b) 储层孔隙比表面特征

图 2-3-7　海塔盆地贝中区块希 47-46 井南屯组蒙皂石内部不同大小表面孔分布特征

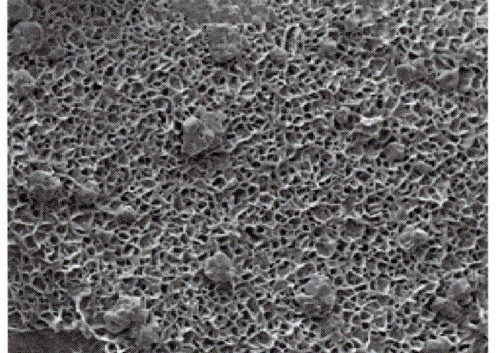

(a) 柴达木盆地马北12井粒间孔与表面孔分布特征　　　(b) 表面层局部放大针孔状特征

图 2-3-8　粒间孔与表面孔分布特征对比图

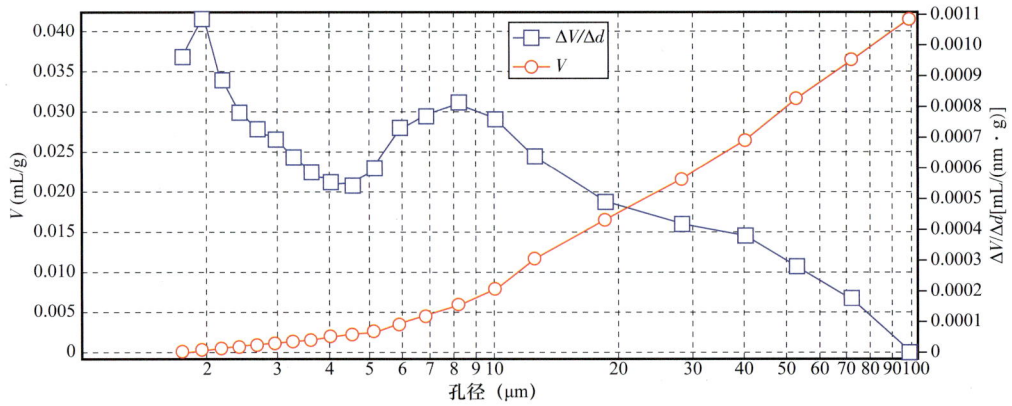

图 2-3-9　准噶尔盆地西北缘七东 1 区克下组砾岩表面层 100nm 以下氮吸附孔径分布

$\Delta V/\Delta d$—氮吸附孔径范围；V—孔隙体积累计增量

第四节　存储模态与渗流状态

一、单模态存储与单流态渗流

以原生孔隙为主的碎屑岩储层存储状态相对单一，喉道特征也相对单一，表现出渗流状态也相对单一的特征，孔喉优势渗流方向性明显，受沉积骨架颗粒定向性排列控制。宏观上，在注水开发中表现了天然水道方向水淹、水窜特征往往突出。在核磁共振谱中表现出单峰且较集中的特征（图2-4-1），如松辽盆地白垩系、渤海湾盆地古近系、柴达木盆地古近系和新近系等储层。这些孔隙成因是由沉积作用造成的粒间支撑孔隙，主要是由颗粒支撑的原生粒间孔隙组成，也包括粒间基质充填不满所遗留下来的孔隙，此外还包括基质内部有杂基支撑的孔隙及原始岩屑粒内孔隙。

(a) 大港油田港西三区西检2井沙三段粒间孔隙扫描电镜下和铸体薄片特征

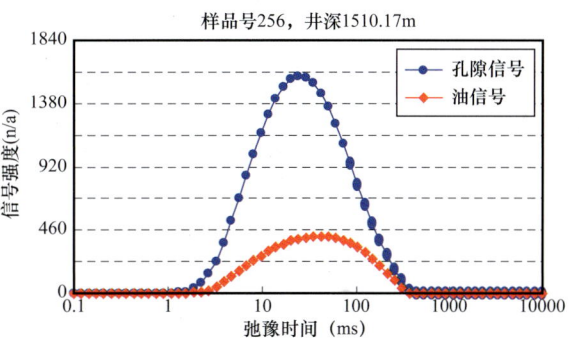
(b) 大港油田港西三区西检2井沙三段单模态孔隙水驱后核磁共振测得的单峰谱特征

图 2-4-1　单模态存储与渗流特征

此外，在成岩后生阶段因胶结作用而缩小的孔隙，如因石英次生加大、黏土矿物充填而缩小的残留原生孔隙，也应属于原生孔隙类型。

在微纳米级CT孔喉网络系统中，单模态存储与渗流表现出孔喉大小均一、连通性相对较好的特点（图2-4-2）。

二、双模态存储与双流态渗流

由原生粒间孔隙和次生粒内孔隙共同组成孔喉网络存储体系称为双模态存储，核磁共振谱上表现为双峰态（图2-4-3）。流体也表现出粒间渗流和粒内渗流两种状态，相互耦合，形成双流态。以鄂尔多斯盆地延长组和延安组低渗透、特低渗透、致密砂岩为代

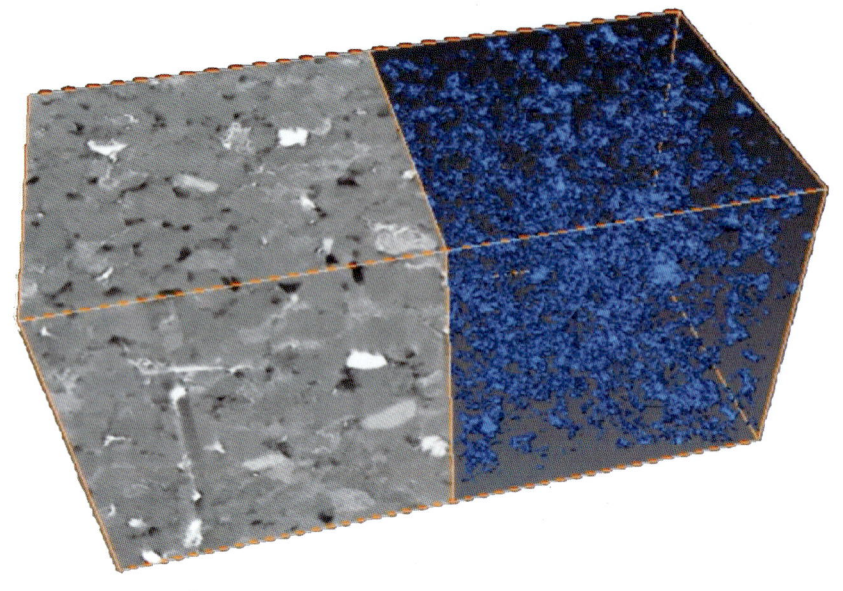

图 2-4-2　大庆长垣南部扶杨油层 CT 骨架与孔喉网络体系分布特征

(a) 大港油田港西三区西检2井沙三段粒间、粒内双模态孔隙扫描电镜下特征

(b) 鄂尔多斯盆地安塞油田王窑区块长6核磁共振T_2谱分布图

图 2-4-3　双模态存储空间结构及其核磁共振谱特征

表，粒间孔一般较大，但喉道狭窄，甚至堵塞，连通性差。粒内孔喉相对较小，主要是长石和浊沸石粒内溶蚀孔，溶蚀空间相对均一，很难区分粒内孔隙和喉道，连通性较好，渗流能力好（图2-4-4）。喉道狭窄，表面层发育，垂直孔喉壁生长发育，反映出管流和径向流双流态流动的特征。

三、复模态存储与多流态渗流

砾岩、砂砾岩油藏孔喉结构复杂、类型多样、大小差别大，从毫米级、微米级到纳

(a) 鄂尔多斯盆地Z067井长6油层孔隙类型　　(b) 粒内、粒间孔喉分布反映出油气水双模态赋存特征

图 2-4-4　扫描电镜下观察到的双模态储集空间类型

米级均有[图 2-4-5（a）]，孔喉连续谱分布区间广，微观孔喉非均质性强，表征起来较为困难[57]。微观水驱、聚合物驱动用不均，深部调驱难度也较大，往往形成高水窜通道，难以治理。因此，将这种储集空间类型笼统称为复模态存储和渗流类型[58]。在新疆准噶尔盆地西北缘三叠系和海塔盆地白垩系砂砾岩、砾岩和砂砾泥混杂岩储层中普遍发育。

复模态核磁共振表现出 T_2 谱区间分布非常宽，由于非均质性强，可动油主要分布在大孔道中（图 2-4-5）。

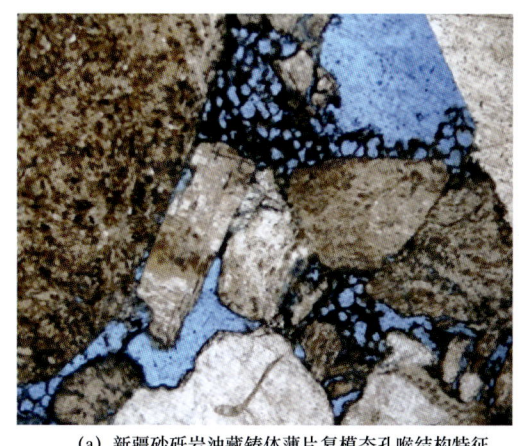 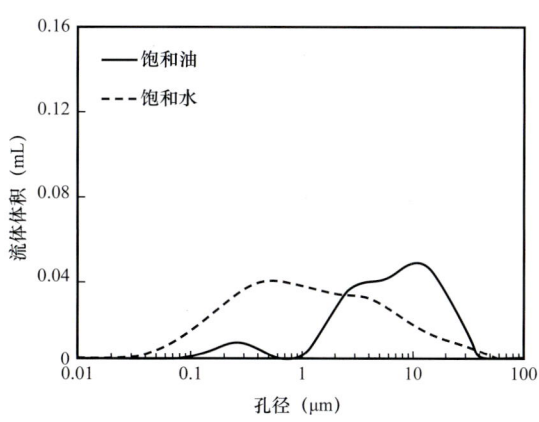

(a) 新疆砂砾岩油藏铸体薄片复模态孔喉结构特征　　(b) 新疆砾岩复模态核磁共振谱特征

图 2-4-5　准噶尔盆地西北缘克下组复模态孔喉镜下与核磁共振谱特征

讨论与思考

讨论

1. 从纳米级到微米级孔喉连续谱分布曲线的表征及其意义

由薄片观察、恒速压汞和普通压汞实验数据对比可知，同一块岩心样品这三种实验手段得到的孔隙和喉道半径数据有差别。分析认为由以下三个原因所造成：（1）恒速压汞所测试的孔隙和喉道是具有良好渗流的孔隙和喉道，而对于那种不具备渗流能力（可能具备渗吸能力）流通性差的或过于狭小的孔隙则没有测试出来，这不同于岩心观察统计得到的"孔隙"概念；（2）利用普通压汞方法得到的喉道分布频率反映了某一级别喉道所控制的孔隙体积，实际上并不是所有孔隙结构中喉道的数量分布。在没有其他办法得到孔喉的数量分布时，普通压汞所得到的喉道分布只能说是对数量分布的一种近似；（3）最本质的原因在于致密储层孔喉群落尺寸小、空间变化快，通过岩心观察很难准确统计，而恒速压汞实验测试的是某个截面上孔喉群落整体孔渗特性，并非某个单一孔隙喉道的孔渗特性，这样理论上会将测出的孔隙喉道值提高。如果是在常规储层中，孔喉群落综合效应不是很突出，不会有很大的差异，但是在低渗透/非常规储层中则测试结果偏大。

测量孔隙度和渗透率的方法有很多，包括对储层岩石孔喉结构的研究，都是针对微米级以上的孔隙和喉道。但是大量扫描电镜观察中发现，储层表面层中发育大量纳米级孔隙和喉道，因为存在大量微纳米级孔隙，吸附性会特别强。对于小于100nm孔径分布的测量采用气体吸附—脱附方法测量较准确。目前，较为先进的最高200MPa高压泵压汞在理论上可以进入3.75nm以上的孔隙，事实上小于100nm的孔径通常连通性差，非润湿相汞很难到达所有孔径中，测量误差大。因此，将氮吸附—脱附等气体孔径分布测量与高压压汞测试结果结合，建立从纳米级到微米级孔喉连续谱分布曲线是表征孔径分布的有效途径。

2. 储层表面孔与表面化学中所定义的介孔异同点

储层表面孔与表面化学中所定义的介孔具有一定差异，根据国际纯粹与应用化学协会（IUPAC）的定义：（1）孔径小于2nm的称为微孔；（2）孔径大于50nm的称为大孔；（3）孔径在2~50nm之间的称为介孔（或称中孔）。

介孔具有其他多孔材料所不具有的优异特性：（1）具有高度有序的孔道结构；（2）孔径单一分布，且孔径尺寸可在较宽范围变化；（3）介孔形状多样，孔壁组成和性质可调控；（4）通过优化合成条件可以得到高热稳定性。

3. 孔喉群落的开发意义及讨论

致密储层（渗透率一般在 1mD 以下，孔隙度为 3%～12%）研究仍忽视了孔喉集群综合效应的影响，然而大量的矿场吞吐试验和压裂效果证明，孔喉集群的综合效应对致密储层开发至关重要。

孔隙及喉道群落分布规律有助于储层有利相带预测"甜点"识别，尤其是对我国陆相强非均质致密储层来说，如果着眼于小尺度单个孔隙或喉道的分布，则随机性过大。相比而言，孔喉群落尺度适中，分布规律较明显，且具有很好的分形关系，与宏观储层物性及有利相带分布关系密切，所以选择孔喉群落作为表征储层微观结构的基本单元更合理。

鄂尔多斯盆地延长组主要开采层位长 6 油层属大型内陆淡水湖泊环境下河控建设型三角洲沉积，砂体以平原分流河道相及前缘水下分流河道相为主，具有低孔隙度、低渗透率等特点。微观孔喉群落平面分布具有明显的方向性和非均质性，与古沉积水动能方向及差异成岩溶蚀作用密切相关，在一定程度上控制了微观波及范围和优势渗流通道的形成，是剩余油分析的关键要素，应引起重视。

思考

1. 储层表面微纳米级孔隙对油气运移和开发是怎样影响的？
2. 不同产状的表面层孔隙对原油、水等介质相互作用是怎样的？
3. 储层中孔喉网络体系如何影响油气水的赋存状态和渗流规律？
4. 碎屑岩储层中基本的存储类型和渗流状态有哪些？

第三章 表面层矿物学特征

骨架、表面层（填隙物）、孔隙和流体是组成油藏的四大基本要素，由于石英、长石、岩屑等硅酸盐（包括铝硅酸盐）骨架矿物性质稳定，储层物理化学性质主要体现在含有丰富结晶水铝硅酸盐矿物表面层的物理化学性质上，大部分表面层由水铝硅酸盐胶体矿物组成，具有胶体的很多特性，因此本章重点讨论表面层的胶体矿物学特征。

第一节 表面层材料组成与分布

一、表面层材料组成

1. 表面层与储层地质学中填隙物的区别

广义地讲，除骨架矿物以外所有的填隙物都属于表面层材料。包括膜状杂基和胶结物（自生和它生），其类型、含量、产状因不同沉积和成岩演化，在不同油藏中差异较大，不但导致储层孔隙度、渗透率、饱和度及非均质性的差别（表3-1-1），也是储层物理化学性质差异的主要原因。

表 3-1-1 杂基与胶结物的区别

类型	形成	组分	区别
杂基	机械成因泥、粉细砂及火山碎屑等	细粒黏土质石英、长石、岩屑，火山碎屑等，化学性质稳定	据两者洁净度判别：杂基往往成分混杂，看似较脏，形状不固定；胶结物较为洁净，形状固定，属于结晶矿物
胶结物	化学沉淀	硅质、碳酸盐、铁质、石膏及自生黏土矿物，沸石类矿物、硫化物等，化学性质不稳定，容易受温度、压力、矿化度等环境的影响，发生向其他矿物的转变	

储层成岩演化和岩石组构中填隙物的研究偏重于成因、分布和含量对储层孔喉的影响，而本书将这些材料称为表面层，聚焦这些材料的比表面、表面功、吸附性、带电性、膨胀性、迁移性、水化性、絮凝性、沉淀性、离子交换性等物理化学性质。

长石溶蚀、火山碎屑岩蚀变及物源风化残积土杂基充填，提供了大量的 K^+、Na^+、Ca^{2+}、Mg^{2+}、Fe^{2+} 等和铝氧八面体与硅氧四面体组成的水铝硅酸盐络阴离子团。这些离子在不同的成岩演化环境下，形成不同类型表面层，常见的类型有：（1）层状自生黏土矿物；（2）架状沸石类矿物；（3）过饱和硅氧四面体形成自生石英、蛋白石；（4）过多 CO_3^{2-} 形成白云石、方解石；（5）黄铁矿和石膏等硫酸盐矿物。这些自生矿物以胶结物形式沉淀在粒间孔隙中，形成泥质、沸石、硅质和钙质胶结等。

在碎屑岩储层中，以黏土矿物类水铝硅酸盐层状胶体矿物和沸石类水铝硅酸盐架状胶体矿物最为常见，对储层的物理化学性质影响较大，因此本节以这两类矿物讨论为主。

2. 沉积期机械杂质的充填

机械成因表面层材料主要是在沉积期细小的机械杂基附着（或充填）在矿物颗粒表面（或孔隙中），一般为粒径小于 31.25μm（>5ϕ，ϕ 为颗粒直径）的非化学沉淀的细粉砂及黏土质颗粒、火山碎屑等。

陆源黏土质碎屑是在沉积过程中与砂粒一起沉积并以不同形式在砂体中堆积下来的黏土质点，常呈分散状基质、絮状、凝块、古老泥岩或同期沉积物的泥质团块、泥质纹层及渗滤的残余物风化残积土等。这些黏土质点常常是砂岩储层中最重要的可塑性组分，在成岩压实过程中，颗粒容易变形并挤入砂岩孔隙中，发生机械压实作用，使储集砂岩孔隙度减小，这是导致砂岩储层物性变差的重要原因之一。

此外，火山碎屑岩类也属于机械杂质充填，系在沉积或同沉积作用过程中伴随有火山喷发或物源区有未成岩的火山碎屑岩随砾岩、砂岩和泥岩一起充填在储层孔隙中。一方面，这些物质大多数属于性质不稳定的隐晶质；物理化学性质活跃；另一方面为后期其他化学沉淀的矿物提供了物质条件。在某些油藏中，火山碎屑物质对储层的物理化学性质起决定性作用。例如，在新疆克拉玛依组油田克下组砾岩油藏和海塔盆地下白垩统砂砾岩油藏中含有大量的凝灰质[图3-1-1（a）]，储层水敏性强。

3. 沉积后储层成岩演化过程中形成的矿物

表面层矿物主要是在砂质储层成岩过程中化学沉淀形成的，分布在砂质储层的粒间

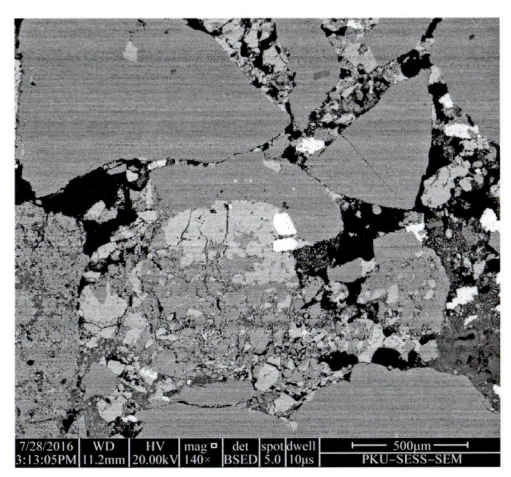
(a) 新疆七东区克下组砾岩储层机械杂质、凝灰质充填特征

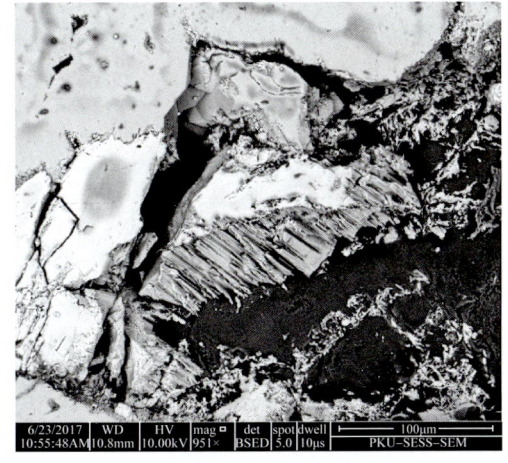
(b) 鄂尔多斯盆地苏里格气田盒8下亚段致密砂岩碳酸盐类表面层矿物组成特征

图 3-1-1　典型表面层材料组成镜下特征

孔隙和喉道中（图 3-1-1）。它的特性不仅直接影响储层的孔隙结构和储集性能，而且还直接影响油层的敏感性特征，是影响储层孔隙结构和储集特征的最重要因素[59]。

直接从粒间溶液中沉淀出来的化学沉淀物，按照物理化学性质活跃程度，依次有：

（1）黏土矿物类：高岭石、蒙皂石、伊利石、绿泥石和伊/蒙混层、绿/蒙混层矿物等。

（2）沸石类：方沸石、浊沸石、柱沸石、杆沸石、丝光沸石和光沸石等，碎屑岩储层中最常见的是浊沸石。从目前的文献来看，松辽盆地白垩系、鄂尔多斯盆地石炭系—二叠系和三叠系—侏罗系、四川盆地侏罗系、准噶尔盆地二叠系等有广泛分布。

（3）碳酸盐类：方解石、白云石、铁方解石、铁白云石和菱铁矿等。

（4）硫酸盐类：石膏、硬石膏、天青石和重晶石等。

（5）铁质矿物类：赤铁矿、褐铁矿和黄铁矿等。

（6）硅质矿物类：自生石英、玉髓和蛋白石等。

（7）其他类矿物：片钠铝石等。

二、表面层材料晶体的结构特点

1. 黏土矿物层状结构的两种基本组成单元

1）硅氧四面体与硅氧四面体晶片

硅氧四面体由一个硅原子与四个氧原子构成，硅原子在四面体的中心，氧原子在四面体的顶点，硅原子与各氧原子之间的距离相等，约为 0.16nm，O—O 离子间的距离约为 0.26nm。按照四面体形状排列，称为硅氧四面体［SiO₄］（图 3-1-2）。

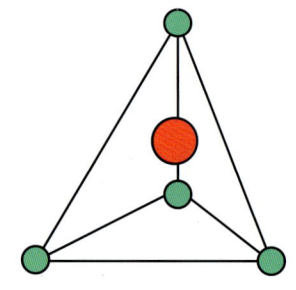
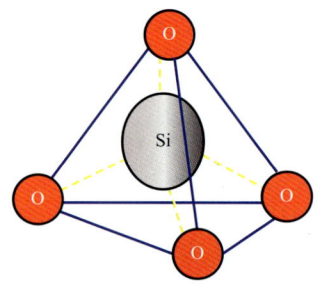
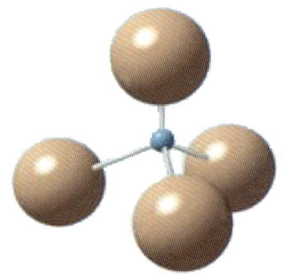

图 3-1-2　硅氧四面体结构示意图

硅氧四面体晶片最基本的结构单元是硅氧四面体，多个硅氧四面体通过共用顶角上的一个、二个或三个、四个氧原子连成链状、环状、片状或三维网状结构，在空间重复形成硅氧四面体晶片（图 3-1-3）。在硅氧四面体的六方网格结构中，内切圆直径为 0.288nm，硅氧四面体片的厚度为 0.500nm。

2）铝氧八面体与铝氧八面体晶片

铝氧八面体是层状硅酸盐晶体结构中的基本构造单元之一，铝离子在中间，上面三个氧，下面三个氧，Al—O 之间距离相等，相互错开做最紧密堆积形成八面体结构（图 3-1-4）。

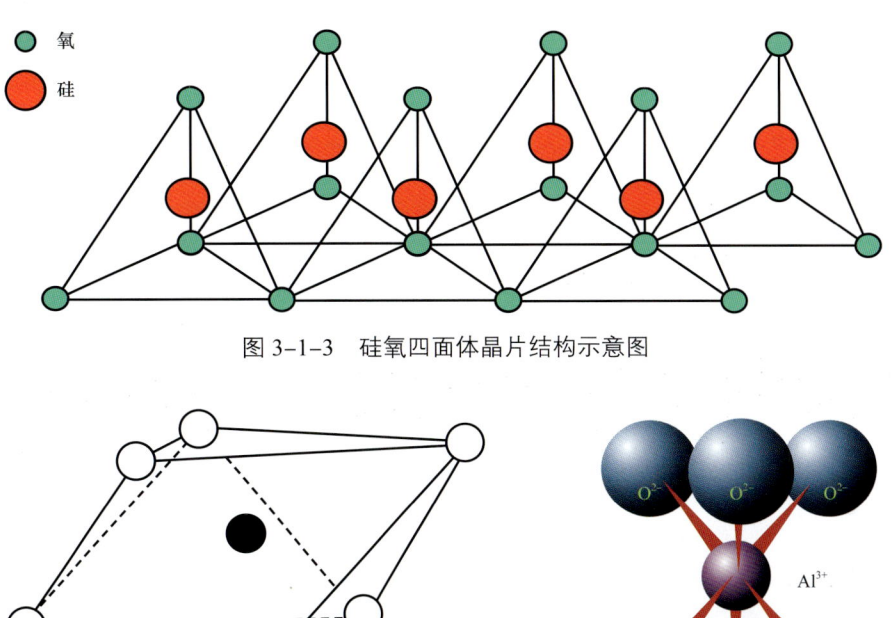

图 3-1-3 硅氧四面体晶片结构示意图

图 3-1-4 铝氧八面体结构示意图

单个铝氧八面体通过共用顶角的原子或原子团在空间重复形成铝氧八面体晶片（图 3-1-5）。铝氧八面体的六个顶点为氧或氢氧原子团，Al^{3+} 或 Fe^{3+}、Fe^{2+}、Mg^{2+} 置于八面体的中央，通常是 Al^{3+}。

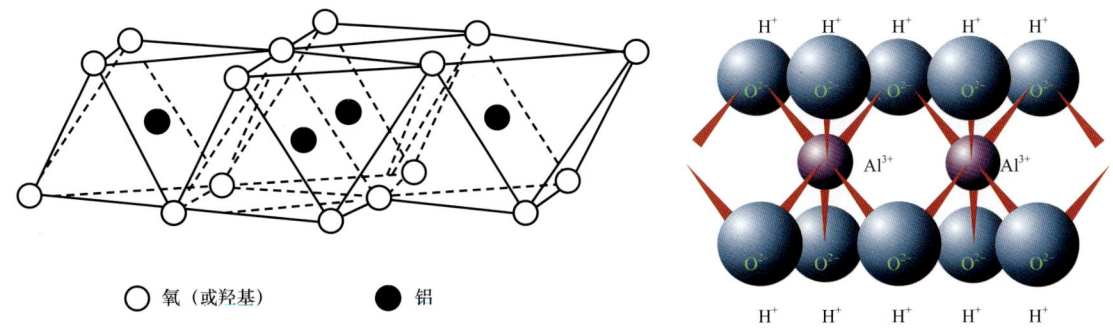

图 3-1-5 铝氧八面体晶片结构示意图

2. 基本结构层

黏土矿物的基本结构层（单位晶层）由硅氧四面体与铝氧八面体按不同比例结合而成，通过共价键以适当的方式结合，构成晶层[60]。

1）1∶1型晶层

由一个硅氧四面体晶片与一个铝氧八面体晶片构成，层面上是氧（O）（图3-1-6）。1∶1型结构，是在两层间的位置上，由上面的四面体氧平面与下面相邻的八面体OH表面构成OH—O的配位，形成一个较长的键（其离子间距大约为0.3nm），从而形成层与层的结合（图3-1-6）。高岭石就属于这种晶层类型。如果层发生弯曲或呈管状（如纤维蛇纹石），就会影响这种氢氧键的形成。

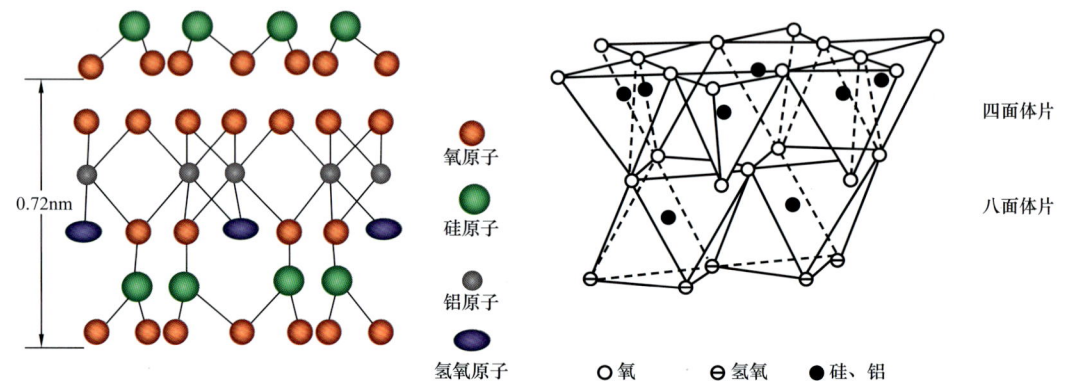

图3-1-6　1∶1型晶层结构示意图

2）2∶1型晶层

由两个硅氧四面体晶片与一个铝氧八面体晶片构成，层间是可交换阳离子和$n\mathrm{H_2O}$结晶水（图3-1-7），具有以下四个方面特点：

（1）单元晶层面与面堆积在一起形成晶体。
（2）一个单元晶层到相邻的单元晶层之间的垂直距离称为晶层间距。
（3）含有较多的层间物，如层间水、层间阳离子等。
（4）晶层与晶层之间主要靠分子间力堆积在一起。

绿泥石、伊利石、蒙皂石及其混层矿物均属于2∶1型晶层类型。

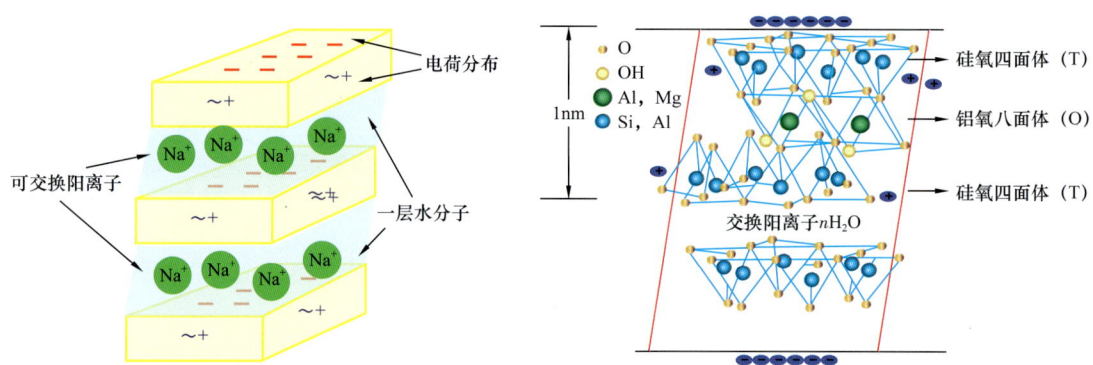

图3-1-7　2∶1型晶层结构示意图

3）层间域

结构单元层在垂直网片方向周期性重复叠置构成层状结构的空间格架，而在结构单元层之间存在的空隙称为层间域（图 3-1-8）。

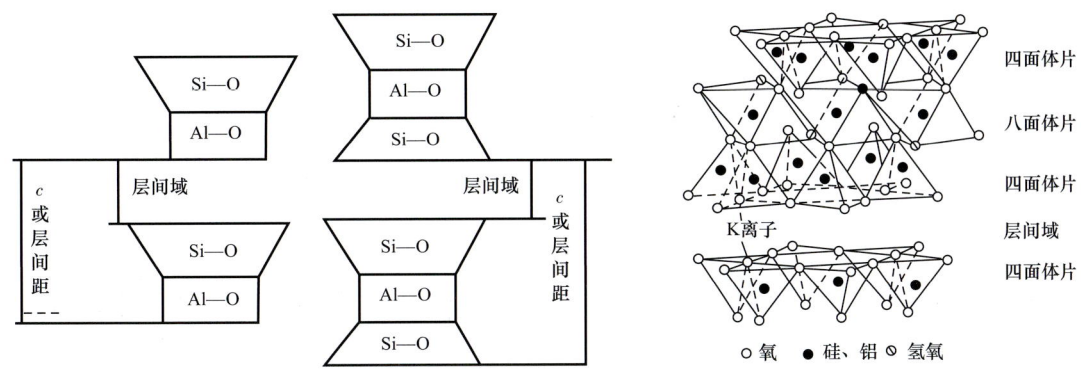

图 3-1-8　层间域结构示意图

由于单位晶格的大小近似，四面体层与八面体层很容易沿 c 轴叠合而成为统一的结构层，此结构层称为结构单位层（简称晶层），几个结构层组成晶胞。四面体层与八面体层的不同组合堆叠重复，便构成了各种不同黏土矿物层状结构。

由一个四面体层与一个八面体层重复堆叠的称为 1∶1 型结构单位层（如高岭石等），也称为二层型。由两个四面体层间夹一个八面体层重复堆叠的称为 2∶1 型结构单位层（如蒙皂石、伊利石等大多数黏土矿物属于这种类型），也称为三层型。

在层状结构中，四面体层与八面体层间共用一个氧原子层，故四面体层与八面体层间的键力大，连接较强，但在 1∶1 型或 2∶1 型结构单位层间并不共用氧原子层，层间的连接较弱形成层间域，不同组合类型的黏土矿物，层间域差异较大。如高岭石非常小，而蒙皂石非常大（图 3-1-9）。

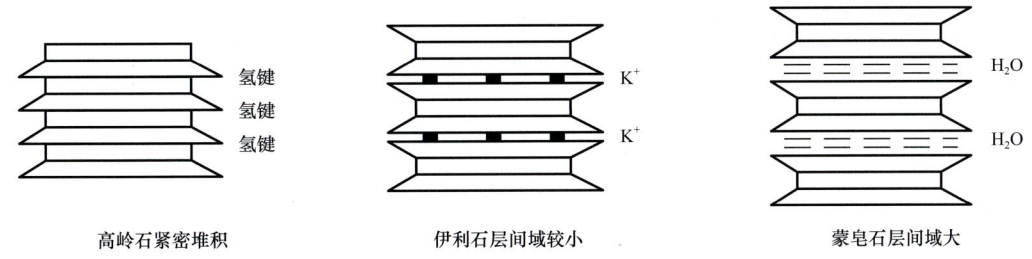

图 3-1-9　典型黏土矿物层间域结构差异示意图

3. 常见黏土矿物晶体结构特点

表面层的物质组成类型多样，有机械成因的，有化学成因的。无论是哪种成因，总体的特征是大部分表面层以具有固定晶形自生方式附着在矿物颗粒表面，晶体形状细小，具有特殊的物理性质和化学性质。其中黏土矿物具有普遍性、代表性，并且所占的比例较大，因此重点介绍各种黏土矿物的化学组成特性。一般情况下，黏土矿物是细分散的、含水的层状（链状）结构硅酸盐矿物及含水的非晶质硅酸盐矿物的总称。

化学分析表明，黏土矿物主要含有 SiO_2、Al_2O_3 和 H_2O，还含有少量铁、碱金属和碱土金属元素。实际上，黏土矿物就是含水的铝硅酸盐（简称水铝硅酸盐矿物）。常见的黏土矿物见表 3-1-2。

表 3-1-2 常见黏土矿物的化学式及其晶体结构

矿物	化学式	晶体结构
高岭石	$Al_4[Si_4O_{10}](OH)_8$	三斜晶系，二八面体型层状结构
蒙皂石	$(1/2Ca, Na)_{0.66}(Al, Mg, Fe)_4[(Si, Al)_8O_{20}](OH)_4 \cdot nH_2O$	单斜晶系，二八面体型层状结构
伊利石	$K_{1-1.5}Al_4[Si_{7-6.5}Al_{1-1.5}O_{20}](OH)_4$	单斜晶系，二八面体型层状结构
绿泥石	$(Mg, Al, Fe)_{12}[(Si, Al)_8O_{20}](OH)_{16}$	单斜晶系，三八面体型层状结构

结构单元层内部电荷平衡与否决定其吸附性能：（1）如果结构单元层内部电荷已达平衡，则在层间域中无须其他阳离子存在，也很少吸附水分子或有机分子，如高岭石、叶蜡石等矿物；（2）如果结构单元层内部电荷未达平衡，即尚具有一定的层电荷，则导致在层间域中有一定量的阳离子，如 Na^+、K^+、Ca^{2+}、Mg^{2+}、Fe^{2+} 等充填，还可以吸附一定量的水分子或有机分子，如云母、蒙皂石等矿物。

层间域的特点对层状硅酸盐来说意义极为重要，它影响矿物的吸附性：（1）含层间阳离子较多时，层间域的吸附能力强；（2）层间阳离子的价态较高时，层间域的吸附能力也较高。

层间域的含水量直接影响矿物的晶胞参数。例如，蛭石充分水化时，层间域 c_0 约为 2.84nm，随着水分子的脱失，c_0 值逐渐变为 2.76nm 和 2.32nm，至完全脱水时，c_0 仅为 1.85nm。

层间域中有无离子、不同离子的存在或分子吸附，将大大地影响矿物的物理性质（如硬度、解理、弹性、离子交换性、膨胀性等）及晶胞参数：（1）一般而言，含层间阳离子的矿物单元层间键力较强，因而硬度和弹性较大、解理与滑感较差、相对密度及离子交换性较强；（2）四面体片中的 Si^{4+} 被 Al^{3+} 代换较多而层间阳离子价态较高时，上述物性效应增强，弹性向脆性转化。

三、表面层材料分布特点

根据自生黏土矿物在砂岩孔喉中的分布特征及其与砂岩骨架颗粒的相互关系，通常将自生黏土矿物在砂岩孔隙中的产状分为分散质点式、薄膜式和搭桥式三种基本类型（图 3-1-10），因分布形式及其物性差异，会影响储层渗透性。

(a) 松辽盆地大庆长垣西部齐家—古龙地区高台子油层分散状高岭石

(b) 松辽盆地大庆长垣西部齐家—古龙地区高台子油层薄膜式伊利石、蒙皂石及伊/蒙混层分布

(c) 松辽盆地大庆长垣西部齐家—古龙地区高台子油层伊利石搭桥分布，堵塞喉道

图3-1-10　显微镜下观察到的黏土矿物分布类型

1. 表面层矿物薄膜式分布

填隙物黏附于孔壁，形成一个相对连续、薄的黏土矿物膜（如绿泥石膜），又称薄膜式［图3-1-11（a）］。黏土矿物在颗粒表面呈定向排列，构成连续的黏土矿物薄膜贴附在孔隙壁上或颗粒表面，因此也有人把这种产状称为孔隙衬层或颗粒套膜。这种黏土矿物产状最常见的是蒙皂石、绿泥石、伊利石和混层黏土矿物。它们绝大多数垂直颗粒表面（即孔壁）生长，平行排列，厚度一般小于5μm，对化学驱三次采油中聚合物、表面活性剂和碱吸附作用强。

薄膜式黏土矿物对储层的影响表现在以下两个方面：

（1）黏土矿物薄膜的存在大幅度减小孔喉的有效半径，且常常造成孔隙喉道的堵塞。因此，存在这类黏土矿物产状的储层渗透性一般较差，低于黏土矿物呈分散质点式充填的砂岩。

（2）在钻井、完井以及油层改造和注水开发过程中，注入油层的流体易与黏土矿物薄膜产生作用，而储层中碎屑颗粒却是稳定的，或者很少与外来流体起反应。因此，黏土矿物薄膜的化学组成和物理性质将直接影响上述各项工程施工的效果，如果在施工前未采取应对措施，就可能对储层造成伤害。

2. 表面层矿物分散质点式分布

黏土矿物以分散质点式的形式充填在储层的粒间孔隙中，充当孔隙填充物。高岭石呈完整的假六边形自形晶体，或者由这些自形晶体组成书页状、蠕虫状等形态的集合体，充填于储层的粒间孔隙中。如体积较小的高岭石矿物，呈分散状分布在孔隙、喉道中［图3-1-11（b）］，在水流作用下容易迁移，在狭窄的喉道处停留下来，堵塞喉道，造成速敏。

分散黏土矿物质点在储层粒间孔隙的充填，对储层带来两个方面的影响：

（1）由于黏土矿物质点在粒间孔隙的充填，不仅减小了储层的孔隙度，而且使原始粒间孔隙变成被许多松散黏土矿物质点分割的微细孔隙，从而降低了储层的渗透性。

（2）由于充填在孔隙中的黏土矿物质点是松散的，它与碎屑颗粒的附着力很差。因此，在储层改造和注水开发过程中，这些质点可能随注入流体的流动而在孔隙中运移，并可能堵塞孔隙喉道。

3. 表面层矿物搭桥式分布

黏土矿物晶体自孔隙壁向孔隙空间生长，最终彼此桥接，黏附于孔壁表面，并横跨孔隙，通过搭桥的方式将粒间孔分隔［图3-1-11（c）］。搭桥式分布将微观孔隙非均质更加复杂化，致使油水微观运动规律出现非线性和非达西。最常见的是条片状、纤维状的自生伊利石，在孔隙中呈网络状。此外，蒙皂石和混层黏土矿物也可形成黏土矿物桥，高岭石的黏土矿物搭桥比较少见。

搭桥式黏土矿物，将粒间孔隙切割后，孔隙变得迂回曲折，成为黏土矿物晶体之间的微细孔隙［图3-1-11（c）］，致使渗透率一般小于10mD。鄂尔多斯盆地延长组低渗透/致密砂岩伊利石含量相对较高，桥联现象普遍。

由于纤维状伊利石具有较大的比表面，因此在储层孔隙中形成一个比表面积很大的吸水区，后期进入的原油一般只占据储层中的可流动孔隙。因此，含有这类黏土矿物的砂岩往往有较高的含水饱和度和较低的电阻率，在电测解释时容易将这些低电阻油层误认为是水层。

四、表面层材料的胶体矿物学性能

1. 表面层的胶体化学特性

所有黏土矿物都有不同发育程度侧面断口活化表面（微晶的角、棱部位），其能量的不平衡由符号相反的离子所补偿。这种在结构方面的差异使其与水及水溶液作用时性质及表现截然不同。由于黏土矿物表面存在有对水的"活化"吸附中心，因此在固相矿物颗粒与孔隙溶液的界面上形成一个水膜，其性质既有别于自由的溶液，又不同于固相颗粒。

从黏土矿物的结构形态和化学组成看，属于水铝硅酸盐层状矿物，含有层间水、吸附水、结晶水、结构水、沸石水等，尤其是层间含有大量的层间水和不稳定的各种金属阳离子，使其化学性质不稳定，具有诸多胶体化学性质特点，因此一般将储层中黏土矿物或沸石类等富含水的层状、架状水铝硅酸盐胶结物称为胶体矿物。

当分散粒子接近胶体粒子大小时，其比表面积和表面能激增，体系的表面特性（如吸附、双电层效应、化学反应能力等）变得较为明显，且直接影响整个体系的物理化学性质。以半径为1.00cm的球形水滴分割为例，从表3-1-3中可以看到，当粒子半径为10^{-9}m时，总表面积已达$1.26 \times 10^4 m^2$，体系的表面能为907J。显然，这么大的表面能，必然会对体系的物理化学性质起到重要的作用。然而，当分割到分子大小（10^{-10}m）时表面也随之消失，体系变成均相、热力学体系稳定。

第三章　表面层矿物学特征

 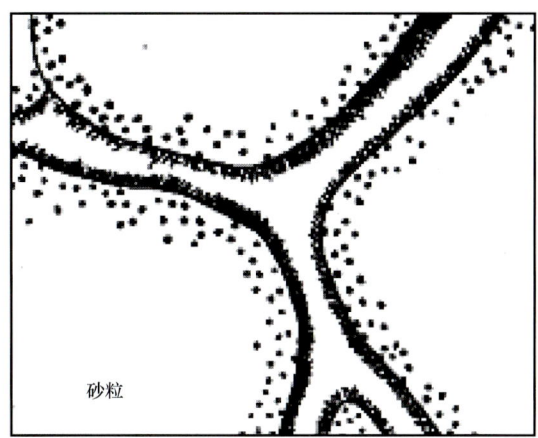

(a) 薄膜式镜下分布特征及示意图

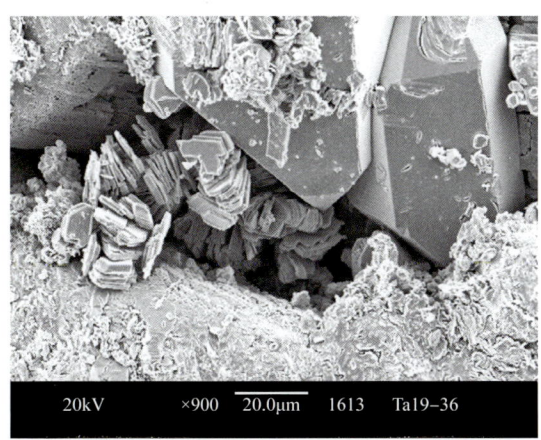 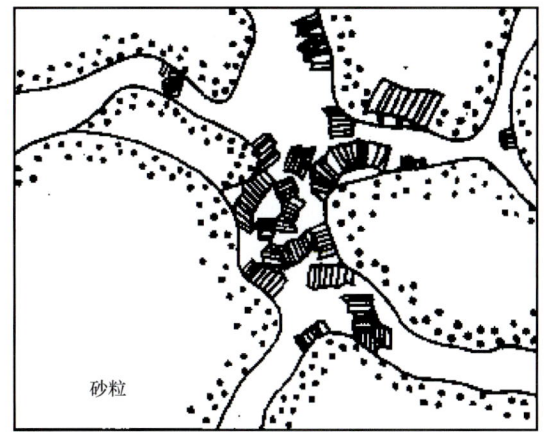

(b) 分散质点式镜下分布特征及示意图

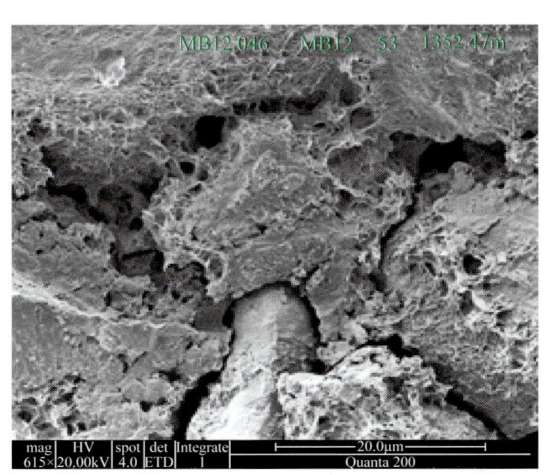 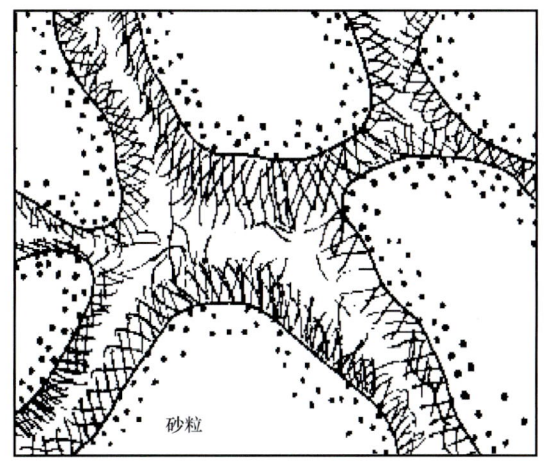

(c) 搭桥质点式镜下分布特征及示意图

图 3-1-11　表面层矿物镜下分布特征及示意图

表 3-1-3　水滴不断分割时比表面积和表面能的变化

半径（m）	粒子个数	总表面积（m²）	总比表面积（m²/g）	总表面能（J）
1×10^{-2}	1	1.26×10^{-3}	3.01×10^{2}	9.07×10^{-5}
1×10^{-3}	1×10^{3}	1.26×10^{-2}	3.01×10^{3}	9.07×10^{-4}
1×10^{-4}	1×10^{6}	1.26×10^{-1}	3.01×10^{4}	9.07×10^{-3}
1×10^{-5}	1×10^{9}	1.26×10^{0}	3.01×10^{5}	9.07×10^{-2}
1×10^{-6}	1×10^{12}	1.26×10^{1}	3.01×10^{6}	9.07×10^{-1}
1×10^{-7}	1×10^{15}	1.26×10^{2}	3.01×10^{7}	9.07×10^{0}
1×10^{-8}	1×10^{18}	1.26×10^{3}	3.01×10^{8}	9.07×10^{1}
1×10^{-9}	1×10^{21}	1.26×10^{4}	3.01×10^{9}	9.07×10^{2}

由以上分析可知，分散程度的高低直接影响分散体系的特性。因此，通常可以按分散程度的不同，把分散体系分成分子分散体系、胶体分散体系和粗分散体系，见表 3-1-4。

表 3-1-4　按分散相粒子大小对分散体系的分类

分散体系	粒子大小（m）	特性	举例
分子分散体系（溶液）	$<10^{-9}$	热力学稳定的均相体系；扩散快，能透过半透膜；超显微镜下观察不到	氯化钠、蔗糖等水溶液
胶体分散体系（溶胶）	$10^{-9} \sim 10^{-7}$	热力学不稳定的多相体系；扩散慢，不能透过半透膜，超显微镜下可观察到	金溶胶、硫砷溶胶等
粗分散体系	$>10^{-7}$	热力学和动力学都不稳定的多相体系；不扩散，不能透过半透膜，普通显微镜下可观察到	牛奶、豆浆、雾、烟、尘埃等

这种分类法在讨论体系粒子大小时非常方便，但描述实际体系的状态时比较含糊，也难以对高分子溶液进行归类。

如前所述，表面层一般由细小的水铝硅酸盐矿物颗粒组成，分子量大，且分子结构不稳定，具有胶体化学的诸多特性，与地层水中无机盐组成的真溶液具有一定的差别，表现在以下几个方面：（1）胶体是热力学不稳定体系，有自发聚沉的倾向，真溶液是热力学稳定体系；（2）胶体是不均匀的多相分散体系，是一相或多相（分散相）分散于另一连续相（分散介质）之中，分散相与分散介质存在物理表面，而真溶液是热力学稳定的均匀物系，不存在物理表面；（3）胶体粒子由大量原子、分子或离子所组成，胶团量可以是几千、几万甚至几百万，在一个胶体体系中，胶粒的大小或胶团量不完全相同，可以用平均胶团量和其分布曲线来描述，而真溶液中同一种溶质有固定大小及相对分子质量；（4）胶体粒子没有确定的组成和结构，受温度或外来添加物等的影响很大，而且它可以分裂，分裂后在化学组成上仍保持原来的性质，而真溶液中的溶质分子都有固定的组成和结构，也不能再分裂。

由此可见，热力学不稳定性、多相不均匀性、多分散性、结构和组成的不确定性构成了胶体的四大主要特性。

分散体系也可以按分散相和分散介质的聚集状态分类，见表 3-1-5。有的体系在胶体化学中很少研究，甚至不予研究，研究最多的是溶胶、乳状液、微乳液和悬浮液等。

表 3-1-5 按分散相和分散介质的聚集状态对分散体系的分类

分散介质	分散相	名称	例子
液	气	泡沫	洗衣泡沫、灭火泡沫、微纳米气泡
	液	乳状液	牛奶、豆浆、乳状稠化剂
	固	溶胶、悬浮液	金溶胶、油漆、牙膏、悬浮状稠化剂
固	气	凝胶（固态泡沫）	泡沫塑料、面包
	液	凝胶（固态乳状液）	珍珠
	固	凝胶（固态悬浮液）	合金、有色玻璃
气	液	气液溶胶	雾
	固	气固溶胶	烟、尘

20 世纪初，人们把胶体分为亲液胶体和憎液胶体两类。明胶、蛋白质等与水形成的胶体称为亲液胶体；而那些本质上不溶于介质的物质，必须经过适当处理后才能将它们分散于某种介质中称为憎液胶体，如金溶胶、氢氧化铝溶胶等。亲液胶体与憎液胶体有着本质的区别，前者是热力学稳定体系，后者是热力学不稳定体系。通常把亲液胶体称为大分子或高分子液，把憎液胶体称为胶体分散体系（常简称为胶体）或溶胶。

储层表面物理化学中提出的水铝硅酸盐胶体矿物不同于上述亲液胶体和憎液胶体，具有矿物和胶体的共同特性，矿物内部虽然含有大量的结构水、结晶水、层间水、沸石水、吸附水、可动水等，但是仍然以固体微粒的形式存在于以油水为介质的液体中，很难形成分散系。具有较大的比表面、表面功、吸附性、带电性、离子交换性、沉淀性、絮凝性、膨胀性、分散性、迁移性、酸碱盐敏感性等胶体化学的诸多特性。

2. 表面层材料的胶体矿物分布形貌

经过成岩作用，储层孔隙空间中胶体矿物是一种相对稳定的水铝硅酸盐，即饱和状态下的含水结晶矿物，主要包括高岭石、蒙皂石、伊利石、绿泥石、伊/蒙混层、绿/蒙混层、蛋白石及沸石类等。这些矿物若与不配伍的外界流体接触时，发生吸附、离子交换、水化膨胀、分散运移或絮凝等变化（图 3-1-12）。

胶体微粒非常小（通常为微纳米级），具有极大的比表面积和很高的表面能（图 3-1-13），吸附其他物质和自发地转化为结晶质的趋势。此外，胶粒表面的电荷未达到饱和，带电的胶体微粒能够选择性地吸附周围介质中与胶体所带电荷相反的其他离子，即正胶体吸附阴离子，负胶体吸附阳离子，表现出胶体的吸附性。

(a) 扫描电镜高岭石、石英分布特征　　　　(b) 扫描电镜高岭石、石英、长石分布特征

图 3-1-12　海塔盆地贝中油田南屯组砂岩高岭石、石英、长石等多种矿物组成的表面材料特征

已经形成的胶体矿物，随着时间的推移或热力学因素的改变，胶粒会自发地凝聚，并进一步发生脱水作用，颗粒逐渐增大，最终可转变为结晶矿物，如图 3-1-13 所示。

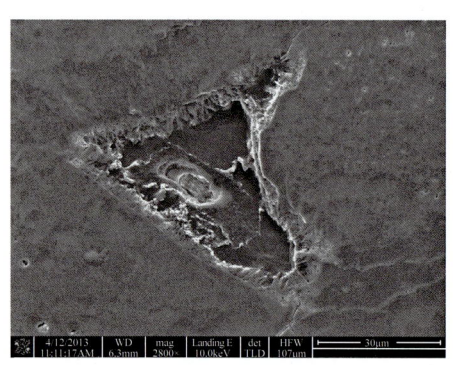
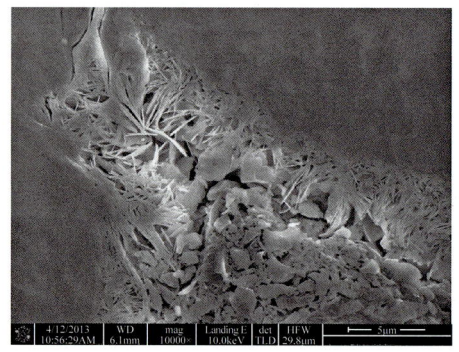

(a) 储层孔隙比表面特征　　　　　　　　(b) 储层孔隙喉道比表面特征

图 3-1-13　鄂尔多斯盆地安塞油田王检 29-061 井长 6 油层储层表面结构特征

由于胶体的特殊性质，决定了胶体矿物的化学成分具有可变性和复杂性的特点。一方面，胶体矿物分散相与分散媒的量比不固定，即其含水量是可变的；另一方面，胶体微粒表面具有很强的吸附性。与类质同象现象截然不同，胶体对介质中与其电荷相反的离子吸附，不必考虑被吸附离子的半径大小、电价高低等因素，而且被吸附离子的含量多少取决于该离子在介质中的浓度。由于胶体微粒的表面能极大，吸附量也相当可观，其组成中含有在种类和数量上变化范围均较大的被吸附杂质离子。

3. 储层中自生黏土矿物特点

自生黏土矿物是从饱和 $[AlSiO_4]^-$ 及各种阳离子在地层水中沉淀形成，也可以是原来的物质与地层水反应而生成。如长石蚀变可以形成自生高岭石、火山物质蚀变形成自生蒙皂石等（图3-1-14）。

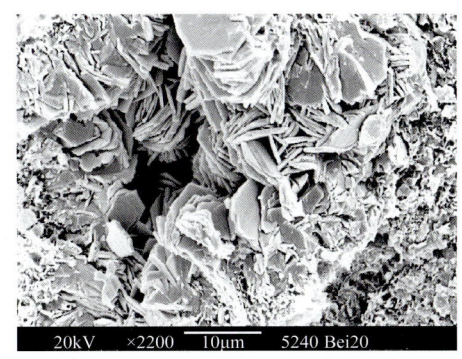
(a) 海塔盆地铜钵庙组片状高岭石、
绿泥石表面孔隙分布特征

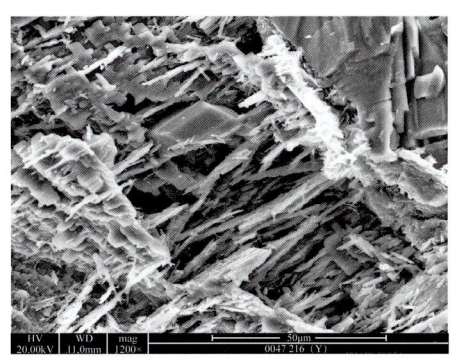
(b) 鄂尔多斯盆地安塞油田长6
油层表面孔隙大小分布

图3-1-14　具有固定晶形的自生黏土矿物镜下特征

自生黏土矿物可以分为：（1）由于介质物理—化学条件的变化从孔隙介质中直接沉淀或由孔隙介质与砂岩骨架颗粒或胶结物反应形成新生的黏土矿物；（2）由早期的陆源黏土矿物或自生黏土矿物在埋藏过程中发生成岩转化形成的自生黏土矿物。自生黏土矿物的组成与孔隙水的化学组成、储层骨架颗粒和胶结物的成分及成岩变化等因素有关，与碎屑黏土质颗粒相比，一般具有良好的晶形。

大量的扫描电镜研究结果表明，充填于砂岩孔隙中黏土矿物呈形状规则的自生重结晶特征，即使原来含较多陆源黏土质的浊积岩或近物源快速堆积的砂岩储层也是如此（图3-1-14），表明由于受后期成岩作用的影响，原来充填于孔隙中的陆源黏土质发生了成岩变化（不包括泥质团块、纹层）。因此，在绝大多数的含油（气）储层中，砂岩孔隙中的黏土矿物一般均以自生黏土矿物为主，对砂岩储层性质的影响也较大。

综上所述，充填于砂岩孔隙中的黏土矿物主要是在成岩过程中形成的自生黏土矿物。不同的黏土矿物有不同的形成环境。根据国内外研究结果，地层中常见黏土矿物的形成环境见表3-1-6，这些介质条件决定了它们在地层中的分布特征。

表3-1-6　不同黏土矿物形成的介质条件

黏土矿物	pH值范围	关键的金属离子
高岭石	5～7	Al^{3+}
蒙皂石	6～8	Ca^{2+}、Na^+
伊利石	7～8	K^+
绿泥石	7～9	Fe^{2+}、Mg^{2+}

第二节 层状水铝硅酸盐黏土类胶体矿物

一、高岭石族矿物

1. 化学组成

高岭石是含油气盆地中最常见,其结构简单、体积小、容易迁移,易堵塞喉道造成速敏伤害,属于高岭石—蛇纹石族中的二八面体亚族,为1:1层型二八面体黏土矿物,结构式为$Al_4[Si_4O_{10}](OH)_8$。理想化学成分为:SiO_2 46.54%,Al_2O_3 39.50%,H_2O 13.96%。常有少量Mg^{2+}、Fe^{2+}、Cr^{3+}、Cu^{2+}等置换Al^{3+},Al^{3+}和Fe^{3+}置换Si^{4+}的数量很低,碱及碱金属元素多为机械混入物。

从含油气盆地地层样品中很难分离出纯的高岭石,当中往往含有一定量的杂质。虽然有杂质和背景矿物影响,但高岭石主要成分SiO_2和Al_2O_3的基本特征仍明显表现出来,如结构简单、晶形较小、容易迁移等。

2. 晶体结构

在高岭石1:1晶层结构中,晶层的一面全部由氧组成,另一面全部由羟基组成(图3-2-1)。硅氧四面体中的硅和铝氧八面体中的铝为其他原子(通常为低一价的金属原子)所取代。晶格取代的结果就是使晶体的电价不平衡。为了平衡电价,需在晶格表面结合一定数量的阳离子,这些阳离子可以互相交换,称为可交换阳离子。

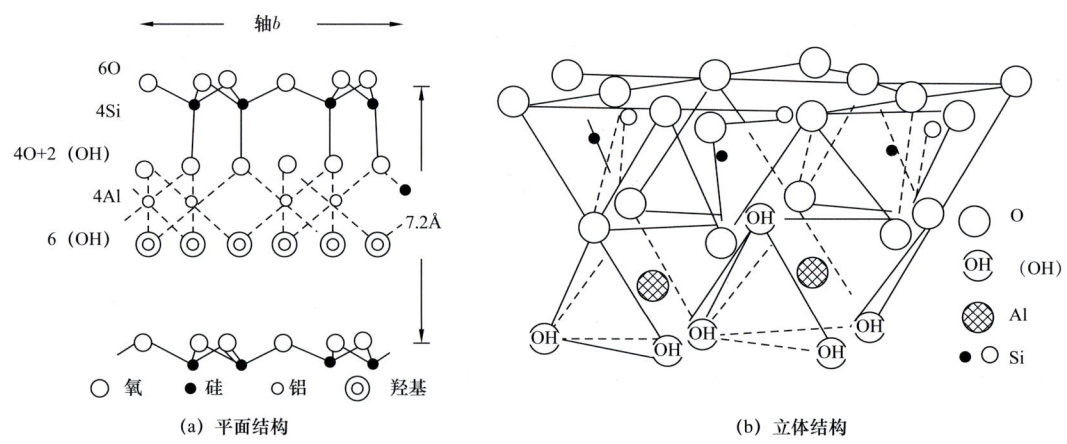

图3-2-1 高岭石1:1型晶体结构示意图

在相邻两晶层之间,除了范德华力增扩静电能外,主要为表层羟基及氧原子之间的氢键力,将相邻两晶层紧密地结合起来,使水不易进入晶层之间。即使有表面水合能撑开晶层,但不足以克服晶层间大的内聚力,几乎无阳离子交换[或阳离子交换容量

（CEC）很小，其 CEC 值为 3～15mg 当量 /100g（干土）] 和类质同象置换现象，其基本层是中性的。同时，高岭石晶体基面间距（c 轴间距或 $d_{(001)}$ 值）小（约 0.72nm），没有能容纳阳离子的空间，即晶层无阳离子存在。

3. 形成环境

高岭石是砂岩中最常见的富 Al^{3+} 的自生矿物，是在酸性介质条件下，由酸性流体与含 Al^{3+} 的矿物相互反应的产物。据 Stossell 研究，砂岩中自生高岭石的发育取决于以下三个条件。

1）有 Al^{3+} 的来源

孔隙介质中的 Al^{3+} 主要来自骨架组分中长石和酸性岩屑的溶解。由于陆相砂岩中富含长石和岩屑，因此 Al^{3+} 的来源是十分丰富的。国内各含油气盆地研究表明，形成自生高岭石的 Al^{3+} 主要来源于碎屑长石和酸性岩屑的溶解，自生高岭石发育带与由长石和酸性岩屑溶解的次生孔隙带有着密切关系。图 3-2-2 展示了海塔盆地长石溶蚀孔隙发育与自生高岭石共生关系，可见不同地层时代的砂岩中自生高岭石的发育带与碎屑储层次生孔隙发育带完全一致，表明自生高岭石的形成与长石等骨架颗粒的溶解和次生孔隙的形成有着密切的成因联系。

 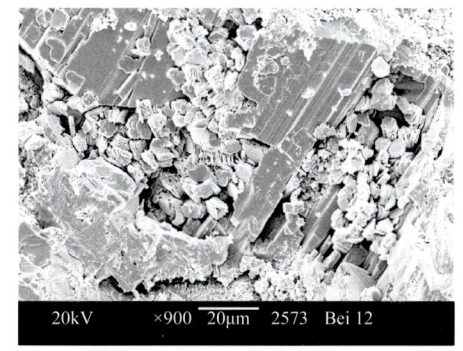

(a) 海塔盆地铜钵庙组长石粒内溶蚀孔隙特征　　(b) 海塔盆地铜钵庙组长石粒内溶蚀孔隙充填高岭石特征

图 3-2-2　海塔盆地苏德尔特油田贝 12 井铜钵庙组长石粒内溶蚀孔隙被高岭石充填

2）有酸性流体的来源并使孔隙介质始终保持酸性

酸性介质条件和有酸性流体来源是形成自生高岭石必要的介质条件。据 Franks 等对得克萨斯湾岸地区的研究，自生高岭石的生成与 pH 值的关系密切（表 3-2-1），在 pH 值为 5.3～6.0 的条件下，多种含 Al^{3+} 矿物与酸反应均可形成自生高岭石。在对我国某些含油气盆地浅层砂岩黏土矿物的扫描电镜研究中还可见到蒙皂石向高岭石的转化。上述反应中的酸主要来自相邻烃源岩有机质生烃过程中排出的有机酸和 CO_2，另一个来源是从盆地边部侵入的边水。随着油田水中有机酸总量的增加，砂岩中高岭石的含量随之增加，两者之间存在明显的正相关性。

上述情况表明，自生高岭石的形成与砂岩中骨架颗粒溶解和次生孔隙形成过程有关。受地层水中有机酸和碳酸活度的制约，自生高岭石的成因机制决定了自生高岭石的纵向分布，主要形成在早成岩阶段 B 期至晚成岩阶段 A 期，为烃源岩油气生成的主要时期，在有机质生烃过程中产生的大量 CO_2 和有机酸随着泥岩压实水进入相邻的储集砂岩，为自生高岭石的形成提供了适宜的条件。

表 3-2-1　高岭石生成与 pH 值的关系（据 Franks et al., 1984）

矿物反应	反应式	平衡 pH 值范围
钾长石——高岭石	$2KAlSi_3O_8+H_2O+2H^+ \longrightarrow Al_2Si_2O_5(OH)_4+4SiO_2+2K^+$	5.6～5.7
钠长石——高岭石	$2NaAlSi_3O_8+H_2O+2H^+ \longrightarrow Al_2Si_2O_5(OH)_4+4SiO_2+2Na^+$	5.3～5.6
绿泥石——高岭石	$Mg_5Al_2Si_3O_{10}(OH)_8 \longrightarrow Al_2Si_2O_5(OH)_4+SiO_2+7H_2O+5Mg^{2+}$	5.0～5.7
伊利石——高岭石	$K_{0.6}Mg_{0.25}Al_{2.3}Si_{3.5}O_{10}(OH)_2+1.1H^+ \longrightarrow$ $1.15Al_2Si_2O_5(OH)_4+1.2SiO_2+0.6K^++0.25Mg^{2+}$	5.8～6.6
白云母——高岭石	$2KAl_3Si_3O_{10}(OH)_2+3H_2O+2H^+ \longrightarrow 3Al_2Si_2O_5(OH)_4+2K^+$	4.6～5.5

3）砂岩有较好的渗滤条件

在由长石溶解产生自生高岭石的过程中，同时有 K^+、Na^+ 等碱性离子析出，这些碱性离子如果不及时被孔隙中蒙皂石伊利石化反应所吸收，或者不能将多余的 K^+、Na^+ 及时排出孔隙，碱性离子在孔隙介质中的富集将会改变介质条件的性质，终止长石自生高岭石化的反应。因此，砂岩有较好的渗滤条件，使介质保持酸性环境，是高岭石化反应能连续不断进行下去的一个必要条件。另外，砂岩的渗滤条件好，使单位时间内储层孔隙中有较多的酸性流体通过，也就有更多的自生高岭石产生。对中国各主要含油气盆地的研究表明，富含自生高岭石的砂岩往往具有较好的渗透性。

由于自生高岭石的形成要求砂岩有较好的渗滤条件，自生高岭石在平面上的分布受沉积相带的控制，它们往往在辫状河道相—滨浅湖相—三角洲主体部位或近源水下冲积扇体扇根的辫状河道碎屑岩中发育。比较典型的是准噶尔盆地西北缘三叠系克下组砂砾岩储层，岩石胶结疏松，岩心出筒后呈半固结状，渗透性好，表面层矿物材料以高岭石为主，镜下呈"手风琴状"（图 3-2-3）。

扇三角洲平原沉积物一般粒径较粗，泥质含量少，储层渗透性不但好，而且砂体多为薄层席状砂体，连通性好，又长期受酸性边水或泥岩压实水流的冲洗，特别是当这些薄互层席状砂体与盆地内主要生油层邻接（如苏北盆地 E_1f_3 砂层，渤海湾盆地济阳坳陷沙三段的部分砂岩储层），在成岩过程中有大量的富含有机酸和 CO_2 的酸性水从相邻泥岩输入，为自生高岭石的发育创造了良好条件，这些砂岩的黏土矿物胶结物往往富含高岭石。

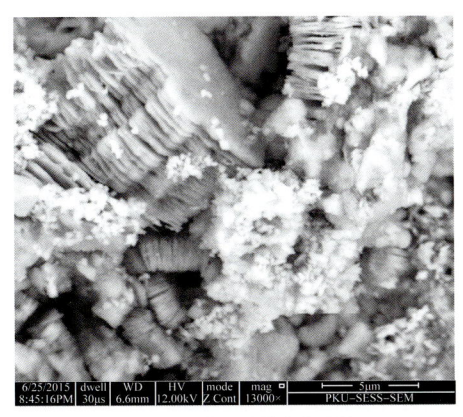
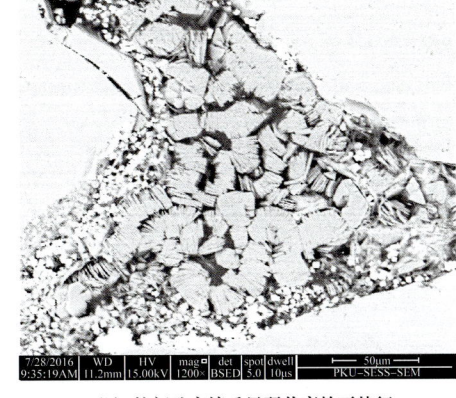

(a) 手风琴状与球状高岭石特征　　　　　(b) 粒间孔充填手风琴状高岭石特征

图 3-2-3　准噶尔盆地西北缘三叠系克下组砂砾岩储层高岭石分布特征

综上所述，砂岩储层中自生高岭石的分布规律如下：

（1）纵向上，自生高岭石集中分布在晚成岩阶段 A 期以上的地层，尤其以早成岩阶段 B 期至晚成岩阶段 A 期的次生孔隙发育带最有利，是成熟度较低的黏土矿物。在进入晚成岩阶段 B 期以后，由于储层的介质条件由酸性向碱性转化，自生高岭石向伊利石或绿泥石转化，到晚成岩阶段 C 期一般不含自生高岭石，但在含油气层中，由于油气对成岩作用的抑制作用，高岭石可继续保存。

（2）横向上，最有利于自生高岭石发育的沉积相带是水动力较强、泥质含量较少、粒径较粗的冲积扇（或浊积扇）的扇根和辫状河流相—滨浅湖相渗透性、连通性好的砂岩储层，而且在这些沉积相带一般高部位砂体中的自生高岭石较低部位砂体发育（如济阳坳陷的渤南油田、五号桩油田），断层上升盘的砂体较断层下降盘发育（如江苏富民油田戴一段储层），深湖相的透镜状砂体或浊积体一般不利于自生高岭石发育，膏盐地层中砂岩储层不含自生高岭石。准噶尔盆地西北缘克下组普遍存在一种特征，同一种冲积扇内部一般从扇根向前缘，随着砂体粒径变细，高岭石发育程度变差。

4. 形貌特征

高岭石在砂岩中多充填在粒间孔隙中，少数情况位于颗粒表面。单个晶体的形态特征为六方板状。聚合体多为书页状、手风琴状、片状和蠕虫状，也有环状、扇状、球状和叠层状等形貌［图 3-2-4（a）］。在扫描电镜下，砂岩中高岭石多为结晶好的六方板状晶体［图 3-2-4（b）］，而泥岩中则多为结晶不好的片状颗粒，六方板状形貌不明显。由此也说明，砂岩中高岭石一般为成岩过程中自生形成。

5. 油气储层中的物理化学性质

1）体积小，容易迁移形成速敏

高岭石粒径一般小于 2μm，在所有黏土矿物中结构最简单，体积和密度最小，常呈薄片状，容易随着流体的快速流动而发生迁移，在喉道狭窄的地方停留下来堵塞喉道，造成速敏。

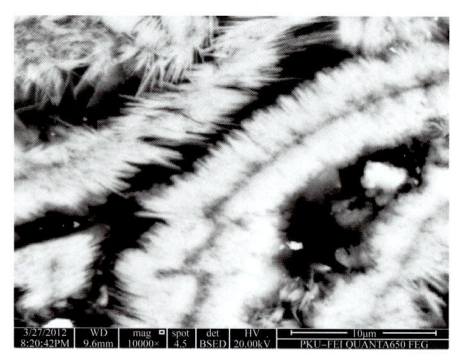 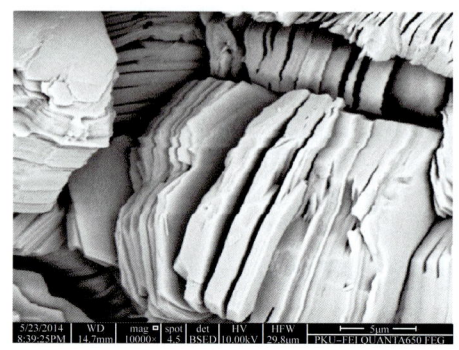

(a) 片状高岭石与杂基特征　　　　　　(b) 手风琴状高岭石叠置特征

图 3-2-4　扫描电镜下观察到的高岭石形态特征

2）离子交换性弱

由于是 1∶1 型紧密堆积，高岭石晶体只有外表面，没有内表面，比表面积小（一般远小于 100m^2/g），被吸附的交换性阳离子（如 Na$^+$、Ca^{2+} 等）仅存于高岭石矿物外表面，这对晶层水合无重要影响，所以高岭石是较稳定的非膨胀性黏土矿物，层间连接强，晶格活动性小，最活跃的表面是在晶体断口、破坏的及残缺部位的边缘部分，浸水后结构单位层间的距离 [c 轴间距或 $d_{(001)}$ 值] 不变，可见高岭石膨胀性和压缩性都较小，但有较好的解理面。

高岭石（长庆油田岭 214 井，井深 1358m，砂岩）阳离子交换容量为 23.49mmol/100g，另一块样品（塔里木盆地东河 1 井，石炭系，井深 5789.4m，砂岩）中高岭石阳离子交换容量为 10.38mmol/100g。

高岭石的比表面积为 11.27（长庆油田陕参 1 井，井深 3395.49m，泥岩）～16.98m^2/g（扶余油田英 109 井，井深 1394.0m，粉砂岩）。

6. 对油气田开发的影响

高岭石属于 1∶1 型水铝硅酸盐矿物，结构简单，体积较小，常呈书页状、蠕虫状、手风琴状，多以孔隙充填的形式存在于粒间孔隙。其晶间结构比较松，个体小、质量轻，在流体的冲刷下容易随流体移动，堵塞、分割孔隙和喉道，尤其在细小喉道中影响很大，是主要的速敏矿物。另外，蠕虫状高岭石阻止了孔隙的连通，大大降低了储层的渗透性（图 3-2-5）。

二、蒙皂石族矿物

蒙皂石及其混层矿物是层状水铝硅酸盐胶体矿物中晶体结构最复杂和化学性质活跃

的矿物，其比表面、表面功、带电性、离子交换性等各种物理化学性质均比其他黏土矿物活跃，容易引起水敏等伤害，即便是在储层中相对含量和（或）绝对含量均不高情况下，也可能控制着储层表面物理化学性质。储层黏土矿物中常见的蒙皂石属于蒙皂石族矿物中的一个亚类，又可根据阳离子种类和含量进一步细分为钠蒙皂石、钙蒙皂石等。

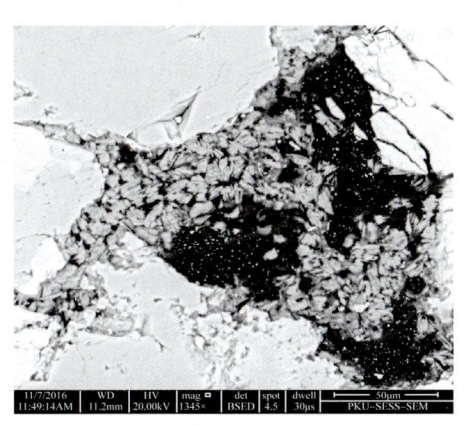

(a) 粒间孔隙中书页状方解石特征　　(b) 矿物颗粒表面书页状方解石特征

图 3-2-5　鄂尔多斯盆地延长油矿长 6 储层扫描电镜下方解石引起速敏堵塞喉道的特征

1. 化学组成

蒙皂石属于单斜晶系，为 2∶1 型二八面体层状结构，结构式为 $\{E_{0.33}\}(Al_{5/3}Mg_{1/3})[Si_4O_{10}](OH)_2 \cdot nH_2O$，其中，E 代表层间阳离子，$n$ 为自然数。

根据层间阳离子的种类，分为钠蒙皂石、钙蒙皂石等成分变种。层间的水含量取决于层间阳离子的种类及环境的温度和湿度。水分子以薄膜的形式吸附于结构层之间，可多达四层。

2. 晶体结构

蒙皂石的基本结构层由两个硅氧四面体片和一个铝氧八面体片组成，属于 2∶1 型黏土矿物（图 3-2-6）。硅氧四面体的顶氧均指向铝氧八面体，通过共用氧连接在一起，相邻两晶层之间的连接力主要为范德华力，层间连接极弱。

蒙皂石的晶格取代主要发生在铝氧八面体中，由铁或镁取代铝氧八面体中的铝，硅氧四面体中的硅很少被取代。晶格取代发生后，在晶体表面可结合各种可交换阳离子。当可交换阳离子为 Na^+ 时，生成钠蒙皂石；当交换阳离子为 Ca^{2+} 时，生成钙蒙皂石。

3. 形成环境

根据目前已发现的油藏中蒙皂石含量统计，在近物源快速堆积的砂砾岩储层中含量普遍较高，而且与沉积期含碱性凝灰质火山碎屑母岩密切相关，如海塔盆地下白垩统南屯组和铜钵庙组砂砾岩油藏、准噶尔盆地西北缘中三叠统克拉玛依组和中二叠统乌尔禾组砂砾岩油藏等。火山碎屑（特别是碱性凝灰质）水解往往产生大量的 K^+、Na^+、Ca^{2+}、Mg^{2+}、

Fe^{2+} 和 [$AlSiO_4$]⁻，为蒙皂石族矿物形成提供了化学元素。海塔盆地下白垩统南屯组就是一个典型的实例，该盆地南屯组沉积期伴随有大量的火山喷发，近物源火山泥石流与碎屑颗粒快速堆积的砂岩、砂砾岩储层中大量碱性火山碎屑与蒙皂石、绿泥石及伊/蒙混层共生（图 3-2-7），碱性火山碎屑提供了丰富的钾、钙、镁、铁等离子，使蒙皂石成为该地区最重要的表面层矿物材料，广泛分布于各含油气层系砂岩中。蒙脱石和伊/蒙混层是该地区砂岩、砂砾岩储层中最常见的黏土矿物组分，它们的相对含量可达 50% 以上。

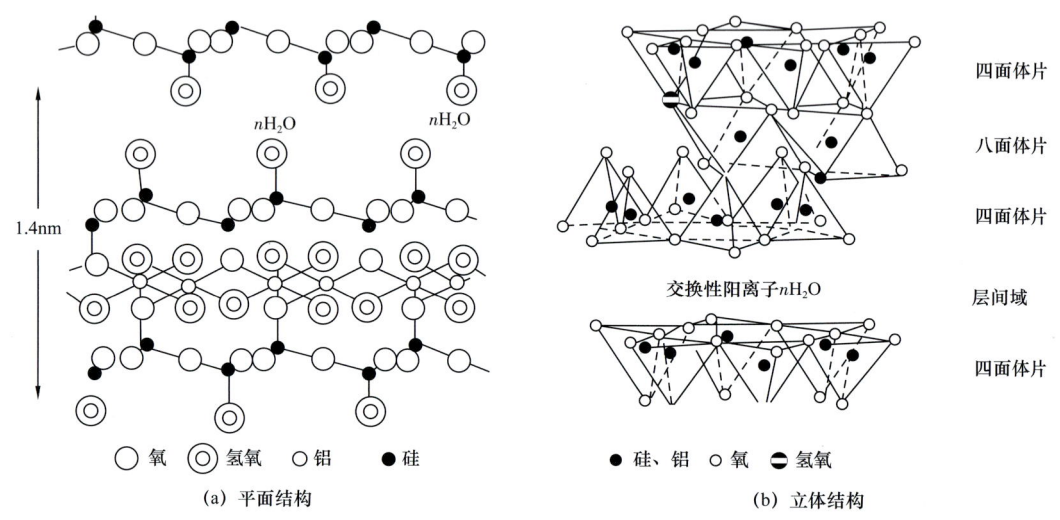

图 3-2-6　蒙皂石晶体结构示意图

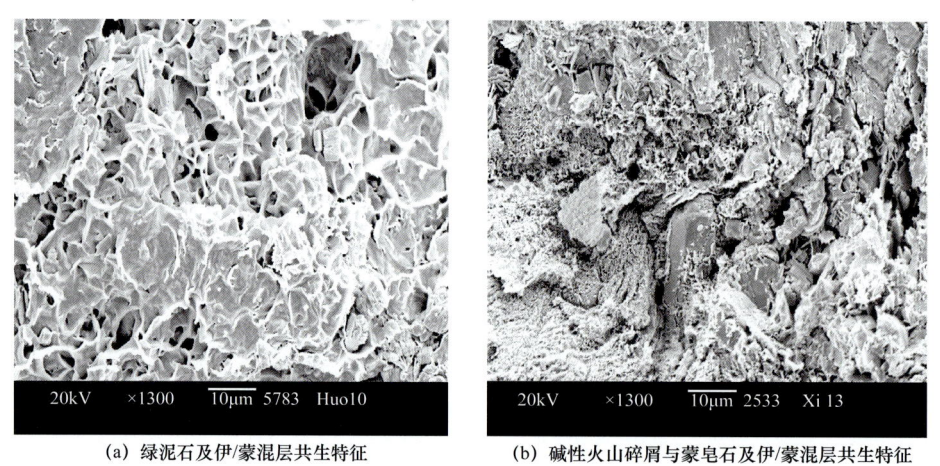

图 3-2-7　海塔盆地下白垩统南屯组储层火山碎屑与蒙皂石共生特征

砂岩储层中蒙脱石的纵向分布主要受成岩作用的控制，随着埋藏深度的增加，蒙脱石转变为伊/蒙混层，其转化的深度界线在不同的含油气盆地和同一盆地内的不同地区都可以有很大的变化。与蒙脱石伴生的黏土矿物通常有高岭石、伊利石，偶尔有绿泥石。蒙脱石和高岭石一般形成于成岩作用的早—中期，成分成熟度和结构成熟度较低，容易受环境的影响，转化成其他矿物。而伊利石、绿泥石与之相反。

4. 形貌特征

蒙皂石矿物很少以单晶体形式出现，通常见到的是其集合体形态。含油气盆地中蒙皂石集合体形态以蜂窝状和网状较为常见（图 3-2-8）。在砂岩中多包裹在骨架颗粒表面，作为孔隙衬层（衬里或衬垫）存在。

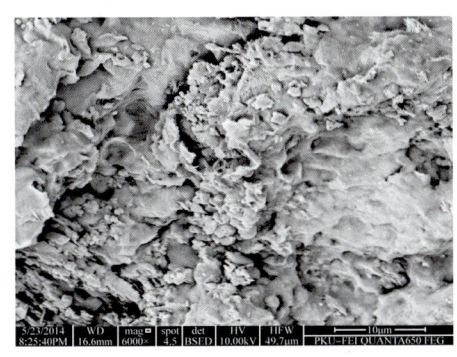
(a) 砂砾岩蜂窝状蒙皂石特征

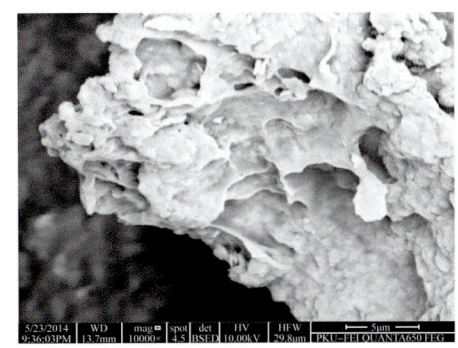
(b) 砂砾岩网状蒙皂石特征

图 3-2-8　克拉玛依油田七中区三叠系砂砾岩扫描电镜下观察到的蜂窝状蒙皂石、丝状伊利石形态特征

5. 在油气储层中的物理化学性质

1）比表面大，吸附性强

蒙皂石既有外表面，又有内表面，比表面积极大，理论值为 800m^2/g 左右，一般为 600～780m^2/g。

2）膨胀与水敏性

蒙皂石内外表面能量具有不等价性，即表面的阳离子与一个外部表面相作用，而层间的阳离子与两个表面（内表面）相作用，使后者具有较多的配位数，致使其电场应力减小，与其相互作用物质之间的连接减弱，因此当蒙皂石类黏土矿物水化时，其层间阳离子的配位圈保持水分子的能力比表面阳离子弱。

3）阳离子交换性

蒙皂石层间域较大，范德华力弱，可交换性的阳离子束缚性较小，为阳离子交换提供了十分有利的条件。由此可见，吸附的交换性阳离子（如 Na^+、Ca^{2+} 等）既存于蒙皂石晶体外表面，也充填于晶体内表面（晶层间），故蒙皂石类黏土矿物的晶格活动性极大，其晶体基面间距（c 轴间距或 $d_{(001)}$ 值）和阳离子交换容量比高岭石大（蒙皂石类黏土矿物阳离子交换容量为 70～130mmol/100g），层间无氢键力，仅靠范德华力联系，所以能允许交换性阳离子带着大量水分子和其他极性分子进入晶层（结构层）之间，并将其沿着 c 轴推动，表现出极强的膨胀性和极高的压缩性。

对分离后小于2μm粒级的蒙皂石黏土矿物进行了阳离子交换容量测定，从表3-2-2可知，不同样品蒙皂石（小于2μm）的阳离子交换容量为80.90~90.02mmol/100g。

由于蒙皂石含有较多的结晶水、结构水、束缚水和层间水，对水异常的"偏好"性使得以蒙皂石为主的表面层储集体中岩石亲水性强。

表 3-2-2　蒙皂石（小于2μm）的阳离子交换容量

序号	油田	井号	井深（m）	层位	岩性	阳离子交换容量（mmol/100g）
1	塔里木	库南2	4351.0			90.02
2	塔里木	塔中1	2702.5	T	砾岩	83.44
3	苏北	李1	561.43	Es	棕色泥岩	80.90
4	克拉玛依	红90	2201.00		泥质砂岩	88.60

4）带电性强

蒙皂石类质同象置换比较普遍，单位结构层内的阳离子（Al^{3+}、Si^{4+}）能被其他阳离子（Ca^{2+}、Mg^{2+}、Na^+）部分置换，一般发生于八面体中（高价阳离子被低价阳离子置换，如Al^{3+}被Mg^{2+}置换，Mg^{2+}被Na^+置换，有时Al^{3+}被Fe^{3+}或Fe^{2+}置换），同时也发生于四面体中（少量的Si^{4+}被Al^{3+}置换）。阳离子交换的结果，一方面是高价被低价置换后所造成的正电荷亏损，由吸附在晶体外表面和晶层间的可交换性阳离子（Ca^{2+}、Mg^{2+}、Na^+）来中和平衡，另一方面是阳离子交换后引起的电荷不均匀，八面体层内的平衡电荷（33%）大于四面体层内的平衡电荷（15%），即阳离子交换后的主要电荷在八面体上，距层间阳离子远，吸引力弱，尤其是对水合阳离子更弱。

6. 对油气田开发的影响

蒙皂石族矿物属于2:1型较复杂的一种水铝硅酸盐矿物，常呈现蜂窝状、丝絮状等，比面大，有很强的吸水膨胀率，遇矿化度低的淡水发生膨胀，体积可增大30倍以上，堵塞孔隙和喉道，是对储层伤害最大的水敏性黏土矿物。

三、伊利石族矿物

1. 化学组成

伊利石属2:1层型二八面体黏土矿物，是所有黏土矿物粒级云母的总称（也称为水云母），其结构式为${K_2}[Al(Fe^{3+}), Mg][(SiAl)_4O_{10}] \cdot nH_2O$。

伊利石在陆相碎屑岩储层中广泛分布，尤其是在含盐或高矿化度地层更为常见，如江汉盆地古近系的黏土矿物基本以伊利石为主。鄂尔多斯盆地延长组低渗透砂岩储层中伊利石的相对含量一般为40%~60%。天然产出的伊利石常常或多或少地含有蒙皂石晶层，实际中只是把蒙皂石晶层的含量和特征不易被 X 射线衍射分析技术鉴定出来，尺寸在"10.00×10^{-1}nm"以下的矿物确定为伊利石。

2. 晶体结构

伊利石的基本结构层与蒙皂石相同，也是由两个硅氧四面体片和一个铝氧八面体组成，属于 2∶1 层型黏土矿物（图 3-2-9）。硅氧四面体的顶氧均指向铝氧八面体，通过共用氧连接在一起。与蒙皂石的不同之处是：伊利石的晶格取代主要发生在硅氧四面体片中，约有 1/6 的硅被铝所取代。可交换阳离子主要为钾离子。钾离子直径与硅氧四面体片中六方网格结构的内切圆直径相近，使它容易进入六方网格结构中而不易释出，所以晶层结合紧密，水不易进入其中。伊利石类黏土矿物与蒙皂石类黏土矿物同属于 2∶1 型结构单位层，但在四面体层之间，于 D 层的六角形网眼中央嵌有 K^+（图 3-2-9）。

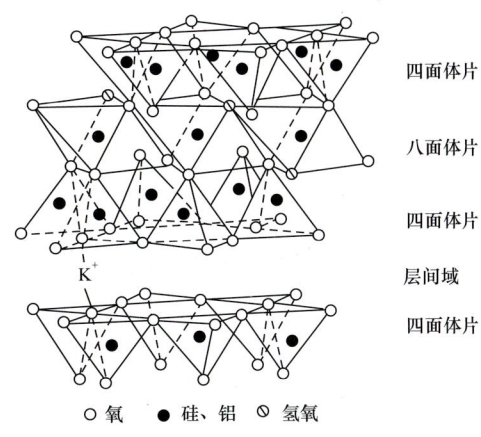

图 3-2-9　伊利石 2∶1 型晶体结构示意图

3. 形成环境

砂岩中的伊利石有两种不同的成因类型：一种是陆源碎屑伊利石，主要见于成岩早期的砂岩中，特别是在一些富含泥质杂基的近物源快速堆积（或浊积）砂体中比较常见；另一种是在成岩过程中形成的自生伊利石（包括新生的和转化的），它是高岭石、蒙皂石成岩变化的产物。

大量的自生伊利石是蒙皂石成岩演化的产物，由伊/蒙混层进一步向伊利石转化而成。因此，储层中伊利石的分布与伊/蒙混层的成岩变化有着密切关系。纵向上随着埋藏深度的增加和伊/蒙混层含量的减少，砂岩中伊利石的含量增加，两者呈明显的消长关系，这表明砂岩孔隙中的伊利石以自生伊利石为主（不包括砂岩中泥质团块和条带中的伊利石）。

由于蒙皂石向伊利石的转化必须有 K^+ 参加，自生伊利石形成于富 K^+ 的碱性环境中，这种 K^+ 主要来自成岩过程中砂岩固体组分中钾长石等富钾组分的溶蚀，特别是在低渗透砂岩中砂岩渗滤性能差，钾长石的溶蚀很容易导致孔隙介质中富 K^+ 的碱性环境和伊利石沉淀。

最典型的是鄂尔多斯盆地三叠系延长组低渗透砂岩，以成岩中晚期次生孔隙为主，钾长石普遍发生溶蚀，在富钾环境中，伊利石垂直骨架颗粒表面生长，成为该地区最主要的表面层构造特征（图 3-2-10）。

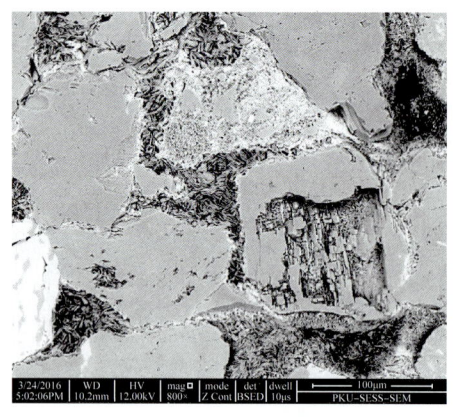 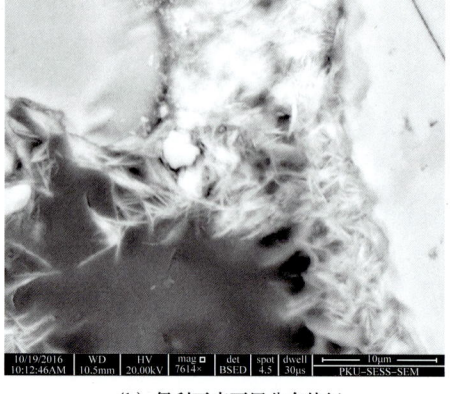

(a) 钾长石溶蚀特征　　　　　　　　　　(b) 伊利石表面层分布特征

图 3-2-10　鄂尔多斯盆地安塞油田长 6 油层钾长石溶蚀与伊利石表面层分布特征

在晚成岩阶段的陆相低渗透砂岩中无论何种沉积相带，砂岩中自生伊利石的分布总是十分普遍的，特别是在晚成岩阶段 B—C 期的地层中，由于受成岩作用的影响，砂岩的渗透率一般都很低，而地层温度升高、长石不稳定。在这种环境下，有利于蒙皂石和高岭石向伊利石转化，造成砂岩储层黏土矿物往往以富伊利石为特征。在晚成岩阶段 A 期，砂岩中伊利石的分布与高岭石分布不同，一般在低渗透砂岩中发育，而在早成岩阶段砂岩中的伊利石一般以陆源伊利石为主。

在富 K^+ 的盐类沉积环境中，不论是成岩阶段的早期还是晚期，砂岩中的黏土矿物均以富含伊利石为特征，有时砂岩中的黏土矿物由 100% 伊利石组成，如东濮凹陷文东地区 Es_3 储层。

4. 形貌特征

伊利石在扫描电镜下多呈发丝状、针状、棒状和片状集合体。在透射电镜下，一般呈等厚的片状和条片状（图 3-2-11）。

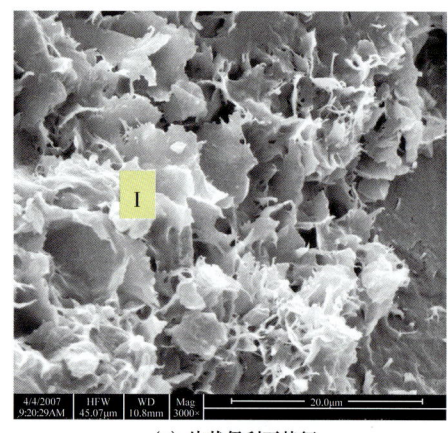 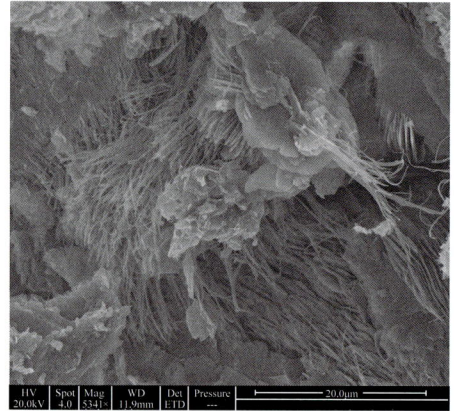

(a) 片状伊利石特征　　　　　　　　　　(b) 丝状伊利石特征

图 3-2-11　准噶尔盆地腹部石南 31 井西山窑组砂岩储层丝状伊利石

5. 分布产状

储层中的伊利石一般多为自生成因，垂直骨架矿物颗粒表面生长，生长空间大的地方单个晶体体积大。在狭窄的喉道之间容易形成搭桥状（俗称"桥联"）（图3-2-12），堵塞喉道，使渗透率降低。

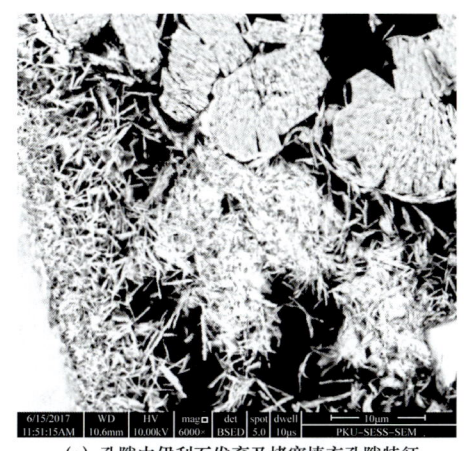

(a) 孔隙中伊利石发育及堵塞填充孔隙特征　　(b) 矿物颗粒表面伊利石发育特征

图 3-2-12　苏里格气田盒 8 段砂岩储层中伊利石形貌特征

6. 在油气储层中的物理化学性质

1）比表面

经测定，伊利石的比表面为 $12\sim20m^2/g$，比高岭石高，与绿泥石接近，远低于蒙皂石及其混层矿物，主要是因为晶体结构单一，产状和生长规律性强，排列整齐。

2）阳离子交换性

伊利石阳离子交换容量比蒙皂石少，当量约为 1040mg/100g（干黏土矿物），其阳离子交换主要发生在 Si—O 四面体晶片内（Si^{4+} 被 Al^{3+} 置换）。表 3-2-3 是不同伊利石（粒径小于 2μm）黏土矿物的阳离子交换容量测定结果，从表中可知，阳离子交换容量为 16.72～21.22mmol/100g。由于伊利石具有稳定的 2∶1 型晶体结构，多余的空穴和电荷较少，因此阳离子交换能力属中等，远低于蒙皂石及其混层矿物。

表 3-2-3　典型油田或区块伊利石（粒径小于 2μm）阳离子交换容量测定统计

序号	油田/区块	井号	井深（m）	层位	岩性	阳离子交换容量（mmol/100g）
1	塔里木	塔中 16	4021.4	S	灰色泥岩	18.77
2	塔里木	玛参 1	4312.4	S	泥岩	20.73
3	江汉	浩 292	1702.0	E	灰绿色泥岩	21.22
4	扶余	乾深 10	2132.8	K	细砂岩	16.72

3)膨胀性

不均衡电荷也主要在四面体晶片内,距层间阳离子很近,当结构层中出现 K^+ 时,便被紧紧地吸附住,并恰好嵌在上下两个四面体晶片氧原子的六角形网眼中(K^+ 半径约为 0.133nm,两个四面体六角形网眼为 0.134nm,上下两个为 2×0.134nm)形成一种强键,致使水难以进入晶层间,不会引起晶层膨胀,对水的活跃性只是在表面外部。因此,伊利石属于非膨胀性黏土矿物,其晶格活动、膨胀性及压缩性均介于高岭石与蒙皂石之间。

7. 对油气田开发的影响

伊利石属于 2:1 型水铝硅酸盐矿物中相对比较稳定的一种,在矿化度较高成岩环境下形成,呈叶片状、丝发状等贴附于颗粒表面或充填于粒间孔隙内。片状等微晶把孔隙分割成许多小孔隙,增加了迂回度;丝发状容易被水冲移,堵塞孔隙和喉道(图 3-2-13),降低孔隙度和渗透率。

伊利石是成岩环境演化到后期的重要标志,晶体结构和化学性质稳定,不容易与外来流体发生物理化学变化,除胶结致密,在喉道之间形成"桥联"抗压性强以外,其他敏感性均较弱。但其产状往往垂直骨架矿物颗粒表面生长,堵塞喉道,造成储层物性变差。

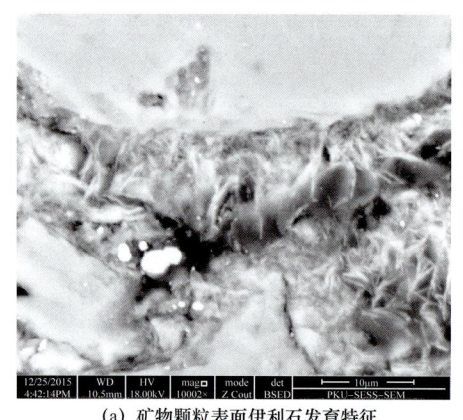
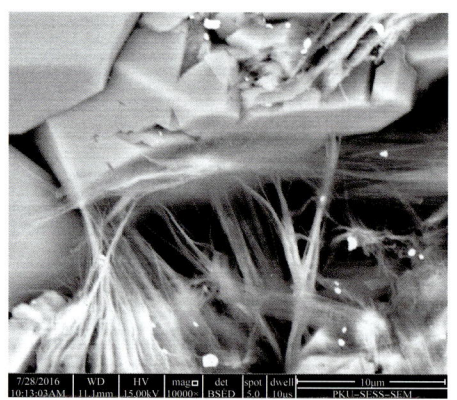

(a) 矿物颗粒表面伊利石发育特征　　(b) 孔隙喉道中丝状伊利石生长发育特征

图 3-2-13　鄂尔多斯盆地延长组伊利石在喉道中的分布特征

四、绿泥石族矿物

1. 化学组成

绿泥石是一种特殊的 2:1 层型黏土矿物,其层间物既非单一的阳离子(如云母类矿物),也非水化阳离子(如蒙皂石),而是氢氧化物八面体片(类似于水镁石或三水铝石),故也称为 2:1 层型或 2:1:1 层型黏土矿物。结构式一般为 $(Mg, Fe, Al)_6[(Si, Al)_4O_6](OH)_8$。

绿泥石族矿物的化学成分非常复杂，存在着大量的离子替代。根据八面体片的成分和 $d_{(060)}$ 值可将绿泥石族分成三八面体和二八面体两个亚族，前者以铁镁为主，后者以铝为主。据 Foster（1962）的研究，三八面体绿泥石包括富镁绿泥石（透绿泥石、斜绿泥石、叶绿泥石）、富铁绿泥石（鲕绿泥石、鳞泥石、铁绿泥石）和铁镁过渡的绿泥石（鲕绿泥石、铁镁绿泥石、辉绿泥石）。到目前为止，已确定了三种结晶好的二八面体绿泥石亚族矿物种，即锂绿泥石（二八、三八面体的锂和铝的绿泥石）、须藤石（二八、三八面体的镁铝绿泥石）和顿绿泥石（二八面体铝的绿泥石）。

对绿泥石中的铁进行穆斯鲍尔谱分析表明，绿泥石中的铁主要以 Fe^{2+} 形式存在，占 79.64%～93.65%，平均为 87.29%；Fe^{3+} 占 6.35%～20.36%，平均为 12.71%。

绿泥石的主要化学成分是 SiO_2、Al_2O_3、FeO 和 MgO，FeO 和 MgO 含量高是常见绿泥石（三八面体）矿物区别于其他黏土矿物的重要特征。形态不同含铁量有所差异，绒球状绿泥石含铁量较高，二八面体绿泥石含铝量较高（表 3-2-4）。

表 3-2-4 不同类型绿泥石化学成分统计

成分	含量（%）						
	三八面体镁绿泥石（斜绿泥石）	三八面体镁绿泥石（鳞泥石）	三八面体铁镁绿泥石	三八面体铁镁绿泥石	三八面体铁镁绿泥石	三八面体铁镁绿泥石	二八面体富镁绿泥石
SiO_2	31.820	23.490	38.994	29.740	33.800	32.890	46.180
Al_2O_3	18.560	18.880	22.901	22.790	23.870	26.160	36.490
Fe_2O_3	0.370	4.030	5.580	27.660	25.680	21.220	2.190
FeO	1.030	37.100	19.370				2.190
MnO	0.004	0.160	0.088	—	—	—	—
MgO	32.520	4.110	6.752	8.020	8.650	7.000	14.840
CaO	0.290	0.460	1.402	—	—	—	—
Na_2O	0.059	—	1.156	1.190	—	—	0.300
K_2O	0.010	—	0.743	—	—	—	—
TiO_2	0.800	0.110	1.098	—	—	—	—
P_2O_5	0.250	—	—	—	—	—	—
H_2O^+	11.900	10.820	—	—	—	—	—
H_2O^-	0.820	0.330	—	—	—	—	—
烧失	13.620	—	—	—	—	—	—
备注	辽宁本溪组、辽河群镁质碳酸盐热液交代淡绿色致密块状	山西化县下震旦统变质岩系中的绿泥石片岩	鄂尔多斯盆地塞 1 井细砂岩（T_3y）	塔里木盆地轮南 3 井砂岩（K_1）	冀东油田高 3102 井砂岩（Es_3）	大港油田板深 25 井砂岩（Es_1）	四川盆地新场剖面泥岩（Jc_3）

陆相碎屑岩储层多为三八面体铁镁过渡型偏富铁的绿泥石，偏富镁矿物极少见，未见铁端元和镁端元绿泥石；二八面体绿泥石较少见，基本属于须藤石种类。

采用化学分析和能谱分析技术测定不同含油气盆地中有代表性的绿泥石化学组成，多为富铁的三八面体绿泥石，遇酸后 Fe^{2+} 容易析出沉淀，产生酸敏伤害。

2. 晶体结构

绿泥石的基本结构层是由一层类似伊利石 2∶1 层型的结构片与一层水镁石片组成（图 3-2-14）。与其他 2∶1 层型黏土矿物相比，绿泥石的层间域被水镁石片所充填。水镁石片为八面体片，片中的镁被铝所取代，使它带正电性，可代替可交换阳离子补偿 2∶1 层型结构中由于铝取代硅后产生的不平衡电价。

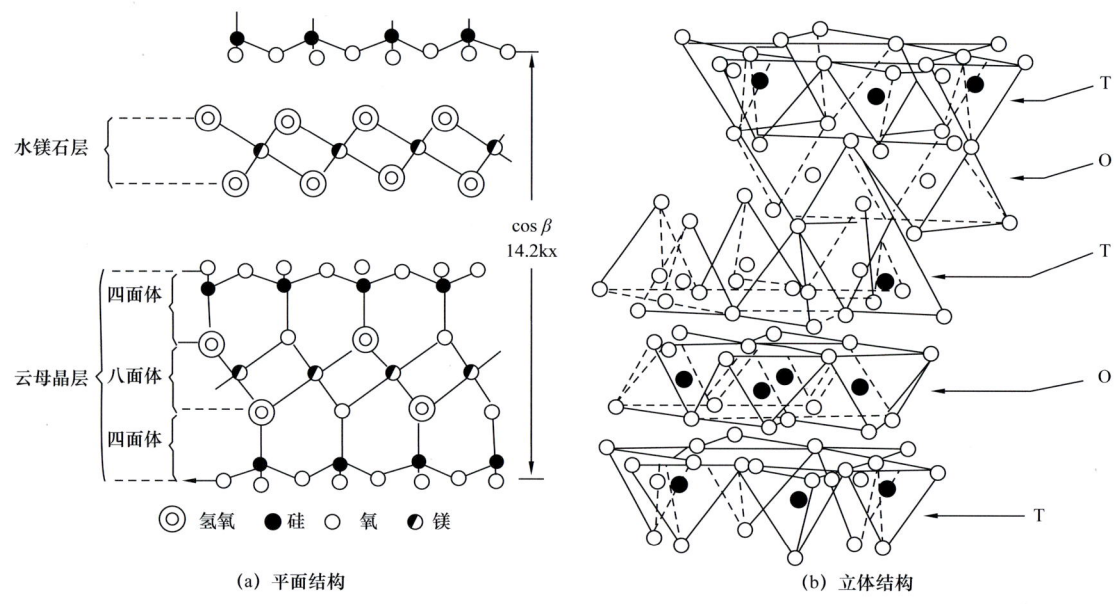

图 3-2-14　绿泥石晶体结构示意图

β—衍射角；kx—X 射线的强度

3. 形成环境

与伊利石相比，绿泥石形成于富 Fe^{2+}、Mg^{2+} 的碱性环境，而伊利石形成于富 K^+ 的碱性环境。如前所述，由于陆相砂岩富含长石，在成岩过程中由于钾长石等含钾矿物溶蚀，在低渗透情况下很容易导致孔隙介质富 K^+ 的碱性环境，有利于形成自生伊利石，因此在陆相低渗透砂岩中不论何种沉积相带，自生伊利石分布十分普遍。由于在陆相沉积盆地中的 Fe^{2+}、Mg^{2+} 一般在富含有机质的还原环境中相对富集，因此绿泥石或蒙皂石/绿泥石在盆地中的分布不像伊利石那样广泛，在湖相—深湖相还原环境中三角洲前缘相低渗透砂岩中相对富集，特别是在一些沉积分异比较明显的盆地中，绿泥石在平面上的分布与沉积相带的关系十分明显，如松辽盆地富含绿泥石的砂岩多分布在古龙凹陷和三肇凹陷内的低渗透砂岩中（图 3-2-15），这些砂体一般以透镜状砂体为主。相反，在渤海湾盆地由于盆地内分割性强且多以近物源断陷沉积为主，深水滑塌浊流沉积发育，在此环境中的低渗透砂岩中的黏土矿物组成往往以伊利石或伊/蒙混层为主，而含绿泥石较少。

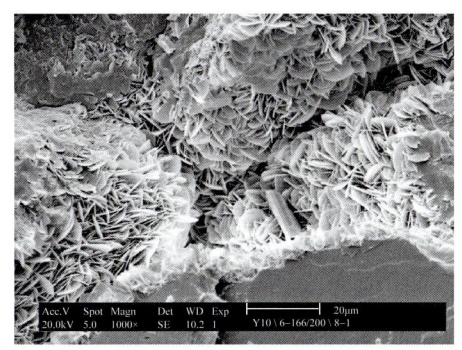
(a) 孔隙中叶片状绿泥石发育特征

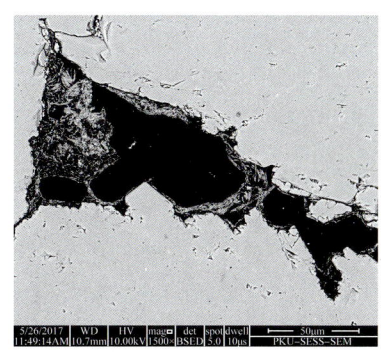
(b) 残余粒间孔隙边缘绿泥石膜分布特征

图 3-2-15　鄂尔多斯盆地沿河湾地区长 6 油层叶片状绿泥石显微特征

衬垫式胶结粒间见残余粒间孔隙边缘绿泥石膜

综上所述，含油气盆地中砂岩黏土矿物的分布，从盆地边部到盆地中心，从浅层到深层，随着埋藏深度的增加，呈现蒙皂石和高岭石含量减少、绿泥石和伊利石含量增加的相似规律。

4. 形貌特征

扫描电镜下观察结果表明，砂岩中绿泥石多位于颗粒表面，形成表面层，也有位于粒间者。其形貌多为叶片状，其次是绒线球状、玫瑰花状、圆菜头状和叠层状等（图 3-2-16）。

(a) 孔隙中绿泥石与石英共生特征

(b) 矿物颗粒表面集中发育绿泥石特征

图 3-2-16　鄂尔多斯盆地安塞油田长 8 油层扫描电镜下观察到的集中绿泥石形态特征

叶片状和玫瑰花状绿泥石多位于颗粒表面，圆菜头状绿泥石位于颗粒表面和粒间，而绒球状绿泥石多位于粒间孔隙中。绒球状绿泥石往往与火山碎屑岩有密切关系，如海塔盆地南屯组火山碎屑与砂砾岩混杂的储层中常见绒球状绿泥石。

透射电镜下绿泥石的形貌呈解理好的书签状、薄片状、板条状和解理不好的块状、片状等。解理好的晶片电子衍射测定结果为 $d_{(060)}=1.539\times10^{-1}$nm，与 X 射线衍射所测结果相似，均证明为三八面体绿泥石亚族。

大量扫描电镜观察结果发现，绿泥石结晶度好，晶格条纹平直、清晰，经测量晶面间距为 1.4nm±0.1nm（Ⅳe），但在观察的颗粒中普遍存在缺陷。以堆垛层错为主，表现在某一组均匀条纹象中个别条纹有宽化等现象。

5. 在油气储层中的物理化学性质

1）膨胀性

在绿泥石两个 Si—O 四面体片夹一个八面体片中，由于低价 Al^{3+} 置换高价 Si^{4+} 所造成的正电荷亏损，由其附加在晶层间的八面体晶片中的高价阳离子 Al^{3+} 置换低价阳离子 Mg^{2+} 所赢的正电荷来平衡。由此可见，绿泥石的晶层间联系力除了范德华引力和水镁石八面体上 HO 原子形成的氢键外，就是阳离子交换后形成的静电力，所以绿泥石晶层一般不具有膨胀性。

2）阳离子交换性

绿泥石的阳离子交换容量比蒙皂石少，近似于伊利石。塔里木盆地轮南 55 井井深 4328.42m 砂岩中绿泥石胶结物（粒径小于 2μm）的测定结果表明，绿泥石阳离子交换总量为 19.41mmol/100g。

对鄂尔多斯盆地砂岩中绿泥石的比表面积测定结果表明，绿泥石的比表面积为 20.49（安塞 1-6 井，井深 624.3m，砂岩）~21.74m²/g（陕参 1 井，井深 3285.70m，泥岩）。

6. 对油气田开发的影响

绿泥石是还原环境下形成的水铝硅酸盐矿物，常与自生石英共生，呈针叶状、绒球状、玫瑰花状，在孔隙中的产状有孔隙衬垫及孔隙充填。一般针叶状绿泥石多为孔隙衬垫包于颗粒表面，绒球状和玫瑰花状的则充填在孔隙中。绿泥石可由黑云母、角闪石、蒙皂石等矿物转化而来，自生绿泥石一般富含二价铁离子，与酸化液中的盐酸等酸液作用容易产生沉淀，而造成储层伤害，是酸敏性矿物。在实验室条件下，绿泥石滤液用盐酸滴定，很快出现绿色浑浊，说明 Fe^{2+} 沉淀析出非常迅速。

鄂尔多斯盆地延长组绿泥石含量普遍较高，形成绿泥石膜，一般占黏土矿物的相对含量 30%~45%，占储层绝对含量 4%~7%，华池—吴起—志丹一带沉积中心和长 6 主力油层则更高。延长石油吴起采油厂近年来采取了大量酸化措施，但效果普遍不明显，就是因为其储层中含有大量的绿泥石，酸敏伤害较强。

五、伊/蒙混层矿物

在一定条件下，由一种形式的结构单位层过渡为另一种形式的结构单位层，形成一类由两种或两种以上不同结构层，沿 c 轴方向相间成层堆叠组合成的晶体结构，具这类结构的矿物称为混层矿物，在地层中较为常见，分为有序和无序混层黏土矿物，大多数是膨胀层与非膨胀层黏土矿物相间混层。

伊/蒙混层矿物是一种由伊利石和蒙皂石晶层组合而成的混层黏土矿物，可以分为规则混层矿物和不规则混层矿物两大类，规则混层矿物具有特殊的命名，不规则混层矿物则不专门的命名。

在中国含油气盆地中伊/蒙不规则混层矿物分布广泛，而规则混层矿物较不规则混层矿物则少见。

1. 伊/蒙规则混层矿物

1）化学组成

伊/蒙规则混层矿物有1∶1规则混层和3∶1规则混层之分。1∶1规则混层矿物——累托石（Rectorite，Re）、钠板石（Allevardite，A）在四川盆地古蔺地区上二叠统（P_2^1）和二连盆地下白垩统（K_1）等地区常见；3∶1规则混层矿物——云母间蒙皂石（钠累托石、塔拉索夫石）未见到。

2）形成环境

伊/蒙混层矿物是由蒙皂石、伊利石进一步转化而来，分布在晚成岩阶段 A 期和 B 期的地层中，特别是在晚成岩阶段 A 期最常见，从晚成岩阶段 A 期至 B 期由于高岭石、蒙皂石进一步向伊利石转化，伊/蒙混层中蒙皂石层的含量相对减少，至晚成岩阶段 C 期，伊/蒙混层转变为伊利石。

由于伊利石和蒙皂石形成于富钾的碱性环境，因此在砂岩储层中的分布与高岭石不同，在低渗透近物源快速堆积砂体、深湖相浊积体或透镜状砂体中含量相对较高。

另外，在晚成岩 A 期，特别是煤系地层中还存在由陆源伊利石在受酸性流体作用下部分脱钾形成的伊/蒙混层（或水化云母）。

3）形貌特征

伊/蒙规则混层矿物最常见的集合体形态为不规则蜂窝状（图3-2-17），比表面极大，是束缚流体的主要存储场所。

4）分布产状

伊/蒙规则混层矿物一般呈搭桥状分布在喉道之间或附着在骨架颗粒表面，导致喉道堵塞（图3-2-18）。

5）油气储层中的物理化学性质

对砂岩胶结物中粒径小于 2μm 的钠板石进行了阳离子交换总量的测定，其结果见表3-2-5，表明钠板石的阳离子交换总量与伊/蒙有序混层（I/S）相接近，与伊/蒙无序混层（S/I）和蒙皂石有较大差别。钠板石的比表面与 I/S 相近，在 25.00～36.00m²/g 之间。

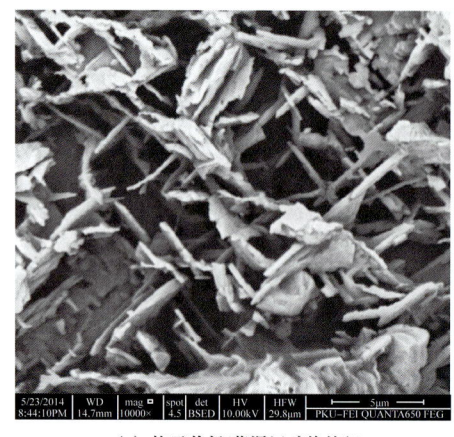
（a）格子状伊/蒙混层矿物特征

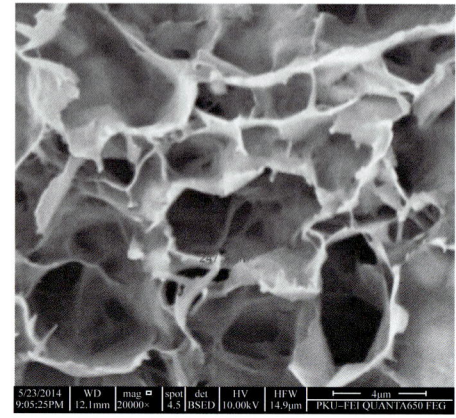
（b）蜂窝状伊/蒙混层矿物特征

图 3-2-17　扫描电镜下观察到的规则伊/蒙混层矿物格子状/蜂窝状形态特征

表 3-2-5　钠板石的阳离子交换容量

盆地	井号	井深（m）	层位	岩性	阳离子交换容量 （mmol/100g）
鄂尔多斯	布1	3668.37	P	砂岩	37.78
松辽	新深1	2272.00	K	细砂岩	22.04

6）对油气田开发的影响

蒙皂石向伊利石过渡的伊/蒙混层矿物多呈蜂窝状、半蜂窝状、棉絮状等，随埋深加大和温压的升高含量增多，有较强的水敏性。

2. 伊/蒙不规则混层矿物

1）化学组成

伊/蒙不规则混层包括无序混层（S/I）和有序混层（I/S）两种类型，随着成岩程度不断加强，伊/蒙无序混层逐渐向伊/蒙有序混层转化。在正常沉积的含油盆地，两者转化的深度基本与生油门限值一致。如渤海湾盆地古近系—新近系一般为 2800m，温度在 90℃ 左右；二连盆地下白垩统则在 60℃ 左右。

2）形貌特征

伊/蒙不规则混层矿物的形态介于蒙皂石和伊利石之间，常见的伊/蒙无序混层集合体形态有片状和不规则网状。常见的伊/蒙有序混层的形态为片状加短丝状和指状。伊/蒙无序混层的形态特征接近于蒙皂石，伊/蒙有序混层接近于伊利石。从无序混层到有序混层的转化过程中，随着混层中蒙皂石晶层的减少和伊利石晶层的增多，混层矿物集合体形态一般变化规律是由片状（或不规则网状）变为片状加短丝状和指状（图3-2-19）。

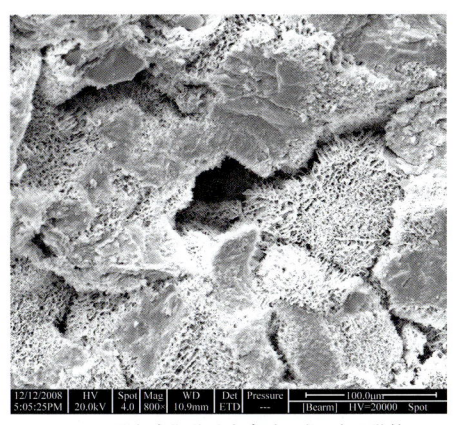
(a) 鄂尔多斯盆地安塞油田长6油层附着
在颗粒表面的伊/蒙混层矿物

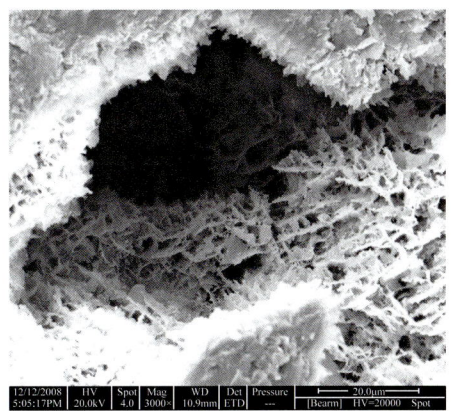
(b) 松辽盆地南部红岗油田萨尔图油层细粉砂岩

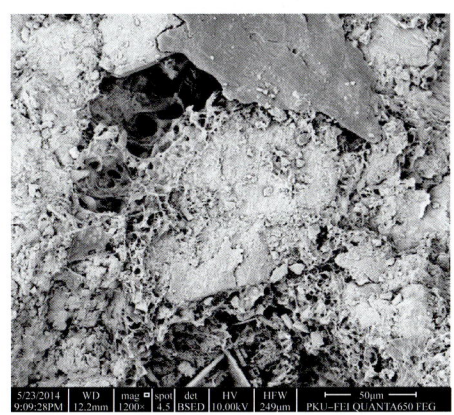
(c) 新疆克下组砾岩储层伊/蒙混层分布特征

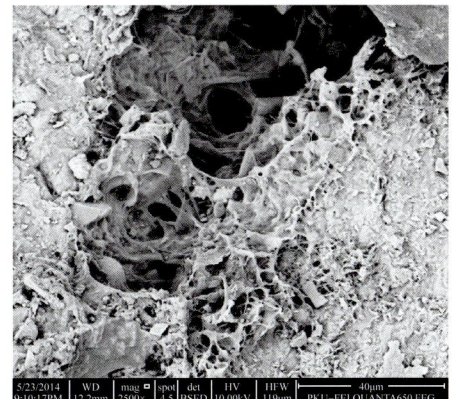
(d) 蜂窝状伊/蒙混层产状特征

图 3-2-18　扫描电镜下观察到的伊/蒙混层形态特征

3）在油气储层中的物理化学性质

对伊/蒙混层（粒径小于2μm）黏土矿物的阳离子交换容量分析结果表明，S/I 和 I/S 的阳离子交换总量分别为 60～70mmol/100g 和 25～50mmol/100g。

对伊/蒙混层比表面积测定的结果表明，S/I 和 I/S 的比表面积分别为 80.00～90.00m^2/g 和 20.00～44.00m^2/g。

4）对油气田开发的影响

蒙皂石向伊利石过渡的矿物，呈蜂窝状、半蜂窝状、棉絮状等，随埋深加大和温压升高而含量增多。由于伊/蒙混层中多余的空穴和负电荷非常多、层间域易变性强，容易造成富含水膜的钠离子进入，导致钾离子流失和静电排斥，引起层间域拉大、体积膨胀，发生水敏伤害。

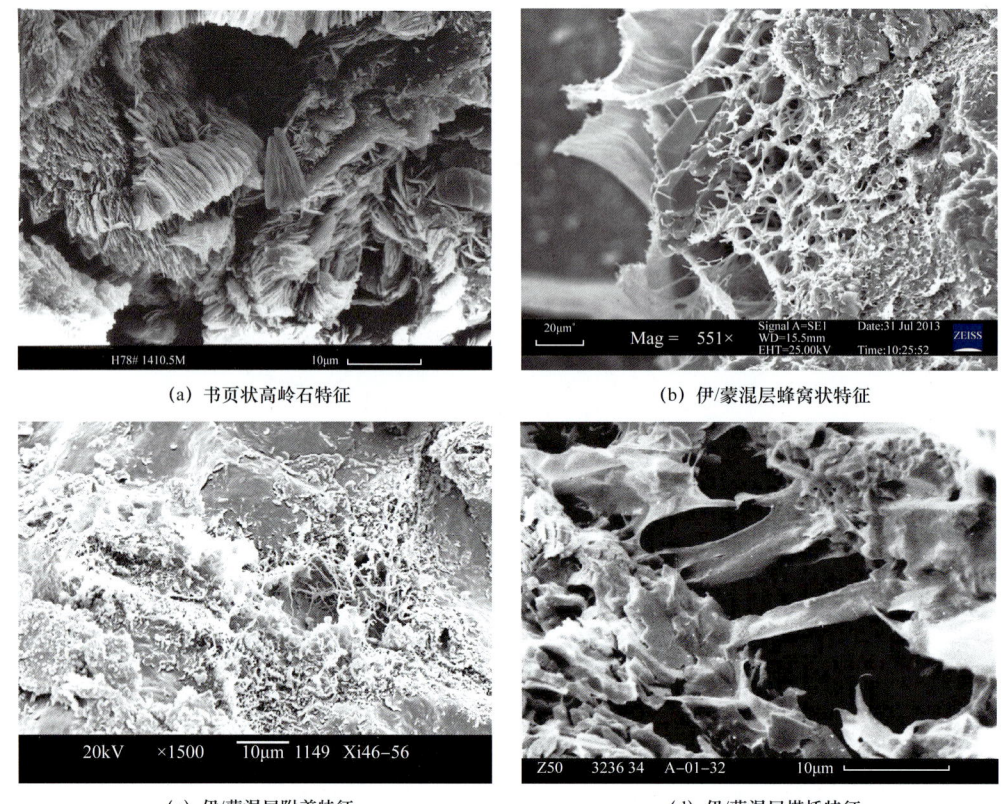

(a) 书页状高岭石特征　　　　　(b) 伊/蒙混层蜂窝状特征

(c) 伊/蒙混层附着特征　　　　　(d) 伊/蒙混层搭桥特征

图 3-2-19　海塔盆地南屯组伊/蒙不规则混层矿物形貌特征

伊/蒙混层的另一个特点是呈蜂窝状，不同大小的纳米级孔隙非常发育，比表面巨大，对原油及聚合物、表面活性剂吸附力强，影响原油采收率。

六、绿/蒙混层矿物

1. 化学组成

绿/蒙混层矿物是由绿泥石和蒙皂石晶层组成的黏土矿物，包括规则混层矿物和不规则混层矿物两大类，其规则混层矿物有特定的名称，而不规则混层矿物不具专门命名。柯绿泥石（Corrensite，Cor）是三八面体绿/蒙 1∶1 规则混层矿物。羟硅铝石（Tosudite，To）是二八面体绿/蒙 1∶1 规则混层矿物。绿/蒙不规则混层矿物（C/S）有三八面体绿/蒙混层和二八面体绿/蒙混层之分。

在中国含油气盆地中，不管是绿/蒙规则混层矿物，还是其不规则混层矿物，均不如伊/蒙不规则混层矿物分布普遍，尤其是二八面体绿/蒙 1∶1 混层规则混层矿物（羟硅铝石）和二八面体绿/蒙不规则混层矿物更为少见。对比而言，三八面体绿/蒙 1∶1 规则混层矿物——柯绿泥石和三八面体绿/蒙不规则混层矿物比较多见。柯绿泥石和绿/蒙不规则混层矿物主要分布在中等盐度的富铁、镁环境。

2. 形成环境

在含油气盆地砂岩储层中大部分绿泥石（或绿泥石/蒙皂石）矿物一般是在富 Fe^{2+}、Mg^{2+} 的碱性介质条件下形成的自生黏土矿物。由于自生绿泥石的形成环境与自生高岭石的形成环境有着明显的差异，因此在富含自生高岭石的砂岩储层中一般含绿泥石较少或不含绿泥石。高岭石在辫状河流相—滨湖相的三角洲体核部相对富集，绿泥石、绿泥石/蒙皂石在浅湖—深湖相的三角洲前缘相带相对富集。

绿泥石与伊利石都形成于碱性环境。除了在特定气候下形成碱性介质的沉积环境外，在这种碱性环境条件下，更多的是在成岩过程中随着埋藏深度和温度的升高从砂岩固相组分中析出的 K^+、Na^+、Ca^{2+}、Fe^{2+}、Mg^{2+} 在低渗透砂岩孔隙介质中逐渐富集造成的，这是自生伊利石和绿泥石在低渗透砂岩中富集的内在原因。

3. 形貌特征

常见的绿泥石集合体形态为网状和蜂窝状（图 3-2-20、图 3-2-21）。

在扫描电镜下，柯绿泥石形貌有蜂窝状、似蜂窝状、不规则网状、不规则片状等（图 3-2-21）。柯绿泥石颗粒细小，一般小于 1μm。在透射电镜下绿泥石为团粒状，边缘多虚化。

绿/蒙不规则混层矿物形貌多介于绿泥石和蒙皂石之间，为片状、似网状、似蜂窝状等。

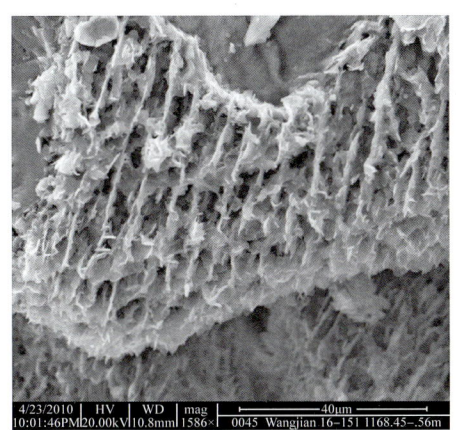

图 3-2-20 鄂尔多斯盆地安塞油田王检 16-151 井长 6 油层绿泥石表面孔隙形状特征

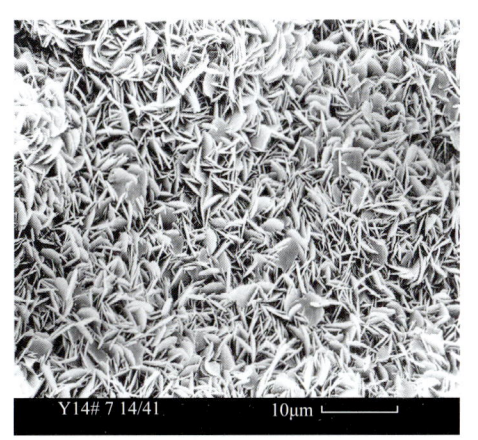

图 3-2-21 海塔盆地塔南油田塔 19-33 井铜钵庙组绿泥石表面孔分布特征

4. 在油气储层中的物理化学性质

对塔里木盆地牙哈 6 井井深 5120.86m 砂岩胶结物中柯绿泥石（粒径小于 2μm）的阳离子交换容量测定结果为 34.29mmol/100g，比表面积为 68.03m²/g。

5. 对油气田开发的影响

绿/蒙混层是蒙皂石向绿泥石转化的中间产物，呈薄片状包于颗粒表面或充填于颗粒间，既有绿泥石的针叶状结构，也有蒙皂石的网格状结构。成分中也有绿泥石特征，含有较多的铁和镁，有一定的酸敏性和水敏性。

第三节　架状水铝硅酸盐沸石类胶体矿物

一、沸石类结晶矿物学特征

沸石族矿物为含有沸石水的碱金属或碱土金属铝硅酸盐，基本结构单位是硅氧四面体和铝氧四面体组成的架状结构（图 3-3-1、图 3-3-2）。

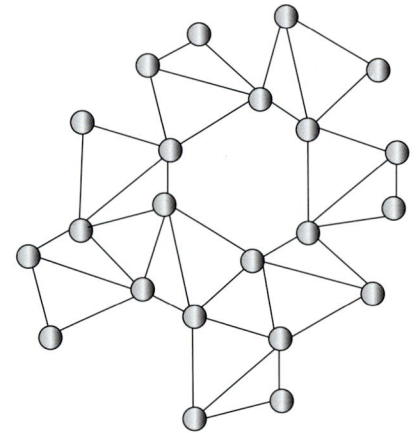

图 3-3-1　硅（铝）氧四面体架状结构

图 3-3-2　丝光沸石晶体形状

硅氧四面体之间共用角顶的氧原子而构成三维空间的架状结构沸石晶体，如图 3-3-1 所示。位于角顶的氧原子被相邻的四面体所共用，所带负电荷被中和，因此是惰性氧原子。当硅原子被铝离子置换后，由于铝离子为三价，氧被置换，结构带负电。为了平衡电荷，用金属阳离子 M^+（通常是碱金属或碱土金属离子）来抵消负电荷。金属阳离子与硅氧四面体的结合并不紧密，极易与水溶液中的阳离子进行交换，交换后的结构没有破坏，这种性质称为选择交换性（阳离子交换性）。

硅氧四面体与铝氧四面体占沸石总量的80%，沸石的铝硅比不同，金属阳离子的含量也不同。硅、铝、氧三种原子构成的三维"骨架结构"的差异是沸石种类之间的主要差异。同时，不同沸石的孔穴和通道也不同，通常孔穴直径为6～50nm（介孔），只有小于通道的分子才能被吸附，这种性质称为分子筛。

沸石类矿物大部分是斜方晶系或单斜晶系，少数为等轴晶系（方沸石、八面沸石）和三方晶系（菱沸石）。沸石类矿物晶体多呈柱状、板状、纤维状或针状集合体。颜色普遍较浅，在薄片中大部分沸石无色透明，个别沸石因含 Fe_2O_3 呈红色（如丝光沸石），片沸石可以具淡黄色（有时呈橘红色）。沸石类矿物的折射率多数低于树胶，呈低的负突起；双折射率大部分介于0.003～0.007，干涉色一级灰、灰白，近似于长石、石英，个别沸石（如杆沸石）双折射率为0.015，有时达0.028，干涉色可达一级顶部至二级绿。

沸石常见于火山岩气孔中，常与方解石构成杏仁状充填，或由长石和似长石经蚀变、交代而成，在含油气盆地碎屑岩储层中沸石是普遍存在的，主要是在成岩早期碱性环境下形成的，沉积盆地及其母岩区碱性凝灰质提供了大量的矿物元素。沸石类矿物作为一种胶结物普遍分布在碎屑岩储层粒间孔中，有时完全被沸石胶结，如准噶尔盆地西北缘玛湖凹陷玛湖28区块玛湖087井二叠系乌尔禾组砂砾岩和砾岩储层完全被沸石充填，没有其他的黏土矿物胶结，遇水呈松散状。

二、浊沸石矿物

1. 化学组成

碎屑岩储层中的浊沸石是一种常见的表面层矿物，其化学式为 $Ca[AlSi_2O_6]_2·4H_2O$，属于碱性条件下的低温、架状水铝硅酸盐胶体矿物。

化学组成中含少量 Na、K、Mg、Mn、Fe 及痕量 P、Ba、Sr。

晶格特点为沿 c 轴延长的柱状、针状、纤维状或放射状集合体，解理 {110} 及 {010} 完全。

光学特征为灰白色至淡黄色、淡红色，薄片中无色。负低突起。干涉色为一级黄。斜消光，最大消光角30°，(110)面上为平行消光，正延性。二轴晶负光性，光轴角中等。

2. 形成环境

浊沸石的形成环境有两种：一是在高温、高压环境下，方解石与高岭石反应，属于埋藏变质作用的产物，代表埋藏作用与变质作用的界线，以浊沸石变质相形式出现；二是在低温、低压环境下，碎屑岩孔隙中含有大量碱性火山凝灰质水解或基性斜长石钠长石化，产生的 K^+、Na^+、Ca^{2+}、Mg^{2+} 和水铝硅酸盐络阴离子团，以胶结物形式充填在骨架孔隙中。由此可见，碎屑岩储层中沸石形成受成岩演化过程中孔隙流体的化学特征及活跃程度控制，一般形成于pH值为7.0～10.0的溶液中，主要成因环境有以下三种。

1）火山碎屑型浊沸石

在母岩为火山岩碎屑岩或凝灰质砂岩、砂砾岩、砾岩以及上下相邻层含有火山碎屑物质的地层中，碱性火山碎屑岩蚀变提供了大量的 K^+、Na^+、Ca^{2+} 和水铝硅酸盐络阴离子团，孔隙流体不断地将这些矿物元素迁移、浓缩、聚集，在弱碱性环境下沉淀、结晶析出，以胶结物形式充填在孔隙中。

$$Ca^{2+}+2[AlSi_2O_6]^-+4H_2O =\!=\!= Ca[AlSi_2O_6]_2 \cdot 4H_2O$$

另外，碱性凝灰质容易水化，与蒙皂石向伊利石和绿泥石转化过程中析出的 Ca^{2+} 有关。准噶尔盆地西北缘二叠系、三叠系砂砾岩储层中大量的浊沸石、方沸石、片沸石与碱性火山凝灰质共生就属于这种成因类型。

2）基性斜长石钠长石化

基性斜长石钠长石化，形成温度主要为 60～160℃，火山物质在水化过程中促进了孔隙水中的 Na^+ 置换 Ca^{2+} 进入基性长石晶格，导致基性斜长石转化为钠长石，同时被释放进溶液中的 Ca^{2+} 有利于浊沸石和方解石的形成。鄂尔多斯盆地三叠系、四川盆地侏罗系、松辽盆地白垩系储层中的浊沸石属于此种成因类型。

$$2CaAl_2Si_2O_8+2Na^++4H_2O+6SiO_2 =\!=\!= 2NaAlSi_3O_8+CaAl_2Si_4O_{12} \cdot 4H_2O+Ca^{2+}$$
（钙长石）　　　　　　　　　　　（钠长石）　（浊沸石）

3）钙长石水化

沸石常见于富含火山碎屑和长石的砂岩中，通常是火山碎屑和长石与地下水相互作用的产物。有利于形成沸石的介质条件是高的 pH 值和富含 SiO_2 及 Ca^{2+}、Na^+、K^+，即高矿化度的孔隙水和适当的 CO_2 分压。

$$CaAl_2Si_2O_8 + 2SiO_2 + 4H_2O =\!=\!= CaAl_2Si_4O_{12} \cdot 4H_2O$$
（钙长石）　　　　　　　　（浊沸石）

从目前陆相碎屑岩储层中浊沸石形成条件看，从早成岩 B 期到中成岩 B 期均有浊沸石发育，其形成温度一般介于 60～150℃。如四川盆地侏罗系沙溪庙组储层中的浊沸石胶结物为早成岩阶段的产物，形成温度为 60～80℃；大庆油田白垩系登娄库组—泉头组的浊沸石为中成岩阶段产物，其形成温度为 110～150℃。在适宜条件下，浊沸石一般直接在溶液中沉淀生成，较高的 pH 值有利于浊沸石的生成。较高的地层压力有利于浊沸石的保存，相对于温度、离子条件、pH 值等因素，其对浊沸石体积分数的控制影响较小。流体中钙离子、铝硅酸根离子的富集有利于形成浊沸石胶结物。

总体来说，铝硅酸根离子的来源主要有火山玻璃的溶解、长石族矿物的溶解与转化及其他铝硅酸盐矿物的溶解等。钙离子的来源主要有长石的溶解、碳酸盐岩屑的溶解、黏土矿物的转化、同期碳酸盐的溶解和钙质生物壳的溶解等。

浊沸石是在碱性环境下形成的，富 Ca^{2+} 和 $[AlSi_2O_6]^{2-}$、贫 CO_3^{2-}。从目前碎屑岩储层中已发现的浊沸石含量看，在成岩演化相同环境下，地层组之间和内部油层段纵向上差异大，与地层沉积过程中火山凝灰质含量密切相关。

3. 形貌特征

在单偏光下，浊沸石无色，晶体形态呈沿 c 轴延长的柱状、针状、纤维状或放射状集合体，具两组近直交的完全解理，低的负突起。

在正交偏光镜下，最高干涉色可达一级黄，具斜消光，最大消光角 30°，在（100）面上平行消光；具正延性。

浊沸石为二轴晶负光性矿物，光轴角中等。与相似沸石间的区别为：（1）与钙沸石和片沸石相比，浊沸石的双折射率略高，即干涉色略高；（2）与辉沸石相比，浊沸石具正延性，而辉沸石具负延性；（3）与中沸石、杆沸石和钠沸石相比，浊沸石的光轴角较小，消光角大，具负光性。

4. 分布产状

油气储层中的沸石类矿物一般是在成岩演化过程中以胶结物形式存在的自生矿物，不同于变质岩中形成的沸石用来研究沸石变质相（如浊沸石变质相）。

储层中的浊沸石虽然是成岩作用的产物，但是空间分布与沉积相密切相关，如准噶尔盆地西北缘玛湖凹陷百口泉组浊沸石主要集中发育在扇三角洲内前缘靠近古湖岸的地带，鄂尔多斯盆地延长组浊沸石含量高的地方往往处于三角洲内前缘地带，这可能与这些相带内古沉积盐度和高钙质含量有关。

沸石类矿物变种很多，在偏光显微镜下，可根据在薄片中的颜色、解理、消光类型与消光角、延性符号等其他光学特征来鉴定。有些变种不易用偏光显微镜法区分，需要结合红外光谱、X 射线衍射、电子探针等分析方法加以鉴定。

镜下可见两组极完全解理，以消光角较大区别于其他沸石矿物（图 3-3-3）。扫描电镜下观察到大部分充填在粒间孔隙中，后期部分被溶蚀形成粒内次生孔隙。

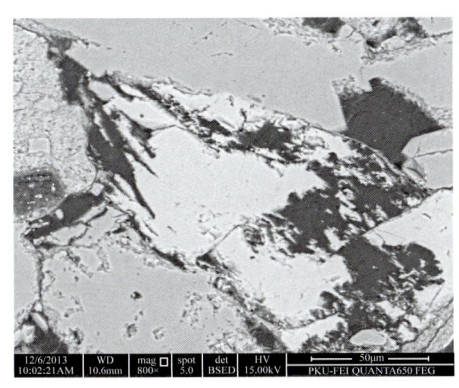 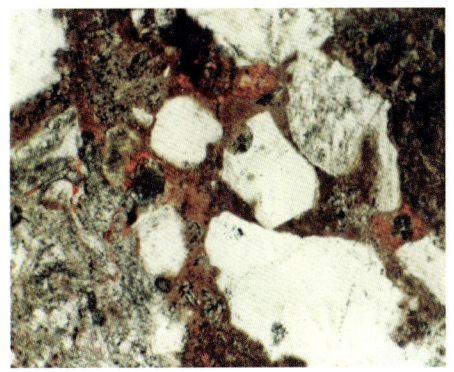

（a）大庆长垣南部扶杨油层浊沸石粒内溶蚀孔喉　　（b）准噶尔盆地玛湖油田乌尔禾组片沸石胶结

图 3-3-3　浊沸石镜下特征

5. 在油气储层中的物理化学性质

沸石是一种含水、架状、多孔铝硅酸盐矿物，具有空旷的骨架结构，晶穴体积占总体积的 40%～50%，大量微孔隙空腔，其孔径一般小于 20nm。沸石的孔穴中含阳离子，骨架氧含有负电荷，形成了强大的电场，使得沸石具有选择吸附特性，结构带负电。与其他多孔矿物相比，具有强吸附力，含水量随温度升高而降低。这些矿物学特征决定了沸石物理性质具有高中子（含结晶水）、低密度（微孔空腔）等特征。

1）具有很大的比表面和吸附性

浊沸石的比表面积一般为 400.0~800.0m²/g，甚至比蒙皂石还要大，对原油和表面活性剂吸附作用强，尤其是在浊沸石溶蚀孔内含有大量的束缚—半束缚油，是制约原油采收率的关键矿物。

2）离子交换性

位于沸石族宽大的空腔和通道中的阳离子可被其他阳离子置换而不破坏晶体结构。与其他架状硅酸盐相比，沸石结构中有宽阔的空腔和通道，易吸附某些金属阳离子。Na^+容易替代 Ca^{2+}，而发生阳离子交换，从而使岩石带负电，Zeta 电位值增加。

3）沸石水活跃，使岩石的导电性降低

沸石矿物的一个显著特点是大量的水分子参与晶体结构，当温度升高时（从 60℃ 升到 100℃），迅速逃逸，离开晶格，其一些物理性质就会发生改变，如透明度、折射率、相对密度等物理性质随着失水量的增加而降低。沸石在失去水以后仍能够重新吸水，从而恢复之前的物理性质。

4）不同酸碱环境下易变性强

在连接铝氧八面体和硅氧四面体的架状结构中，含有较多的 H^+、OH^- 结构水和结晶水以及 Ca^{2+}，在碱性环境下相对稳定，但在 H^+ 含量高的酸性环境下，H^+ 容易取代 Ca^{2+}，形成水铝硅酸胶体，溶于水中而流失，造成架状结构坍塌破坏（溶蚀）。

$$3CaAl_2Si_4O_{12} \cdot 4H_2O + 2K^+ + 4H^+ \rightleftharpoons 2KAl_3Si_3O_{10}(OH)_2 + 6SiO_2 + 3Ca^{2+} + 4H_2O$$
（浊沸石）　　　　　　　　　　　　（伊利石）

综上所述，浊沸石属于低温、低压环境下的易变矿物，弱碱性环境下容易形成沉淀，酸性环境下又容易溶蚀。作为早期的填隙物将原生孔隙降低，后期在酸性环境下又容易溶蚀，成为良好的存储和渗流通道（图 3-3-4）。

6. 对油气田开发的影响

由于沸石类矿物对温度、压力、酸碱度较敏感，并具垂直分带现象，因此其矿物组合对成因分析和推断环境变化有一定意义，是成岩演化、油气成藏的重要指示剂（地质温度计、地质压力计、地质 pH 值指示剂）。

1）油层深部酸化有利于提高基质导流能力

浊沸石遇酸容易反应，生成硅酸胶体溶于水中，使堵塞在孔喉中的表面层溶解，浊沸石粒内溶孔扩大，改善了储层渗流空间，提高了基质导流能力（图 3-3-5）。因此，在类似鄂尔多斯盆地低渗透、特低渗透、致密储层含有较多浊沸石表面层的油层中适宜开展深部酸化等工艺措施，提高地层渗透率。需要指出的是，在无机酸中可能产生硅胶沉淀，造成储层伤害；而在有机酸中硅胶沉淀较少。因此，在矿场应用过程中应使用无机酸与有机酸复配体系。

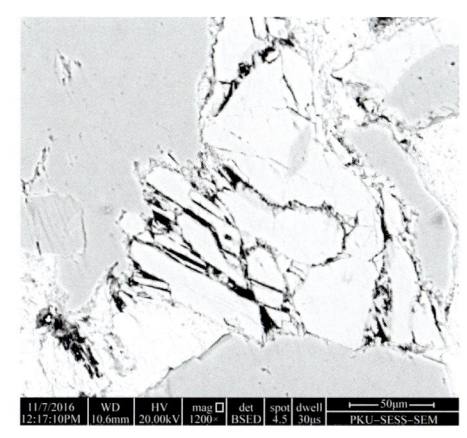
(a) 骨架矿物颗粒溶蚀特征

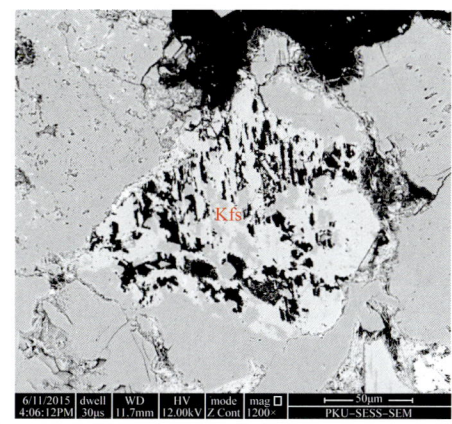
(b) 浊沸石粒内溶蚀特征

图 3-3-4　鄂尔多斯盆地延长组骨架矿物颗粒之间浊沸石胶结溶蚀特征

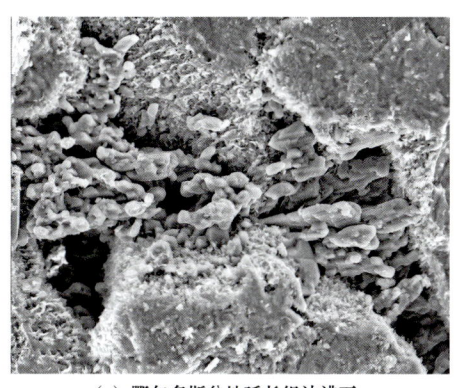
(a) 鄂尔多斯盆地延长组浊沸石
胶结物内次生孔隙发育特征

(b) 准噶尔盆地玛湖油田乌尔禾组片
沸石充填在喉道中

图 3-3-5　沸石胶结对储层导流能力的影响

另外，深部地层酸化减少了浊沸石胶结物含量，降低了胶结程度，使岩石强度降低，压裂过程中有利于基质微裂缝的产生。沸石胶结的储层胶结程度往往较弱，岩心呈半固线或松散状。

2) 致密储层"甜点"预测

在致密砂岩和致密砾岩储层中，残余粒间孔较少，且连通性差，通常浊沸石粒内溶孔发育，成为重要的储集空间。通过对鄂尔多斯盆地延长组和准噶尔盆地西北缘二叠系油藏大量观察统计发现，距离油源区越近或在油气运移通道附近，排烃期有机酸溶蚀浊沸石作用越强，溶蚀孔越发育，具有"近水楼台"优先捕获和存储油气的条件，往往形成优质储层和高产富集带。因此，以浊沸石溶蚀孔发育带为线索，开展储层和高产区带地质"甜点"预测是一个重要途径。

3）对化学驱油配方体系的影响

浊沸石中 Ca^{2+} 容易被孔隙流体中 Na^+ 替代而发生阳离子交换，置换出来的 Ca^{2+} 又容易沉淀，堵塞喉道，发生储层伤害。同时，过多的 Na^+ 消耗（耗碱）使聚合物—碱—表面活性剂三元体系、碱—表面活性剂二元体系浓度和协同降低界面张力的作用发生改变，不能达到预期的效果。

另外，浊沸石带负电性强（Zeta 负电位值高）、比表面大，对表面活性剂吸附作用强，也会使化学配方体系发生改变，往往不能达到降低界面张力的预期效果。

上述两种情况在准噶尔盆地西北缘七东$_1$区克下组三元复合驱矿场试验中表现得特别突出，该油藏浊沸石含量在 7% 左右，在反五点 140m 井网中，聚合物从注入井到采油井一般 7～25 天见效，说明连通性好且形成了高渗流通道，但在油井产出液中经历了 3～5 年始终没有检测到碱，仅各别井见到了少量表面活性剂。说明弱碱 Na_2CO_3 被浊滞石、蒙脱石等表面层矿物消耗掉了。

鄂尔多斯盆地马玲油田北三区侏罗系延 10 油层浊沸石含量 5% 左右，该油藏开展了聚合物—表面活性剂二元驱试验，经过了长达 5 年的注入，在油水井距 200m 的油层中，始终未见到表面活性剂产出，推测大量的表面活性剂被浊沸石和其他黏土矿物吸附滞留在地层中了，没有达到化学驱预期效果。

7. 浊沸石的成岩—成储—成藏示踪矿物特性

依据沉积成因分析，浊沸石属于次生成因，在成岩压实钙碱性环境中胶结，导致储层致密化；在油气排烃充注过程中有机酸溶蚀，形成次生溶蚀孔隙[61]。

浊沸石在沉积后的形成、胶结物充填以及后期的溶蚀改造过程中，对温度、压力、pH 值、有机酸、碱金属和碱土金属离子浓度以及水铝硅酸盐胶体矿物非常敏感，是沉积后成岩演化、成储、成藏以及后期抬升掀斜改造过程中重要的地质温度计、压力计、排烃有机酸 pH 值试剂，可见浊沸石是较为理想的成储、成藏示踪矿物（图 3-3-6）。

鄂尔多斯盆地延长组下部长 10 油层组浊沸石与上部其他层相比，含量异常高，所占的溶蚀孔隙比例也较高（表 3-3-1）。

有关鄂尔多斯盆地延长组是先致密后成藏、边致密边成藏，还是先成藏后致密，一直以来是一个争论的焦点。因此，通过浊沸石的形成和演化可以有力地回答是先致密后成藏。

图 3-3-7 展示了鄂尔多斯盆地安塞油田杏河区块杏 40-22 井长 6 油层浊沸石作为胶结物充填在粒间孔隙中，后期又被溶蚀，形成存储渗流通道。

浊沸石溶蚀为伊利石自生矿物的形成提供了丰富的矿物元素，伊利石表面层主要是发生在浊沸石溶蚀后，骨架颗粒表面有相对较大的生长空间，胶体矿物迁移到矿物颗粒表面，自结晶生长，形成伊利石表面层。

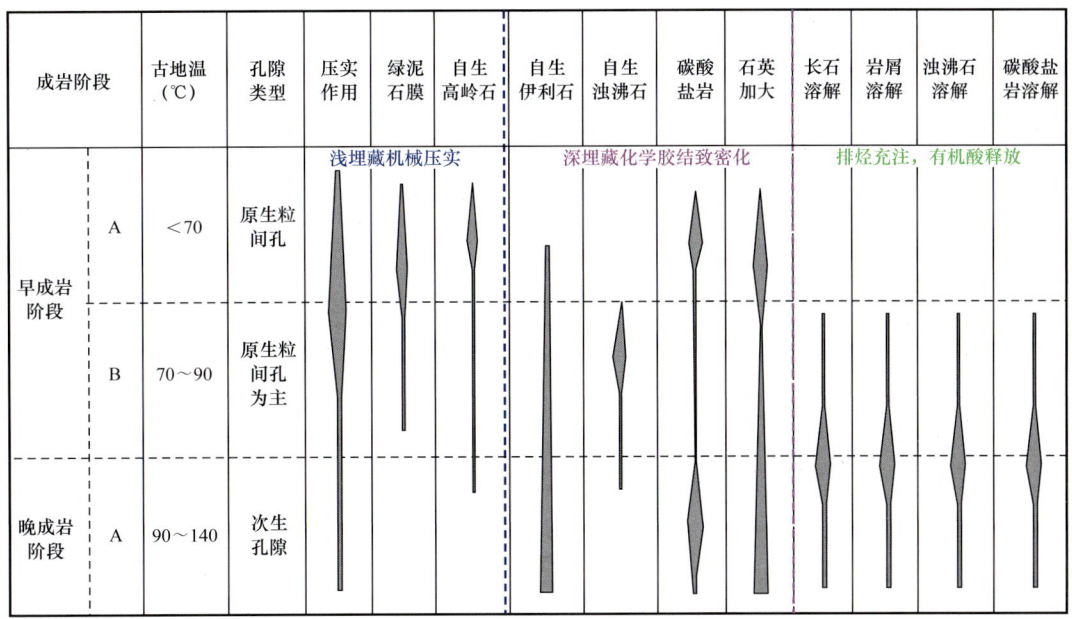

图 3-3-6　各种表面层在地质历史中的时空演化顺序

表 3-3-1　鄂尔多斯盆地吴起—安塞地区延长组下部次生孔隙与矿物含量对比　　单位：%

层系	粒间孔	长石溶孔	岩屑溶孔	浊沸石溶孔	晶间孔	微裂隙	面孔率
长10	4.37	0.91	0.18	0.86	0.01	0.05	6.43
长9	4.22	1.04	0.26	0.29	0.03	0.11	5.96
长8	1.58	1.01	0.20	0.06	0.03	0.01	2.90

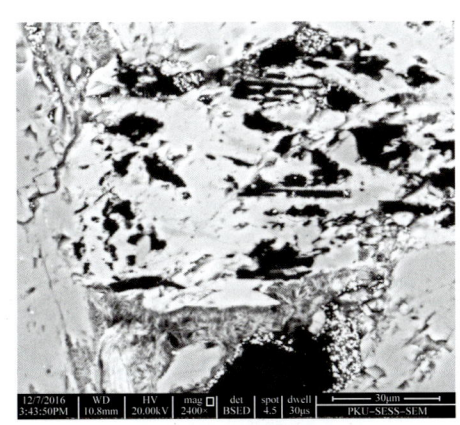

(a) 浊沸石粒内溶蚀特征

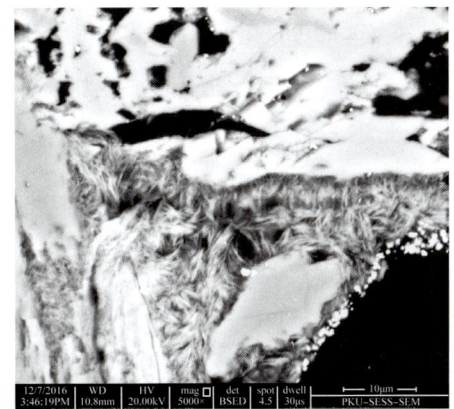

(b) 胶结物溶蚀特征

图 3-3-7　鄂尔多斯盆地安塞油田王窑区块长 6 油藏浊沸石分布特征

浊沸石是在一种低温碱性环境下容易形成的水铝硅酸盐胶体矿物，易变性强，胶结沉淀破坏了储层原生孔隙。同时，由于浊沸石不稳定，当地层中流体性质从碱性变成酸性时，可发生溶蚀作用，形成溶蚀孔，从而有可能使储层的储集性能提高。通过钻井取心和镜下观察可以发现，发生溶解的含浊沸石砂岩多数为含油砂岩。

浊沸石内部溶蚀后，孔喉壁表面"光滑干净"，虽然喉道相对狭窄，但渗流阻力相对较小（图3-3-8）。

(a) 扫描电镜下浊沸石微纳米级孔喉分布特征　　(b) 主体薄片观察到的浊沸石粒内孔喉分布特征

图3-3-8　新疆玛湖致密砾岩储层中浊沸石微纳米级孔喉分布特征

第四节　碳酸盐类胶结矿物

碳酸盐类矿物属于晶体矿物，不属于胶体矿物，列在这里讨论主要是考虑除黏土矿物和沸石类矿物以外，它是第三种较为常见的碎屑储层表面层矿物。油气储层中常见的碳酸盐类矿物以胶结物的形式存在，容易溶蚀产生溶蚀的孔洞缝，除了酸敏感性外，相对而言，其物理化学性质没有水铝硅酸盐胶体矿物那样活跃。

碳酸盐矿物主要包括方解石、白云石、菱铁矿和菱锰矿等，其中方解石和白云石最为常见（图3-4-1至图3-4-6）。菱铁矿呈微粒状生长在碎屑颗粒周围，形成丛生结构（或称栉壳结构）（图3-4-1）。早期泥晶白云石重结晶成粉晶白云石，基底式胶结，颗粒呈漂浮状、石英边缘被交代呈港湾状（图3-4-2）。

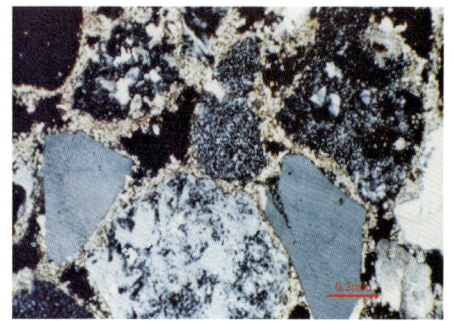 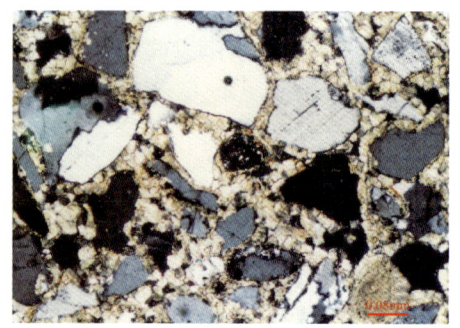

图3-4-1　克拉玛依油田435井砾岩　　　　图3-4-2　江汉油田13井古近系新沟嘴
储层菱铁矿形成的表面层（正交偏光）　　组白云质细粒砂岩白云石形成的表面层

图 3-4-3　青海湖现代沉积砾石层表面生长的钙质层

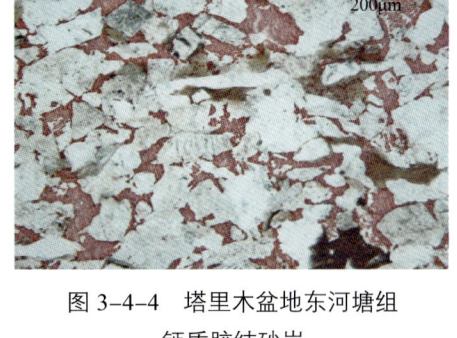
图 3-4-4　塔里木盆地东河塘组钙质胶结砂岩

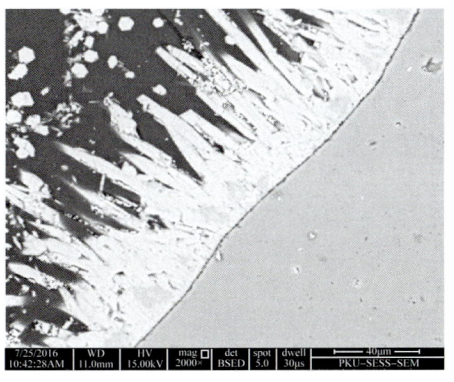
图 3-4-5　贝雷岩心碳酸盐表面层

图 3-4-6　碳酸盐胶结物栉状结构

栉状结构（丛生结构）：胶结物呈纤维状或短柱状垂直碎屑颗粒表面生长；当胶结物围绕碎屑颗粒呈带状分布时则称为带状胶结。

钙质胶结从矿物表面到外分为三个圈层：（1）白云石；（2）方解石，晶形良好；（3）方解石呈漂浮的六方颗粒。

鄂尔多斯盆地安塞油田杏河区块杏 40-22 井长 6 油层方解石胶结物，与黏土矿物相比表面光滑，比表面小，晶格内部除解理缝外，微纳米级孔喉不发育（图 3-4-7）。

(a) 骨架矿物白云石特征

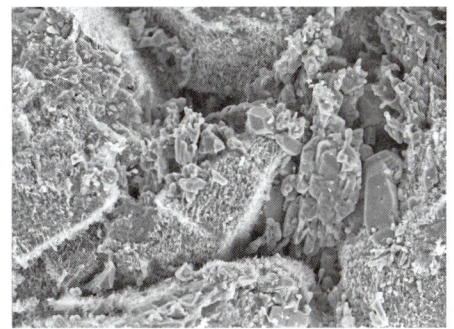
(b) 白云石胶结物包裹特征

图 3-4-7　安塞油田王 521 井长 8 钙质胶结岩石薄片特征

白云石属三方晶系的碳酸盐矿物，晶体结构与方解石类似，晶形为菱面体（图3-4-8），晶面常弯曲成马鞍状，常见聚片双晶，多呈块状、粒状集合体。纯白云石呈白色，因含其他元素和杂质有时呈灰绿、灰黄、粉红等色，呈玻璃光泽。三组菱面体解理完全，性脆。莫氏硬度为3.5～4.0，密度为2.8～2.9g/cm³。矿物粉末在冷稀盐酸中反应较为缓慢。

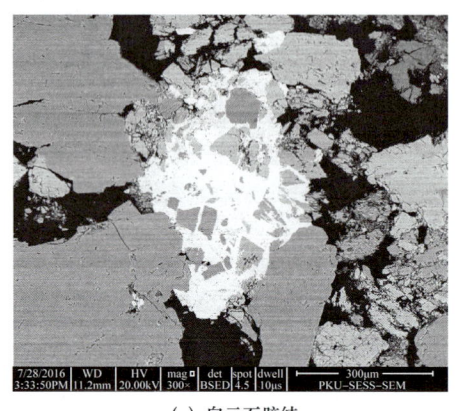 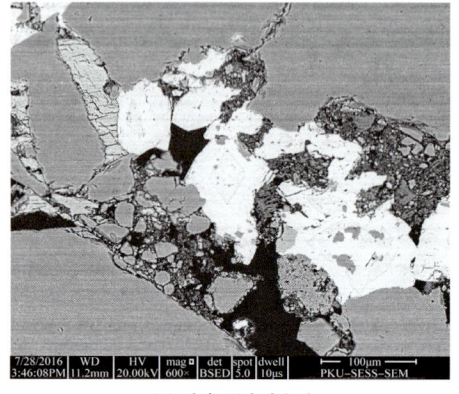

(a) 白云石胶结　　　　　　　　　(b) 方解石自生加大

图3-4-8　准噶尔盆地西北缘七东区克下组白云石胶结充填特征

第五节　火山碎屑岩类表面层物质

火山碎屑岩类是火山碎屑物质含量占90%以上的岩石碎屑，主要由岩屑、晶屑和玻屑组成。火山碎屑没有经过长距离搬运，基本上是就地堆积，因此颗粒分选和磨圆度都很差。

除了火山岩油气藏外，碎屑岩中含有不同程度的火山碎屑质，对成岩、成储、成藏和开发效果的影响越来越被人们重视。例如，鄂尔多斯盆地延长组夹有9期斑脱岩（凝灰质发生浅变质作用）薄层、中上扬子地区五峰组—龙马溪组页岩气储层中夹有6～9期薄层斑脱岩、准噶尔盆地西北缘二叠系—三叠系广泛发育的含凝灰质砂砾岩储层、海塔—二连盆地下白垩统含凝灰质砂砾岩储层等。这些火山碎屑成分虽然在砂岩储层中含量不高，但对成岩、成储、成藏和储层中表面层的物理化学性质具有重要影响。

凝灰岩脱玻化后物理化学性质稳定，而未脱玻化的各种物理化学性质非常不稳定（图3-5-1），容易水化或转化成其他矿物，大多数情况下为自生矿物的形成提供元素。

储层中未脱玻化的凝灰质一般没有晶体形态，表面极不规则地充填在孔隙中（图3-5-2），颗粒分散，容易随注入水迁移堵塞喉道，造成速敏伤害。

另外，未脱玻化的凝灰质易水化，迁移到喉道狭窄处，对储层造成了不可逆的伤害。

(a) 三塘湖盆地二叠系条湖组脱玻化凝灰岩孔喉特征　　(b) 海塔盆地贝中凹陷南屯组未脱玻化凝灰岩

图 3-5-1　凝灰岩脱玻化前后对比图

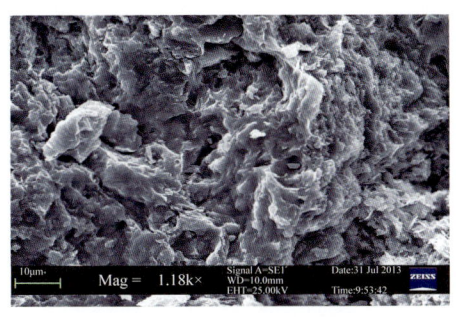 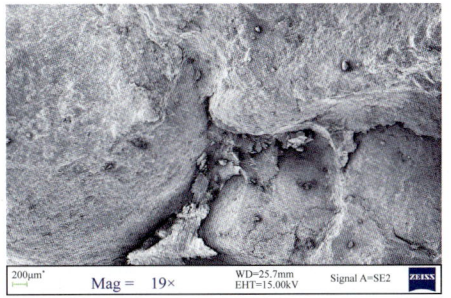

(a) 凝灰质蒙脱石水化表面极不规则特征　　(b) 凝灰质蒙脱石水化宏观特征

图 3-5-2　新疆玛湖地区玛东 2 区块二叠系乌尔禾组砂砾岩储层中凝灰质形态特征

第六节　机械杂质类表面层物质

各种细粉砂级机械碎屑（绢云母、绿泥石、石英、长石、隐晶结构的岩石碎屑等）属于杂基范围。在近物源堆积的粗碎屑岩中杂基含量一般很高，表明其沉积环境的分选作用不强或水动力条件较弱，是低成熟砂岩的特征。

杂基属于充填在碎屑颗粒之间的细粒机械混入物，粒径一般小于 32μm。杂基的含量和性质可以反映搬运介质的流动特性和碎屑组分的分选性，是碎屑结构成熟度的重要标志。沉积物重力流中含大量杂基，由此形成的沉积物是以杂基支撑结构为特征；而牵引流中主要搬运床砂载荷，最终形成的砂质沉积物以颗粒支撑为特征，杂基含量很少，填隙物多为化学沉淀胶结物。因而杂基含量是识别流体密度和黏度的标志。此外，杂基含量也是重要的水动力强度标志。在高能环境中，水流的簸选能力强，黏土矿物会被淘洗出去，从而形成干净的砂质沉积物；相反，砂岩中杂基含量高表明分选能力差，结构成熟度低。

在不同物源、不同沉积环境储层中，黏土矿物类型和含量不同对流体的敏感性也不同，从准噶尔盆地西北缘克拉玛依油田七中区克下组砂砾岩储层岩心，可观察到粒间有大量的杂基充填，扫描电镜下观察到颗粒表面赋存大量微纳米级隐晶质杂基（图3-6-1），呈蜂窝状，没有固定晶形，粒径为1~2μm，其间分布大量微纳米级孔隙及较大的表面积和自由能。

杂基同具有固定晶形的黏土矿物一样（图3-6-1），也具有很大的表面积和极强的活性（如吸附能力，对外来流体的敏感性等），对注入介质的注入能力，吸附、改性都有较大影响，同时其在孔隙中的分布产状及其自身变化，往往增强了已开发油气层的非均质程度，影响原油采收率。

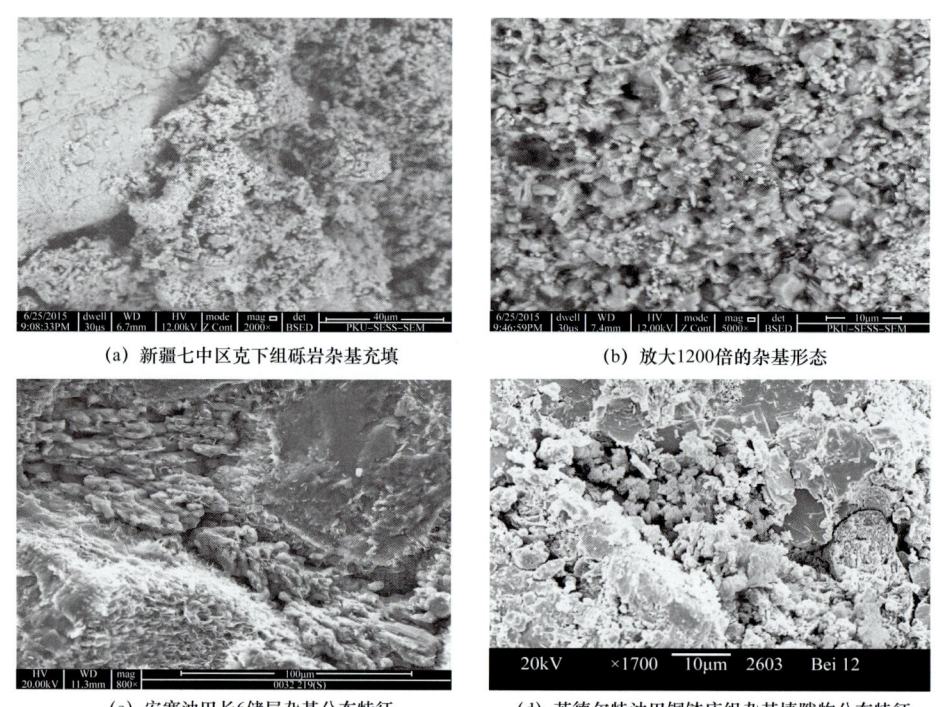

(a) 新疆七中区克下组砾岩杂基充填　　(b) 放大1200倍的杂基形态

(c) 安塞油田长6储层杂基分布特征　　(d) 苏德尔特油田铜钵庙组杂基填隙物分布特征

图3-6-1　扫描镜下观察到的杂基特征

讨论与思考

讨论

1. 有别于储层岩石学中填隙物的研究，表面层胶体矿物学特征研究具有科学意义和油田开发的现实意义

从广义上讲，碎屑岩储层除了岩石骨架矿物（石英、长石、岩屑、云母）以外笼统称为表面层矿物，与成岩作用和储层评价中的填隙物（杂基和胶结物）没有本质区别。

本书强调"表面层"的概念主要考虑到这些填隙物除了碳酸盐矿物外，主要是层状和架状的水铝硅酸盐胶体矿物和含水的火山碎屑物质，其微观结构、构造呈层状，大多附着在骨架颗粒表面，具有大比表面、高表面功、吸附性、带电性、离子交换性、膨胀性、迁移性、酸碱盐敏感性、水化性、絮凝沉淀性等胶体化学的很多特性，束缚—半束缚状态的原油和水赋存其中，对非常规油气有效动用和常规油藏化学驱、深部调驱、堵水调剖、压裂酸化等措施效果具有显著的影响。石英、长石、岩屑、云母等骨架矿物经过风化、剥蚀、搬运、沉积、成岩和后期改造，基本属于物理化学性质稳定的矿物，储层的物理化学性质主要表现出的是表面层（广义填隙物）物理化学性质。因此，本章以物理化学性质为线索，对表面层胶体矿物学特征进行阐述。

2. 水铝硅酸盐黏土矿物的形成环境与地层水的物理化学平衡

黏土矿物的形成方式有三种：（1）风化作用成因，风化原岩的种类和介质条件（如水、气候、地貌、植被）及时间等因素决定了矿物种类和保存；（2）热液和温泉水作用于围岩，可以形成黏土矿物的蚀变富集带；（3）由沉积—成岩作用生成自生黏土矿物。

黏土矿物是砂岩最重要的填隙物，其含量的多少、成分、结构、构造及分布特征等对储层孔隙结构、储集性能和油层特征都有重要的影响。在研究黏土矿物对储层孔隙结构和产能的影响时，主要是研究自生黏土矿物的组成及其在孔隙中的分布对储层特征的影响。因此，黏土矿物特征的研究是油气层特征研究的重要组成部分，对解释储层孔隙结构和储集性能的成因机理有着十分重要的意义。

3. 黏土矿物类细小机械杂质与自生层状水铝硅酸盐胶体矿物是两个不同的概念

长期以来，人们把储层中的黏土矿物分为原生和自生两种类型。严格地讲，陆源沉积的粒径小于粉砂岩（32μm）的黏土质类机械杂质不属于矿物，是陆源物质简单地发生机械破碎充填在砂岩骨架颗粒之间，没有固定的晶型。是母岩风化过程中产生的碎屑黏土质以悬浮方式搬运至沉积盆地沉积而成，具有一定的外形轮廓。泥质岩、泥质粉砂岩、粉砂质泥岩中黏土矿物及砂岩中黏土质杂基多数属此种成因。

陆源黏土质包括与砂质同时沉积的陆源黏土质碎屑和由渗滤作用或生物活动沉积在砂岩孔隙的陆源黏土质碎屑，它们继承了沉积时形成的某些产状。在分选差的泥质砂岩中常构成杂基和泥质纹层，在浊积砂体、前三角洲和河间沼泽相的粉—细砂岩中相对富集。由于在搬运和沉积过程中遭受磨蚀，埋藏压实过程中又受到挤压变形，因此陆源黏土质碎屑一般缺少良好的晶形，组成主要受物源区黏土质母岩成分的控制。

4. 沸石对化学驱效果的影响

准噶尔盆地西北缘七东$_1$区克下组聚合物—表面活性剂—碱三元复合驱和鄂尔多斯盆地马玲油田北三区侏罗系聚合物—表面活性剂二元驱试验效果分析发现，浊沸石巨大的比表面吸附能力以及对碱的消耗，在某种程度上比黏土矿物还要强，不但改变了化学驱配方体系，而且还产生了储层伤害。因此，在沸石含量高的油层中，化学配方体系中尽量不要使用碱，并充分考虑表面活性剂的吸附量，在注入前适当考虑加入一定量的牺牲剂。

思考

1. 黏土矿物组合对储层表面物理化学性质的影响？
2. 黏土矿物、自生石英长石等矿物的组合、产状是怎样的？
3. 为什么说储层中的自生黏土矿物属于水铝硅酸盐胶体矿物？它与胶体溶液的性质异同点体现在哪些方面？
4. 储层表面层材料主要由哪些组成？各自的物理化学性质分别体现在哪些方面？
5. 层状和架状水铝硅酸盐矿物的物理化学性质有什么本质的区别？

第四章 表面层物理化学性质

第一节 比表面能及其吸附性

一、储层比表面特性

比表面是单位质量岩样所具有的总面积,以 m^2/g 为单位。颗粒越细,比表面越大,表面功自由吸附能越大[62-64],越容易吸附聚合物、表面活性剂等驱油剂、压裂液及钻井液、修井液添加剂和调剖堵水剂等。

表4-1-1列出了常见储层表面层矿物的比表面大小。从中可见,沸石类矿物和黏土矿物的比表面积是石英、长石、岩屑常见骨架矿物颗粒的30~1500倍,说明不同类型表面层矿物之间差别较大,即使是同一黏土矿物类型间差别也较大,如蒙皂石是高岭石的550倍。沸石类和蒙皂石类矿物有时虽然绝对含量少,但对比表面性质的影响都很大。鄂尔多斯盆地延长组、准噶尔盆地西北缘乌尔禾组和克下组、海塔盆地南屯组表面层矿物比表面积一般为 $7.70\sim55.00m^2/g$;松辽盆地姚家组、渤海湾盆地沙河街组、塔里木盆地东河塘组砂岩中的一般为 $3.50\sim8.50m^2/g$。

表 4-1-1 常见储层矿物比表面积一览表 单位:m^2/g

矿物	变化范围	实验室常用矿物测定值	矿物类型
蒙皂石	570.0~820.0	780.0	黏土矿物
伊利石	100.0~113.0	110.0	
绿泥石	100.0~113.0	105.0	
高岭石	2.0~50.0	14.0	
沸石类	400.0~800.0	600.0	沸石矿物
白云石	0.5~2.0	1.2	碳酸盐矿物
方解石	1.0~10.0	3.7	
石英	0.1~0.8	0.5	骨架矿物
长石	1.0~5.0	1.5	
岩屑	2.0~10.0	3.2	
云母	5.0~30.0	5.6	

储层中表面层矿物吸附特性表现在对油藏外来固体、气体、液体及溶于液体中物质的吸附能力。根据吸附方式、性质等不同，可分为交换性吸附和专属性吸附（也称选择性吸附或非交换性吸附）两类。较强的化学活泼性，能优先与侵入地层的外来流体发生各种反应，并具有较快的反应速率，如黏土矿物与酸的反应速率是石英的100倍。因为所涉及的化学变化和物理过程均与比表面积的大小有关，所以表面层矿物巨大的比表面积既可加快化学反应的速率，也可提高物理过程的幅度。

由于K^+、Na^+、Ca^{2+}、Mg^{2+}、Fe^{2+}、Al^{3+}不等价离子类质同象置换，表面层矿物常带有一定量的永久电荷。根据电中性原理，必然会有等量的、与永久电荷电性相反的离子吸附在黏土矿物表面（包括内表面）以达到电性平衡。最常见的与表面层矿物结合的交换性离子是Ca^{2+}、Mg^{2+}、H^+、K^+、NH_4^+、Na^+、Al^{3+}等。一般说来，吸附在表面层矿物上的离子可以和溶液中的同带电性离子发生交换作用，这种作用也称为离子交换性吸附。

专属性吸附就是通常所说的非交换性吸附或选择性吸附，它是指在有常量（或大量）浓度的碱土金属或碱金属阳离子存在时，矿物质对痕量浓度（二者浓度一般相差3～4个数量级）的重金属离子的吸附作用。这些重金属离子被表面层矿物吸附后，通常不能被一般的阳离子所交换，只能被亲和力更强的金属离子交换（或部分交换）或在酸性条件下解吸。二价过渡金属离子是矿物质选择吸附的典型阳离子。

二、比表面能与表面功测定

1. 储层比表面能

表面层分子与其内部分子所处的状态不同。在水相内部，分子周围受到同类分子的作用力在各个方向对称相等，如图4-1-1所示分子b由于同时受到同类分子的作用力，其分子力场处于相对平衡状态。而在两相的表面层上，分子所受周围分子的作用力在各个方向并不完全对称相等，表面分子a下方受到液体（水分子）的作用，上方受到空气分子的作用，由于水分子力远远大于空气分子的引力，因此表面层分子a所受合力的方向指向水相内部并与表面垂直，因而分子a有向水相内部运动的趋势，即水相表面有自动缩小的趋势。

表面层分子力场的不平衡使表面层分子储存了剩余能量，这种能量称为表面能，具有如下性质：

（1）只有存在不互溶的两相时表面（或界面）自由能才存在（油水、气水、气固等）。完全互溶的两相（例如，酒精和水、煤油和原油）不存在表面，因此也就不存在表面自由能。

（2）表面越大，表面自由能也越大。根据热力学第二定律，任何自由能都有趋于最小的趋势。通常等体积物体以球体表面积最小，表面能也最

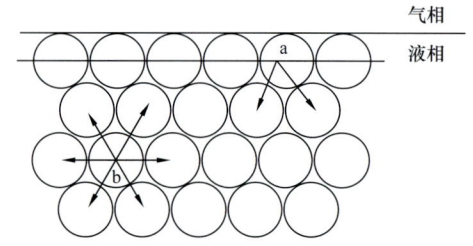

图4-1-1 水相内及表面层分子力场示意图

小，比如水银滴掉在桌面上变成球形，而不是其他形状，以使表面自由能最小。

（3）表面或界面是具有一定厚度的层。这个层的结构和性质与每一相的性质都不同，是一个逐渐过渡的分子层，每个分子都具有表面自由能，只是大小不同而已。

（4）两相之间表面能大小与两相分子性质有关系。两相分子的极性相差越大，表面能越大，如油水两相。

（5）表面能还与两相的相态相关。一般来说，固—液之间的表面能大于气—液之间的表面能，而气—液之间的表面能大于液—液之间的表面能。

（6）油气藏中油—气—水三相（或两相）与固相（表面层、骨架矿物）之间的表面能要比单一两相复杂得多。

比表面能是单位表面积的表面能，以 J/m² 为单位，工程上常用 mN/m。从量纲上看，比表面能等于单位长度上的力，所以习惯上把比表面能称为表面张力。

比表面能可由式（4-1-1）表示：

$$\sigma = \left(\frac{\partial U}{\partial A}\right)_{Tpn} \quad (4-1-1)$$

式中，∂U 为体系的表面能增量，N·m；∂A 为增加的表面积，m²；T 为体系的温度；p 为体系的压力；n 为体系的组成；σ 为比表面能，N/m。

2. 表面功测定

M.Carta 等用能带结构理论研究了矿物的浮选，认为矿物表面捕收剂的吸附与费米能级的位置有关系，费米能级的位置决定了吸附剂和被吸附物之间交换的本质，进而揭示了化学吸附的本质。

对纯净的重晶石、方解石及萤石矿物进行测定表明，矿物表面功函数、药剂吸附量及可浮性之间有明显的相互关系，即矿物随着表面功函数的增加及费米能级的降低，捕收剂在矿物表面上的吸附量增加。

不同类型的油藏表面功与表面层矿物类型和含量有关，差别较大，但是同一油藏内部不同样品测定的表面功差别较小（表 4-1-2）。

表 4-1-2　准噶尔盆地西北缘七东区克下组砾岩表面功测定结果统计

序号	样品编号	表面功（J/m²）
1	2–16/17	5.17
1	1–16/17	5.11
2	3–4/23	5.18
2	7–19/24	5.19
3	16–26/31	5.07

续表

序号	样品编号	表面功（J/m²）
4	9–11/18	4.79
	9–9/18	5.18
5	15–1/24	5.16
	15–3/24	5.13
6	00–168	5.18

根据 M.Carta 对矿物浮选的研究，矿物表面功函数与吸附能力呈正相关，即表面功函数越大，吸附能力越强。

表面功函数与比表面积呈正相关（图 4–1–2），随着比表面积增大，表面功函数增加，矿物吸附能力增强。

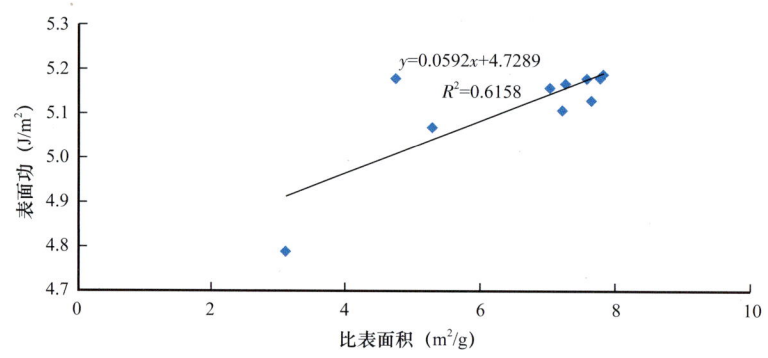

图 4–1–2　比表面积与表面功的关系图版

三、固—液吸附机理

固体从溶液中吸附溶质或某个组分是一种常见的现象。在工业过程和许多生物物理现象中十分重要，如吸附脱色、色谱分离、土壤现象、生物膜、脂质体以及纤维蛋白的吸附等。油气藏是油、气、水、无机盐、有机物与岩石经过几千万年（甚至几亿年）相互作用下物理平衡和化学平衡的结果。

如前所述，由于表面层矿物的离子交换作用，固体表面具有过剩的自由能，油藏中固液共存时，储层表面层固体会吸附溶液中某些组分（尤其是三次采油中注入的聚合物、表面活性剂、碱等），这种吸附较固—气吸附复杂得多。因为固—液吸附中至少存在三种相互作用，即固体—溶质、固体—溶剂、溶质—溶剂相互作用。哪种组分易于吸附，取决于上述三种相互作用的相对强弱[65]。

1. 固—液表面物理吸附

固—液表面上的吸附基本上都是物理吸附（如表面层矿物对原油的吸附），即吸附是可逆的。因此，当固体—溶质相互作用（如矿物与表面活性剂、碱）比固体—溶剂相互作用（如矿物与水）强时，溶质（如表面活性剂、碱）被吸附，非极性吸附剂（如沸石类矿物）总是易于从极性溶剂中优先吸附非极性组分（如表面活性剂）；而极性吸附剂（如蒙皂石）总是易于从非极性溶剂中优先吸附极性组分（油层中的少量水），表现为水湿性。前者如炭自水溶液中吸附脂肪酸（图 4-1-3），后者如硅胶自甲苯中吸附脂肪酸（图 4-1-4）。两者皆反映出对同系物的吸附量随碳链增长而有规律地变化。图 4-1-3 显示非极性炭对溶液中脂肪酸的吸附量随脂肪酸链长的增加而增加（Truabe 规则），图 4-1-4 中的规律则相反（反 Truabe 规则）。

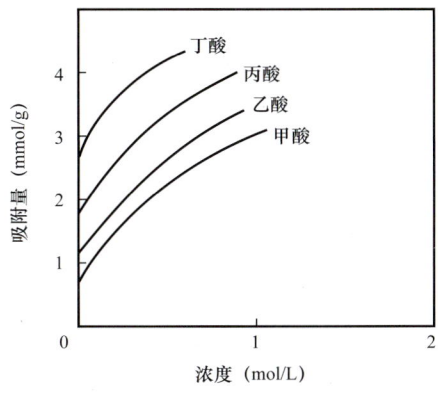
图 4-1-3　炭自水溶液中脂肪酸吸附曲线

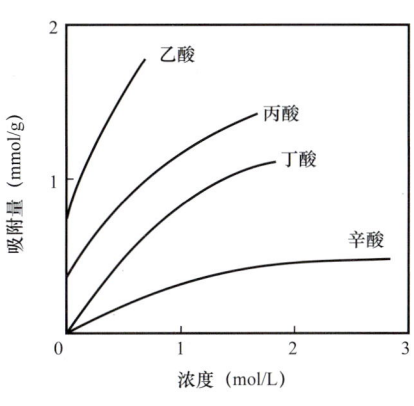
图 4-1-4　硅胶自甲苯中脂肪酸吸附曲线

溶质—溶剂相互作用强弱亦影响固—液吸附。例如，同一溶质溶于不同的溶剂，则其溶解度越小，越易被固体吸附，即所谓的溶解度规则。上述 Truabe 规则和反 Truabe 规则也可用溶解度规则来解释。

对于二元溶液混合物的吸附，还可从表面张力大小来考虑。事实上，固—液表面张力越大的物质越易在表面吸附。例如，硅胶对甲苯—苯、苯—氯苯、甲苯—氯苯、甲苯—溴苯和氯苯—溴苯 5 个二元体系的优先吸附次序为：苯＞甲苯＞氯苯＞溴苯。此顺序即为其与硅胶间表面张力的反顺序。

2. 固—液表面化学吸附

除了上述的一般物理吸附外，固—液吸附中也存在一些化学作用，具体表现在以下几个方面。

（1）离子交换吸附：电解质中的离子被离子交换剂中的离子所交换（图 4-1-5）。例如，某阳离子交换剂 ReNa 吸附溶液中 H^+ 时的交换反应为：

$$ReNa + H^+ \longrightarrow ReH + Na^+$$

（2）晶体离子对电解质离子的选择性吸附（亦称离子对吸附）：一些带电晶体将优先吸附电解质溶液中带相反电荷的离子组分（图 4-1-6）。

（3）氢键吸附：固体表面的极性基团与被吸附组分形成氢键。

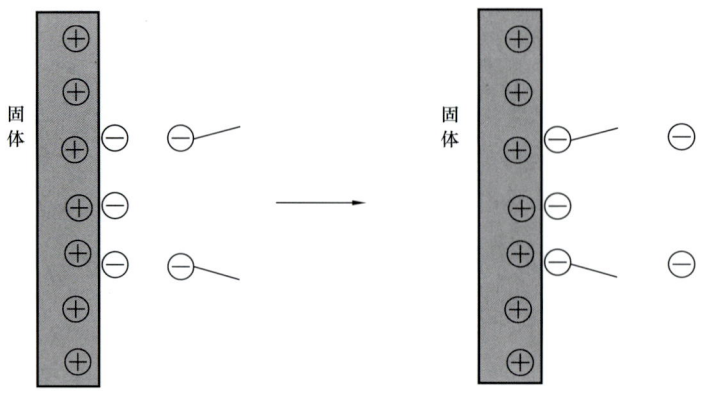

图 4-1-5　离子交换吸附示意图

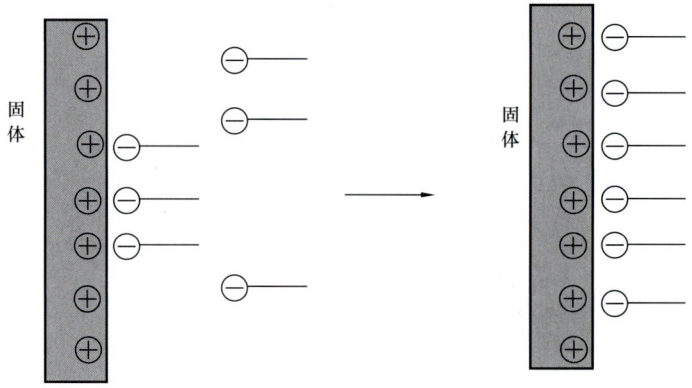

图 4-1-6　离子对吸附示意图

（4）电子极化吸附：含有负电子的芳香核物质易与吸附剂表面的强正电性位置相互吸引而发生吸附。

3. 固—液吸附影响因素

影响固—液吸附的因素有很多，如温度、溶质和溶剂性质、吸附剂的表面状态和孔隙结构等。油气储层对表面活性剂的吸附除了上述因素外，还受表面活性剂结构的影响，如亲水基种类（阳离子型、阴离子型、两性离子型、非离子型）、碳氢链长、聚氧乙烯链长以及地层水类型、矿化度等。上述仅罗列出了物理化学中常见固—液作用现象，油气藏开采中驱油用化学剂等外来流体与岩石的相互作用要比这些复杂得多，目前还处于初步认识阶段。随着今后人们对固—液相互作用机理认识程度的提高，其对采收率机理的影响将会越来越明晰[66]。

四、表面层对金属离子的吸附性

沸石类及黏土矿物的吸附性在很多领域受到广泛关注，特别是对于富含重金属离子水体的净化和处理。矿物吸附剂对重金属离子具有一定的选择性，与吸附剂结构（硅氧四面体与铝氧八面体组合）、水铝硅酸盐结构（链状、岛状、层状、架状）、官能团、络阴离子团、层电荷的分布及金属离子在水溶液中的水化热、电价和离子半径等因素有关。

目前，有关油气藏储层中表面层对金属阳离子的吸附研究的较少，这里简单罗列了一些物理化学中常见的黏土矿物对重金属离子的吸附特性。一般情况下，蒙皂石、高岭石和伊利石对常见的重金属（如 Cu^{2+}、Pb^{2+}、Zn^{2+}、Cd^{2+} 和 Cr^{3+} 等）的选择性吸附性能强弱依次为：

蒙皂石，$Cr^{3+}>Cu^{2+}>Zn^{2+}>Cd^{2+}>Pb^{2+}$；高岭石，$Cr^{3+}>Pb^{2+}>Zn^{2+}>Cu^{2+}>Cd^{2+}$；伊利石，$Cr^{3+}>Zn^{2+}>Cd^{2+}>Cu^{2+}>Pb^{2+}$。

水体中重金属一般以水合金属离子、络合物及金属有机化合物等不同形态存在，更加促进了吸附剂的选择性吸附。

影响黏土矿物吸附重金属离子的因素有很多，包括吸附时间、吸附温度、重金属离子的浓度、pH 值和吸附剂对重金属离子的选择性等。

黏土矿物吸附重金属的两种机理都随 pH 值的变化而变化，因此 pH 值是影响黏土矿物吸附重金属的一个主要因素。国内外一些研究表明，只有在适宜的 pH 值下，才最有利于吸附，pH 值比较低时，因为 H^+ 与重金属离子的竞争吸附作用而不利于重金属吸附；随着 pH 值升高，黏土矿物吸附重金属的能力也随之增加。但 pH 值过高，达到重金属离子的 K_{sp} 值（金属离子在黏土矿物中的吸附平衡值）后，则难以达到吸附去除作用。

吸附时间是影响重金属吸附率的最主要因素。一般而言，在开始吸附时，随着吸附时间的延长，吸附率会随之增加，但当黏土矿物的吸附达到饱和时（吸附平衡），时间再增加，吸附率也不会再增加了。

五、表面层对有机质的吸附性

如前所述，沸石类和黏土矿物类表面可以吸附阳离子，以平衡其晶体内部由于不等价交换和侧面断键引起的电荷不平衡。同理，表面层矿物阳离子交换点也可吸附有机质达到晶体内部电荷平衡。被吸附的有机质与沸石和黏土矿物结合组成一种有机黏土矿物复合体（图 4-1-7），这种有机黏土矿物复合体（油基钻井液、微乳液、乳化剂、减阻剂等）有许多新的性质，在油层保护中有着重要的意义[67]。

不同类型的沸石和黏土矿物，由于阳离子交换能力不同，对有机质的吸附能力也不同，一般顺序是蒙皂石＞伊利石＞绿泥石＞高岭石。有机质在各种黏土矿物中的结合状态和分布特征与黏土矿物阳离子交换点的分布特征有密切关系。高岭石、伊利石和绿泥石的阳离子交换点主要分布在晶体表面和边缘破键位置，吸附的有机质主要覆盖黏土矿物的表面位置；而蒙皂石除表面位置外，更多的（约 80%）有机质主要吸附在层间，形成不同形式的定向排列。

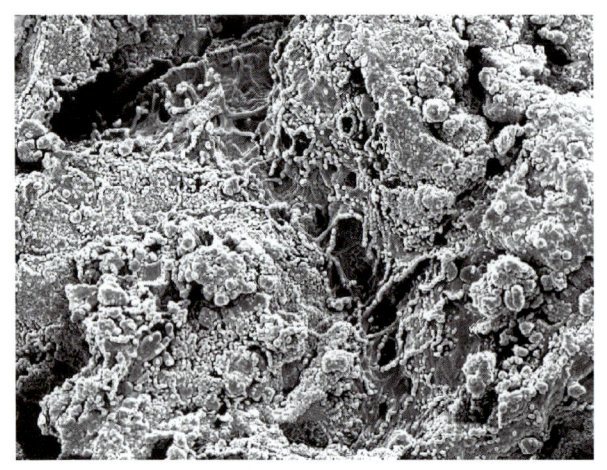
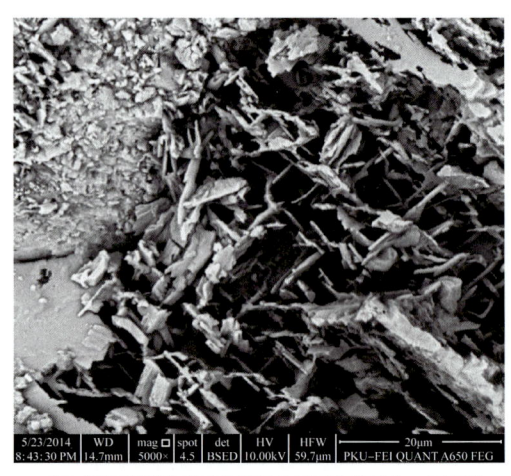

(a) 海塔盆地苏德尔特油田贝13井铜钵庙组骨架颗粒表面结构特征　　(b) 鄂尔多斯盆地马岭油田北三区侏罗系中—细砂岩表面层内部微纳米级孔隙发育特征

图 4-1-7　扫描电镜下观察黏土矿物对有机质的吸附

被吸附的有机质在黏土矿物中的分布特征和结合方式与有机质本身的性质有很大关系。某些有机阴离子（如单宁盐）是通过其中阴离子与黏土矿物颗粒边缘暴露的八面体中 Al^{3+} 的络合作用而吸附在黏土矿物颗粒的边缘，这时黏土矿物的晶面基距不变；而有些有机阳离子，如胺盐（R_3NHCl）、季铵盐（R_4NCl）或季铵碱（R_4NOH）吸附在黏土矿物的负电性平面的表面上，这些有机阳离子可取代黏土矿物的层间交换性阳离子，因此黏土矿物吸附这些有机阳离子后，其晶面基距增大。另外，许多偶极性有机化合物特征与水相似，可以吸附在黏土矿物的层间，也可以吸附在颗粒边缘的破键上（如醇类、胺类等）。

黏土矿物表面吸附了有机铵盐类的阳离子表面活性剂后，可取代黏土矿物表面的阳离子，这类表面活性剂在黏土矿物上的吸附能力很强，不仅可以阻止其他离子的交换作用，而且在黏土矿物表面形成一层涂膜，使亲水性黏土矿物变为亲油性，水分子难以进入黏土矿物晶层，从而阻止了黏土矿物水化。

在亲油性地层中，可以用黏土矿物吸附阳离子型表面活性剂（如1631、1227等），使地层变为亲水性，防止酸化后黏土矿物絮凝，促使絮凝黏土矿物分散，增加地层的渗透率。又如，钻井液中加入质量浓度为千分之几的单宁酸盐有机阴离子，通过它与黏土矿物颗粒表面 Al^{3+} 的破键络合，使黏土矿物的电荷符号反转，形成负电荷双电层，使黏土矿物的边—面和边—边缔合作用受阻，促进了黏土矿物悬浮体的胶溶。

黏土矿物对有机质的吸附也可能对油层造成各种伤害。特别是在化学驱油过程中，驱油效率的高低在很大程度上取决于化学驱油剂的稳定性，而这些驱油剂注入地层后，由于黏土矿物对注入化学剂的选择性吸附和离子交换作用的影响，改变了原来精心设计的化学剂配方，这不仅会降低预期的设计效果，而且会造成地层伤害。例如，常常碰到注入的石油磺酸钠与地层黏土矿物可交换的多价金属阳离子及地层中的多价阳离子相互作用而产生沉淀现象，不仅损耗了驱油剂，改变了原有的配方性能，影响驱油效果，而且这种沉淀还严重堵塞喉道，给油层带来伤害。

有些化学驱油方法（如表面活性剂—聚合物驱油）从试验结果看，虽然不少试验在技术上是可行的，但是由于这些驱油剂都比较昂贵（约占总成本的40%），而且注入地层后，由于黏土矿物对驱油剂的强力吸附，造成大量驱油剂损耗，不仅影响了驱油效果，而且大大增加了驱油成本，影响经济效益。

总之，黏土矿物对有机质有着极强的选择性和吸附能力，吸附以后有许多特殊的理化性质。这些性质有些已被人们广泛应用，有些是必须在工作中加强研究和加以克服的，特别是在三次采油过程中，如何克服黏土矿物对化学剂的吸附而带来的负面影响，是试验能否成功的关键。

六、储层表面吸附力类型

吸附现象发生于物质的两相表面。储层岩石内存在多种表面，且表面积极大，因此油层内广泛存在吸附现象。

根据吸附分子与固体表面原子结合力的性质，吸附作用可分为物理吸附和化学吸附两类，而且它们既可能发生在静态条件下，也可能发生在动态条件下。

在物理吸附中，吸附物质分子仅是通过范德华力吸附在表面上，同时伴随着解吸现象，开始时吸附速率大大超过解吸速率，但两个速率的差别会逐渐减小，直至两个速率相等形成吸附平衡，吸附物质分子在吸附剂表面形成吸附层。

在化学吸附中，吸附物质分子与吸附剂发生化学作用，生成表面层新物质，通过共价键力实现键合。在多数情况下，吸附过程中同时伴随着物理吸附和化学吸附，是范德华力、离子键、氢键和静电等多种力联合作用的结果。

极性化合物产生吸附作用的机理有以下几种：（1）非烃分子和矿物表面的氢键；（2）偶极—偶极作用（范德华力）；（3）芳香环和黏土矿物交换阳离子以及和黏土矿物晶格中的表层阳离子之间的电子作用；（4）配位作用，分子中的含氮、硫、氧极性官能团与金属离子形成配位键；（5）离子交换，如果一个分子含有一个带正电的碱性官能团（即一个H^+与—N≡结合），该分子即可与黏土矿物表面交换正离子。

综上所述，吸附剂（沸石类、黏土矿物类）对液体中金属离子的吸附可分为物理吸附和化学吸附。物理吸附过程是放热过程，降温有利于吸附，升温有利于解吸。化学吸附是在化学键力或氢键力的作用下进行的，其吸附过程是吸热过程，与物理吸附过程相反，升温有利于吸附。物理吸附和化学吸附往往共存于同一吸附过程中，所以选择合适的温度对吸附具有重要影响。

发生在地下油气藏中的物理吸附主要是表面层较大的比表面和微纳米级孔喉对原油和水的束缚，形成黏土矿物内部晶间孔束缚油和束缚水以及孔喉壁表面处于半束缚状态的油膜。矿物岩石对表面活性剂的吸附是多层吸附，将造成岩石润湿性的改变、固—液界面表面能降低等影响。

从图 4-1-8 和对应的能谱点元素百分比（表 4-1-3）可以看出，能谱点① 位于高岭石大孔隙内，孔隙直径在 10μm 左右，能谱点② 位于颗粒表面绿泥石胶结孔隙内，孔隙直径在 0.5μm 左右，根据两点元素百分比，判断点① 处有束缚油存在，点② 处有束缚水存在。

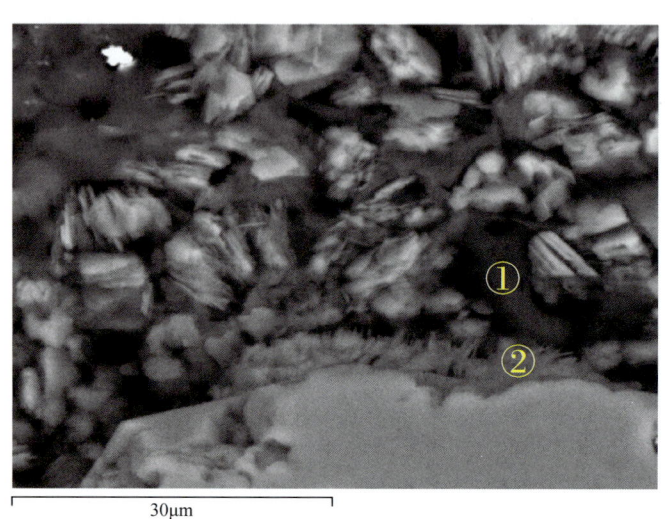

图 4-1-8　鄂尔多斯盆地靖安油田杨检 37-121 井延 9 油层扫描电镜下能谱打点观察油膜与水膜分布

表 4-1-3　图 4-1-8 中能谱点元素百分比测定结果

元素类型	元素百分比（%）	
	能谱点①	能谱点②
C	58.57	23.50
N	11.17	
O	27.85	64.08
Al	1.31	5.82
Si	1.09	6.60
流体类型	束缚油	束缚水

从图 4-1-9 和对应的能谱点元素百分比（表 4-1-4）可以看出，矿物生长外部空间大，结晶程度高，晶间孔为微米级，主要是难流动的可动油和束缚油分布区域，油膜吸附在伊利石圈层结构的外表面，内部受空间限制，结晶小，发育纳米级晶间孔，主要是水膜的分布区域。

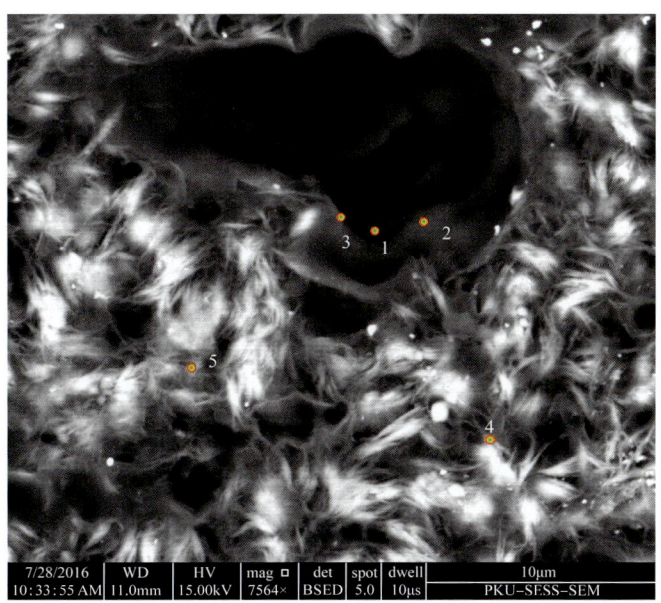

图 4-1-9　鄂尔多斯盆地长 6 油层显微镜下观察到的附着在黏土矿物表面的油膜

表 4-1-4　图 4-1-9 中能谱点元素百分比测定

元素	元素百分比（%）				
	1 点	2 点	3 点	4 点	5 点
C	77.48	74.01	82.11	24.13	30.66
O	22.11	23.44	16.72	56.05	51.36
Al	0.14	0.98	0.46	7.56	6.42
Si	0.17	1.29	0.52	10.34	9.35
Mg					0.31
Cl	0.09		0.07		
K	0.08	0.28	0.11	1.92	1.90
综合解释	指示原油成分	指示原油成分	指示原油成分	指示原油成分	指示原油成分

第二节　固—液表（界）面张力及其润湿性

一、高能表面与低能表面

固体表面张力测定一般比较困难，通常将固体表面分成高能表面和低能表面两大类。熔点高、硬度大的金属和金属氧化物与硫化物以及无机盐等离子型固体，其比表面能通常比一般液体高得多,达几百毫焦/米²至几千毫焦/米²,属于高能表面,能被一般液体所润湿;而固体有机物,如碳氢化合物、碳氟化合物以及聚合物等的表面能与一般的液体相当,属于低能表面,能否被液体润湿取决于固—液两相的成分和性质。

高能表面通常能被一般的液体所铺展。例如,水、煤油等液体能在干净的金属、玻璃表面上完全铺展。但有些液体表(界)面张力并不高,在高能表面上却不能铺展。究其原因,是液体在高能表面上发生吸附,改变了固体表面的原有性质。由于吸附作用,液体分子在固体表面形成定向排列的吸附层,液体分子以碳氢链朝向固体表面,使原来的高能表面变成了低能表面,以致吸附液体本身也不能在其上铺展,这种现象称固体表面为高能表面上的自憎。

二、固—液表(界)面张力

低能表面润湿性研究表明,液体在低能表面上的接触角在很大程度上取决于液体的表面张力 γ_{lg}(图 4-2-1)。

对给定的固体表面和一系列相关液体(如正构烷烃、硅烷或二烷基醚类),$\cos\theta$ 与液体的表(界)面张力 γ_{lg} 呈线性关系。对于表(界)面张力范围更大的不相关液体,直线扩展成一个带;对于高表(界)面张力的极性液体,关系带趋向于弯曲,如图 4-2-1 所示。图中直线与 $\cos\theta=1$ 轴的交点所对应的表面张力 γ_c 称为润湿的临界表面张力。它表示当 $\gamma_{lg}<\gamma_c$ 时,液体就能铺展;当 $\gamma_{lg}>\gamma_c$ 时,液体不能铺展,将有一个非零接触角。显然某固体的 γ_c 越小,能在此固体表面上铺展的液体就越少,此固体的润湿性就越差。一些低能表面的 γ_c 值见表 4-2-1。

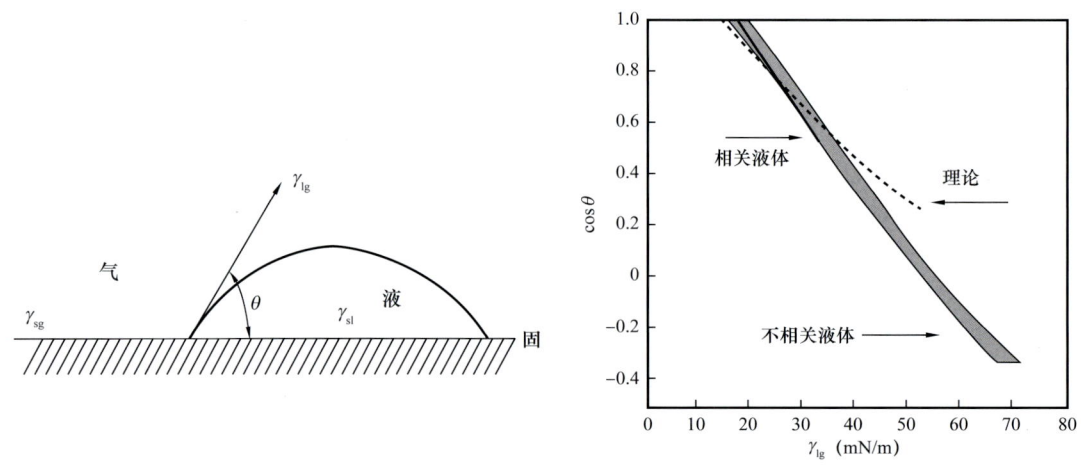

图 4-2-1 低能表面上 $\cos\theta$ 与液体表面张力的关系(气相为空气+蒸汽)

对固体表面 γ_c 的研究表明,固体表面的润湿性主要取决于表面层原子或原子团的性质及其排列情况,与固体内部性质无关。例如,玻璃或金属表面虽是高能表面,但若吸附一层表面活性剂单分子层,其中表面活性剂分子以碳氢链朝向空气定向排列,就会变成低能表面。另外,对于高分子或聚合物,当碳氢链中加入其他杂原子时,润湿性明显改变。不同元素增加聚合物润湿性的能力顺序如下:

$$N>O>I>Br>Cl>H>F$$

表 4-2-1 常见低能表面及单分子层的润湿临界表面张力 γ_c

固体表面	γ_c (mN/m)	固体表面	γ_c (mN/m)
高分子固体		有机固体	
聚四氟乙烯	18.0	石蜡	26.0
聚三氟乙烯	22.0	正三十六烷	22.0
聚二氟乙烯	25.0	单分子层	40.0
聚一氟乙烯	28.0	全氟月桂酸	6.0
聚三氟氯乙烯	31.0	全氟丁酸	9.2
聚乙烯	31.0	十八胺	22.0
聚苯乙烯	33.0	α-戊基豆蔻酸	26.0
聚乙烯醇	37.0	苯甲酸	53.0
聚甲基丙烯苯甲酯	39.0	α-萘甲酸	58.0
聚氯乙烯	39.0	硬脂酸	24.0
聚酯	43.0		
尼龙 66	46.0		

三、油藏流体间的表(界)面张力

油藏流体组成复杂,而且油藏中各处的温度、压力大小也不同。温度、压力条件又改变着流体的组成,这些因素决定了油层流体间表(界)面张力变化的复杂性。即使在同一个油气层,表面张力也不是定值,不同油气层之间差别则会更大。

1. 油—气表面张力的大小及变化规律

图 4-2-2 显示了几种油—气系统表面张力关系,表明了溶解气对油气体系表面张力的影响。随着压力的增加,原油—空气系统的表面张力降幅不大,这是由于氮气(空气的主要成分)在油层中的溶解度极低,因此系统的表面张力随压力变化而变化较慢。对于原油—天然气系统,天然气中甲烷以及少量的乙烷、丙烷、丁烷等使天然气在油层中的溶解度远大于氮气,故表面张力随压力增加而降低。对于原油—CO_2 系统,由于 CO_2

的饱和蒸气压很小，在原油中的溶解度大于天然气在原油中的溶解度，因此原油—CO_2 系统的表面张力随着压力增加下降很快。汽油—CO_2 系统，表面张力要比原油—CO_2 系统更低，这是因为汽油是由轻烃类组成的，比原油能够溶解更多的 CO_2。

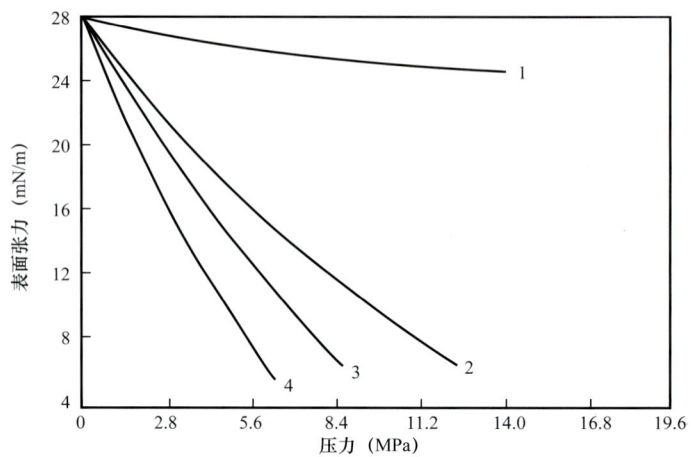

图 4-2-2　典型油—气系统表面张力随压力变化曲线

1—原油与空气；2—原油与天然气；3—原油与 CO_2；4—汽油与 CO_2

温度、压力对表面张力的影响如图 4-2-3 所示，压力和温度越高，原油—天然气系统的表面张力就越小。

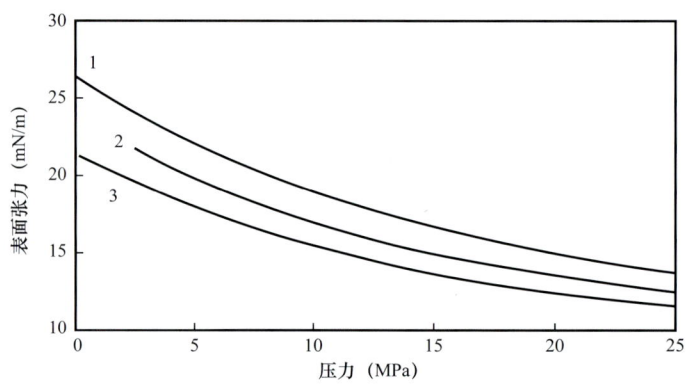

图 4-2-3　油—气两相表面张力随温度、压力变化曲线

1—20℃；2—60℃；3—80℃

总之，油气表面张力随气相在液相中溶解度的增大而降低。天然气中含重烃气体越多，原油中的溶解气量越大，当压力增加时，表面张力降幅也越大。

地下油藏原油处于高温、高压条件下，溶有大量天然气，表面张力比地面脱气原油和空气系统的表面张力小得多。同理，油藏内部不同地点的原油表面张力也有变化。

2. 油—水界面张力的大小及变化规律

苏联学者认为，对于无溶解气的油—水体系，温度和压力的改变对油—水界面张力基本无影响（图 4-2-4）。这是因为温度增加，油、水同时膨胀；而压力增大，油、水同时受压缩，油、水各自的分子热力学性质变化基本一致，使油、水间的分子力场仍可能保持不变，从而界面张力保持不变。

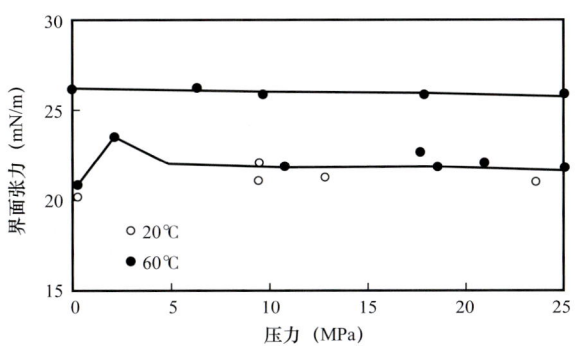

图 4-2-4　原油—水界面张力随温度和压力的变化曲线（据吉玛都金诺夫，1956）

对于有溶解气的油—水体系，溶解气量的多少，对油—水两相间的界面张力起着决定性作用。在有溶解气的条件下，油—水界面张力随压力变化的关系如图 4-2-5 所示。曲线①②③分别代表原油相对密度和溶解气量不同的 3 种情况。当压力小于饱和压力 p_b 时，压力升高，界面张力增大，这是由于当压力小于饱和压力时，气体在油中的溶解度大于在水中的溶解度，使油—水间极性差更大而引起的；当压力大于 p_b 时，随着压力增加，界面张力变化不大，因为在高于饱和压力后，增加压力不会增加气体的溶解度，而仅仅是对流体增加了压缩作用。

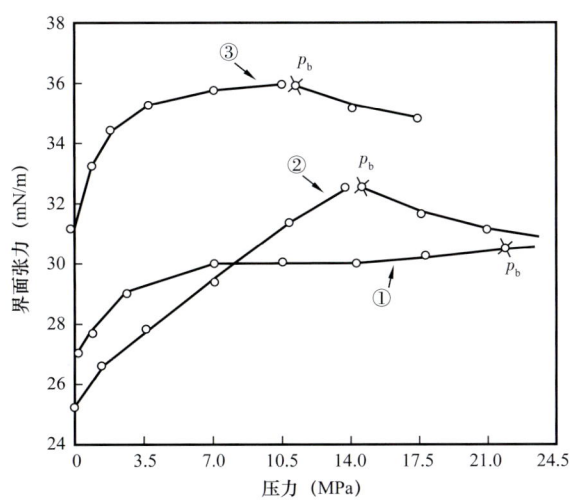

图 4-2-5　油—水界面张力随压力变化曲线（据 Gartminn，1976）
①②③为 3 种不同测试溶解气量的原油

油—水体系的界面张力随着原油组成的不同而不同，当原油中轻烃含量较高时，原油密度低、黏度小，导致油—水间的分子力场变化，油—水界面张力减小。

无论油—水系统中有无溶解气，体系界面张力都会随着温度升高而降低，因为温度增加，分子运动加剧，油—水界面上分子力场减小，导致界面张力降低。

3. 气—液表面张力影响因素

温度和压力的变化直接影响分子间距离，因而分子间的作用力也随之变化，使表面层内分子的力场受到影响，表面张力发生变化。

对于气液两相来说，随着温度和压力的增加，表面张力减小。因为当温度升高时，一方面增大了液体分子间距离，分子间引力减小；另一方面液体蒸发，使液体与蒸气间分子的力场差异变小，从而降低了表面张力。升高压力将增加气体在液体中的溶解度，液体密度减少；气体受压密度增加，两相密度差减小，从而导致两相分子间差异变小，分子力场不平衡减弱，最终表现为表面张力降低。

四、表面活性剂吸附对固—液表面张力的改变

接触角主要取决于气、液、固三相间的表（界）面张力相对大小，而表面活性剂在气—液面的吸附将大大改变表面张力，影响接触角。因此，三次采油中追求表面活性剂降低油—水界面张力是主要任务之一，同时提高表面活性剂溶液与储层表面层矿物之间的液—固界面张力，避免吸附在固体颗粒表面。

表（界）面张力随表面活性剂浓度的变化可用 Gibbs 公式表示：

$$(d\gamma/d\ln c)_{T,p} = -RT\Gamma \quad (4-2-1)$$

式中，Γ 为吸附量（Gibbs 相对过剩）。

广义的润湿是指固体表面上一种流体被另一种流体取代的过程。后者通常是液体（例如水），而前者多为气体或与后者不相溶的另一种液体（例如油）。在讨论表面活性剂的影响时，考虑广义的润湿，为此指定与固体接触的新流体为流体 1，固体表面上的原有流体为流体 2，仍以 s 代表固体。这样，式（4-2-1）可写成：

$$\cos\theta = (\gamma_{s2} - \gamma_{s1})/\gamma_{12} \quad (4-2-2)$$

式中，当流体 1 为液体、流体 2 为气体时，式（4-2-2）即还原为式（4-2-1）。

分析式（4-2-2）可得，如果加入表面活性剂使 γ_{s1} 和 γ_{12} 减小，而 γ_{s2} 基本不变，则 θ 将减小。通常流体 2 为气体，γ_{s2} 很大，因此 θ 的减小十分显著。当表面活性剂吸附在 s2 表面，使 γ_{s2} 减小时，θ 将增大。例如当流体 2 为液体时，加入适当的表面活性剂就可吸附在 s2 表面，或将不溶单层从 12 表面转移到 s2 表面，都将导致后一种情况。将 Gibbs 公式和 Young 方程相结合，可以考察表面活性剂的吸附量对 θ 的影响。将 Young 方程微分得到：

$$d(\gamma_{12}\cos\theta)/d\ln c = d\gamma_{s2}/d\ln c - d\gamma_{s1}/d\ln c \quad (4-2-3)$$

代入式（4-2-2）得到：

$$\gamma_{12}\sin\theta\,(\mathrm{d}\theta/\mathrm{d}\ln c) = RT\,(\varGamma_{s2}-\varGamma_{s1}-\varGamma_{12}\cos\theta) \qquad (4\text{-}2\text{-}4)$$

因为 $\gamma_{12}\sin\theta$ 总是大于零，所以 $\mathrm{d}\theta/\mathrm{d}\ln c$ 的正负号就取决于式（4-2-4）右边括号中的正负号，于是有下列 3 种情况：

（1） $\varGamma_{s2}<\varGamma_{s1}+\varGamma_{12}\cos\theta$，$\mathrm{d}\theta/\mathrm{d}\ln c<0$。

（2） $\varGamma_{s2}=\varGamma_{s1}+\varGamma_{12}\cos\theta$，$\mathrm{d}\theta/\mathrm{d}\ln c=0$。

（3） $\varGamma_{s2}>\varGamma_{s1}+\varGamma_{12}\cos\theta$，$\mathrm{d}\theta/\mathrm{d}\ln c>0$。

第一种情况是表面活性剂的加入将促进润湿；而第三种情况则相反，即表面活性剂的加入将导致润湿性下降。实际过程中这两种情况都可能发生，不仅取决于表面的性质，还与表面活性剂的浓度有关，但通常可能是第一种情况占主导地位。一般对于非极性的低能表面，以第一种和第二种情况为主；而对于极性表面，通常观察到第三种情况。

值得注意的是，并非所有的表面活性剂都能吸附在上述两相物质表面。比如高分子通常只吸附在固—液表面，而油溶性表面活性剂吸附在油—水和固—水表面，在油—空气表面上则几乎不吸附。

五、润湿性

1. 润湿性概念

润湿性是指液体在表面张力的作用下在固体表面流散的现象。将液体滴在玻璃板上，如果液滴（例如水滴）在玻璃板上迅速铺开，说明液体润湿固体表面；如果液滴不散开（例如水银），则说明液体不润湿固体表面。

岩石的润湿性反映了固体表面对液体的亲和或憎离特性。固体表面附近的液体分子所受的分子间力与相内的液体分子不同，其分子间作用力取决于固体和液体的性质。固体和液体之间的力主要包括范德华力、静电力和结构力等。润湿性就是分子间作用力的结果。

润湿性会对不相溶流体的分布状态和渗流特征产生重要影响，因此润湿性在原油开采过程起着决定性的作用。若岩石表面亲油，则水不易将原油从岩石表面上驱离；若岩石表面亲水，注入水能够自发地将原油从岩石表面上剥离。因此，油气藏中储层润湿性对原油赋存状态、渗流特征、采收率等有着重要影响，尤其是低渗透、特低渗透和致密油藏岩石的润湿性对开发效果的影响显得格外重要[68]。

在讨论润湿现象时，总是指固—液—气（或另一种液体）三相体系，某种液体润湿固体与否，总是相对于另一相气体（或液体）而言的。如果某一相液体能润湿固相，则另一相不润湿固相。

2. 岩石润湿性表征

岩石的润湿程度用接触角或附着功等表征。

1）接触角（或润湿角）

通过液—液—固（或气—液—固）三相交点作液—液（或液—气）表面的切线，切线与固—液表面之间的夹角就是接触角，用 θ 表示，并规定 θ 从极性大的液体一面算起。

油—水—岩石系统的润湿性分为以下几种情况：

（1）当 $\theta<90°$ 时，水可润湿岩石，岩石亲水或称水湿。

（2）当 $\theta=90°$ 时，油、水润湿岩石的能力相当，岩石既不亲水也不亲油，即为中性润湿。

（3）当 $\theta>90°$ 时，油可以润湿岩石，岩石亲油性好或称油湿。

2）附着功（或黏附功）

衡量岩石润湿性大小的另一个指标是附着功或黏附功，是指在非润湿相流体（如气相）中将单位面积的湿相从固体表面拉开所做的功。

接触角与附着功具有如下关系式：

$$W = \sigma(1+\cos\theta) \qquad (4-2-5)$$

由式（4-2-5）可以看出，θ 角越小，附着功 W 越大，即湿相流体对固体的润湿程度越好；反之亦然。因此，可以用附着功判断岩石润湿性。对于油、水、岩石三相体系，当附着功大于油—水表面张力时，岩石亲水；当附着功小于油—水表面张力时，岩石亲油；当附着功等于油—水表面张力时，岩石为中性润湿。

3. 岩石润湿性的影响因素

影响岩石润湿性及程度大小的因素有很多，与原油性质和组分、地层水性质、pH 值、岩石的矿物组成及性质、环境条件（温度、压力、氧化还原环境等）等有关。只有在特定条件下，才有特定润湿性，只要上述因素有变化，润湿性就随之变化。

1）岩石骨架矿物成分

油藏岩石主要是碎屑岩和碳酸盐岩。前者是由不同性质和不同晶体结构的硅酸盐矿物组成，后者主要是方解石和白云石。由于砂岩表面层通常带有负电荷，容易吸附原油中的碱性组分；而碳酸盐岩表面通常带有弱的正电荷，因此更容易吸附原油中的酸性组分。小分子极性物质在岩石表面的吸附为胶质及沥青质吸附提供了一个"铆"的作用，使岩石表面的亲油性更强。碎屑岩储层岩石的润湿性主要受表面层矿物性质的影响，与长石、石英、岩屑等骨架矿物性质关系不大。

2）表面层矿物

碎屑岩储层中水铝硅酸盐表面层胶体矿物容易吸附油、气、水等，如蒙皂石（或伊利石）有较强的离子交换能力，大量吸附水附着在颗粒表面，使之具有亲水或弱亲水特性；而高岭石等离子交换能力较差的矿物，容易在表面形成油膜，使之具有亲油或弱亲油特性。

高岭石是一种 1∶1 型片状结构，一面为（OH）层，一面为（O）层。（OH）层具有很强的极性，片与片之间易形成氢键，引力强，晶间距仅 0.72nm，晶格中几乎没有离子交换能力，水分不易进入，因而这种黏土矿物比较稳定，但因其晶间结构较松易被流体冲刷而随流体移动。

伊利石在相邻的两结构单位之间夹有层间阳离子，通常是 K^+，有时也有 Na^+、Ca^{2+}。这些阳离子用来补偿四面体中 Si^{4+} 被 Al^{3+} 置换后所引起的正电荷亏损。伊利石的晶间距为 1.0nm，由于晶体内的离子交换而吸引负电荷，使伊利石富含水，故具有弱亲水特性。伊利石离子交换能力要比蒙皂石弱。

蒙皂石黏土矿物 $[(Al_2Mg_2)(Si_4O_{10})(OH)_2 \cdot nH_2O]$，为 2∶1 型结构，具有强膨胀性的含水铝硅酸盐。其结构也是由两片（Si，Al）—O 四面体片，中间夹一片 Al（Mg，Fe）—（O，OH）八面体片组成。这种晶体每一单元层两面都是氧原子，层与层之间靠较弱的层间吸引力连接，故遇水易分散。同时吸附可交换的阳离子（如 Na^+、Ca^{2+} 等），用以平衡置换引起的正电荷亏损，蒙皂石的晶间距较大，为 1.4nm。

由于高岭石、伊利石、蒙皂石、伊/蒙混层、绿泥石、绿/蒙混层、浊沸石等矿物在晶体结构上明显不同，离子交换作用差异大，尤其是含结晶水多少不同，水湿性表现出明显不同，可见表面层矿物类型及绝对含量的多少决定了岩石的整体润湿性。含结晶水、结构水、层间水、沸石水越多的矿物，水湿性越强。

3）原油组分

大部分油层润湿性由于极性化合物的吸附作用和（或）原油中有机物质的沉淀而改变，油层润湿性在很大程度上取决于表面层矿物对原油组分的吸附[69]。原油中极性组分和两亲物质包括胶质、沥青质以及含 O、N、S 等杂原子分子。该极性组分和两亲物质通过氢键、静电引力、范德华力、配位作用、酸碱相互作用等方式吸附或沉积在岩石表面，使油藏岩石的润湿性由亲水向亲油方向转变，其中沥青质的吸附和沉积是导致岩石润湿性发生改变的主要原因之一。

4）地层水

（1）表面水膜的影响：地层在沉积成岩过程中，岩石孔隙始终被水饱和，岩石表面附着一层水膜，水膜会降低但不会完全阻止极性物质的吸附，因此水膜可以影响油藏原始润湿性。在有水膜存在的情况下，如果岩石—水表面与水—油表面所带电荷相反，则表面水膜不稳定且会破裂；如果两个表面带有相同电荷，静电斥力会提高表面水膜的稳定性，阻止极性物质在岩石表面的吸附，保持岩石表面的亲水性。

（2）地层水中的离子：地层水中的二价阳离子可以屏蔽原油和岩石之间的酸碱相互作用，也可在原油极性组分与岩石表面之间形成离子桥。前一种作用可阻碍润湿性转变，后一种作用能够增强原油组分和岩石之间的相互作用强度，加快润湿性的转变，地层水中无机阴离子对润湿性改变的影响很小。

（3）pH 值：对于 SiO_2，当 pH 值大于 2~3 时，表面便会带负电荷；对于方解石，当 pH 值大于 8.0~9.5 时表面才开始带负电。地层水的 pH 值影响岩石表面电荷和油—水表面的电荷，从而影响岩石表面对极性物质的吸附。由此可见，地层水的离子类型、含量、水型、矿化度等对岩石的润湿性有一定影响。原油中表面活性组分改变油层润湿性的程度还取决于地层水的化学组成及其 pH 值大小，地层水中的多价阳离子可增强表面活性组分在岩石表面的吸附作用。

5）地层温度和压力

随着温度升高，水—油—方解石接触角变小，方解石表面变得更加亲水；而石英则相反，随温度升高，接触角增大。温度升高导致岩石表面水膜变薄，原油中的极性化合物更容易吸附于岩石表面，增加了极性化合物的吸附量。此外，温度升高时原油密度降低，沥青质和胶质相互作用减弱而分离，沥青质质点间发生非弹性碰撞，促使沥青质在岩石表面吸附，导致石英表面油湿性增强。由此可见，升高温度对水—油—石英/方解石接触角的影响并不相同。

6）岩石比表面

岩石表面粗糙不平、表面层矿物成分分布不均匀等，都会影响油藏岩石表面的润湿性。岩石表面的尖锐突出部分及棱角，对润湿性有着特别的影响。棱角对润湿周界来说，常常是难以克服的障碍，当润湿周界达到棱角时，三相周界移动阻力增大，因此在接触角测定过程中，若岩石矿物表面不平滑就不能反映岩石的真实润湿性。

综上所述，碎屑岩中表面层矿物对岩石润湿性影响较大，有些表面层矿物（如蒙皂石、沸石）会增加油藏的亲水性，而对于某些含铁的黏土矿物（如鲕状绿泥石）可以吸附原油中的极性物质，使岩石表面局部变为亲油性，从而导致油藏岩石表面润湿性不均匀，形成部分润湿性油藏。

4. 岩石润湿性对开发的影响

1）岩石润湿性决定孔道中毛细管压力的大小和方向

岩石的润湿性不同（在地层中有亲水孔道和亲油孔道），润湿接触角 θ 的大小不同，弯液面凹凸形状和方向也不同，所产生的毛细管压力方向也不同[70]。在亲水毛细管中（图 4-2-6），毛细管压力 p_c 的方向与注水驱替压差 Δp 方向一致，毛细管压力 p_c 为动力；相反，在亲油毛细管中，毛细管压力 p_c 与注水驱替压差 Δp 方向相反，毛细管压力 p_c 为阻力。流动阻力的大小直接影响油、水流动。在实际生产中，当生产压差或注水压差很小时，毛细管压力对于驱油将起着重要的作用。

2）润湿性影响地层中微粒的运移

在油田开发初期，地层中油相渗透率一般较高，以束缚水状态存在的水相不流动。

这时，亲水微粒可在束缚水膜的保护下不参与油的流动，整个地层中没有微粒运移。

油层一旦注水，水驱油时，油、水可同时流动，这时在束缚水膜保护下的微粒也开始随水流动。油、水同时流动时，亲水微粒一般不会在孔隙窄口处形成桥堵而随水流走。

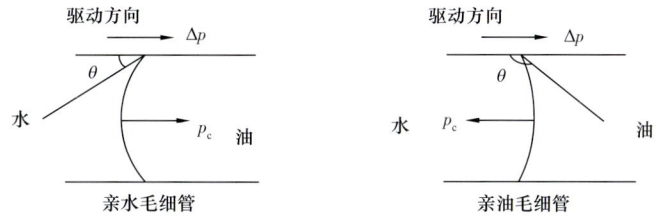

图 4-2-6　油水润湿性差异接触角变化示意图

对于具有混合润湿性的微粒，由于微粒的部分表面亲油，部分表面亲水，使微粒处于束缚水膜和油相表面，其运动直接受油流及束缚水水膜两者的影响。处于这种表面上的微粒虽可移动，但并不能被油流带走，只能在表面做不同方向的移动，有时会在孔隙窄口处形成桥堵，堵塞地层，降低储层的渗透率，影响油藏开发效果。

3）润湿性对原油采收率的影响

当水驱油时，储层原油采收率高低或驱油效果好坏在很大程度上与储层岩石的润湿性有关。

砂岩储层在注水开发过程中，随着开发阶段的延伸，储层中水会和矿物特别是黏土矿物发生比较强烈的反应，黏土矿物在注入水的作用下发生溶解、破碎和迁移作用，在黏度较高的原油拖曳、携带下，溶解、破碎物不断地被带出地层，导致储层性质发生较大的变化：一方面由于颗粒表面的黏土矿物及原油中的极性物质被冲散或冲走，颗粒表面变得干净，裸露出更多亲水性矿物；另一方面，地层温度、压力、水性质、原油组分及油水饱和度均发生变化，打破原有的平衡关系，岩石的润湿性发生变化，长期水洗使储层向水湿方向变化。

综上所述，砂岩储层的润湿性与黏土矿物的类型有密切关系。

4）注水前后润湿性的变化

对鄂尔多斯盆地安塞油田长 6 油层岩心注水前后自吸测试结果表明，模拟长期注水开发后模型整体自吸速度呈加快趋势，可见长期冲刷使润湿性向更加亲水方向发展，与相对渗透率测试结果一致。分析认为，油田长期注水开发过程中，由于注入水的水洗、溶解等各种物理和化学作用，使储层岩石表面层物理性质发生变化。如由于注入水的水洗作用，部分孔道内壁变得比较光滑，减小了注入水进入孔隙的毛细管阻力。另外，由于注入水溶解等作用，部分岩石颗粒及胶结物的表面物理性质发生变化，颗粒表面油膜脱落，长石、石英表面呈现出原有的亲水性。当油层含水饱和度超过 40% 时，大部分岩石表面性质由原来的弱亲油转为弱亲水，当含水饱和度超过 60% 时，岩石表面性质几乎全部转变为亲水性（图 4-2-7）。

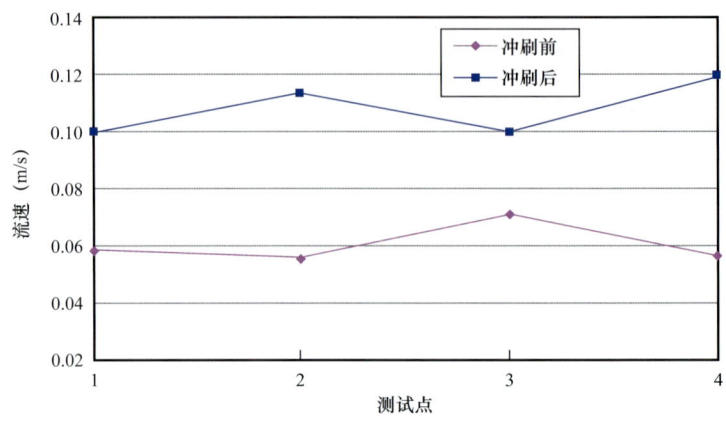

图 4-2-7　鄂尔多斯盆地安塞油田杏 20-7 井长 6 油层注水前后润湿性的变化

第三节　表面层离子交换及其带电性

储层表面电化学性质包括离子交换性、带电性及其酸碱盐敏感性。黏土矿物的结构层（四面体片和八面体片）通常带电荷，这是黏土矿物具有一系列电化学性质的根本原因，并直接影响着它的性质。

一、固—液表面双电层理论

在固—液表面处，固体表面上与其附近的液体内通常会分别带有电性相反、电量相等的两层离子，形成双电层。表面带电以后具有特殊性质，它可在外电场作用下，使固—液表面发生相对位移；相反，固—液表面的相对位移可以导致电位或电流的产生，这就是电动现象。

1. 固体表面带电的原因

任何一个相表面（甚至一块纯金属处在真空中）都会出现正、负电荷的分离，从而导致表面区（约在表面几个分子大小范围内）出现电位差。同时，任何两个不同相的接触都会形成一个相表面，而且呈现出带电现象。其带电原因主要有以下几方面。

1）两相电子亲和能不同相互接触时产生接触电位

这种带电在金属与金属接触，或者金属与半导体接触时显得特别重要。而对于固—液或液—液两相接触表面不重要，故从略。

2）两个不同相的离子亲和能不相同

包括两相之间正、负离子的不同分布，以及固体表面在电解质溶液中对各种离子的不同吸附和晶格中离子的不同溶解度。

（1）第一种情况是固体表面对离子的吸附。如果固体是离子晶格，则服从 Fazans-Paneth 规则，即若一种离子与晶格上电荷符号相反的离子生成难溶或弱电离化合物，则此种离子能强烈地被离子晶体所吸附。如果固体是非离子型晶体，则对离子的吸附符合 Lippmann 方程，可通过以下的方法推导出来。

将 Gibbs 吸附方程应用到电解质溶液中，则有

$$-\mathrm{d}\sigma = \Gamma_1 \mathrm{d}\mu_1 + \sum \Gamma_2 \mathrm{d}\mu_2 \tag{4-3-1}$$

式中，μ_1 为溶剂（不电离部分）的化学位；μ_2 为溶质（电离部分）的电化学位。之所以称它为电化学位，是因为它与一般化学位不同。除了包含一般化学位外，还包含在表面上所产生的电位项，即

$$\mu_z = \mu_i + z_i e\psi \tag{4-3-2}$$

式中，ψ 为表面电位；z_i 为 i 离子的电价数。

将式（4-3-2）代入式（4-3-1），得到

$$-\mathrm{d}\sigma = \Gamma_1 \mathrm{d}\mu_1 + \sum \Gamma_2 \mathrm{d}\mu_2 + \sum \Gamma_2 z_i e \mathrm{d}\psi \tag{4-3-3}$$

考虑到 Gibbs Duhem 方程在恒温、恒压下为 $\sum n_i \mathrm{d}\mu_i = 0$。对二元溶液来说，则为

$$\Gamma_1 \mathrm{d}\mu_1 + \Gamma_2 \mathrm{d}\mu_2 = 0$$

故式（4-3-3）可以写为

$$-\mathrm{d}\sigma = \sum \Gamma_2 z_i e \mathrm{d}\psi \tag{4-3-4}$$

对 1-1 型电解质来说，有

$$-\mathrm{d}\sigma/\mathrm{d}\psi = e(\Gamma_2^+ - \Gamma_2^-) \tag{4-3-5}$$

又因为表面电位差 $\mathrm{d}\psi$ 比例于电位差 $\mathrm{d}E$，所以式（4-3-5）也可以写为

$$-\mathrm{d}\sigma/\mathrm{d}E = e(\Gamma_2^+ - \Gamma_2^-) \tag{4-3-6}$$

式（4-3-5）和式（4-3-6）通常称为 Lippmann 方程。从该方程可得到如下结论：

① 当表面张力随外加电位差增加而增大时，即 $\mathrm{d}\sigma/\mathrm{d}E > 0$，则 $\Gamma_2^- > \Gamma_2^+$。这意味着负离子吸附量大于正离子吸附量，固体表面带负电荷。

② 当表面张力随外加电位差增加而减小时，即 $\mathrm{d}\sigma/\mathrm{d}E < 0$，则 $\Gamma_2^+ > \Gamma_2^-$。这意味着固体表面上正离子的吸附量大于负离子吸附量，即固体表面带正电荷。

③ 当表面张力不随外加电位差而变化时，即 $\mathrm{d}\sigma/\mathrm{d}E = 0$，则固体表面吸附正、负离子的量相等，固体表面不带电。

实验测定外加电位差 E 值对各种钾盐溶液表面张力 σ 的影响，并以 σ 对 E 作图。所得曲线称为电毛细管曲线（图 4-3-1）。曲线斜率为 $\mathrm{d}\sigma/\mathrm{d}E$ 值。由图 4-3-1 可得到如下结论：

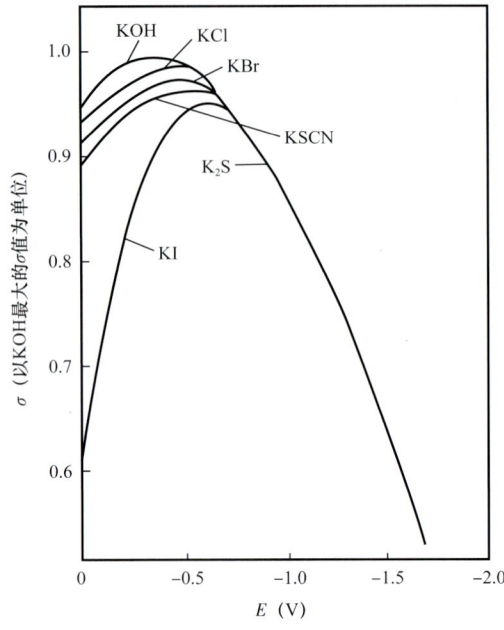

图 4-3-1　负离子吸附的电毛细管曲线

① 曲线顶端的右边 $d\sigma/dE<0$，为正离子吸附，固体表面带正电荷；而在曲线顶端的左边 $d\sigma/dE>0$，为负离子吸附，固体表面带负电荷；在曲线顶点上 $d\sigma/dE=0$，固体表面不带电。

② 不同种类钾盐的电毛细管曲线右侧完全重合，而左侧曲线因钾盐中不同的负离子而分开。由于右侧为正离子吸附，各种盐的正离子都为 K^+，故曲线只有一条。左侧曲线为负离子吸附，由于各种盐的负离子不同，故曲线也不相同。如果采用相同负离子而不同正离子的盐做同样实验，得出电毛细管曲线左侧为一曲线，右侧则由几条不同正离子曲线所组成。

由此可见，固体表面对离子吸附主要取决于 $d\sigma/dE$ 值，其大小及符号可以决定固体优先吸附的离子类型。

（2）第二种情况是离子晶体的溶解。当组成离子晶体的离子在溶液中溶解度不同时，会使晶体表面带电。如果正离子溶解度大于负离子，则表面带负电；相反，则表面带正电。

碘化银在室温下的水悬浮液中溶度积为 10^{-16}，但是其零电荷点不是在 pAg8 处，而在 pAg5.5 处。这是由于 Ag^+ 和 I^- 的溶解度不一样。而导致溶解度不同的原因是 Ag^+ 的离子半径（$r_{Ag^+}=0.113nm$）比 I^- 的离子半径（$r_{I^-}=0.220nm$）小，使 Ag^+ 具有更大的迁移能力。在同样的情况下，AgI 晶体中有更多的 Ag^+ 进入溶液中，使晶体表面 I^- 过剩而带负电。

3）固体表面的电离

原来呈中性的固体表面，在不同的 pH 值条件下，受溶液中 H^+ 和 OH^- 作用而发生不同形式的离解，导致其表面带电。带电情况随溶液 pH 值不同而变化。例如，蛋白质溶于纯水中几乎是中性的，在酸性溶液中它却带正电荷，而在碱性溶液中带负电荷。这是因为蛋白质同时含有羧基和氨基，属于两性电解质，既可看作弱酸，也可看作弱碱。它在酸性介质或碱性介质中发生如式（4-3-7）和式（4-3-8）的离解反应，过量酸的存在形成蛋白质正离子 $R\diagup^{COOH}_{NH_3^+}$ 较多；而过量碱的存在，则形成蛋白质负离子 $R\diagup^{COO^-}_{NH_2}$ 较多。在等电点的 pH 值下，蛋白质形成的正离子与负离子数量相等，呈电中性。

$$R\genfrac{}{}{0pt}{}{\diagup COOH}{\diagdown NH_2} + HCl \rightleftharpoons R\genfrac{}{}{0pt}{}{\diagup COOH}{\diagdown NH_3^+Cl^-} \quad (4\text{-}3\text{-}7)$$

$$R\genfrac{}{}{0pt}{}{\diagup COOH}{\diagdown NH_2} + NaOH \rightleftharpoons R\genfrac{}{}{0pt}{}{\diagup COO^-Na^+}{\diagdown NH_2} + H_2O \quad (4\text{-}3\text{-}8)$$

4）晶格离子取代形成双电层

当固体具有 n 型（空穴型）或 p 型（电子过剩型）缺陷时，会俘获带负电粒子或带正电粒子的能力。例如，蒙皂石具有 p 型缺陷，由上、下两层 Si—O 四面体 $(Si_4O_{10})^{4-}$ 和处在它们中间的 Al—O 八面体所组成。其中，Al^{3+} 被 Mg^{2+} 取代而形成类质同晶。蒙皂石的化学式可表示为 $Al_{1.67}Mg_{0.33}Si_4O_{10}(OH)_2$，由于低价 Mg^{2+} 取代高价 Al^{3+}，晶格出现过剩负电荷，故可以在其表面上俘获碱金属或碱土金属的正离子，从而保持电中性，但是蒙皂石本身带负电荷。

由此可见，不管是哪种原因，当固体表面带电以后，必然要吸引等电量的反号离子在其周围，紧靠带电固体表面处形成特殊表面层（双电层）。

2. 固体带电表面扩散双电层理论

由 Gouy 和 Chapman 提出的扩散双电层理论常被用来处理涉及表面电荷和表面电势的实验数据。该模型的基本假设是：带电表面是无限大平面，表面电荷分布均匀；扩散层中的离子为点电荷，服从 Boltzman 分布；表面附近溶剂的介电常数处处相等。为了简便起见，考虑 RNa 与对称电解质（正、负离子具有相同的价数 z，如 NaCl）共存的体系。由于 R^- 的吸附，AA′ 面带负电，在 AA′ 面施加的静电力和热运动（扩散力）的综合作用下，反离子（正离子）和无机负离子在表面区域呈非均匀分布，如图 4-3-2（a）所示。

3. 表面电势与 Zeta 电位

表面电势目前无法直接测定，实际测得的分散体系（如固—液或液—液分散体系）电动电势称 Zeta 电势，用字母 ζ 表示，通常小于 ψ_0，其原因是带电质点在电场作用下运动时，滑动面（Sliding Plane）并非实际表面 AA′ 面，而是 SS′ 面。因此，双电层区域实际上分为两部分，从 AA′ 面到 SS′ 面称为紧密层，从 SS′ 面至 BB′ 面称为扩散层。紧密层的厚度约为几个水分子大小，其中分布有一定数量的相反离子。由于存在强静电作用力，这一层随带电表面一起运动，因此实际测得的电动电势是 SS′ 面相对于 BB′ 面的电势差，而不是 AA′ 面相对于 BB′ 面的电势差。由图 4-3-2（b）可见，ζ 总是小于 ψ_0，不过滑动面的具体位置仍难以确定。

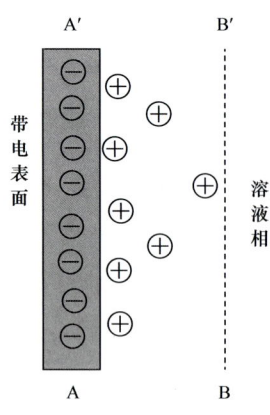 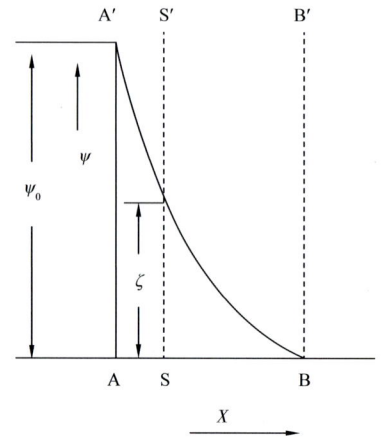

(a) 反离子在带电表面附近的分布　　(b) 表面电势随距离的变化

图 4-3-2　Gouy-Chapman 扩散双电层模型

对于球形带电质点，从图 4-3-3 可见，若滑动面距表面的距离为 d，则距离质点圆心的距离为 $a+d$，于是当 $r=a+d$ 时，$\psi=\zeta$，由式（4-3-9）可得 ψ_0 与 ζ 的关系为：

$$\psi_0 = \zeta(1+d/a)\exp(kd) \tag{4-3-9}$$

ψ_0 与 ζ 成正比，电解质对两者的影响同步，ζ 可以测定。

当体相中的电解质浓度增加时，双电层厚度将减小，即 BB′ 面向带电的 AA′ 面移动。如图 4-3-3 所示，当 BB′ 面移到 b′ 位置时，SS′ 面相对于 b′ 点的电势差明显小于 SS′ 面相对于 BB′ 面的电势差。当 BB′ 面进一步移至 b′ 位置时，ζ 进一步减小。若电解质浓度很大，则足以使 BB′ 面和 AA′ 面重合，电动势降为零。此时分散体系的稳定性较差。在极端情况下，电解质浓度的增加使过量反离子进入紧密层，使 ζ 改变符号。

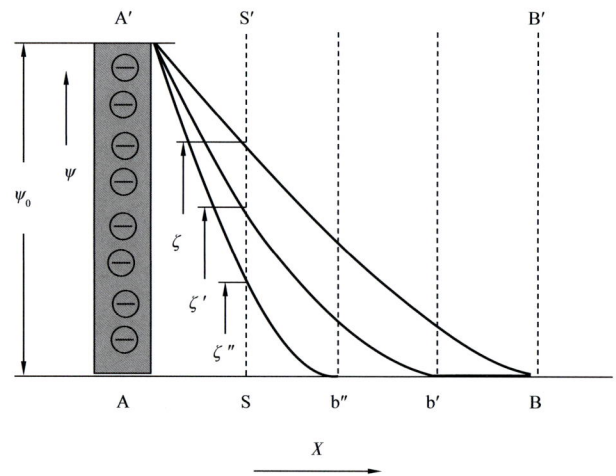

图 4-3-3　双电层厚度与电动势的变化示意图

Gouy–Chapman 扩散双电层理论充分解释了电动势（Zeta 电势）现象以及电解质对表面电势 ψ_0 和 Zeta 电势的影响，其定量的结果准确。由于当 ψ_0 增加时，双曲正弦函数或指数函数急剧增加，计算出的电荷密度往往超过了实际值。原因是 Gouy–Chapman 理论把离子看作是点电荷，离子不占体积。

4. Zeta 电位测定

Zeta 电位又称为电动电位或电动电势（ζ-电位或 ζ-电势），是指剪切面（Shear Plane）的电位，是表征胶体分散系稳定性的重要指标。如果颗粒带有很多负的或正的电荷，也就是说很高的 Zeta 电位，它们会相互排斥，从而达到整个体系的稳定性。如果颗粒带有很少负的或正的电荷，也就是说它的 Zeta 电位很低，它们会相互吸引，整个体系就不稳定。

油层水驱后残余油分布十分复杂，以油膜形式赋存表面层之上的原油，与 Zeta 电位密切相关。电位是与表面吸附密切相关的参数，其大小可以反映表面带电状况。如前所述，表面层矿物大部分是由硅氧四面体和铝氧八面体组成的水铝硅酸盐胶体矿物，在晶体结构中常常由于晶格取代而使晶体结构电价不平衡，需要在表面结合一定数量的阳离子以平衡电价。水中阳离子在砂岩表面附近形成扩散双电子层，从而使砂岩表面带负电。另外，砂岩表面的羟基与 H^+ 或 OH^- 结合，从而使砂岩表面带正电（与 H^+ 结合）或带负电（与 OH^- 结合），并在一定的 pH 值下有一个零电位点。水中的含盐量及盐的种类和 pH 值对岩石和水表面上的表面电荷有强烈影响，表面电荷又可以影响表面活性剂的吸附，因此不同 pH 值条件下岩石矿物电位的研究在表面作用中有重要意义。

Zeta 电位的主要用途之一就是研究胶体与电解质的相互作用。由于大部分胶体带电，以复杂的方式与电解质发生作用。当固体与液体接触时，固—液两相表面上会带有相反符号的电荷。与固体表面电荷极性相反的电荷离子（抗衡离子）会与之吸附，而同样电荷的离子（共离子）会被排斥。Zeta 电位是指剪切面的电位，是表征胶体分散体系稳定性的重要指标。

DLVO 理论（描述胶体稳定性的理论）表明，胶体体系的稳定性是颗粒相互接近时它们之间的双电层互斥力与范德华互吸力的平衡结果。黏土矿物在地下储层中以一种胶体溶液的形式存在，当颗粒彼此接近时它们之间的能量障碍来自互斥力，当颗粒有足够的能量克服此障碍时，相互吸力将使颗粒进一步接近，并不可逆地黏在一起。

选择不同储层岩样，用 Zeta 电位仪测定表面电性，确定矿物表面电荷对化学剂吸附的影响，测试结果见表 4-3-1。

从表 4-3-1 可以看出，水相中颗粒分散稳定性的分解性界限为 30mV 或 –30mV。新疆克拉玛依油田七东$_1$区克下组砾岩储层样品 Zeta 电位范围为 –30～–10mV，属于较为稳定的体系。

表 4-3-1　新疆克拉玛依油田七东$_1$区克下组砾岩储层 Zeta 电位分析结果

储层类型	样品编号	Zeta 电位（mV）
1	2-16/17	-19.41
	1-16/17	-19.26
2	3-4/23	-20.32
	7-19/24	-28.21
3	16-26/31	-19.71
4	9-11/18	-10.98
	9-9/18	-21.57
5	15-1/24	-28.45
	15-3/24	-30.02
6	00168	-27.61

二、表面层矿物类质同象和同质类象

1. 黏土矿物的类质同象置换

所谓矿物的类质同象，就是矿物晶体格架中一种阳离子被另一种阳离子置换后，矿物的晶体结构类型保持不变，只是晶格常数、化学成分和物化性质有所改变的现象。类质同象在黏土矿物中，除了高岭石外，其他黏土矿物（如伊利石簇、蒙皂石簇、绿泥石簇、混层黏土矿物等）均存在类质同象现象。无论是四面体晶格，还是八面体晶格均如此。

黏土矿物类质同象置换的结果将导致：（1）异价阳离子置换后晶体结构的电荷中性被破坏和产生过剩负电荷；（2）矿物晶体格架中进入新的阳离子，即使这种阳离子的半径与被置换的阳离子很接近，也会引起四面体和八面体晶格几何大小的变化以及四面体阳离子位置的改变，即引起晶格常数的变化；（3）类质同象置换引起黏土矿物结构层过剩电荷补偿阳离子，这些补偿阳离子进入结构层之间的空间，分布于晶体边棱上，从根本上影响黏土矿物的结构特征和物理化学性质。

2. 四面体和八面体晶格畸变

1）八面体层阴离子晶格的畸变

层状硅酸盐的理想结构是假设八面体顶面的一些氧原子呈六角形网格。实际上，几乎这些晶格的所有结构都变了形，并具有较复杂的形状。

二八面体黏土矿物中，八面体阴离子晶格畸变的主要原因是阳离子所占据的位置不平衡。这种畸变是由八面体晶格中应力的不平均分布造成的，即由阳离子 Al^{3+} 的相同电荷相互排斥所引起的。结果使八面体阴离子晶格中 O—O，OH—OH 和 O—OH 键的长度发生变形。

八面体的公共晶棱受到挤压力而缩短至 0.24～0.25nm，而非共同的晶棱则相反，稍微伸长至 0.28～0.29nm。

个别八面体的变形引起所有八面体层结构骨架畸变，主要表现为：（1）八面体顶面氧原子的规则正六角形格架被破坏，结果是理想八面体晶格 ab 面上氧原子的正六角形格架转变成实际结构为复三角形的格架；（2）八面体层沿 c 轴压缩，沿 ab 轴伸展；（3）由于一些棱边缩短，另一些延长，充填八面体的上顶面和下底面相对于法线以相反方向旋转 3°～5°；（4）类质同象也将引起八面体阴离子晶格畸变，如类质同象引起阳离子与阴离子之间的长度改变；（5）具粗大层间阳离子 K^+ 的云母，其八面体层阴离子晶格的某些畸变，可能由于晶格的大小与四面体晶格的参数不相应，并缺少靠弯转使四面体缩短的条件；（6）三八面体矿物由于所有八面体的方位被充填，阴离子晶格变形较小。

2）四面体晶格畸变

从大量不同程度类质同象置换的层状硅酸盐结构分析，四面体阳离子在结构中的位置可依 Al^{3+} 含量而改变。特别是当少量 Si^{4+} 被 Al^{3+} 置换时，四面体阳离子从其几何中心移向四面体底面，削弱其与顶端氧的相互联系。

（1）当四面体中有相当数量的类质同象置换时，阳离子移向相反方向，即向四面体的顶尖移动，说明其与基底氧的联系减弱，氧与离子补偿的联系加强。当八面体中类质同象置换程度高，四面体中的置换不大时，则八面体和四面体共顶点上阴离子价将出现严重不饱和。因此，四面体的阳离子可以移向这些顶点。

（2）当四面体层中类质同象置换定位时，四面体的阳离子向四面体底面移动。这种情况与八面体负电荷仅部分被层间阳离子补偿有关。四面体负电荷的剩余部分靠八面体的阳离子补偿。在这种情况下，顶端氧靠八面体的阳离子满足了大部分原子价，而它们与四面体阳离子的连接减弱了。

（3）当出现类质同象时，在阳离子从四面体中心迁移的同时，阳离子与氧原子间的个别距离发生了变化，四面体形状也发生畸变。阳离子从几何中心的迁移和原子间距离的改变导致四面体形状发生畸变，即具类质同象置换阳离子的四面体与规则的相比较，可被拉长或缩短。四面体的畸变是通过某一棱边靠其余棱边缩短而拉长造成的。

3. 晶层之间相互独立性

如前所述，黏土矿物属于层状水铝硅酸盐矿物，重要特性是存在层内和相邻层内四面体与八面体晶格相互不同接合的可能性。层与晶格相互叠置、彼此相似的多样性受以下因素控制：相邻晶格与层的表面上，原子对称排列，可能有好几种相互接合的方式，而其能量差别很小；相邻层沿层理面相互作用的能量不高。不同晶层类型层间相互独立性具有以下特点：

（1）1∶1型矿物（高岭石类）结构中八面体晶格可以有两个互相相反的方位，其中每一个方位可能有3种四面体晶格连接方式，这样在1∶1型矿物的同一层内，晶格的相互位移类型可能有6种，而且位移具有有序和无序的特性。有序位移的存在，使结构单一，而且在结晶学方面是完善的；无序位移的存在，导致均一性和结构完善程度破坏，制约了其由三斜晶系（完整的高岭石）向假单斜晶系（非完整的高岭石）的过渡。

（2）2∶1型黏土矿物（绿泥石、蒙皂石、伊利石等），层位的各种叠置不显著，因为它们按邻层的Si—O晶格和ab面上的投影一致的方式连接，这种能量不利的晶格位置由补偿阳离子决定，后者在层空间中的八面体配位要求一层氧原子晶胞准确地叠置在另一层氧晶胞上。因此，层间阳离子阻碍了层位相对位移。

（3）三层型黏土矿物生成多种变种的可能性大大低于二层型结构。

三、阳离子交换性及敏感性伤害

1. 表面层单矿物可交换阳离子

黏土矿物通常从分散介质中吸附Na^+、K^+、H^+、Ca^{2+}、Mg^{2+}、Al^{3+}等阳离子以保持电中性，其中Na^+、K^+、Ca^{2+}、Mg^{2+}是主要的可交换阳离子，H^+、Al^{3+}是否为可交换阳离子仍有争议。这些阳离子可以被分散介质中的其他阳离子交换，因而称其为黏土矿物的交换性阳离子（图4-3-4、图4-3-5）。

2. 表面层单矿物阳离子交换容量

1）阳离子交换容量

黏土矿物的阳离子交换容量是指在分散介质pH值为7的情况下，黏土矿物所能交换的阳离子总量，记为CEC（Cation Exchange Capacity），以mmol/100g为单位。对于纯黏土矿物来说，阳离子交换容量应等于各种交换阳离子数量的总和。但由于黏土矿物中还含有非晶态黏土矿物和非黏土矿物，会对各种阳离子含量带来影响，从而使各种交换性阳离子之和大于黏土矿物的实际阳离子交换容量。它反映了黏土矿物晶体的晶格取代度。

CEC是表示黏土矿物性质的重要指标，黏土矿物的CEC越大，表示交换容量越大，其水化、分散、膨胀能力越强，反之亦然。4种常见黏土矿物的CEC大致见表4-3-2。黏土矿物离子交换能力依次降低的顺序是蒙皂石→伊利石→绿泥石→高岭石。

表4-3-3列出了大港油田港西三区沙三段储层阳离子交换容量。该地区阳离子交换容量变化范围较大，与区块黏土矿物绝对含量、相对含量和类型有关，蒙皂石和伊/蒙混

层含量与阳离子交换容量呈正相关关系。另外，依据测定的阳离子含量，可以划分黏土矿物的类型，如钠土、钙土或氢土等。

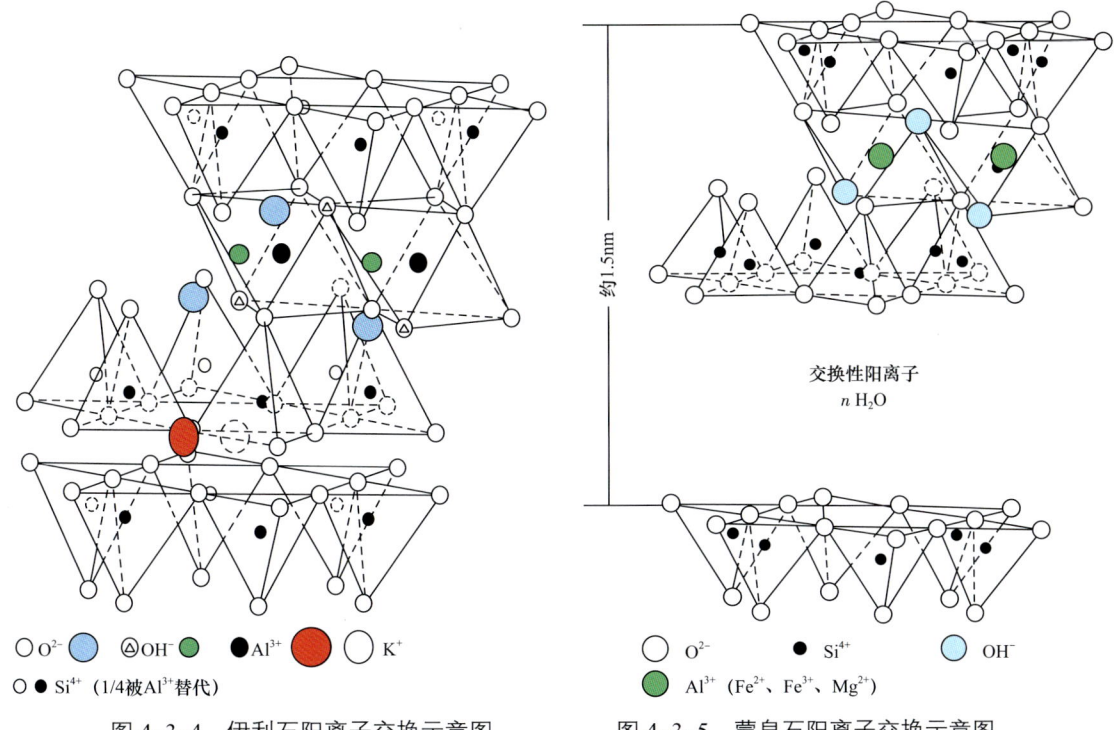

图 4-3-4　伊利石阳离子交换示意图　　　　图 4-3-5　蒙皂石阳离子交换示意图

表 4-3-2　主要黏土矿物阳离子交换容量统计

矿物名称	带电原因（主）	电荷分布	CEC（mmol/100g）	平均值（mmol/100g）
蒙皂石	晶格取代	Al—O 八面体	70～150	98
伊利石	晶格取代	Si—O 四面体	20～40	
绿泥石	晶格取代		10～40	
高岭石	解离	边缘	3～15	6

表 4-3-3　大港油田港西三区西检 2 井沙三段黏土矿物与阳离子交换容量对比

序号	样品号	井深（m）	黏土矿物总量（%）	相对含量（%）					伊/蒙混层比（S%）	阳离子交换容量（mmol/100g）
				蒙皂石	伊/蒙混层	伊利石	高岭石	绿泥石		
1	8	1002.09	4.4	67.0		7.0	16.7	9.4		12.0
2	13	1003.14	5.6	50.8		6.6	30.4	12.2		8.7
3	21	1118.35	5.4	67.4		6.6	15.5	10.5		11.0

续表

序号	样品号	井深（m）	黏土矿物总量（%）	相对含量（%）					伊/蒙混层比（S%）	阳离子交换容量（mmol/100g）
				蒙皂石	伊/蒙混层	伊利石	高岭石	绿泥石		
4	24	1118.99	4.2	11.6		3.1	73.5	11.8		9.9
5	31	1120.15	4.5	57.3		8.6	20.5	13.7		7.9
6	34	1120.93	2.7	56.4		6.4	22.0	15.3		5.1
7	41	1121.99	9.5	70.0		8.3	3.3	18.5		17.0
8	42	1255.06	2.7		21.0	2.8	62.5	13.7	79	4.0
9	49	1256.27	4.0		19.6	2.6	64.0	13.7	73	4.3
10	57	1257.75	10.8		51.1	9.1	26.7	13.2	87	3.1
11	61	1258.38	4.7		16.4	2.4	66.8	14.4	78	3.6
12	64	1259.08	4.0		16.8	2.1	69.2	11.9	78	3.5
13	70	1260.00	6.7		17.7	2.9	65.8	13.6	74	3.6
14	73	1260.55	3.9		7.2	3.3	78.6	10.9	72	3.1
15	78	1261.50	3.4		6.8	2.5	78.7	12.0	72	3.4
16	84	1262.82	3.5		6.2	2.1	79.5	12.2	51	2.8
17	87	1263.46	5.6		3.0	1.3	83.8	12.0	55	2.8
18	92	1264.45	3.6		6.8	1.7	80.7	10.9	40	3.1
19	98	1265.56	3.8		2.4	1.5	87.2	8.9	41	2.3
20	106	1267.09	7.2		3.8	2.5	78.4	15.3	40	2.7
21	119W	1393.30	6.9		2.0	4.4	85.7	7.9	40	2.6
22	131W	1394.51	23.4		13.0	7.4	66.6	13.1	40	7.1
23	137W	1449.11	7.4		7.1	3.2	84.0	5.8	40	3.0
24	146W	1450.60	7.6		2.8	3.7	86.3	7.3	43	2.7
25	151	1451.30	4.9		3.8	4.0	82.3	9.9	40	2.2
26	156	1452.40	5.5		4.1	3.5	85.4	7.0	40	3
27	158	1453.12	7.1		1.6	4.2	84.8	9.4	40	2.3
28	160	1453.44	6.6		1.5	4.0	86.6	7.9	40	2.3
29	164W	1454.23	4.5		0.8	4.8	89.0	5.4	40	2.4

续表

序号	样品号	井深（m）	黏土矿物总量（%）	相对含量（%）					伊/蒙混层比（S%）	阳离子交换容量（mmol/100g）
				蒙皂石	伊/蒙混层	伊利石	高岭石	绿泥石		
30	170W	1455.43	7.3		5.0	3.3	86.0	5.7	40	2.0
31	177W	1456.60	8.4		4.8	3.2	83.2	8.8	40	3.1
32	183	1457.66	5.9		3.6	2.7	82.8	10.9	40	2.2
33	187	1458.79	8.3		2.1	4.2	86.0	7.7	40	2.7
34	190	1459.66	9.1		2.9	2.3	87.0	7.8	40	2.9
35	193W	1460.28	7.0		3.3	3.0	86.7	7.0	40	2.0
36	197	1461.20	4.5		5.6	3.7	83.3	7.4	40	2.3
37	200	1461.66	8.2		2.3	2.3	88.8	6.7	40	2.1
38	206	1462.96	4.8		2.3	2.0	95.8		40	2.5
39	214W	1464.08	4.6		2.7	1.6	95.7		40	2.2
40	216	1464.51	10.6		2.9	1.1	96.0		40	3.2
41	221	1465.96	6.5		2.2	2.2	88.9	6.7	40	1.1
42	222	1503.16	5.6		6.1	3.2	82.0	8.7	40	2.5
43	229	1504.36	6.3		3.3	2.0	94.7		40	2.6
44	231	1504.87	5.5		2.4	2.9	85.7	9.0	40	2.4
45	238	1506.40	8.7		3.4	2.5	94.2		40	2.8
46	240	1507.01	8.8		5.1	1.7	86.3	7.0	43	2.8
47	244	1507.72	5.4		2.0	2.9	90.7	4.4	40	2.3
48	252	1509.54	4.6		3.9	2.2	93.9		40	2.7
49	256	1510.17	6.7		2.1	2.1	95.7		40	1.8
50	263	1511.49	5.3		7.0	2.1	90.9		40	1.8

离子交换是黏土矿物重要的性质之一，对黏土矿物动力学性质有明显影响。阳离子交换容量的大小是衡量黏土矿物对周围环境（水溶液无机盐离子浓度和类型）敏感性的一种标志。

2）影响阳离子交换容量的因素

（1）黏土矿物种类。不同种类的黏土矿物CEC值差别较大（表4-3-3），蒙皂石的

CEC 值最高，高岭石 CEC 值最低。同一种黏土矿物由于其化学组成和晶格取代情况不同，其 CEC 值也有差异。

（2）黏土矿物的分散度。对于同一种黏土矿物，CEC 值随分散度增大而增加，见表 4-3-4。

由于黏土矿物中铝氧八面体的 Al—O—H 键是两性的，在强酸性环境中氢氧根易解离，黏土矿物表面可带正电荷；在碱性环境中氢易解离，使黏土矿物表面负电荷增多。此外，在碱性溶液中氢氧根增多，它以氢键吸附在黏土矿物表面上，使黏土矿物负电荷增多。由此可见，黏土矿物的 CEC 值在碱性环境中增大（表 4-3-4）。

表 4-3-4　高岭石的阳离子交换容量与颗粒大小的关系

颗粒大小（μm）	20～40	5～10	2～4	0.5～1	0.25～0.5	0.1～0.25	0.05～0.1
CEC（mmol/100g）	2.4	2.6	3.6	3.8	3.9	5.4	9.5

（3）介质的 pH 值。表 4-3-5 列出了 pH 值对高岭石和蒙皂石两种黏土矿物阳离子交换容量的影响，可以看出酸性环境较碱性环境阳离子交换容量小。

表 4-3-5　介质 pH 值对黏土矿物 CEC 的影响

矿物	CEC（mmol/100g）	
	pH=2.5～6	pH＞7
高岭石	4	10
蒙皂石	95	100

3. 黏土矿物—水表面离子吸附作用

1）离子交换吸附

离子交换吸附就是一种离子被吸附的同时从吸附剂表面顶替出等电量的带相同电荷的另一种离子的过程。

由于黏土矿物颗粒带负电荷，它在溶液中能吸附阳离子，进行阳离子交换吸附。离子交换吸附是经常发生的，例如在钻井液中两个 Na^+ 与 Ca^{2+} 的交换吸附，又如饱含盐水钻井液 pH 值下降，Na^+ 与 H^+ 交换吸附。离子的扩散吸附，在井壁与地层之间形成扩散吸附电动势和电位差，是自然电位测井的基本原理。

2）离子交换吸附的特点

（1）同性离子交换吸附阳离子→阳离子。

（2）等电量交换吸附两个 $Na^+ \rightarrow Ca^{2+}$。

（3）离子交换吸附是可逆的。

3）离子交换吸附强弱的规律

（1）一般在溶液中浓度相差不大时，离子价数越高，与黏土矿物表面的吸附能力越强，也越难从黏土矿物表面上被交换下来，所以 Ca^{2+} 的吸附能力比 Na^+ 强。

（2）离子半径对离子交换吸附的影响：当相同价数的各种离子浓度相近时，一般离子半径小，水化半径大，离子中心离黏土矿物表面越远，则吸附弱（表4-3-6）。

表4-3-6　各种阳离子及对应水合阳离子半径

名称	Li^+	Na^+	K^+	NH_4^+	Rb^+	Cs^+	Mg^{2+}	Ca^{2+}	Sr^{2+}	Ba^{2+}	H_3O^+
阳离子半径（Å）	0.78	0.98	1.33	1.43	1.49	1.65	0.78	1.06	1.27	1.43	1.45
水合阳离子半径（Å）	3.3	1.6	1.0	0.7	—	0.4	7.0	5.2	4.7	2.0	—

注：1Å=0.1nm。

（3）H^+ 水化半径小。H^+ 与水形成 H_3O^+，在黏土矿物表面吸附特别强。这也是钻井液性能研究中格外重视 pH 值的重要原因。

（4）不同黏土矿物的影响。阳离子的吸附能力由小到大交换顺序为：

高岭石，$Li^+<Na^+\leqslant NH_4^+<H^+\leqslant K^+<Mg^{2+}<Ca^{2+}$；蒙皂石 $Li^+<Na^+\leqslant NH_4^+<K^+\leqslant H^+<Mg^{2+}<Ca^{2+}$。

4. 储层岩石阳离子交换容量

对于陆相非均质砂岩储层来说，不同黏土矿物含量、类型及成岩作用阶段的不同阳离子交换容量差别较大，即使是同一油藏岩性相近的情况下阳离子交换容量也可能相差数倍（表4-3-7），对化学驱效果影响程度差异大。

表4-3-7　吉林红岗油田萨尔图油层阳离子交换容量实验数据

序号	样号	层位	深度（m）	阳离子交换容量（mmol/100g）	序号	样号	层位	深度（m）	阳离子交换容量（mmol/100g）
1	S5	SⅠ1	1161.65~1161.83	5.7	8	S42	SⅡ4^1	1186.66~1186.72	7.6
2	S11	SⅠ1	1163.06~1163.22	7.9	9	S45	SⅡ4^2-5^2	1188.12~1188.24	5.1
3	S17	SⅠ3	1165.53~1165.64	4.5	10	S47	SⅡ4^2-5^2	1189.41~1189.52	6.1
4	S24	SⅡ0	1175.63~1175.79	5.2	11	S53	SⅡ6	1194.01~1194.23	7.3
5	S28	SⅡ1	1179.55~1179.69	4.7	12	S57	SⅡ6	1195.03~1195.25	5.9
6	S31	SⅡ1	1180.08~1180.31	7.6	13	S63	SⅡ7	1197.36~1197.54	4.6
7	S33	SⅡ4^1	1184.59~1184.63	5.2	14	S65	SⅡ7	1197.76~1197.90	4.1

续表

序号	样号	层位	深度（m）	阳离子交换容量（mmol/100g）	序号	样号	层位	深度（m）	阳离子交换容量（mmol/100g）
15	S73	SⅡ8	1200.20～1200.36	5.6	23	S120	SⅡ13	1218.95～1219.16	3.9
16	S78	SⅡ9	1204.93～1205.13	4.4	24	S129	SⅡ13	1220.67～1220.86	4.5
17	S82	SⅡ9	1207.05～1207.19	6.3	25	S135	SⅡ14	1223.21～1223.40	4.7
18	S89	SⅡ10–11	1209.19～1209.40	3.8	26	S140	SⅡ15	1225.43～1225.59	4
19	S95	SⅡ10–11	1211.69～1211.77	5.6	27	S142	SⅡ15	1225.75～1225.88	5.8
20	S102	SⅡ12	1213.35～1213.52	5.4	28	S149	SⅡ16	1228.24～1228.50	3
21	S111	SⅡ12	1215.74～1215.92	4.4	29	S150	SⅡ16	1228.54～1228.70	3.6
22	S113	SⅡ13	1217.66～1217.81	6.3					

四、带电性

黏土矿物通常带负电荷，电荷类型按其性质可以分为永久电荷（结构电荷）和可变电荷（表面电荷），基本特征简述如下。

1. 黏土矿物带电性影响因素

1）黏土矿物种类

不同黏土矿物所带的负电荷有较大差异，蒙皂石为 70～130mmol/100g，伊利石为 20～40mmol/100g，高岭石为 3～15mmol/100g，海泡石为 20～45mmol/100g，凹凸棒石为 5～20mmol/100g。

2）黏土矿物颗粒大小

黏土矿物颗粒大小对负电荷影响较大。从表 4-3-8 可以看出，颗粒直径小于 2μm 时，黏土矿物颗粒所带的负电荷较多；而当颗粒直径大于 2μm 时，黏土矿物颗粒所带的负电荷少，甚至不带电。

3）介质 pH 值

介质 pH 值的变化主要影响可变负电荷，而不影响永久负电荷。介质 pH 值对净电荷的影响可分为如下 3 种情况：

（1）不带正电荷的黏土矿物，在 pH 值低于 4 时，负电荷不随 pH 值变化而变化；介质 pH 值大于 4 时，净负电荷随 pH 值增高而增加。

表 4-3-8 黏土矿物颗粒的粒径与负电荷数量之间的关系

标号	负电荷数量（%）			
	<2μm	2～10μm	10～20μm	20～100μm
822	82.6	13.3	1.4	2.7
862	80.8	1.2	3.2	3.8
916	87.1	8.1	2.6	2.2
737	81.5	14.2	2.7	1.6
318	100.0	0	0	0

（2）同时带有正、负电荷的黏土矿物，净负电荷随介质 pH 值增高而增加，即使在低 pH 值情况下，黏土矿物颗粒净电荷仍是负电荷。

（3）具有等电点的黏土矿物颗粒，当 pH 值高于某一值时，黏土矿物颗粒带有净负电荷；当 pH 值低于这个值时，黏土矿物颗粒带有净正电荷；当介质 pH 值为某一值时正、负电荷相等，此转变点称为黏土矿物颗粒的等电点。

此外，黏土矿物带电状况还可用表面电荷密度来表示，是指单位表面上的电荷数量，其大小取决于黏土矿物胶粒周围的电场强度，电荷密度越大，其电场强度也越大。电荷密度与黏土矿物颗粒双电层有密切关系。不同黏土矿物的表面电荷密度不同；同一种黏土矿物颗粒在不同部位的电荷密度也不相同。黏土矿物的电荷密度目前还无法直接测定，通常用所测出的黏土矿物颗粒净电荷和表面积计算电荷密度，其值为平均电荷密度。

2. 永久性（负）电荷（结构电荷）

永久性电荷是由于黏土矿物在自然界形成时发生晶格取代作用产生的：Si^{4+} 被 Al^{3+} 取代，如伊利石等；Al^{3+} 为 Fe^{2+}、Mg^{2+} 取代，如蒙皂石。晶格取代是黏土矿物带电荷的主要来源，其特点是电荷量不受 pH 值和其他介质的影响。

永久电荷一般源于矿物晶格中的类质同象置换，但也可以由结构缺陷产生。例如，硅氧四面体中的 Si^{4+} 被 Al^{3+} 替代，或铝氧八面体中的 Al^{3+} 被 Mg^{2+}、Fe^{2+} 等替代，均可以产生过剩负电荷。这种负电荷的数量取决于晶格中替代离子的多少，与环境的 pH 值无关，因此称为永久电荷。由于不同黏土矿物晶格中的离子替代情况不同，永久电荷多少也不同。

蒙皂石族矿物每个单位晶胞含有 0.25～0.60 个结构负电荷，它们主要源于四面体片中的 Al^{3+} 对 Si^{4+} 的取代（贝得石）和（或）八面体片中的 Mg^{2+} 和 Fe^{2+} 等对 Al^{3+} 的取代（蒙皂石）。而伊利石因为大约有 1/4 的 Si^{4+} 被 Al^{3+} 取代，所以每个单位晶胞中的负电荷数为 0.6～1.0。一般来说，高岭石是电中性的，其化学式通常写成指示没有永久电荷存在的形式。

黏土矿物的永久（或结构）负电荷多分布在黏土矿物晶层的层面上，主要来自不等价离子的类质同象置换。

3. 表面电荷（可变电荷）

1）可变（负）电荷

黏土矿物所带电荷的数量随介质 pH 值的改变而改变。原因在于以下两个方面：

（1）铝氧八面体中 Al（OH）$_3$ 是两性的，在碱性介质中电离出 H^+，使黏土矿物带负电荷；在酸性介质中则电离出 OH^-，使黏土矿物带正电荷。一般情况下钻井液呈碱性，所以黏土矿物带负电荷。

（2）黏土矿物晶层在外力作用下发生断裂，则在断裂的边缘处可能带负电，也可能带正电荷。

2）可变性（端面）正电荷

当介质 pH 值低于 9 时，黏土矿物颗粒端面下可产生正电荷。其原因大多数人认为是黏土矿物颗粒裸露在边缘上的铝氧八面体从介质中解离出 OH^-，从而产生正电荷。

由此可见，表面可变电荷是一个不定量，它的电荷性质和数量会随介质的变化而改变，并且可变表面电荷是由层状硅酸盐矿物的羟基铝层基面上的铝醇（—AlOH）、硅氧烷基面上由断键产生的硅烷醇（—SiOH），以及边缘裸露的铝醇（—AlOH）、铁醇（—FeOH）等通过对 H^+ 的解吸与缔合产生的，因此可变表面电荷均分布在黏土矿物表面，并与相应的 H^+ 位置相对应。

4. 电荷位置及其对表面层性质的影响

不同矿物不等价离子类质同象置换的位置不同，产生净电荷的位置也不同，如蒙皂石的净电荷主要来自 $Mg^{2+} \rightarrow Al^{3+}$、$Fe^{2+} \rightarrow Al^{3+}$ 等离子的置换，因此它的电荷主要分布在铝氧八面体片中；伊利石则不同，净电荷主要来自 Si—O 四面体片中 $Al^{3+} \rightarrow Si^{4+}$ 置换，电荷主要分布在 Si—O 四面体片中。

净电荷分布的位置不同，对黏土矿物性能有较大影响。蒙皂石净负电荷主要分布在八面体片中，与层间的水合阳离子有一定的距离，因而它们之间的吸引力也相对较弱，容易与其他离子发生交换反应；伊利石则不同，由于它的净电荷分布在 Si—O 四面体片中，K^+ 被直接吸附在硅氧四面体片上，吸引力相对较大，不易发生离子交换反应。Sato 等研究表明，蒙皂石的电荷位置既可在四面体片，也可在八面体片，八面体电荷蒙皂石的膨胀性能比四面体电荷蒙皂石的要大。

5. 储层孔隙表面层净电荷数

黏土矿物的正电荷与负电荷的代数和称为黏土矿物晶体颗粒的净电荷数。负电荷数一般多于正电荷，所以黏土矿物颗粒总体来看是带负电荷的。

黏土矿物的可变电荷主要分布在基面的侧缘断口上。产生电荷的多少与黏土矿物的比表面积有密切关系，即取决于黏土矿物的细分散程度，黏土矿物的细分散程度越高，比表面越大，产生的电荷不平衡也越明显。

6. 沉降与沉降平衡

钻井液中的黏土矿物颗粒，在重力场的作用下会沉降。由于粒子沉降，下部的粒子浓度增加，上部浓度低，破坏了体系的均匀性。这样又引起了扩散作用，即下部较浓的粒子向上运动，使体系浓度趋于均匀。沉降作用与扩散作用是同时发生的。

7. 黏土矿物—水胶体分散体系中的电动现象

胶体的电动现象包括电泳、电渗、流动电位与沉降电位的产生等。电泳是在外加电场作用下，带电的胶体粒子在分散介质中向与其本身电性相反的电极移动的现象。电渗是在外加电场作用下，液体对带电荷的固体表面做相对运动的现象。流动电位是不加外电场而用机械力促使两相间发生相对移动时，由于正负电荷分布不均，两相间就会产生电位。沉降电位是由于胶粒的重力而在介质中下降所产生的电位。

电动现象的存在，说明了胶粒表面带电荷。胶粒表面电荷的主要来源有电离作用、晶格取代作用、离子吸附作用以及未饱和键等。

8. 胶团结构

黏土矿物溶胶粒子大小为 1~1000nm，所以每个溶胶粒子是由许多分子或原子聚集而成的。关于黏土矿物胶团，以某种纯的钠蒙皂石为例，其胶团结构可表示为：

$$\{m[(Al_{3.34}Mg_{0.06})(Si_8O_{20})(OH)_4]_{0.66}^{m-} \cdot (0.66m-x)Na^+\}^{x-} \cdot Na^+$$

（胶核 | 胶粒 | 胶团）

$$\{m[(Al_{3.34}Mg_{0.06})(Si_8O_{20})(OH)_4]_{0.66}^{m-} \cdot (0.66m-x)Na^+\}^{x-} \cdot Na^+$$

（胶核 | 胶粒 | 胶团）

9. 黏土矿物溶胶悬浮体双电层的特点

黏土矿物晶体层面与端面结构不同，可以形成两种不同的双电层，这就是所谓黏土矿物胶体双电层的两重性，这一点明显有别于其他胶体。

1) 黏土矿物层面上的双电层结构

扩散双电层的特点是黏土矿物表面紧密吸附部分阳离子及其部分水分子，构成了吸附溶剂化层。其余的阳离子带着它们的溶剂化水分布在液相中组成扩散层（图 4-3-6）。端面上带有部分负电荷或正电荷，同样也可形成类似的扩散双电层结构。

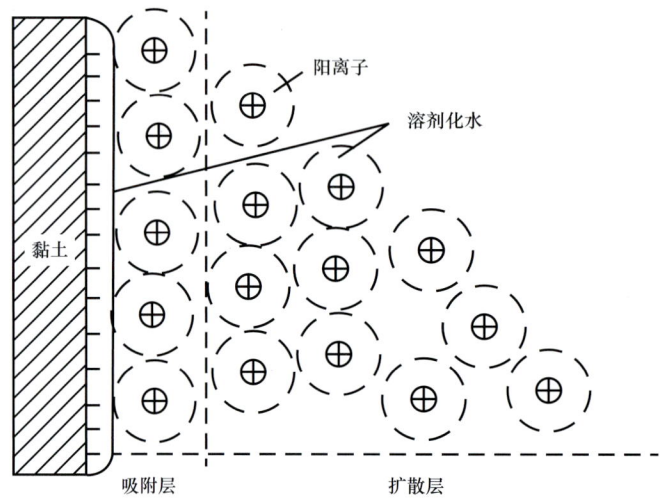

图 4-3-6　黏土矿物层面的双电层结构示意图

在蒙皂石和伊利石的晶格里，硅氧四面体晶片中部分 Si^{4+} 可被 Al^{3+} 取代，铝氧八面体晶片中部分 Al^{3+} 可被 Mg^{2+} 或 Fe^{2+} 等取代。这种晶格取代作用造成了黏土矿物晶格表面上带永久负电荷，于是它们吸附等电量的阳离子（Na^+、Ca^{2+}、Mg^{2+} 等）。若将这些黏土矿物放到水里，吸附的阳离子便会解离，向外扩散，结果形成了胶粒带负电的扩散双电层。

2) 黏土矿物端面上的双电层结构

黏土矿物晶体端面上裸露的原子结构和层面上不同。在端面，黏土矿物晶格中铝氧八面体与硅氧四面体原来的键被断开了。八面体处端部表面相当于铝矾土 [$Al(OH)_3$] 颗粒的表面。当介质的 pH 值低于 9 时，这个表面上 OH^- 解离后会露出带正电的铝离子，故可以形成正溶胶形式的双电层；而在碱性介质中，由于这个表面上的氢解离，裸露出带负电的表面（>$Al-O^-$），在这种情况下所形成的双电层，其电性与层面上相同。

另外，在黏土矿物硅氧四面体端面，通常由于 H^+ 解离而带负电。但黏土矿物悬浮体中常有少量 Al^{3+} 存在，它将被吸附在硅氧四面体的破键处，从而使之带正电。黏土矿物端面可以形成正溶胶形式的双电层，这一点与电泳实验中黏土矿物颗粒带负电并不矛盾，因为端面所带的正电荷与黏土矿物层面上带的负电荷数量相比是很少的。就整个黏土矿物颗粒而言，它所带净电荷是负的，故在电场作用下向正极运移。

第四节 水化及其膨胀性

一、表面层矿物含水特性

黏土矿物可分为非晶质黏土矿物和晶质黏土矿物两类：（1）非晶质黏土矿物包括非晶质的含水硅酸盐，如水铝英石、硅铁石等，它们是不稳定的，含水量也不固定，在外力或受热作用下很易转变为其他黏土矿物；（2）晶质黏土矿物包括晶质的含水层状硅酸盐（如高岭石、蒙皂石、绿泥石等）和晶质的含水层链状硅酸盐（如坡缕石、海泡石等），它们是稳定的，构成这些矿物的元素呈有规律、有秩序的排列，含水量一般也是固定的。

黏土矿物一般具有含水的特性。从其结构特征来看，黏土矿物所含的水主要有结晶水、结构水和层间水。

1. 结晶水

根据结晶水在层间域中结合性能的不同，又分为层间自由水和层间结合水（或称层间结晶水）两类。层间自由水是由吸附作用而保留在层间域中的水分子，结合力最弱，其中大部分是在黏土矿物颗粒中间以毛细管现象所吸附的水，它们在较低的温度下，一般在100℃左右即可脱出。层间结合水是以吸收作用保存在层间域中近层面处呈规则配位排列的水分，其结合力比层间自由水强，之所以称为黏土矿物，具有显著黏性，就是这种层间结合水起着催化剂作用的结果，此种类型水的脱出温度比层间自由水高，一般为120～500℃。

2. 结构水

以 OH^- 形式存在于晶体结构八面体中的结构水则是由化合作用结合在晶格中的 OH^-、H^+、H_3O^+，此种结构水在晶格中结合力最强，要在很高的温度下，一般大于500℃时才能脱出。

二、脱水机理

不同黏土矿物的原子结构差异，导致脱水、吸热的温度不同。

1. 贫水膜离子交换富水膜离子

根据黏土矿物的结构特征分析，以 OH^- 形式结合在晶格中的结构水都是构成八面体的一部分，这种结合是很紧密的，很难从晶格上脱出，必须在很高的温度下结构才能被解体脱出结构水。因此，结构水的脱出主要取决于其在晶格中的结合程度（即结合力的大小）。这种结合力的大小显然与各矿物的内能有关，而矿物的内能根据其组成结构，主要取决于它的化学成分、构造类型和结晶程度三要素。因此，黏土矿物脱出结构水产生吸热反应的温度也主要取决于这三要素。对于不同的黏土矿物，由于构成它们晶体的金属阳离子种类及其与结构水的结合程度不同，上述它们之间的三要素也不尽相同。

水化膨胀的机理是 2∶1 型水铝硅酸盐矿物的层间域拉大，富含水膜的 Na^+ 进入其中，代替了大离子半径薄水膜的 K^+。可以通过季铵盐类阳离子中和多余的阴离子，或在地层中注入 KCl，增加 K^+ 浓度，置换厚水膜的 Na^+，使胶体矿物内部层间域水分子减少，达到脱水的目的。

固体对电解质的吸附包括离子交换吸附和离子晶体对电解质的选择性吸附。离子交换吸附是离子交换剂吸附电解质溶液中的某种离子时，有等量同电荷的离子从固体上交换出来，这实际上是一种化学吸附（静电力引起），交换平衡符合质量作用定律。H^+ 和 Na^+ 的吸附量之比与两离子的浓度之比有关：

$$\Gamma_{H^+}/\Gamma_{Na^+}=Kc_{H^+}/c_{Na^+} \qquad (4\text{-}4\text{-}1)$$

$$K=(\Gamma_{H^+}/\Gamma_{Na^+})(c_{Na^+}/c_{H^+}) \qquad (4\text{-}4\text{-}2)$$

式中，K 为交换平衡常数。

若以 Γ_m 表示固体的饱和吸附量，则有：

$$\Gamma_m=\Gamma_{Na^+}+\Gamma_{H^+} \qquad (4\text{-}4\text{-}3)$$

式（4-4-3）可写成：

$$K=[\Gamma_{H^+}/(\Gamma_m-\Gamma_{H^+})](c_{Na^+}/c_{H^+}) \qquad (4\text{-}4\text{-}4)$$

或写成直线形式：

$$1/\Gamma_{H^+}=1/\Gamma_m+[1/(K\Gamma_m)](c_{Na^+}/c_{H^+}) \qquad (4\text{-}4\text{-}5)$$

以 $1/\Gamma_{H^+}$ 对 c_{Na^+}/c_{H^+} 作图即可求得 Γ_m 和 K 值。式（4-4-5）系离子交换吸附公式。

2. 晶格脱水的原理

带水化膜的阳离子被带氧化性基团的阳离子取代，晶层间水析出，蒙皂石层间距离减小，体积收缩（图 4-4-1）。

三、膨胀性与水敏伤害防治

黏土矿物与水溶液接触后，黏土矿物的膨胀按先后顺序分为表面水化膨胀和渗透水化膨胀两个阶段。

1. 表面水化膨胀

表面水化膨胀也称结晶膨胀或层间膨胀，是由于黏土矿物颗粒吸附水分子，从而形成水化膜。黏土矿物的内外表面水化时，水在晶层间凝结，引起晶格膨胀。在这一过程中，主要推动力是黏土矿物表面水层的吸附能。水的吸附量、定向水膜的厚度和定向性取决于层间阳离子的水化能及黏土矿物结晶表面的电荷密度。

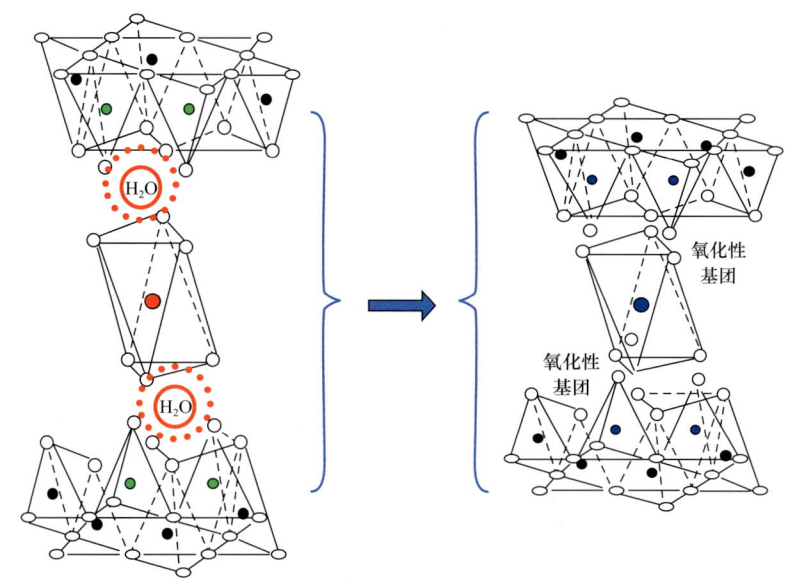

图 4-4-1　蒙皂石晶格脱水示意图

研究表明，当蒙皂石的交换性阳离子是 Ca^{2+}、Mg^{2+} 和 H^+ 时，晶片之间的吸引力增加，水化膜厚度小，水分子定向规则排列；当交换性阳离子为 Na^+ 时，晶片间吸引力减弱，水化膜厚度大，水分子定向排列差。因此，钠蒙皂石的膨胀性比钙蒙皂石大。不同黏土矿物膨胀能力大小顺序是：蒙皂石＞含膨胀层的混层黏土矿物＞伊利石＞高岭石。

黏土矿物的表面水化能力与黏土矿物组成之间的关系可用交换性阳离子的概念解释，即当黏土矿物与水接触时，吸附在黏土矿物中的交换性阳离子趋向于从中分离出来。可形成一些带负电的结构单元，斥力将迫使黏土矿物分开而使水分子进入层间。高岭石不存在层间吸附离子，所以它在水中分散时，不发生膨胀。同时黏土矿物在相同环境条件下，层间阳离子的分离趋势受质量作用定律和离子价的支配，取决于阳离子交换吸附能的大小。一般情况下，离子价数越高，则吸引力越强，与黏土矿物结合后越不易水化，微粒之间相互斥力弱，就不易分散。层间阳离子分散趋势的顺序一般为：

$$Li^+＞Na^+＞K^+＞Rb^+＞Mg^{2+}≈Ca^{2+}≈Sr^{2+}≈Ba^{2+}≈Cs^{2+}$$

钠蒙皂石与钙蒙皂石膨胀性的差别可解释为 Ca^{2+} 比 Na^+ 的吸附能大，Ca^{2+} 从蒙皂石层间分离出去的趋势较 Na^+ 小，所以微粒之间的斥力和膨胀性较小。

表面水化是由黏土矿物晶体表面吸附水分子和交换性阳离子水化而引起，由于黏土矿物晶层间存在范德华力、晶层面负电荷—阳离子—晶层面负电荷之间的静电引力和晶层间的氢键力使黏土矿物各晶片连在一起，这些力称为黏土矿物晶层间的连接力，所产生的能量称为结合能。当黏土矿物遇水后，在黏土矿物所带电荷、交换阳离子和氢键作用下，水分子进入黏矿物晶层间，从而发生水化，产生晶层间斥力，斥力产生的能量称为表面水化能（图4-4-2）。各种黏土矿物的成分、结构不同，其表面水化能大小也不相同。当晶层间斥力大于其连接力时，晶层间距（层间域）变大，黏土矿物产生表面水化膨胀，增加了晶体 c 轴间距。

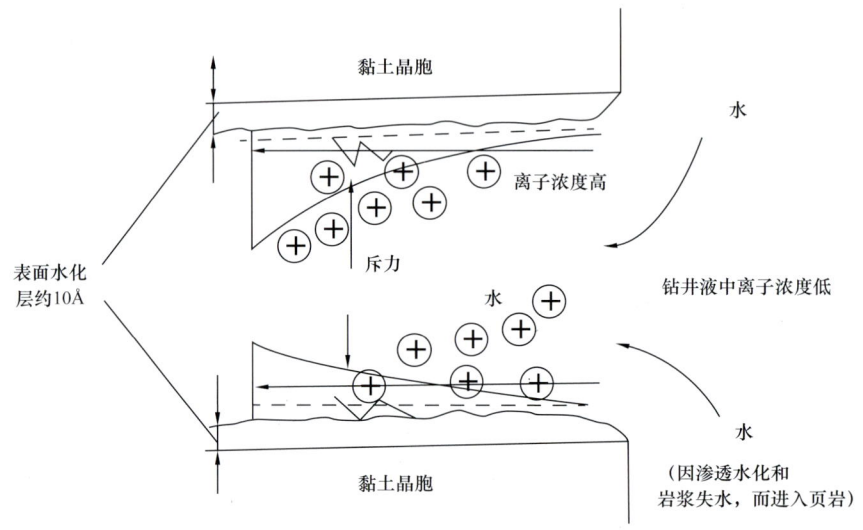

图 4-4-2　黏土矿物表面水化示意图

表面水化所吸附的水为多层，通常为 4 层。第一层水是水分子与黏土矿物表面呈六角形网格的氧原子形成氢键而保持在表面上，水分子通过氢键结合为六角环，此层水的吸附能很高，除去这层水所需的压力高达 4000Pa；下一层也以类似的情况与第一层键接，氢键强度随离开表面的距离而降低。

交换性阳离子以两种方式影响黏土矿物表面水化：一是许多阳离子本身是水化的，有水分子的"外壳"；二是与水分子竞争，锚键接到黏土矿物晶体表面上。交换性阳离子水化是引起黏土矿物表面水化的主要原因。

2. 渗透水化膨胀

渗透水化膨胀也称外表面水化，是由于晶层间的阳离子浓度大于液体内部，因而水发生浓差扩散进入晶层间，因此增加晶层间距，引起渗透膨胀。渗透水化是由于晶层间的阳离子浓度大于溶液内部的浓度，因而水发生因浓差扩散进入晶层间，从而在黏土矿物表面形成扩散双电层，由于双电层斥力使晶层进一步分开，这种作用称为渗透水化。

渗透水化引起的体积增加比表面水化引起晶格膨胀大得多。例如，钠蒙皂石干样晶层间距 1.21nm，表面水化阶段，每克干重约吸水 0.5g，体积增加约一倍，晶层间距约增至 1.5nm；但是在渗透水化阶段，每克干重约吸水 10g，体积可增加 20～30 倍，晶层间距约可增至 3.35nm；该阶段黏土矿物颗粒常常形成边面结合，导致形成凝胶（图 4-4-3）。

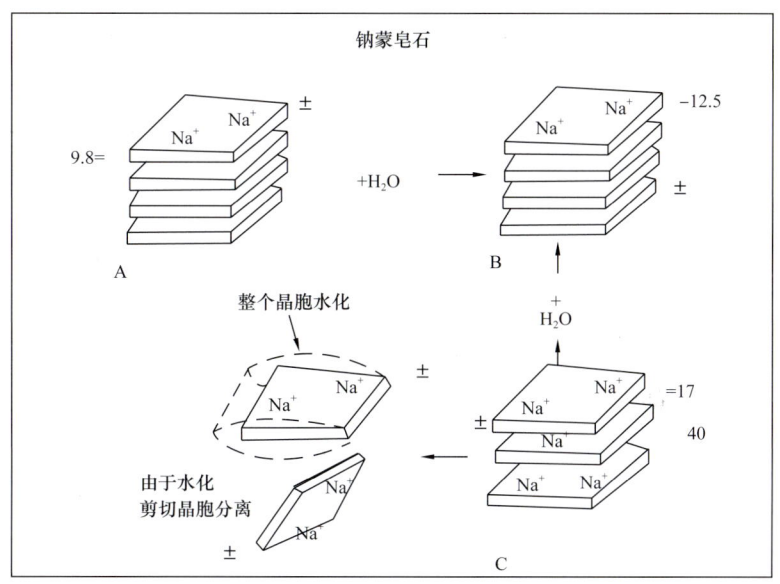

图 4-4-3　蒙皂石水化膨胀过程示意图

当低于地层水矿化度的外来流体进入地层时，由于黏土矿物表面的离子浓度高于外来流体中的离子浓度，这时外来流体中的水被吸向黏土矿物表面，在其外部形成定向水膜，并增加双电层的斥力。由于各黏土矿物颗粒表面间的双电层相斥，把黏土矿物表面相互推开，使其继续膨胀。因此，黏土矿物颗粒周围半渗透膜的渗透平衡状态，是控制黏土矿物外表面水化膜的主要因素。

当黏土矿物分散在低矿化度水溶液中时，若其表面及晶层之间的阳离子浓度要高于本体溶液中的阳离子浓度，导致层间及表面水溶液与本体水溶液之间便产生一个渗透压，由于该渗透压的作用，引起浓度差扩散，即水分子向黏土矿物晶层间及晶面上扩散，原来吸附在黏土矿物表面的阳离子便向本体水溶液中扩散，形成扩散双电层。由于扩散双电层斥力的作用，黏土矿物晶层的结合力进一步减弱，层间域大大增加，远超过 4 个水分子层厚。

综上所述，储层黏土矿物类型、可交换性阳离子组成、水介质的离子组成及浓度是影响黏土矿物表面水化和渗透水化的最主要原因。以蒙皂石为例，遇到低矿化度水介质时首先发生表面水化，晶层膨胀使其体积增加几倍，渗透水化使膨胀过程继续进行，导致其体积又大幅度增加，因而蒙皂石是膨胀性最强的黏土矿物。

3. 黏土矿物水化膨胀、分散测定方法

测定黏土矿物水化膨胀、分散的方法有毛细管膨胀仪测定法、NP-01 型膨胀测定仪测试法和 CST 测试仪测试法等。

1）毛细管膨胀仪测定法

采用毛细管膨胀仪测定黏土矿物在不同时间吸附不同液体的数量，或用相对吸附变化率来表示，按式（4-4-5）计算：

$$R = V_2/V_1 \times 100\% \tag{4-4-6}$$

式中，R 为某时间黏土矿物相对吸附变化率，%；V_2 为某时间吸附试验液体数量，mL；V_1 为相同时间、条件下吸附蒸馏水的数量，mL。

2）NP-01 型膨胀测定仪测试法

采用 NP-01 型膨胀测定仪，在不同时间测定用黏土矿物所压制的一定尺寸的岩心在一定时间内吸附某种液体后的线膨胀率（%）。

3）CST 测试仪测试法

采用 CST 测试仪测量一定细度的黏土矿物在某一液体中分散后在特定滤纸上由于毛细现象运移一定距离所需的时间（称为 CST 值），以此来分析黏土矿物吸水后的分散性能。各种黏土矿物膨胀率和 CST 值见表 4-4-1。

表 4-4-1 典型地区黏土矿物膨胀率和 CST 值

黏土矿物	产地	2h 膨胀率（%）	16h 膨胀率（%）	CST 值（a）
蒙皂石	新疆夏子街	14.14	30.28	696.9
蒙皂石	山西阳泉	14.45	28.09	334.6
蒙皂石	安徽桃中	19.41	30.49	
伊/蒙混层（S 为 30%）	山西永和	18.3	23.25	155.8
伊/蒙混层（S 为 75%）	山西永和	28.72	40.38	163.6
伊/蒙混层（S 为 55%）	山西永和	34.06	40.65	178.7
伊利石	浙江平阳	7.41	9.17	115.6
高岭石	北京旭东化工厂	9.75	10.17	40
高岭石	苏州阳山	8.82	9.93	29.3
凹凸棒石	江苏	17.67	19.25	216.6
海泡石		12.83	20.81	

4. 影响黏土矿物水化膨胀的因素

1）黏土矿物类型影响

由于各种黏土矿物的化学组分和结构特征不同，其电化学特性有较大差异。因而其水化膨胀特性不同（图4-4-4），主要表现在以下几个方面：（1）蒙皂石的外表面和内表面均可水化，阳离子交换容量高，因而易水化膨胀、分散；（2）伊利石和高岭石主要是外表面水化，阳离子交换容量低，不易水化膨胀、分散；（3）伊/蒙混层膨胀率与混层比有关，无序伊/蒙混层（混层比大于40%）的膨胀率与蒙皂石相接近，有序混层（混层比小于40%）的膨胀率明显下降（图4-4-5）；（4）绿泥石（海泡石）和凹凸棒石均具有较强的水化膨胀特性，其16h膨胀率达19%～21%。各种典型黏土矿物膨胀、分散能力的顺序如下：

蒙皂石＞伊/蒙混层＞伊利石＞高岭石＞绿泥石

图4-4-4 克拉玛依油田七中区三叠系
砂砾岩中蒙皂石的形态特征图

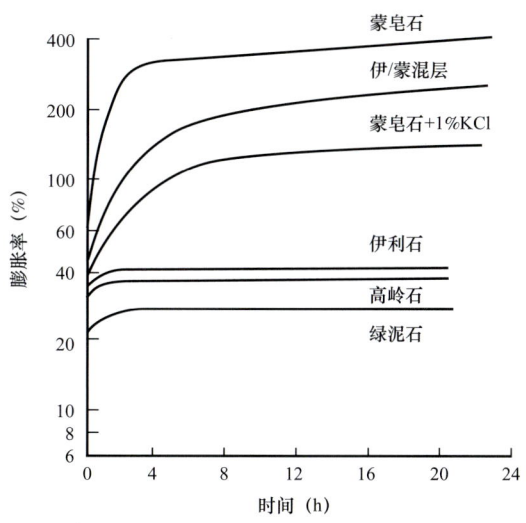

图4-4-5 黏土矿物膨胀率与时间关系图
（据 E.A.Roehl）

水敏性主要体现在绿泥石、蒙皂石、伊利石、水化白云母、降解伊利石、降解绿泥石的水化膨胀方面。

2）交换性阳离子种类影响

黏土矿物吸附的阳离子不同，其水化程度有很大差别，钠蒙皂石水化后晶间距可高达4nm，钙蒙皂石仅为1.7nm，钠蒙皂石吸附水的含量远高于钙蒙皂石、钾蒙皂石和铵蒙皂石（图4-4-6）。

不同可交换性阳离子对同一种黏土矿物水化膨胀的影响，主要取决于阳离子带电荷、阳离子本身的水化数和阳离子本身几何尺寸3个因素。

尽管钙离子的水化数（8～10个水分子/离子）高于钠离子的水化数（4个水分子/离子），但是钙离子电荷比钠离子多一倍，因而它与带负电荷黏土矿物晶层之间的静电引力比钠蒙皂石大得多，所以晶层不易分开。而钠离子尽管水化数低，但所带的电荷少，与晶层之间的静电引力弱，吸水后晶层易分开，故其吸水量大于钙蒙皂石。钾离子和铵离子虽然带的电荷少，但它们的几何尺寸与硅氧四面体的氧原子六角环内切圆直径相当，再加上其水化能低，因而不易膨胀、分散。

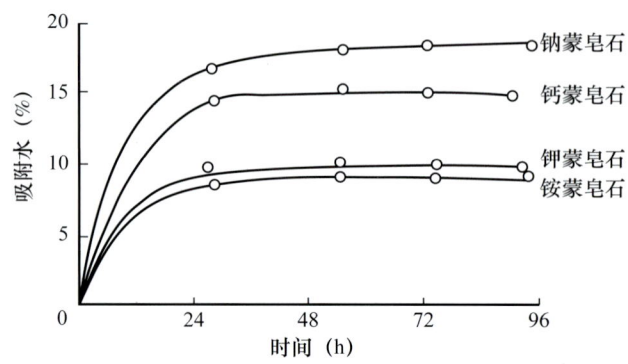

图 4-4-6　不同阳离子蒙皂石的吸附水与时间关系曲线

3）黏土矿物晶体的部位影响

黏土矿物晶体不同部位的水化膜厚度不相同。黏土矿物所带的负电荷大多集中在晶层层面上，导致层面上吸附的阳离子也多。黏土矿物表面水化膜主要是阳离子水化所造成的，故晶层表面水化膜厚；而晶层端面带电量少，故水化膜薄。

4）黏土矿物颗粒直径影响水化

E.A.Roehl 通过实验证明：（1）蒙皂石的等温吸附水量随其粒径的减少而增加，粒径越小，比表面积越大，故吸水越多；（2）伊利石的等温吸水量随粒径增大而增加，因伊利石层理发育，水分子沿毛细管束进入，粒径越大，毛细管束越多，吸水越多（图 4-4-7）。

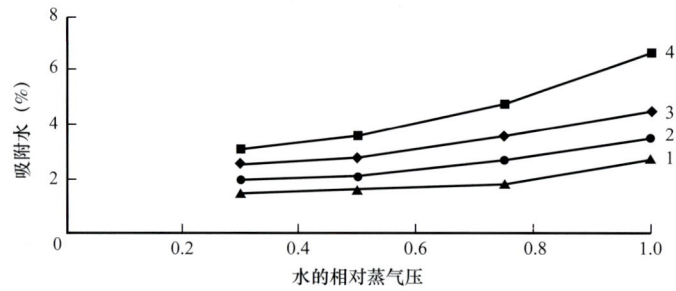

图 4-4-7　各种黏土矿物颗粒大小与吸附水之间的关系

1—蒙皂石粒径为 0.5mm；2—蒙皂石粒径为 1mm；3—伊利石粒径为 1mm；4—伊利石粒径为 0.5mm

5）温度和压力影响

黏土矿物水化膨胀性随温度增加而明显升高，尤其当温度超过 120℃时，膨胀曲线形状有较大变化（图 4-4-8）。

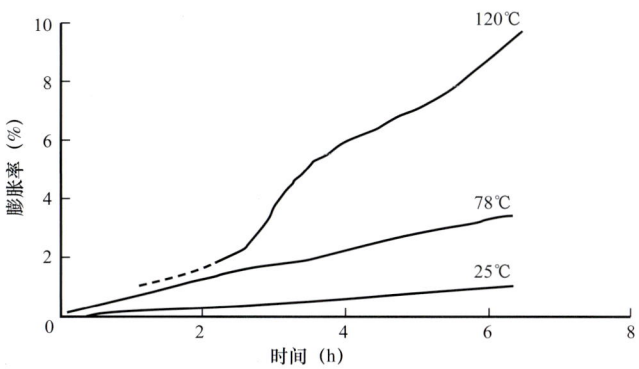

图 4-4-8　压力为 1.23MPa 下温度对膨润土膨胀率的影响

黏土矿物的水化膨胀易被机械负荷抑制，膨胀率均随预负荷的增加而急剧下降。当预负荷超过 0.28MPa 时，膨胀率缓慢下降（图 4-4-9）。

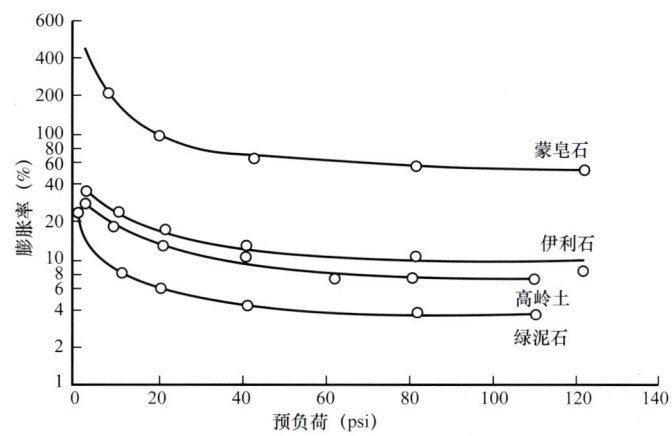

图 4-4-9　黏土矿物膨胀率与预负荷之间的关系

6）时间影响

黏土矿物吸水膨胀率随时间延长而增大，当超过一定时间后，膨胀率增加趋于缓慢（图 4-4-6）。

7）pH 值影响

随着介质 pH 值增加，黏土矿物离子交换容量随之增加，膨胀率和分散性亦随之增大。

5. 缩膨治理对策

缩膨剂使膨胀黏土矿物脱水缩膨的机理主要有电荷中和、强氧化晶格松动和薄水膜离子替代三种。

1）电荷中和

疏水低聚双季铵盐、小阳离子铵类、K^+（NH_4^+）等所带的阳离子电荷能够与蒙皂石等2∶1晶层表面多余负电荷中和（Zeta电位降低）。减少层间负电荷之间排斥力，层间域缩小（X射线2θ角减小），从而压缩其双电子层，使晶层收缩，黏土矿物体积收缩。

2）强氧化晶格松动

过硫酸铵、羟胺类、糖苷类、盐酸、草酸、双子羧基甜菜碱、柠檬酸、羧基EDTA等强极性氧可以使晶格松动，脱出晶格吸附的水分子，从而使黏土矿物体积收缩。同时使浊沸石、碳酸盐胶结物溶蚀后的Ca^{2+}、Mg^{2+}、Fe^{2+}络合，形成毛细通道，恢复储层的渗透率。

3）薄水膜离子替代

低水化能薄水膜阳离子取代高水化能厚水膜阳离子。疏水低聚双季铵盐、小阳离子铵类、K^+（NH_4^+）等大离子半径（弱离子键）水化能低于Na^+、Ca^{2+}、Mg^{2+}等，水化膜薄，更容易吸附到2∶1晶层表面或阳离子亏损部位，置换较厚水化膜Na^+、Ca^{2+}、Mg^{2+}，起到层间域脱水作用。

四、水化性

1. 水化性特征

水化性是指成岩作用较弱的储层中原生未经重结晶的火山凝灰质、细小机械杂质在遇到外来淡水时迅速分散形成类似水泥浆状迁移堵塞喉道，后期若脱水便附着在孔喉壁表面，造成储层伤害。如海塔盆地南屯组扫描电镜下观察到凝灰质水化后充填和附着在孔隙喉道中，没有固定的形状，对储层伤害较大（图4-4-10）。

这种现象在准噶尔盆地西北缘克下组、乌尔禾组储层中也较为普遍。尤其是在压裂中储层与前置液接触而发生水化，使储层岩石强度降低，支撑剂嵌入其中，当压裂结束停泵后，裂缝迅速闭合，水化形成的水泥浆不但没有起改造储层的作用，反而造成了新的储层伤害。

2. 水化矿物

水化矿物一般是一些未经成岩转化的不稳定细小机械杂质、碱性火山凝灰质、风化残积土等容易在水中分散成悬浮状矿物，不与水结合，但容易被水包裹形成乳液分散质，发生迁移。

3. 水化性的防治

水化矿物在矿化度较低的淡水中容易发生水化，氯化钠是防水化良好的材料。因此，在容易发生水化的储层改造中，加入一定浓度的氯化钠防止水化引起储层伤害。

从海塔盆地白垩系南屯组和准噶尔盆地西北缘二叠系水化较严重的储层特征分析，

有一个共同特点就是快速堆积的砂砾岩中碱性凝灰质含量普遍偏高，酸、盐（NaCl）对未脱玻化碱性凝灰质溶解性较强，可以防止水化、分散。

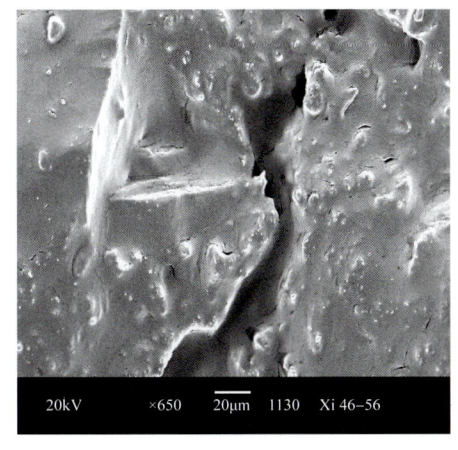
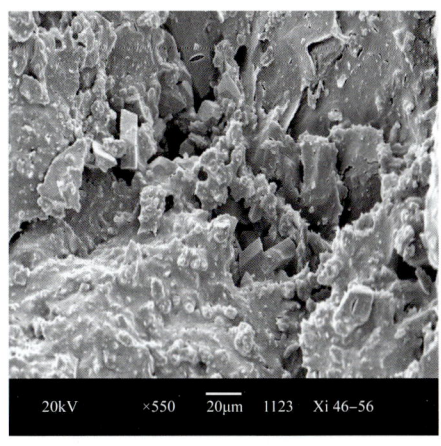

(a) 凝灰质水化迁移特征　　　　　　　　(b) 凝灰质水化脱水附着特征

图 4-4-10　海塔盆地贝中凹陷南屯组凝灰质水化充填和附着在孔隙喉道中

第五节　絮凝—分散及其迁移性

一、黏土矿物的絮凝

1. 储层表面层的絮凝与分散

絮凝和分散是黏土矿物—水体系的另外两个重要特征，主要表现为：（1）当黏土矿物颗粒在水介质中趋于聚集而形成团块时，称黏土矿物处于聚集（或絮凝）状态；（2）当这些团块分裂散开时，则称黏土矿物处于分散状态。

黏土矿物的絮凝与分散现象可以用双电层理论解释：

陆相油田地层水矿化度一般变化比较大（从几千毫克/升到几十万毫克/升），含有各种各样无机盐离子。图 4-5-1 展示了海塔盆地南屯组储层表面各种黏土矿物与无机盐离子的分布，可以看出，在含有电介质的水溶液中，由于电离作用，一些离子带正电，一些离子带负电（OH^-）。

当黏土矿物加入这种水溶液时，那些带正电的离子与黏土矿物发生阳离子交换，而 OH^- 吸附在黏土矿物晶体的阳离子点上，并包裹在黏土矿物表面，形成一层带负电的 OH^- 层，使黏土矿物表面带负电。在这些负电层的外面，又有一层电荷相当的带正电荷的阳离子层与之平衡。

当平衡离子距黏土矿物颗粒较远时，由于颗粒受表面负电荷间相互斥力的作用，黏土矿物颗粒就发生分散。当带正电荷的平衡阳离子距黏土矿物颗粒较近时，就抵消了表面负电荷斥力的作用，反而使黏土矿物颗粒相互吸引而产生絮凝。

(a) 储层孔隙表面黏土矿物特征

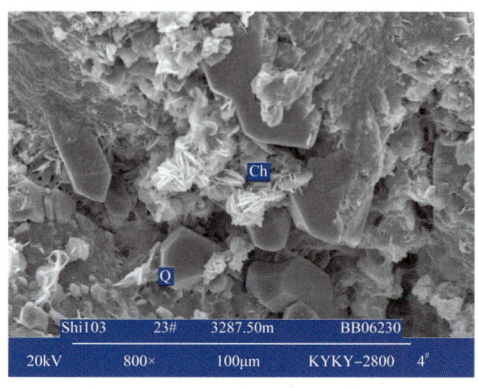
(b) 储层喉道表面黏土矿物特征

图 4-5-1　海塔盆地南屯组储层表面黏土矿物和无机盐分布

2. 黏土矿物的絮凝特点

研究表明，当电介质或黏土矿物中的交换性阳离子是 Ca^{2+}、Mg^{2+} 或 H^+ 时，有利于黏土矿物絮凝；而平衡阳离子是 Na^+ 时，则使黏土矿物分散。另外，增加电介质的浓度，也有利于黏土矿物稳定或絮凝。

原始油层中黏土矿物与地层水处于一种平衡状态，既不絮凝，也不分散。如果外来流体矿化度及其离子类型与地层水不匹配，就可能引起储层中黏土矿物发生分散、运移和絮凝，造成储层伤害。

3. 黏土矿物分散特点

（1）如前所述，黏土矿物属于水铝硅酸盐胶体矿物，具有胶体的诸多特性。胶体不是物质的一种聚集状态，而是一相或多相以一定大小分散于另一相中的多相分散体系，是处于宏观体系和微观体系之间的亚平衡状态，这给定量研究胶体体系带来困难。但是由于它处于二者之间，往往可以把宏观的一些理论，如流体力学理论运用到胶体中；同时也可以把微观上的一些理论（如离子键力理论）运用到胶体中。

（2）物体的性质是由其体相性质和表面性质共同决定的。对于一般相来说，比表面积小，物体性质主要由其体相性质决定，表面性质可以不予考虑。但对于高分散相来说，比表面积很大，物体表面的性质对物体整体性质影响很大，不能不予考虑。这就是胶体化学与表（界）面化学不可分割的原因。

（3）将一个粒子分割成几个、几十个，其性质并不发生明显变化，但若将它分割成千万个，达到胶体粒子大小，其性质就会发生显著的变化。这是从量变到质变的必然结果。

（4）胶体体系分散相介于粗分散粒子和原子、分子之间，因此胶体的制备方法通常有分散法和凝聚法两种。传统的制备方法获得的溶胶是多分散的聚集体，颗粒尺寸相差悬殊。但是在严格控制的条件下，有可能制备出形状相同、尺寸接近的胶体颗粒，这种体系称为均分散体系。制备均分散体系的方法多种多样，不同化合物，甚至同一化合物不同颗粒形状的均分散体系，形成条件也各不相同。溶胶—凝聚法、相转变法、共沉淀法、微乳状液和胶团法等都是常用的制备均分散胶体体系方法。

二、黏土矿物的分散迁移性

1. 黏土矿物分散

黏土矿物水化膨胀后，晶层间和颗粒间的距离增大，结合力（引力）减弱，在外力作用下（如受流体的冲击或液体的扩散作用等），就很容易分散成更细的颗粒或分散成晶片。蒙皂石水化后的分散如图 4-5-2 和图 4-5-3 所示。

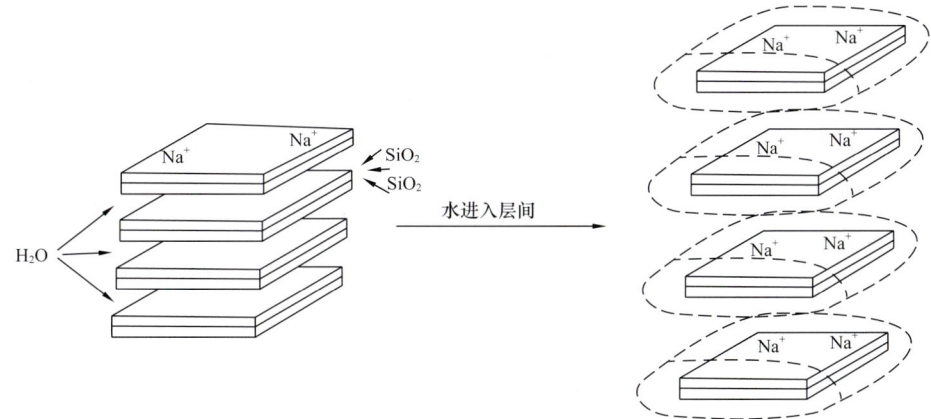

图 4-5-2　蒙皂石水化膨胀示意图

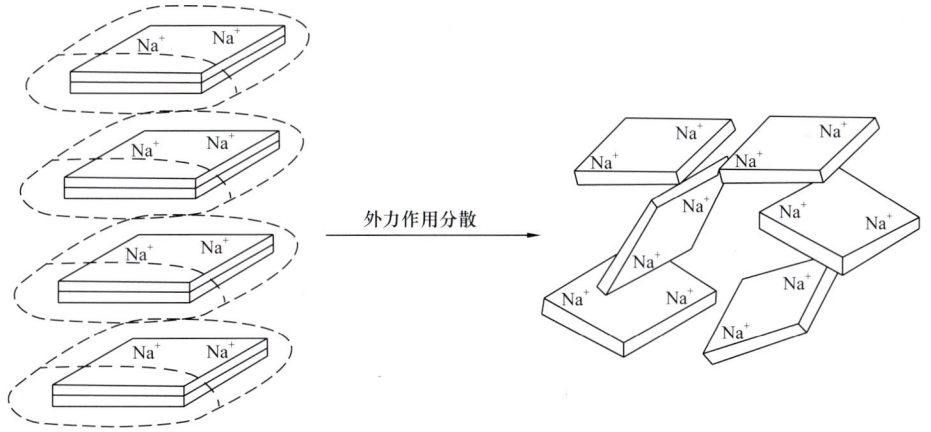

图 4-5-3　外力作用下水化膨胀后的蒙皂石分散示意图

2. 黏土矿物颗粒分散运移堵塞喉道

黏土矿物颗粒分散成更细的微粒后，就可以随流动的液体一起运移，当运移到孔道狭小处就形成聚集堵塞，造成储层伤害。可见，分散的黏土矿物微粒在外力作用下随流体运移产生堵塞（图 4-5-4）。

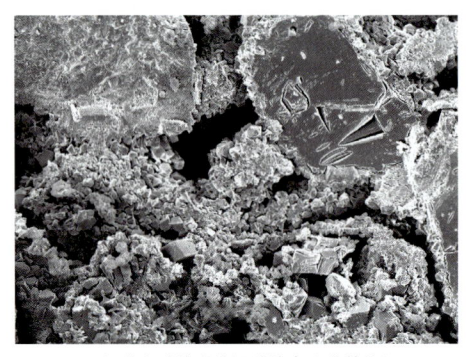

(a) 黏土矿物微粒运移堵塞孔道前特征　　　　　(b) 黏土矿物微粒运移堵塞孔道后特征

图 4-5-4　海塔盆地贝 13 井铜钵庙组储层分散的黏土矿物微粒运移堵塞孔道

黏土矿物引起水敏伤害的机理是黏土矿物遇到矿化度低于地层水的外来流体时，由于外界水与层间水的矿化度不等而产生渗透水化，使其体积膨胀，减小流动通道，同时膨胀后的黏土矿物结合减弱，很容易分散运移，堵塞油气渗流通道，造成水敏伤害。

速敏性主要是对流体速度敏感，渗流通道中流体速度过快，会冲刷掉高岭石、蒙皂石、伊利石、混层黏土矿物、少量的微晶石英、微晶长石等，这些颗粒随流体流动，到了不适宜继续流动的狭小孔隙或喉道处，就会堵塞孔隙或喉道。

3. 黏土矿物—水分散体系的稳定性

1）黏土矿物—水分散体系（胶体悬浮体）的稳定、聚集和沉降

黏土矿物水分散体系的稳定性主要源于胶粒间的相互排斥力，包括以下两种斥力作用：

（1）胶粒间的静电斥力。由于胶粒带负电荷，那么胶粒之间存在静电斥力，阻碍胶粒间的结合、聚集、变大以阻止沉降、沉积。

（2）溶剂化膜的斥力。黏土矿物颗粒周围形成溶剂化膜，其中水化膜中的水分子是定向排列的。当黏土矿物颗粒相互接近时，水化膜被挤压变形。水分子之间的吸引力促使水分子恢复原来的定向排列，水化膜表现出弹性，阻碍了黏土矿物颗粒布朗运动可能产生的聚集、沉降。

2）黏土矿物—水分散体系的絮凝沉降

絮凝和分散是黏土矿物—水体系的一个重要特征，当黏土矿物颗粒在水介质中趋于聚集而形成团块时，称黏土矿物处于絮凝状态。当这些团块分散裂开时，则处于分散状

态或反絮凝状态。影响黏土矿物絮凝和分散的最主要因素是黏土矿物—水体系中电介质的类型和浓度、阳离子交换作用和水的 pH 值。地层中的黏土矿物与地层水介质处于一种亚平衡状态，而且通常处于亚絮凝状态。

电解质能使溶胶发生聚沉，这是因为电解质能压缩双电层结构，即吸附层变厚、扩散层变薄，电动电势降低，中和黏土矿物颗粒表面的负电荷，从而减小了颗粒间的斥力，同时也使颗粒的溶剂化膜变薄，斥力也降低，使黏土矿物颗粒在分子间力作用下聚集变大，从而沉降。

由于黏土矿物的颗粒较细（一般低于 5μm），在双电层斥力和流体流动的水动力作用下，很容易随流体运移。当运移到喉道狭小处遇阻，或在孔道的转弯处碰撞孔壁、流速降低、紊流作用下把微粒推向孔壁等，都可以使微粒沉积在孔道中减小孔道的流通尺寸，或堵塞在孔道狭小处严重降低孔道的流通性，而使储层渗透率降低，产生速敏伤害。例如，高岭石类矿物常以碎屑形式疏松地存在于砂岩中，由于它们在砂粒表面附着不紧和颗粒较大，受流动液体的冲刷很容易脱离砂粒表面，并随流体运移到孔喉处产生堵塞，引起储层伤害（图 4-5-5）。因此，这类黏土矿物迁移主要以微粒运移的形式引起储层伤害，即主要引起流速敏感性伤害。

（a）储层孔隙高岭石特征　　　　　　　　（b）储层孔隙高岭石分散迁移后特征

图 4-5-5　鄂尔多斯盆地侏罗系中—细砂岩扫描电镜下观察到的高岭石对孔隙喉道的堵塞

三、速敏伤害及其防治

粒径小于 2μm 以下的高岭石、机械杂质、凝灰质等在流体流通作用下，容易迁移到喉道狭窄的地方停留下来，造成喉道堵塞，形成速敏。因此，速敏矿物含量较高储层的开发，应控制注水压差，减缓水介质在地层中的流动速度，以降低速敏伤害。

疏水低聚双季铵盐、低分子两性甜菜碱通过多点吸附在矿物集合体表面，发挥桥联作用，防止黏土矿物分散、运移，从而改善渗透率。

讨论与思考

讨论

1. 关于岩石润湿性的讨论

长期以来，人们对岩石的润湿性影响因素讨论始终没有一个定论，是不是岩石长期被水浸泡就亲水，或者长期被油浸泡就亲油，答案不完全如此。润湿性是岩石的固有属性，主要由骨架矿物颗粒表面黏土矿物类型、含量及其性质决定的，这些层状水铝硅酸盐矿物中各种类型赋存的水越多，水湿性越强。当然骨架矿物和长期处于油水不同环境对润湿性有一定的影响，但不起主要作用。

黏土矿物表面吸附了有机胺类的阳离子表面活性剂后，使得水分子难以进入其中，从而阻止了黏土矿物的水化。

矿物的亲水性是指矿物在表面引力的影响下所形成的结合水总量。亲水性是黏土矿物非常重要的特性，它的许多物理化学性质和力学性质（如膨胀、收缩、分散、抗剪切以及流变性等）均与亲水性质有关。在水铝硅酸盐表面层矿物中含水越多，亲水性越强。

大量实验研究资料表明，在黏土矿物表面有4个吸附能量不等的水吸附中心，它们是：（1）基面的复三角形晶胞；（2）基面上的氧原子和氢氧根离子；（3）层间交换性阳离子；（4）黏土矿物侧面断口上持有不平衡电价的离子（破键）。

前3个吸附中心都是在黏土矿物的基面上，只有第四个吸附中心在侧面断口上，虽然它只占黏土矿物比表面积的5%～10%，侧面断口的离子交换中心具有两重性，可随着介质pH值的变化而改变电荷和吸附离子的性质，因此对黏土矿物的分散和絮凝具有重要意义。

黏土矿物的亲水性与其化学组成、结构电荷和交换性阳离子有密切关系。总亲水性的强弱在很大程度上取决于矿物的比表面积大小，即取决于黏土矿物的分散性和膨胀层之间的间隙。后者与晶体结构层中由于不等价类质同象置换而产生的电荷值大小有关。

在黏土矿物与水相接触时，由于表面的负电荷和交换性阳离子的水化作用，在其表面和单位晶层间形成一层定向水膜，它们以范德华力和氢键与黏土矿物结构相连接。定向水膜中心的水与普通液态水相比具有较大的密度和黏度，对黏土矿物的动力学性质具有重要的影响。定向水膜的发育程度随黏土矿物的类型、交换性阳离子的性质以及介质组成和离子浓度的不同而变化。

在黏土矿物发生水化的同时，它的结构参数也发生一定的变化。在钻井、完井、注水开发及油层增产措施等各项井下作业过程中，由于工作液侵入地层，会引起地层水的组成和浓度改变，打破了地层黏土矿物与原始地下流体的稳定状态，从而导致黏土矿物发生膨胀、分散或絮凝等现象，给油层带来伤害[71]。

由于储层一般是在水中沉积并且被水所充满的，故储集岩一般是亲水的，但原油中的活性物质无疑可以改变岩石本身的润湿性。据大庆实验室资料表明，石英、长石本是亲水的，但在油藏形成过程中，原油运移进来，将水驱走，油中活性物质的极性端逐渐被吸附在岩石颗粒表面，形成了油膜，从而改变了岩石的润湿性，使其具有亲油性质。

由此可见，岩石的润湿性主要是由储层岩石与油、气、水性质决定的，外界条件具有一定的影响。

2. 黏土矿物活跃的物理化学性质影响原油采收率

碎屑储集岩中黏土矿物的粒径一般小于 2.00～5.00μm。由于颗粒很细，如果它与骨架颗粒的结合松弛，就容易在侵入流体高流速的推运下发生物理迁移，堵塞孔隙喉道。另外，储层孔隙喉道不但迂回曲折，而且在孔壁和孔隙中间一般都有黏土矿物分布，这不但使碎屑储集岩的孔隙喉道变得更加复杂，而且使孔隙喉道具有粗糙的孔壁和极大的比表面，降低了原油的驱替效率。

3. 储层带电性讨论

储层带电性普遍存在，根据电荷的来源，可分为永久电荷（也称结构电荷）和表面电荷（也称可变电荷）。碎屑岩储层一般具有带负电的特性，推测吸附阳离子型表面活性剂，对降低油—水界面张力作用将有较大的影响。储层敏感性和离子交换性越强，带负电性越强。带负电性的碎屑岩储层一般表现出阴离子表面活性剂适应性好，降低界面张力效果明显，但抗盐性差。从吸附、消耗和电荷中和的角度讲，阳离子表面活性剂不适合碎屑岩油藏化学驱，但是可以作为很好的防膨—缩膨剂。

4. 储层表面物理化学性质是影响原油采收率的重要因素

通过对储层表面的物理化学性质的测定，比表面大，吸附性强，润湿性有较大变化。因黏土矿物的组合比较复杂，润湿性、含水性、膨胀性等变化较大，在注水开发过程中，黏土矿物结构和性质也会发生改变。深入研究这些物理化学性质，对中国大部分油田的开发前、中、后期采收率的评价指导意义重大。

5. 固—液表面吸附要比气—固表面吸附的机理复杂得多

吸附是一种重要的表面现象，物质内部分子和表面分子对周围分子产生吸引力，当表面积很大时，吸附作用表现明显。按照固体吸附剂与吸附质分子之间相互作用力以及相关热力学和动力学差异，吸附主要分为物理吸附和化学吸附。吸附质和吸附剂之间的相互作用主要包括范德华力、静电作用、氢键作用及电荷转移作用。

在液相吸附中，吸附剂的表面会被液体分子完全覆盖；相比较而言，在气相吸附中吸附剂的表面有被吸附分子占据的中心，也有自由的中心。由于液体混合物几乎是不可压缩的凝聚相，一个组分在固体表面吸附的同时就要置换掉固体表面组分。建立液相吸附理论的另一个困难是多组分液体混合物各组分间具有复杂的相互作用，并且吸附剂结构也十分复杂。吸附剂可能具有不同类型的孔隙，且表面具有不均匀性。

影响吸附的因素有很多，且机制较为复杂。对储层吸附的研究大都集中于页岩、煤对天然气的吸附以及原油吸附对岩石润湿性的改变等，由于储层表面组成复杂、组分不稳定，因此分析储层孔隙表面层在沥青质、胶质等极性物质的吸附，以及注水开发中剩余油分布和化学驱中相互作用，有重要研究意义。

6. 发生在溶液中的吸附和溶液 pH 值、离子强度和温度有密切关系

pH 值大小可以影响吸附剂表面性质及吸附质在溶液中的存在形态，温度对吸附的影响和吸附过程中的热效应有关。如果吸附过程吸热，升温有利于吸附；如果吸附时放热，则降温有利于吸附。离子交换的影响较为复杂，主要与离子的类型和含量有关[72]。改变离子强度对吸附剂和吸附质都会产生影响，改变吸附剂表面的双电子层厚度，促进微粒形态的吸附剂产生团聚，造成高分子吸附剂的收缩及孔隙的减小；与吸附质离子产生离子交换竞争，对吸附质产生盐析或盐溶效应，电解质离子与吸附质离子产生电子对等。

思考

1. 储层表面物理化学性质内容丰富，怎样科学、系统地形成一套表征储层表面性质的实验设计和方法？
2. 在开发过程中，储层表面与外来介质的相互作用导致储层润湿性发生改变，怎样找到表面层的组成等性质与润湿性的关系？
3. 储层表面层的物理化学性质包括哪些方面？各自的内在作用机制是什么？
4. 储层润湿性是岩石本身的固有属性？还是受外界因素的影响？
5. 为什么碎屑岩储层常常带负电？带电量的多少与哪些因素有关？
6. 储层的水化与水敏有什么不同？

第五章　表面层性质与微观油气水赋存状态

第一节　表面层性质对储层物性的影响

一、表面层产状对孔隙的影响

大部分表面层以自生水铝硅酸盐胶体矿物形式赋存在孔喉与骨架矿物颗粒之间（或充填在较大孔隙中，如高岭石等），堵塞了狭窄的喉道，降低了渗透率，使孔喉连通性变差（图5-1-1），可见表面层矿物含量越高，对储层物性影响越大。

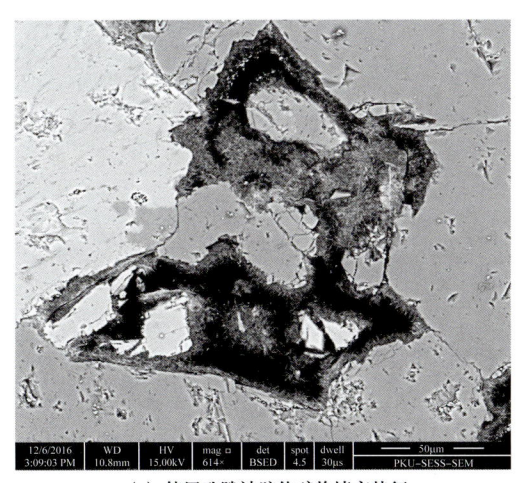
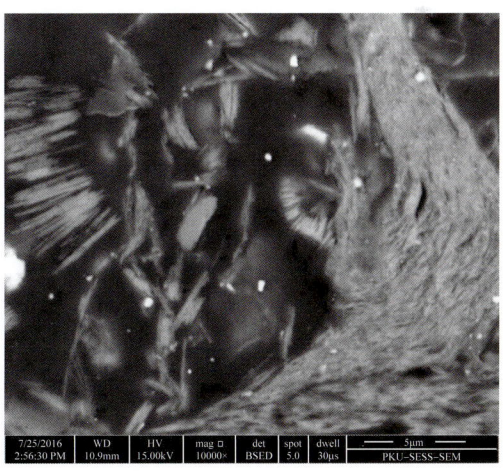

(a) 储层孔隙被胶体矿物填充特征　　　　　　　(b) 储层孔隙中胶体矿物赋存特征

图5-1-1　鄂尔多斯盆地安塞油田长6油层高岭石在孔隙中分散状态

对鄂尔多斯盆地延长组低渗透储层进行了大量扫描电镜观察，发现生长在骨架矿物颗粒表面的伊利石（图5-1-2）、绿泥石环边和充填在孔隙中的浊沸石（图5-1-3）是影响孔喉结构和储层物性的主要因素，进而制约着原油赋存状态和剩余油分布。

沸石类架状水铝硅酸盐胶体矿物以胶结物形式广泛充填在孔隙中，大幅度降低了储层孔隙度，这种现象在鄂尔多斯盆地延长组［图5-1-3（a）］和准噶尔盆地西北缘乌尔禾组［图5-1-3（b）］较为普遍。在一些有利于沸石转换的母岩、沉积环境和成储环境中，碎屑储层填隙物几乎全部是沸石，对储层物性起到了完全的控制作用，如准噶尔盆地西北缘中拐凸起中佳2区块佳木河组砾岩储层。

此外，机械杂质和凝灰质类、碳酸盐类等表面层矿物充填在孔隙中也会大幅度降低储层孔隙度，在准噶尔盆地西北缘百口泉组砾岩中分布较为普遍（图5-1-4）。

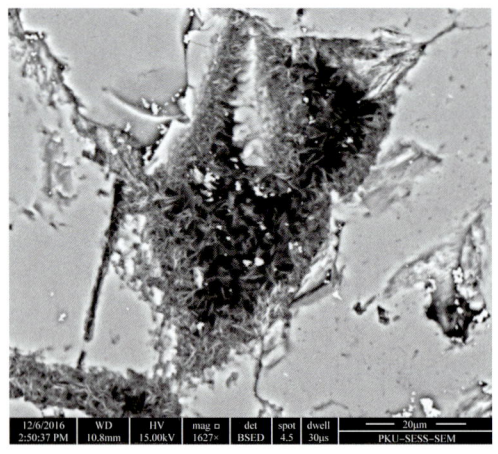

(a) 储层孔隙伊利石填充特征　　　　　　　　(b) 骨架矿物颗粒表面的伊利石分布特征

图 5-1-2　鄂尔多斯盆地安塞油田长 6 油层生长在骨架矿物颗粒表面的伊利石分布特征

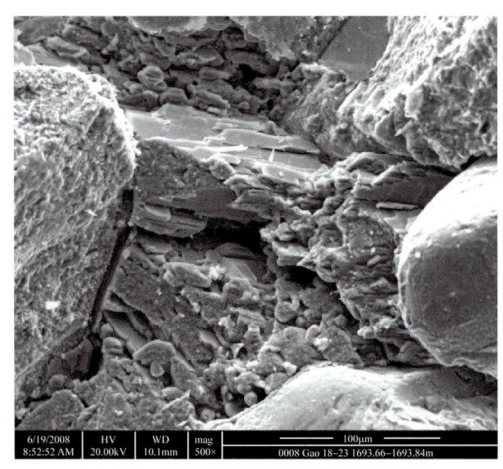

(a) 鄂尔多斯盆地长10油层浊沸石分布特征　　　　(b) 准噶尔盆地西北缘乌尔禾组方沸石充填特征

图 5-1-3　沸石类矿物在孔隙中的充填特征

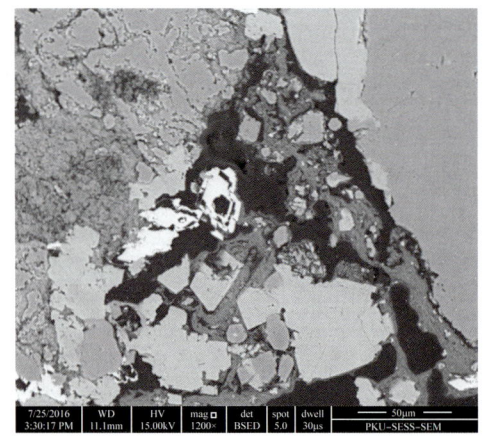 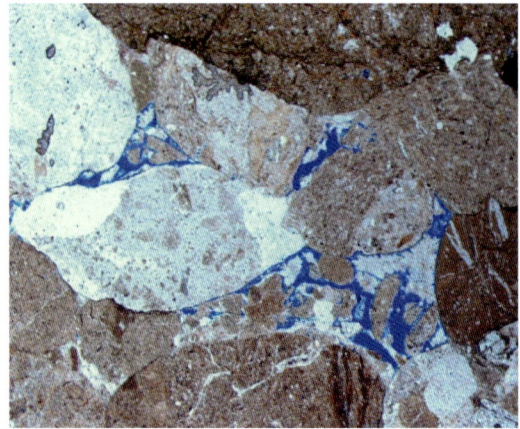

(a) 储层孔隙凝灰质、机械杂质分布特征　　　　(b) 储层骨架矿物间孔隙结构特征

图 5-1-4　准噶尔盆地西北缘百口泉组砾岩中凝灰质、机械杂质在孔隙中分布特征

二、表面层产状对喉道的影响

表面层矿物分布对喉道的影响作用要比对孔隙的影响大得多，尤其是在低渗透—非常规储层中大量赋存在喉道壁表面的绿泥石、伊利石等矿物垂直喉道壁表面生长，大幅度增加了渗流阻力（图5-1-5）。

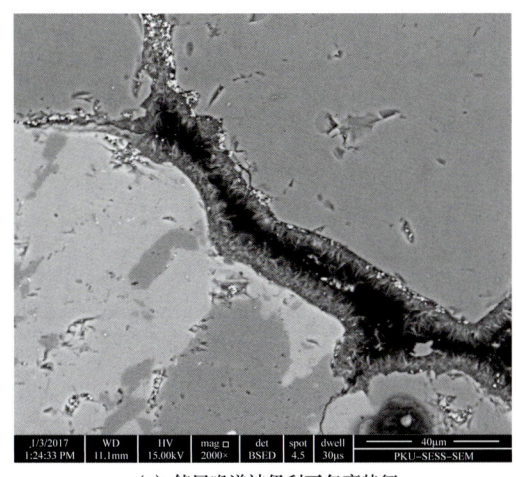 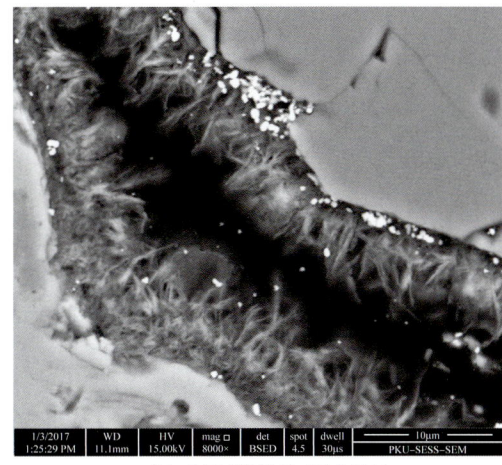

(a) 储层喉道被伊利石包裹特征　　　　　　　　(b) 储层喉道伊利石赋存特征

图 5-1-5　鄂尔多斯盆地静安油田长 6 油层伊利石垂直喉道表面分布特征

部分伊利石膜附着在颗粒表面使喉道变得更加狭窄，膜与颗粒表面之间的孔隙中容易赋存束缚油

表面层矿物分布状态及其性质对储层孔隙度和渗透率的影响可以概括为以下几点：

（1）高岭石一般呈分散状态分布在孔隙中，对存储空间具有一定的影响，对原始储层状态下渗透率影响小，但在注水开发过程中由于颗粒较小，被流体带到喉道狭窄的地方，造成速敏伤害。高岭石是水铝硅酸盐胶体矿物中相对稳定的一种类型，为硅氧四面体与铝氧八面体 1∶1 型层状较紧密结构，在层间以氢键连接，水分子不易进入等引起膨胀，不会对孔隙和喉道产生较大的影响。

（2）绿泥石矿物主要呈环边状、薄膜状分布在孔喉壁表面，对喉道的充填缩小影响要比对孔隙的影响大。

（3）伊利石对孔隙和喉道影响均较大，主要是垂直孔喉壁分布，从里到外圈层结构特征明显，形成的表面层厚度和体积均较大，占据了大量的存储和渗流空间。

（4）对于蒙皂石、伊/蒙混层、绿/蒙混层矿物，由于其单个矿物及其聚集体均较大，且遇到水时，层间域被拉大，膨胀明显，容易引起储层伤害。这类矿物比表面和表面功大，离子交换性强，物理化学性质活跃，是影响储层物性最重要的矿物。

（5）沸石类矿物成因环境是火山凝灰质、高钙镁离子在碱性环境下形成的，以胶结物的形式分布在孔隙中，造成孔隙度大幅度降低，对喉道和渗流的影响也较大。但是，后期成岩、成储演化过程中，在酸性环境下容易被溶蚀，形成沸石内次生孔隙，改善了存储和渗流性能。

第二节　表面层对水赋存状态的影响

水在储层中存在的形式多种多样，要比原油复杂得多，除了通常所说的可动水和束缚水之外，储层表面黏土（胶体）矿物中含有大量的水，影响着矿物的许多物理化学性质，进而影响着储层表面层的物理化学性质以及各种类型的水赋存状态。

根据矿物中水的存在形式及其在晶体结构中的作用，可将矿物中的水主要分为吸附水、结晶水和结构水3种基本类型，以及性质介于结晶水与吸附水之间的层间水和沸石水两种过渡类型。

一、可动水及其与表面层相互作用

可动水一般存在于 5μm 以上的粒间孔隙空间中，体相赋存，相对于最小水分子集合体（通常 5 个水分子）来说，存储空间大，水在其内可以自由流动，可见黏土矿物表面层对可动水的影响较弱。有关油气藏中的可动水与储层矿物岩石的关系，相关研究较多，这里不再赘述。

二、束缚水及其与表面层相互作用

在黏土矿物晶间（一般小于 5μm 尺度空间）受强大的矿物比表面、表面自由能影响，极性水分子团被束缚住，不能自由流动，如蜂窝状伊/蒙混层巨大的比表面上被束缚不能自由流动的水。

从鄂尔多斯盆地安塞油田长 6 油藏岩心注水前后扫描电镜观察（图 5-2-1）可以看出，表面特征没有明显的变化，说明赋存在表面纳微米尺度空间的束缚流体依然保持原

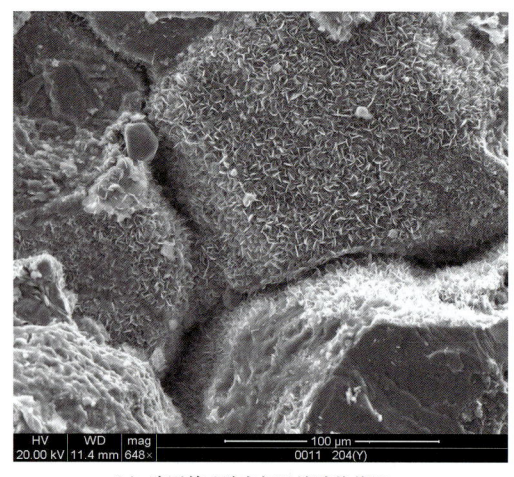
（a）冲刷前孔隙空间及填隙物状况

（b）冲刷后孔隙空间及填隙物状况

图 5-2-1　鄂尔多斯盆地安塞油田长 6 油藏岩心注水前后表面特征对比

来的赋存状态，没有发生变化。束缚水是油气藏中常见的赋存形式，相关研究较多，这里也不再赘述。

三、吸附水及其与表面层相互作用

储层中吸附水是指被吸附于矿物颗粒的表面及裂隙中，或渗入矿物集合体中的水分子集团，如大量赋存在绿泥石表面的水膜（图5-2-2），是影响储层润湿性的重要因素。黏土矿物表面层水膜越厚，水湿性越强。一般来说，绿泥石、蒙皂石、伊/蒙混层、绿/蒙混层矿物含量越高，水湿性越强。

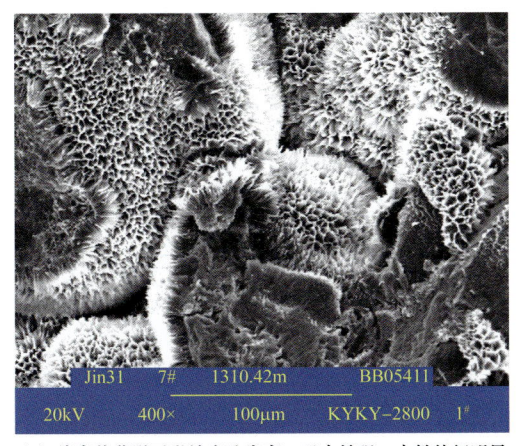

(a) 蜂窝状蒙脱石微纳米孔发育，吸水性强，水敏特征明显　　(b) 绿泥石附着在骨架矿物表面特征

图5-2-2　黏土矿物微纳米孔发育易吸附水等

吸附水不参与晶格的形成，因而不属于矿物的化学组成。

表面层矿物中吸附水的含量与胶体矿物类型、含量、表面层厚度以及水中的无机盐离子组成和浓度、地层压力、温度等密切相关，含量多少不定。

吸附水的赋存靠分子间力，具有极性的水分子可以吸附到带电荷的黏土矿物颗粒表面上，在黏土矿物颗粒周围形成一层水化膜，随黏土矿物颗粒一起迁移。

四、结晶水及其与表面层相互作用

结晶水是指以水分子的形式存在于矿物晶格中一定位置上的水，它是矿物化学组成的一部分。水分子有确定的数目，与矿物中其他组分的含量常呈简单的比例关系（如大部分水铝硅酸盐矿物、蛋白石、软石膏等）。

结晶水往往出现于具有大半径络阴离子的含氧盐矿物中，在不改变阳离子电价的前提下，以一定的配位形式环绕于小半径阳离子周围形成水化阳离子（如钠离子比钾离子更容易形成阳离子水膜），使阳离子体积增大，从而与大的络阴离子组成稳定的化合物，如石膏 $CaSO_4 \cdot 2H_2O$。

结晶水由于受到晶格的束缚，结合较牢固，因而要使结晶水从晶格中逸出需较高的温度（一般在200～500℃之间），个别矿物（如透视石 $Cu_6[Si_6O_{18}]·6H_2O$）甚至可高达600℃。矿物脱水后，晶格完全被破坏而形成新的矿物结构，物理化学性质也随之改变。可见，结晶水是组成表面层水铝硅酸盐矿物的重要组分，正因为含有结晶水，具有了胶体化学的诸多特性，有别于石英、长石、岩屑、云母等不含结晶水的硅酸盐矿物。

作为胶体矿物中分散媒存在的胶体水（图5-2-2）是表面层中吸附水的另一种特殊类型，属于胶体矿物本身固有的特征，应作为重要的组分列入矿物的化学式，但其含量不固定，如蛋白石 $SiO_2·nH_2O$。胶体水的脱水温度稍高，一般为100～250℃。

五、结构水及其与表面层相互作用

结构水也称化合水，是指以 OH^-、H^+ 或 H_3O^+ 形式存在于矿物晶格中的一定配位位置上且有确定的含量比的"水"，其中尤以 OH^- 最为常见，主要存在于氢氧化物和层状结构硅酸盐等矿物中，如水镁石 $Mg(OH)_2$、高岭石 $Al_4[Si_4O_{10}](OH)_8$、天然碱 $Na_3H[CO_3]_2·2H_2O$、水云母 $(K, H_3O)Al_2[AlSi_3O_{10}](OH)_2$ 等。

结构水在晶格中与其他离子结合得非常牢固，只有在高温（一般为600～1000℃）下结构遭受破坏时才能逸出。一旦结构水从矿物中失去，矿物的结构、类型和物化性质就发生了质的变化。

六、层间水及其与表面层相互作用

存在于一些层状结构硅酸盐（如黏土矿物）晶格中结构层之间的水分子集合体，主要与层间阳离子结合成水合离子（如钠离子水膜）。由于结构层本身的电价未达到平衡，其表面存在过剩的负电荷，可吸附其他金属阳离子，而后者又再吸附水分子，从而在相邻的结构层之间形成水分子层，即层间水。显然，层间水的含量随所吸附的阳离子种类及温度和湿度而异，其数量可在相当大的范围内变化。

层间水较易失去，一般加热到几十摄氏度即开始逸出，常压下至110℃左右即大量逸出。失水后矿物晶格并不被破坏，仅结构层层间距离缩短，垂直结构层方向上的晶胞参数 c_0 减小，同时矿物的相对密度和折射率增大，并且在潮湿的环境中又可重新吸水。

含层间水的矿物，结构层之间的距离常随含水量的变化而改变，如蒙皂石 $(Na,Ca)_{0.33}(Al,Mg)_2[(Si,Al)_4O_{10}](OH)_2·nH_2O$ 吸水后 c_0 迅速增大，表现出明显的吸水膨胀特性。而蛭石 $(Mg,Ca)_{0.33}(Mg,Fe^{3+},Al)_3[(Si,Al)_4O_{10}](OH)_2·4H_2O$ 在灼热时因层间水气化而产生的高蒸气压使结构层迅速沿 c 轴方向被撑开，体积急剧增大，表现出显著的热膨胀性。

层间水的增加拉大了层间域距离，是体积膨胀造成水敏伤害的主要因素，减少钠离子水膜数量是防膨、缩膨的主要途径。

七、沸石水及其与表面层相互作用

沸石水是指主要存在于沸石族矿物晶格中宽大的空腔和通道中的水分子集合体，与其中的阳离子结合成水合离子。沸石水在晶格中也占据一定的配位位置，水含量随温度和湿度而变化，其上限值与矿物其他组分的含量有简单的比例关系。

沸石水一般从40℃开始逸出，至400℃时水可全部失去，但并不引起晶格的破坏，只是某些物理性质发生变化，如透明度、折射率、相对密度随失水量的增加而降低。失水后的沸石能够重新吸水，并恢复到原来的含水限度，从而再现矿物原来的物理性质，如钠沸石 $Na_2[Al_2Si_3O_{10}]\cdot 2H_2O$。

第三节　表面层性质对原油赋存状态的影响

一、原油的物理化学性质

1. 地下原油的基本组成

赋存在储层孔隙中的原油是地质历史时期生物埋藏在地下封闭环境下经过漫长演化形成的有机质混合物，呈黑褐色并带有绿色荧光，具有特殊气味的黏稠性油状液体，是烷烃、环烷烃、芳香烃和烯烃等多种烃的混合物。组成元素主要是碳和氢，分别占83%～87%和11%～14%；还有少量的硫、氧、氮和微量的磷、砷、钾、钠、钙、镁、镍、铁、钒等元素。原油密度一般为0.78～0.97g/cm³，分子量为280～300，凝点为−50～24℃。

一般原油族组分包括饱和烃（正构烷烃、异构烷烃和环烷烃）、芳香烃（纯芳香烃、环烷基芳香烃）、胶质（在我国实验室给出的分析报告中，多称为非烃，仅指原油沥青中一种分子量较高的含硫、氮、氧等杂原子的复杂有机化合物的暗色胶状混合物）和沥青质（一般由原油中含氮、硫、氧原子的高分子量多环化合物构成）。上述类型和含量并非是独立的，因为按百分含量计算，饱和烃、芳香烃、非烃和沥青质之和等于100%，如果其中有一族缺失了，则其他三族的总和是100%。法国石油研究院对全世界517个正常原油样品的分析表明，烃类占85.8%，其中饱和烃占57.2%，芳香烃占28.6%，而非烃＋沥青质只占14.2%。

原油又可分为烃类和非烃类：（1）原油中最主要的部分是烃类，烃类可占大于210℃的原油馏分的75%以上，有些轻质原油几乎全由烃类组成，而在某些重油中，尤其是受到微生物降解、受氧化的原油中烃类组分大大降低，目前原油中已经鉴定出1000多种单体烃类；（2）非烃类主要是指含硫、氮、氧3种元素的有机化合物，胶质、沥青质是含杂原子（氮、氧、硫等及少量镍、钒、铁金属元素）的大分子量混合物，其分子结构和分子量不确定。原油中的非烃在数量上并不占主要地位，但它的组成性质和分布特点对原油性质有很大影响。

2. 地下原油的主要物理性质及化学组成

原油的物理性质包括颜色、密度、黏度、凝点、溶解性、发热量、荧光性、旋光性等；化学组成主要指含蜡量、含硫量和胶质含量等。

1）原油主要物理性质

原油相对密度一般为0.75～0.95，少数大于0.95或小于0.75，相对密度为0.9～1.0的称为重质原油，小于0.9的称为轻质原油。

原油黏度是指原油在流动时所引起的内部摩擦阻力，原油黏度大小取决于温度、压力、溶解气量及其化学组成。温度增高，其黏度降低；压力增高，其黏度增大；溶解气量增加，其黏度降低；轻质油组分增加，黏度降低。原油黏度变化较大，60℃下一般为1～100mPa·s，黏度大的原油俗称稠油，稠油由于流动性差而开发难度增大。一般来说，黏度大的原油密度也较大。

原油冷却到由液体变为固体时的温度称为凝点。原油的凝点在–50～35℃之间。凝点的高低与原油中的组分含量有关：轻质组分含量高，凝点低；重质组分含量高，尤其是石蜡含量高，凝点就高。

2）原油主要化学组成

含蜡量是指在常温常压条件下原油中所含石蜡的百分比。石蜡是一种白色或淡黄色固体，由高碳数烷烃组成，熔点为37～76℃。石蜡在地下以胶体状溶于原油中，当压力和温度降低时，可从原油中析出。地层原油中的石蜡开始结晶析出的温度称为析蜡温度，含蜡量越高，析蜡温度越高。

含硫量是指原油中所含硫（硫化物或单质硫分）的百分数。原油中含硫量较小，一般小于1%，但对原油性质的影响很大，对管线有腐蚀作用，对人体健康有害。根据硫含量不同，可以分为低硫原油和含硫原油。

含胶量是指原油中所含胶质的百分数。原油的含胶量一般为5%～20%。胶质是指原油中分子量较大（300～1000）的含有氧、氮、硫等元素的多环芳香烃化合物，呈半固态分散状溶解于原油中。胶质易溶于石油醚、润滑油、汽油、氯仿等有机溶剂中。

原油中沥青质的含量较少，一般小于1%。沥青质是一种高分子量（大于1000）具有多环结构的黑色固体物质，不溶于酒精和石油醚，易溶于苯、氯仿、二硫化碳等。沥青质含量增高时，原油品质变差。

中国已开采的陆相原油以低硫、石蜡基居多。大庆、胜利等油田原油均属此类。其中，最有代表性的大庆原油，硫含量低，蜡含量高，凝点高，能生产出优质煤油、柴油、溶剂油、润滑油和商品石蜡。胜利原油胶质含量高（29%），密度较大（0.91g/cm³左右），含蜡量高（15%~21%），属高含硫原油。

在地下油藏的开发过程中，原油的物理、化学性质也会发生改变。原油所处的地下条件与地面条件不同，地层原油一般溶有天然气，因此地下原油体积、压缩性、原油黏度等都与地面条件下的数值不同，而且原油由地下采到地面的过程中，原油会发生脱气、体积缩小、变稀等变化。

综上所述，赋存于地下孔喉中的原油是含有一种大分子有机质混合物，因为含氧、氮、硫等元素，不能简单地看作一些非极性分子，与矿物岩石及水具有一定的物理化学作用，特别是与物理化学性质活跃的水铝硅酸盐表面层胶体矿物发生一定的作用，影响原油在地下的赋存状态以及界面张力等。

二、相对大孔道中可动油赋存机制

大量的全能谱扫描电镜、荧光薄片观察统计分析表明，可动原油一般赋存在10μm以上的空间，远大于最小原油分子团半径，在这些相对较大的孔道中可以自由流动（即通常说的可动油），是开发动用的主体（图5-3-1）。

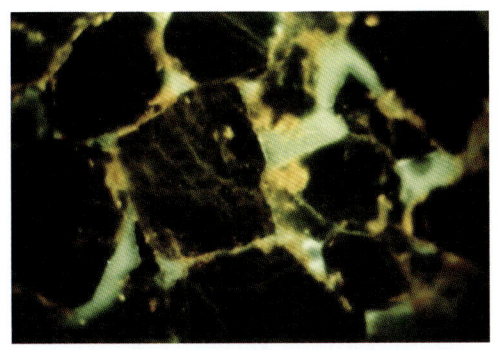
(a) 克拉玛依油田Y135井砂岩荧光薄片观察到的粒间孔、粒内孔和表面含油性差异，蓝绿亮色部分为可动油

(b) 大港油田港西二区馆陶组荧光薄片，蓝亮色为大孔道

图5-3-1 荧光薄片观察到的大孔道中可动油分布状态

自由态可动油离矿物表面较远的油分子，已基本受不到吸引力。原油分子呈自由态，这部分油可以很容易地被水驱走（图5-3-2、图5-3-3）。

通过扫描电镜能谱打点分析和图像对比，可直观反映出可动油与束缚油的分布状态（表5-3-1、图5-3-4），可见，储层中可动油主要赋存在粒间大孔隙和大喉道中，可以自由地流动，不受储层表面约束或约束力较弱。

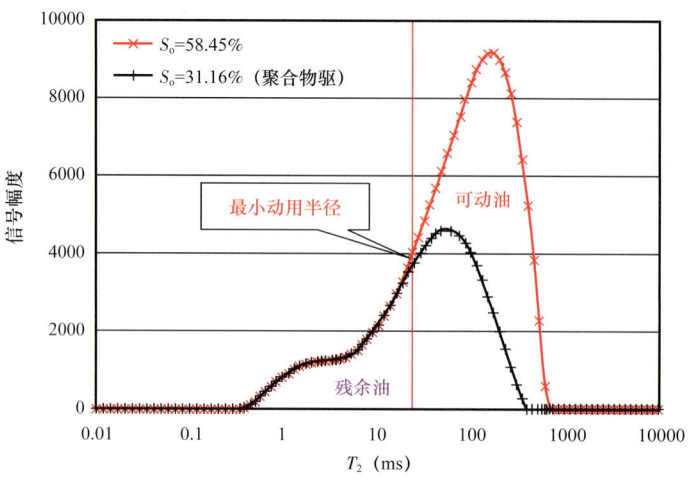

图 5-3-2　核磁共振 T_2 谱可动油分布区间

表 5-3-1　不同孔道位置能谱打点元素分析含量

元素	1点元素百分比（%）	2点元素百分比（%）
C	39.16	11.84
O	45.08	65.56
Al	5.82	11.29
Si	8.07	11.31
Mg	0.42	
K	1.46	
原油分布状态	大孔道中的可动油	微纳米级孔道中的束缚油

图 5-3-3　大港油田港西二区馆陶组大孔道分布特征

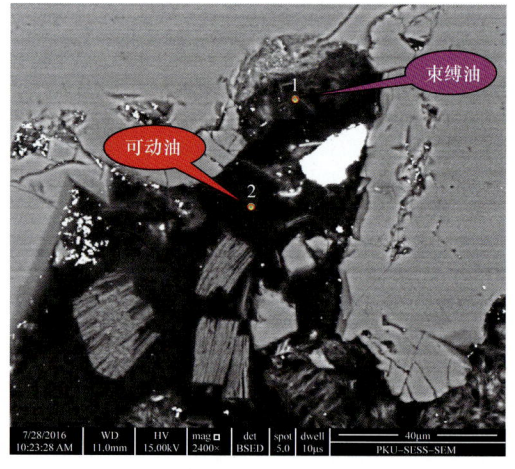

图 5-3-4　扫描电镜下不同孔道位置能谱打点及剩余油分布状态

三、表面层外部半束缚状态的油膜赋存机制

从图5-3-1至图5-3-4可以发现一个共性：在力的作用下孔隙中液体可能有3种赋存状态，即束缚态、半束缚态和自由态。半束缚态的油膜位于表面层外部与大孔道过渡的地方，向着表面层一侧原油被强大的比表面吸附（图5-3-5）。

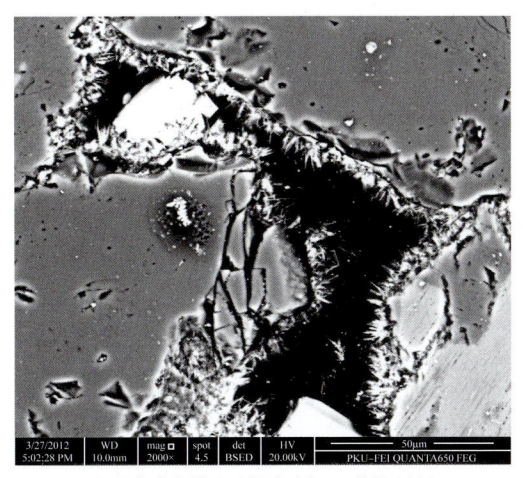 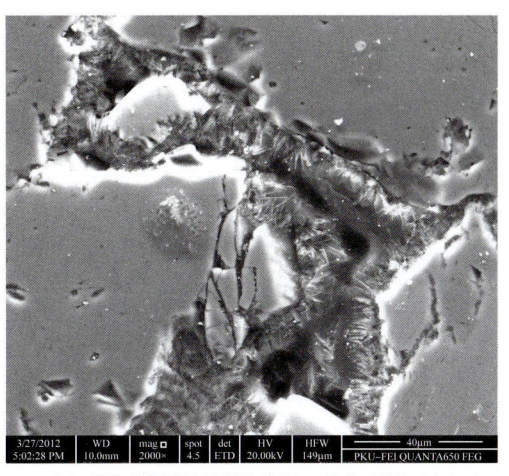

(a) 鄂尔多斯盆地延长油矿郑067井长6油层
背散射观察到的表面层分布特征

(b) 鄂尔多斯盆地延长油矿郑067井长6油层二次电子
观察到的表面层内部及其表面附着的油膜

图5-3-5　鄂尔多斯盆地长6油层镜下观察的长期弹性开采过程中孔隙壁残余油膜分布

在束缚态分子的外层，吸附了一定厚度且受一定束缚力的原油分子。由于它受矿物表面剩余电场的一定影响，因而也具诱导偶极。离矿物表面越远，所受的力越小（图5-3-6）。在水驱过程中这层油分子有一部分被水驱走。

处于束缚态的原油一般赋存在狭窄的孔喉中，通过注入表面活性剂渗吸置换，克服毛细管阻力，获得有效动用。

在普通荧光薄片中也可以观察到半束缚态的油膜分布：原始状态下吸附在孔喉壁表面（图5-3-7）；长期水驱冲刷后，相对大孔道的原油被动用，而半束缚态的原油仍未被动用（图5-3-8）。处于半束缚态的油膜可以通过化学驱降低界面张力、改变润湿性等方式提高动用程度。

四、表面层内部束缚油赋存机制

束缚油赋存状态有3种形式：(1) 分布在狭窄的孔喉（一般小于2μm）中的原油毛细管阻力大，难以流动，成为束缚态；(2) 黏土矿物晶间孔中赋存的原油一般难以流动，成为束缚态；(3) 被束缚在矿物表面的原油分子，主要是其中的极性分子与表面矿物中带电离子相互作用。这层油膜靠水的机械冲刷作用很难剥离下来，孔隙中的水也呈束缚态。这种情形下，表面层作用较强，附着力较强（图5-3-9），这一点通过能谱打点得到证实（表5-3-2）。

(a) 储层砾岩孔隙中黏土矿物特征　　　　(b) 储层水淹后伊/蒙混层集中发育特征

(c) 储层孔隙中伊/蒙混层发育特征　　　　(d) 储层骨架颗粒间高岭石集中发育特征

(e) 储层孔隙中高岭石胶结发育特征　　　　(f) 储层水淹后蒙皂石集中发育特征

图 5-3-6　克拉玛依油田七东$_1$区 T71721 检查井克下组开发中后期水淹后孔隙中的残余油膜特征

表面层矿物对赋存在其中的束缚油吸附力强，很难通过水介质动用，表面活性剂渗吸置换能力也有限，但气介质可以顶替进入，提高动用程度。

上述 3 种原油的赋存状态可以从鄂尔多斯盆地安塞油田长 6 油层检查井二次电子和碳元素面扫描图像对比图（图 5-3-10）获得很好的解释，中部大孔道的可动油已经被动用，表面层矿物发育的孔喉壁表面赋存有大量的油膜（图中红色暖色调部分），呈分散状的束缚油分布于表面层矿物内部，含油饱和度相对较低（图中分散状绿色部分）。

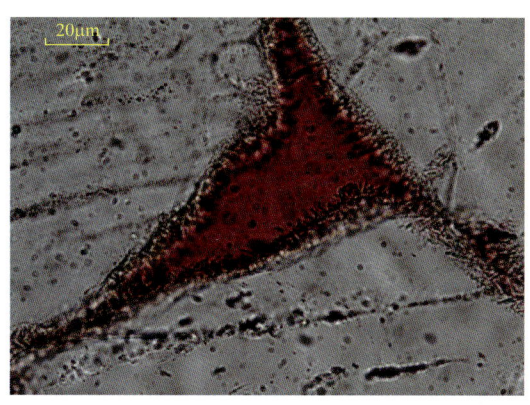

图 5-3-7 安塞油田杏河区长 6 油层铸体薄片观察可动油与束缚油赋存状态

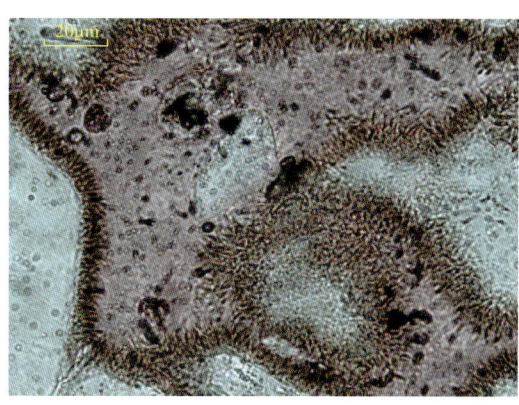

图 5-3-8 安塞油田杏河区长 6 油层注水后岩心铸体薄片观察剩余油赋存状态

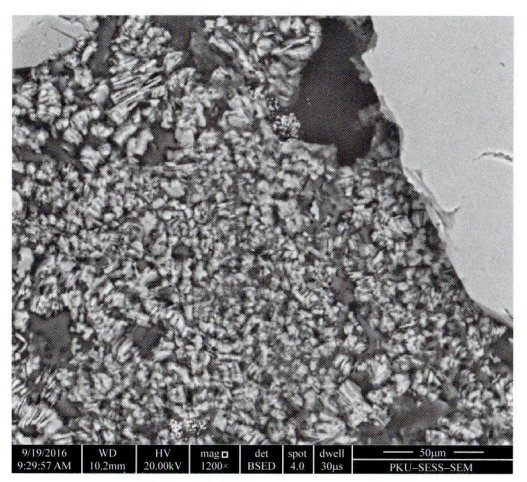

(a) 储层砾岩与黏土矿物中原油的分布特征

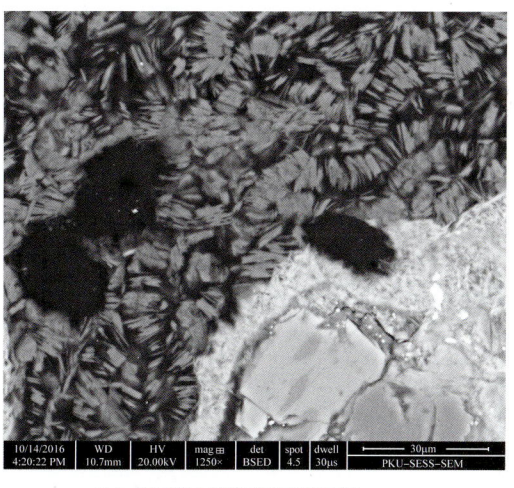

(b) 储层黏土矿物表面原油特征

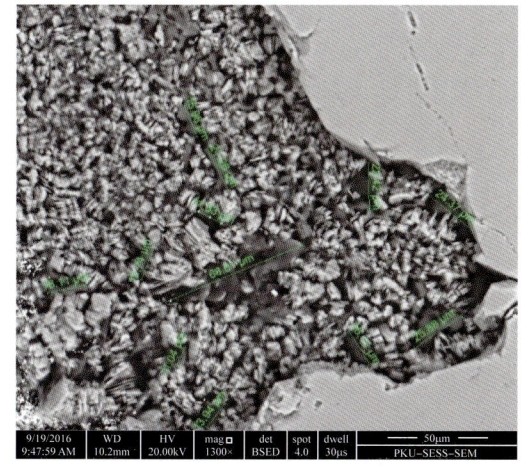

(c) 储层黏土矿物颗粒间原油特征

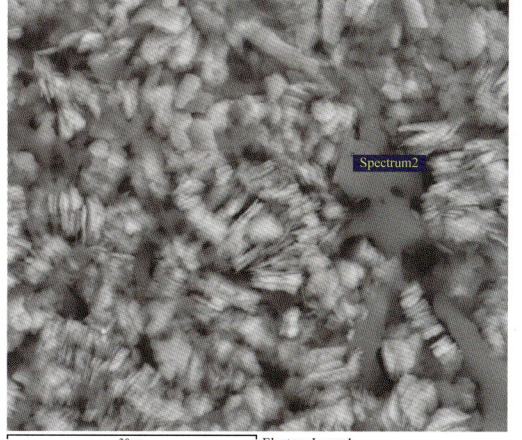

(d) 储层骨架颗粒间伊利石与原油特征

图 5-3-9 鄂尔多斯盆地安塞油田长 6 油层高岭石晶间纳米孔原油赋存状态

表 5-3-2　图 5-3-9 中能谱打点元素含量分析

元素类型	元素百分比（%）
C	63.83
N	7.04
O	26.89
Al	1.17
Si	1.07
合计	100.00

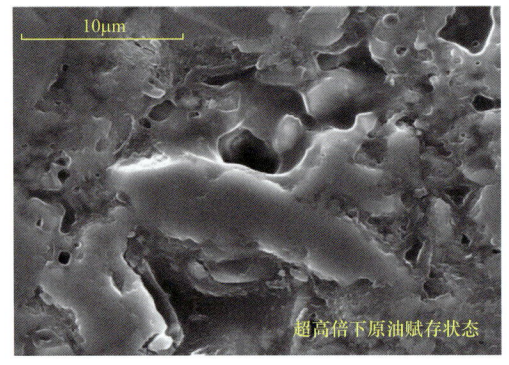
（a）二次电子与背散射合成图像

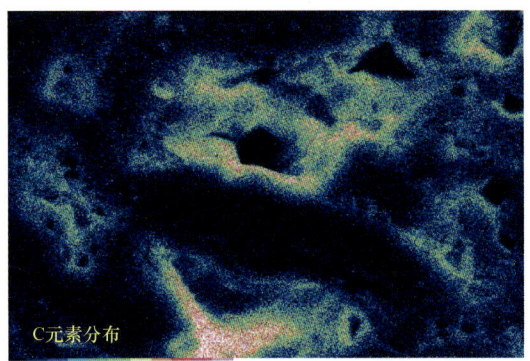
（b）油全能谱扫描，微观残余油饱和度平面分布

图 5-3-10　鄂尔多斯盆地安塞油田长 6 油层检查井二次电子和碳元素面扫描图像对比图

第四节　表面层性质对天然气赋存状态的影响

表面层性质对天然气的影响主要体现在纳米级孔隙气体吸附和解吸过程，在页岩气储层中影响较明显，致密砂岩气中有一定的影响，随着储层孔隙度和渗透率的增加，影响越来越小。

一、页岩气储层中吸附—解吸过程

与常规储层相比，页岩气储层以纳米级存储空间为主。中上扬子地区龙马溪组孔喉主要分布在 1000nm 以下，其中 200nm 以下占比较高（图 5-4-1、图 5-4-2），主要为黏土矿物碎屑粒间孔和黏土矿物晶间孔，比表面和表面功均较大，对气体吸附作用强，使 50%~60% 甲烷气以吸附状态赋存于储层中[73-74]。

泥页岩是一种多孔介质，具有基质孔隙和裂缝双重孔隙结构。基质孔隙最小可以小到 1nm 之内，一般为几纳米到数百纳米，泥页岩孔隙表面对页岩气具有非常强的吸附能力，并且页岩气在泥页岩中以吸附状态为主，储量依赖于基质孔隙的比表面积和孔隙体

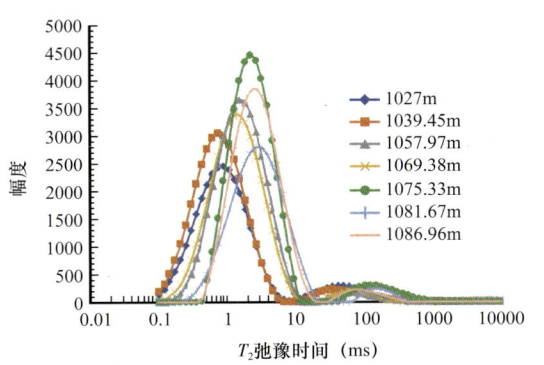 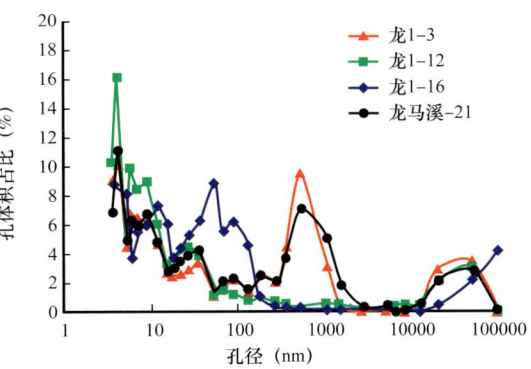

图 5-4-1 中上扬子地区龙马溪组页岩气储层核磁共振 T_2 谱特征

图 5-4-2 中上扬子地区龙马溪组页岩气储层高压压汞孔喉连续谱分布曲线

积的大小[75]。

页岩气吸附—脱附过程及吸附量大小目前主要通过氮吸附方法测量，这种方法测试的孔径范围在 1.5～200.0nm 之间，且能对微—中孔的发育情况进行精细表征。

泥页岩的等温吸附曲线在一定压力范围内常与脱附曲线发生分离，形成所谓的吸附回线。由于泥页岩孔隙的具体形态不同，同一孔隙在发生毛细凝聚和蒸发时的相对压力可能相同，也可能不相同。相同时，吸附—脱附曲线的吸附分支与解吸分支重叠；反之，吸附—脱附曲线的两个分支便会分离，形成吸附回线（图 5-4-3、图 5-4-4）。因此，可以利用吸附回线进行孔隙形态特征分析。

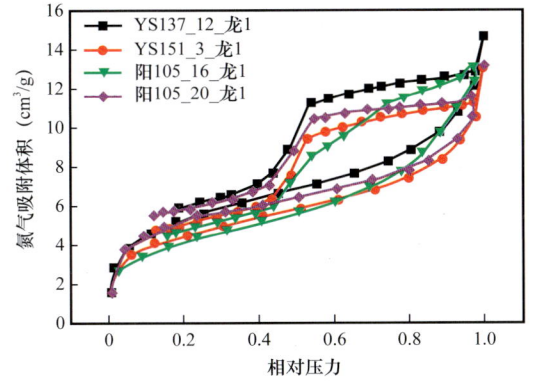 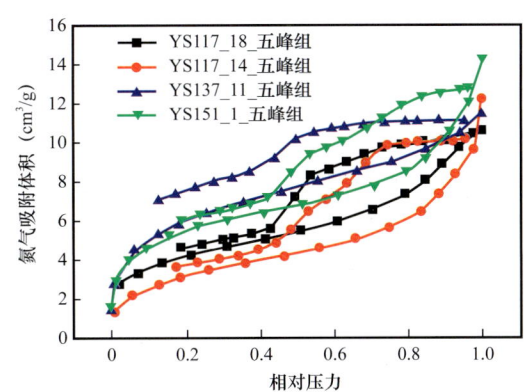

图 5-4-3 中上扬子地区龙马溪组泥页岩储层吸附—脱附曲线

图 5-4-4 中上扬子地区五峰组泥页岩储层吸附—脱附曲线

中上扬子地区龙马溪组—五峰组泥页岩储层吸附—脱附过程（图 5-4-3、图 5-4-4）具有以下特点：（1）吸附曲线在下，脱附曲线在上，曲线特征差异大，说明微观孔隙结构和吸附、脱附特征变化大；（2）吸附、脱附曲线都随相对压力的增大，处于缓慢上升状态；（3）在相对压力接近1时，吸附、脱附曲线上升速度加快；（4）吸附回线出现在相对压力为0.4~1.0范围内；（5）在相对压力为0.5附近，脱附曲线上出现了明显的拐点，致使脱附曲线近乎陡直下降。

具有上述吸附—脱附特点的泥页岩孔隙系统比较复杂，以发育微孔为主。吸附曲线在下，脱附曲线在上，说明退氮速度比进氮速度慢，反映了随着压力的升高，仍保留原来的孔隙系统。通过吸附曲线可以看出，吸附曲线的前半段上升比较平稳并且呈向上微凸起的形状，表明该时期为由单分子层逐渐向多分子层吸附过渡的阶段；在后半段，特别是相对压力接近1时，曲线上升速度加快。

吸附—脱附曲线在相对压力处于0.4~1.0范围内出现吸附回线，且在脱附曲线分支上具有明显的拐点。通过吸附—脱附曲线，可以发现：（1）在相对压力较低处（0~0.4），吸附曲线与脱附曲线接近闭合，基本不产生吸附回线，这说明在较小孔径范围内孔隙的形态主要为一端封闭的半不透气性孔，即Ⅰ类孔；（2）在相对压力较高处（0.4~1.0），出现了吸附回线且具有明显的拐点，说明具有较大孔径的孔隙，其形态必然存在Ⅲ类孔，即细颈瓶状（墨水瓶状）孔；（3）同时也可能存在开放透气性Ⅱ类孔和一端封闭不透气性Ⅰ类孔，这是因为开放透气性Ⅱ类孔虽然没有拐点，但也可以产生吸附回线，而一端封闭不透气性Ⅰ类孔对回线没有贡献，因此这两种类型孔在曲线上产生的效应有可能被细颈瓶状（墨水瓶状）Ⅲ类孔所掩盖。

在解吸退氮的初始过程中，随着相对压力的降低，由于开放透气性Ⅱ类孔和细颈瓶状（墨水瓶状）Ⅲ类孔在毛细凝聚与蒸发时气液两相界面形状的不同，会产生吸附回线。随着相对压力的降低，较大孔的凝聚液首先开始蒸发，造成吸附量逐渐减少，脱附曲线随之逐渐下降。当相对压力降低到脱附曲线上拐点所对应的值时，意味着最小一个孔径的开放性孔隙或细颈瓶状（墨水瓶状）孔隙里的凝聚液即将蒸发出来，相对压力稍一降低，孔隙里的全部凝聚态会一涌而出，在脱附曲线上表现出急剧下降的特征，在开放性孔隙或细颈瓶状（墨水瓶状）孔隙瓶体内部凝聚液蒸发完毕后，仅一端封闭不透气性Ⅰ类孔隙内的凝聚液仍未解吸，随着相对压力的继续降低，这类孔隙内的凝聚液也逐渐被蒸发出来，但吸附曲线和脱附曲线基本重合。

中上扬子地区龙马溪组—五峰组页岩气储层孔体积一般为0.026~0.058mL/g，平均孔径处在8.87~11.36nm之间。几乎所有样品的共同特点是孔径为1.50~7.00nm的微孔隙对孔体积值贡献最大；微孔占据泥页岩的孔隙体积最大，即微孔隙越发育，泥页岩的孔体积越大，越有利于泥页岩对页岩气的吸附储集。微观吸附—脱附实验测定与开采曲线对比，发现在地层压力下降到原始地层压力50%时吸附气开始大量解吸，产量和压力略有上升，随之处于长期的低产—稳产阶段（图5-4-5）。

二、致密砂岩气储层中表面层的吸附—脱附特征

致密砂岩气储层中表面层内有较多的纳米级存储空间，对甲烷气具有一定的吸附作用，随着开采进行，地层压力降低，发生脱附作用，对产量具有一定的贡献，这一点可

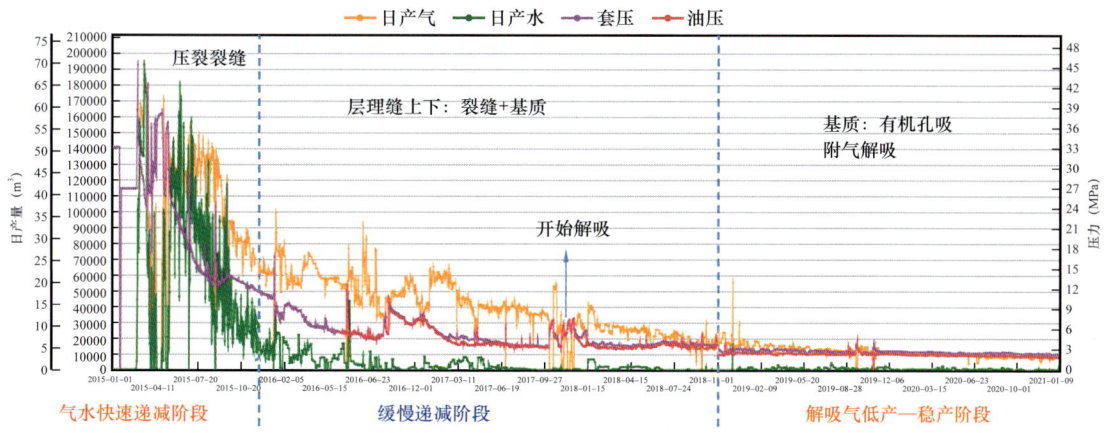

图 5-4-5 中上扬子地区龙马溪组页岩气开采曲线吸附—解吸气贡献分析图

以通过鄂尔多斯盆地苏里格气田大量的储层微观测定和开发后期低产—稳产采气曲线得以印证。

对鄂尔多斯盆地苏里格气田盒 8 段致密砂岩储层扫描电镜下观察,发现除了粒间相对较大的孔隙分布外,各种黏土矿物组成的表面层分布广泛(图 5-4-6)。孔喉连续谱分布曲线呈双峰态特征,特别是在 100nm 以下占比较高(图 5-4-7),必然有一部分天然气处于吸附状态分布其中,这一点通过氮吸附实验也得到了证实(图 5-4-8)。

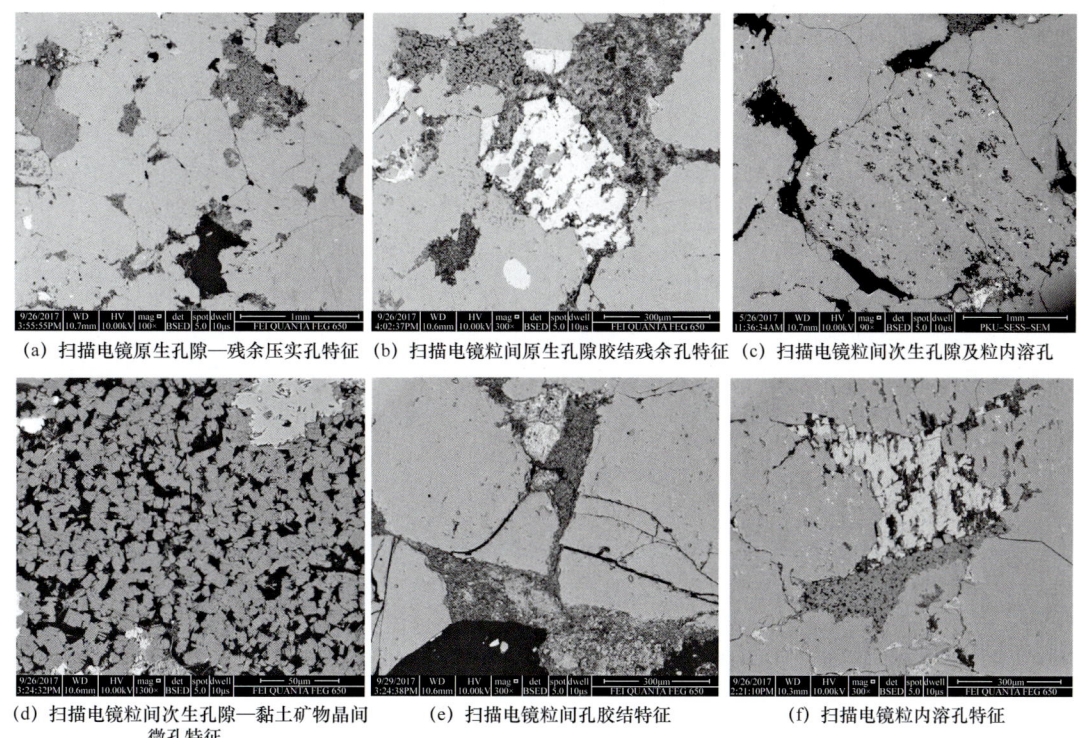

(a) 扫描电镜原生孔隙—残余压实孔特征　(b) 扫描电镜粒间原生孔隙胶结残余孔特征　(c) 扫描电镜粒间次生孔隙及粒内溶孔

(d) 扫描电镜粒间次生孔隙—黏土矿物晶间微孔特征　(e) 扫描电镜粒间孔胶结特征　(f) 扫描电镜粒内溶孔特征

图 5-4-6　鄂尔多斯盆地苏里格气田盒 8 段扫描电镜下表面层分布特征

25
20
15
10
5
0
孔体积占比（%）
10
100
1000
10000
孔径（nm）
C1
C2
C3
C4
C5
C6
C7
C8
C9
C10

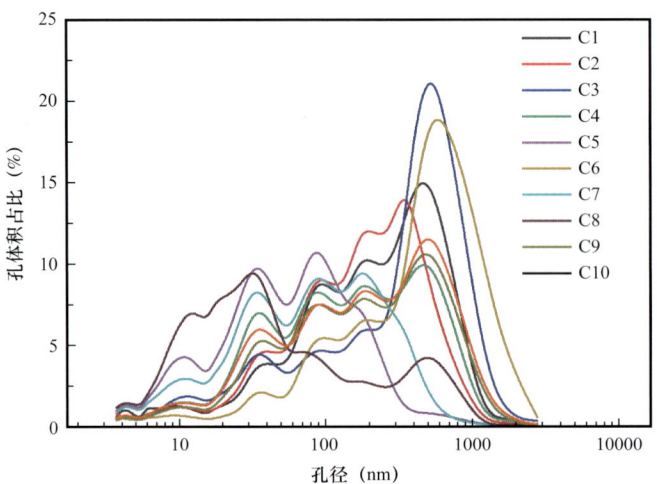

图 5-4-7　鄂尔多斯盆地苏里格气田盒 8 段致密储层高压压汞孔喉连续谱分布曲线

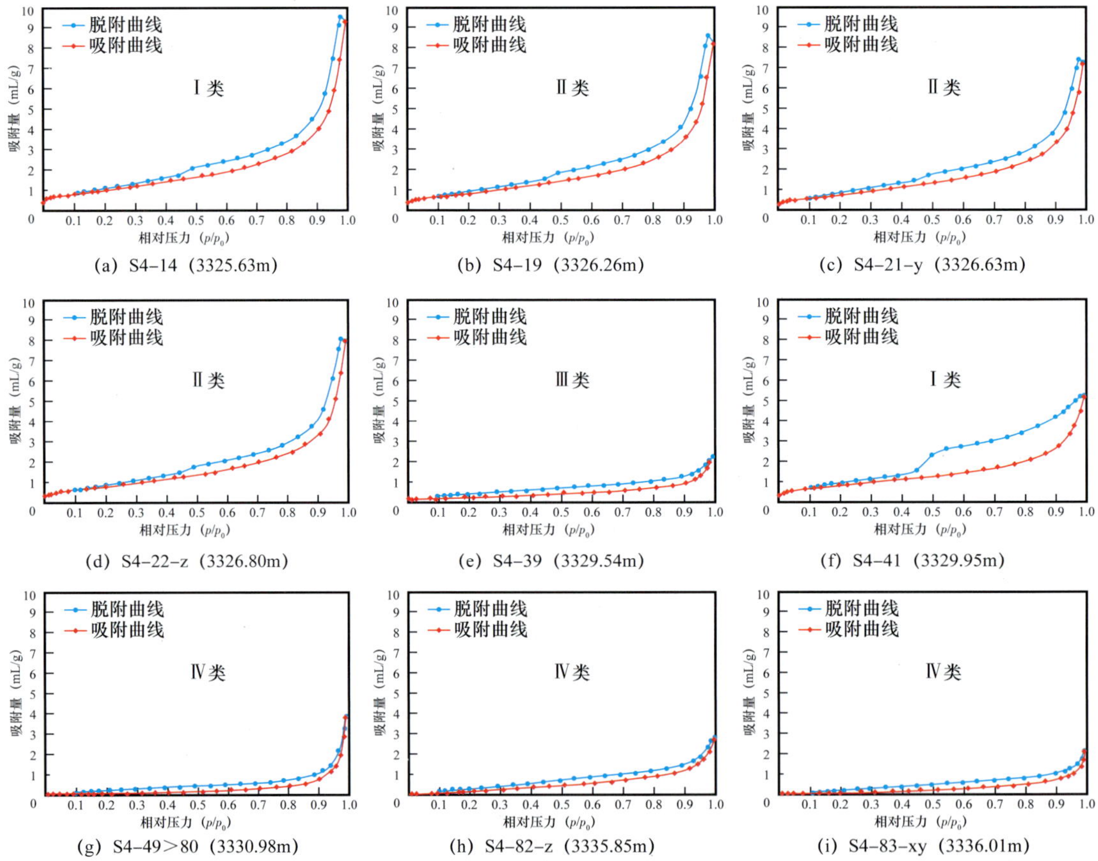

脱附曲线
吸附曲线
吸附量（mL/g）
相对压力（p/p_0）
Ⅰ类
Ⅱ类
Ⅱ类
Ⅱ类
Ⅲ类
Ⅰ类
Ⅳ类
Ⅳ类
Ⅳ类
(a) S4-14（3325.63m）
(b) S4-19（3326.26m）
(c) S4-21-y（3326.63m）
(d) S4-22-z（3326.80m）
(e) S4-39（3329.54m）
(f) S4-41（3329.95m）
(g) S4-49>80（3330.98m）
(h) S4-82-z（3335.85m）
(i) S4-83-xy（3336.01m）

图 5-4-8　鄂尔多斯盆地苏里格气田盒 8 段致密储层吸附—脱附曲线

与页岩气一样，砂岩（包括致密砂岩）储层中表面层内发育有大量的几纳米至几百纳米级孔隙空间，赋存有大量的吸附气，随着弹性开采地层压力的下降，这部分吸附气不断地解吸，成为开发后期稳产的一个重要因素。据鄂尔多斯盆地苏里格气田大量的氮吸附和 X 射线衍射矿物成分、含量及孔径分布、孔隙体积测定统计，这部分孔隙体积一般占总体积的 7%～20%，平均 11%，与该地区的粒间大孔道比例相当，而这部分贡献在储量计算中没有计算在内。苏里格气田开发后期单井产气量平均为（0.2～0.5）×$10^4 m^3/d$，低产、稳产阶段相当长（图 5-4-9），分析认为有一部分是表面层内部纳米级孔隙中吸附气在不断地进行解吸，对产量做贡献。

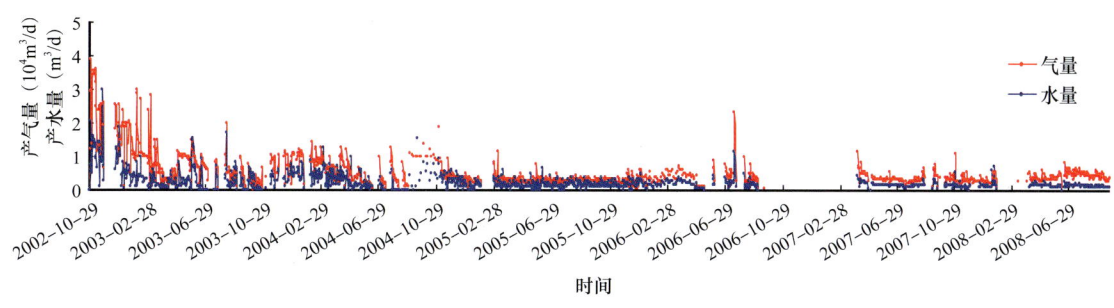

图 5-4-9 苏 40-14 井生产曲线

因此，今后有必要对苏里格气田黏土矿物内部晶间微纳米孔分布、潜在储量规模、产能情况及甲烷气赋存状态开展系统研究。采气曲线普遍表现出地层中存在少量的可动水、凝结水和束缚水，水的赋存状态及制约因素不清楚，是否存在水锁及排水稳产等二次采气机理不明确，影响持续排水工作制度的制定。

讨论与思考

讨论

1. 储层表面层性质对微观油、气、水赋存影响较大，是揭示微观原油赋存机制的一把"钥匙"

表面层的类型、含量、结构等不但影响了孔隙—喉道的形状，进而影响储层物性，而且也影响油、气、水的赋存状态。在表面层内数百纳米存储空间内原油基本上以束缚油的形式存在；与大孔道接触位置、比表面较大的地方以半束缚态油膜形式存在；在大孔道位置原油以自由流动状态赋存。

2. 储层表面层矿物的各种物理化学性质制约着油、气、水的赋存状态

岩石中骨架矿物颗粒（如石英、长石、云母等）一般不会对储层造成伤害，但储层表面层矿物具有胶体化学的诸多特性，影响着储层压敏、速敏、水敏、酸敏、盐敏、碱敏，进而影响储层的物性和油、气、水的赋存状态。

3. 水在油气储层中的赋存状态及其对储层各种物理化学性质的影响

水在油气储层中的赋存状态有 7 种形式，除了可动水、束缚水之外，还有吸附水、层间水、沸石水、结晶水和结构水，后者决定了储层的诸多胶体化学性质。深入研究这些特殊形式赋存的水对于揭示储层各种物理化学性质内在机制显得非常重要。

4. 微纳米级孔喉中原油的赋存状态

在微纳米级孔喉中原油的赋存形式大致可以分为大孔道中的可动油、孔喉壁表面处于半束缚态的油膜和表面层矿物内部束缚态分散状较小原油分子团。大孔道中的可动油可以通过水介质驱替或弹性开采加以动用；孔喉壁表面处于半束缚态的原油主要靠化学剂降低界面张力，改变润湿性，渗吸洗油等作用进行有效动用；表面层矿物晶间纳米孔内处于束缚态的原油主要依靠气介质进入来驱替动用。

思考

1. 剩余油在储层表面层上的分布状态和存在形式有哪几种？怎样定量搞清原油和表面的相互作用？
2. 三次采油的碱耗、表面活性剂的吸附等问题表现突出，如何进行牺牲剂的优选？
3. 碎屑岩储层中水的赋存形式有哪几种类型？
4. 储层岩石的润湿性主要受哪些因素的影响？
5. 在储层微纳米级存储空间中地下原油的赋存状态有哪几种形式？弹性驱、水驱、化学驱、气驱、微生物驱、蒸汽驱分别能动用哪部分原油？上述不同采油方式分别主要动用哪一部分原油？

第六章 表面层性质与原油采收率

无论是弹性开采，还是水介质、气介质、化学介质、微生物介质，或多或少会与储层表面层发生物理化学作用，影响原油采收率，这些影响可能是积极的，也可能是消极的。总之，储层表面物理化学性质对原油采收率有着重要的影响，本章将着重讨论这些问题。

第一节 表面层性质对油气藏弹性开采的影响

储层表面性质对弹性开采效果的影响主要表现在压敏性伤害和表面层极大的比表面及其表面能对原油的吸附。在开采后期由于压力下降，可使原来一部分可动油滞留在细小的孔喉中成为束缚态或半束缚态原油，气藏弹性开采过程中吸附气解吸能力下降、弹性孔喉缩小，发生水锁、反凝析油油锁等，导致原油和天然气采收率降低。控制合理的压差和工作制度是防止压敏伤害的有效途径。

一、弹性开采过程中压敏伤害及其防治

在原油生产过程中，由于地层压力下降导致储层骨架变形，从而使孔隙度、渗透率降低。与中高渗透油藏相比，低渗透、特低渗透、非常规油藏表现得更加显著，产能预测与分析中应充分考虑渗透率、孔隙度与有效应力的变化关系。

对大量的储层表面层分布产状采用扫描电镜观察表明，孔喉壁表面并非像石英、长石、岩屑等骨架矿物颗粒表面那样光滑，且遵循理想的管束状达西渗流，且垂直孔喉壁表面自生结晶形成表面层（图6-1-1）。当孔隙压力降低时，有效应力（作用在岩石骨架上的力）增加，喉道变窄，毛细管阻力明显增加，渗流能力变差[图6-1-1（a）]，导致喉道与孔隙之间连通性变差，使原油滞留在小孔道中[图6-1-1（b）]。

随着围压的增大，储层渗透率降低，不同的样品压敏程度有较大差异，越是致密的储层，压敏程度相对越大。在弹性开采过程中，随着天然能量逐渐被消耗，孔隙压力减小，储层渗透性变差，更不利于油气采出。

低渗透油田开发过程中应保持合理的生产压差和井口工作制度，避免压敏性伤害发生。油层压敏性伤害对于渗透率高的油层伤害相对较小，而对于低渗透油田开发影响巨大，因此应重视表面层对低渗透油田压敏性伤害机理研究，并在油田整个开发过程中，采取有效应对措施，尽量减小压敏性伤害发生[76]。

综上所述，油气藏开采过程中束缚—半束缚态的原油不是一成不变的，由于储层表面物理化学和孔隙压力的影响，原来的可动油也可能转化成束缚—半束缚态，半束缚态

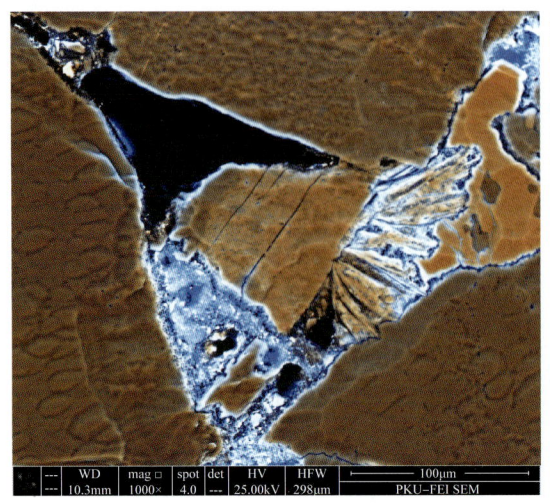
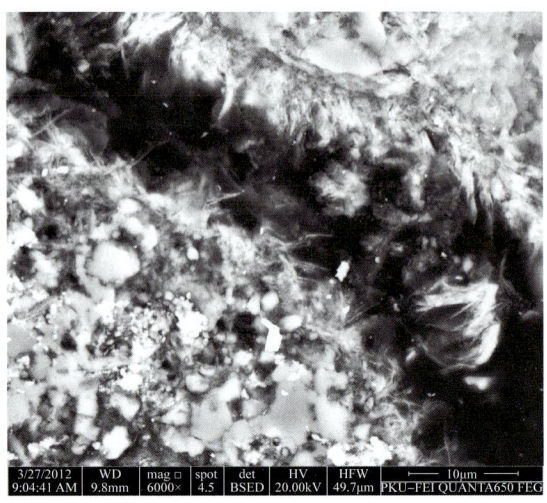

(a) 鄂尔多斯盆地安塞油田长6油层荧光薄片特征及骨架、孔隙与表面层分布（浅蓝色荧光显示部分为原油）

(b) 鄂尔多斯盆地安塞油田王29-061井长6油层扫描电镜（喉道壁表面被大量的伊利石表面层附着，喉道狭窄，中间分布有原油）

图 6-1-1　鄂尔多斯盆地安塞油田长 6 油层孔喉壁表面层及原油分布特征

的原油通过储层改造和化学介质改善也可能变成完全束缚态，从而影响原油的采收率。

二、表面层性质与原油相互作用

表面层由于其极大的比表面和表面能，会对原油产生较强的束缚力。在没有其他介质（水、气、化学剂等）驱动的条件下，弹性开采采出程度较低，其中表面层物理化学性质是影响原油采收率的重要因素。

在低孔隙度、低渗透率、高压油藏中，束缚流体（束缚油、束缚水、吸附气）占比一般都很大，油气成藏动力与进入储层阻力差异越大，越可能形成原生束缚油，沉积压实作用可形成后生束缚油。表面层矿物含量越高，这两种形式存在的束缚油占比越高，采收率提高难度就越大。

储层表面层比表面积大、吸附性和离子交换性特点明显，对于原油的吸附作用强烈，特别是极性物质（沥青质等）作用更加明显，加剧了原油与孔隙表面相互作用，增加了束缚油饱和度。

鄂尔多斯盆地延长组低渗透储层通过重水（或氯化锰）对水的屏蔽做核磁共振和离心实验可知束缚油的含量较高（图 6-1-2），对应扫描电镜观察，发现针状的伊利石比较发育，储层比表面变得较大，对于原油吸附较强，可见储层表面层的存在会对油气的赋存状态有较大影响（图 6-1-3）。

表面层物理化学性质对弹性采油效果的影响主要体现在随着地层压力的变化，表面层容易发生紧密接触等物理性质的改变，使喉道变窄，进而使孔隙度、渗透率降低，孔

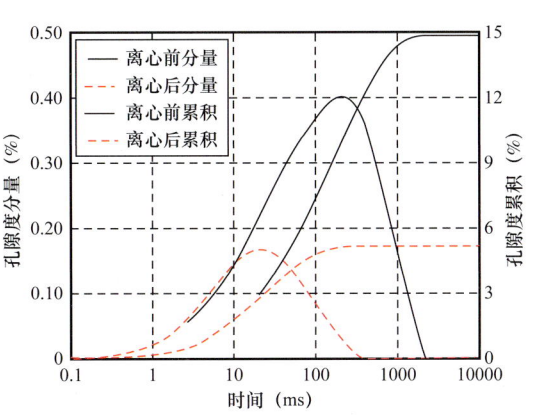

图 6-1-2　鄂尔多斯盆地延长组核磁共振数据

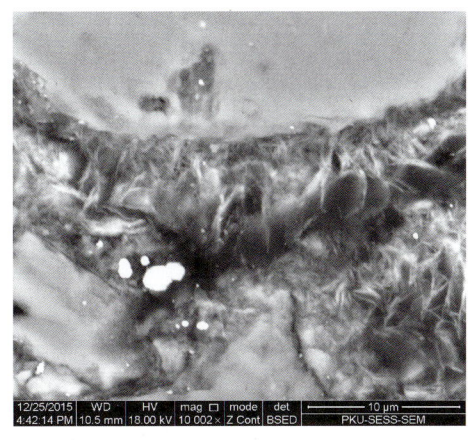

图 6-1-3　鄂尔多斯盆地延长组扫描电镜照片

喉连通性变差，影响原油采收率。

岩石的润湿性在很大程度上受表面层物理化学性质的影响，特别是水化、水敏和水理性，进而影响原油采收率。亲水性储层表面层对原油的吸附力较弱，储层表面难以形成半束缚态的油膜（图 6-1-4）。而亲油性储层表面往往赋存有大量油膜，难以动用。可见，润湿性对原油采收率影响也较大。

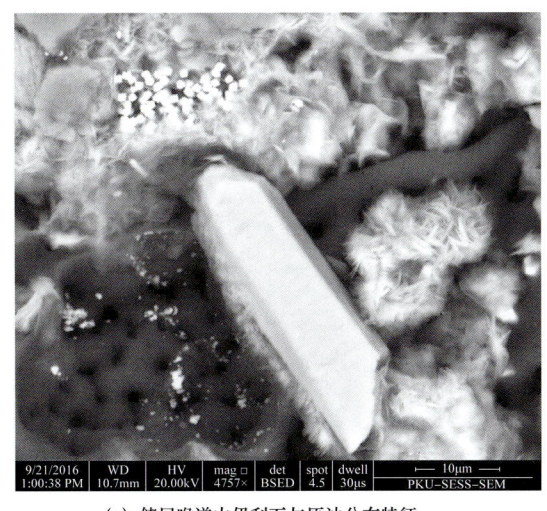

(a) 储层喉道中伊利石与原油分布特征

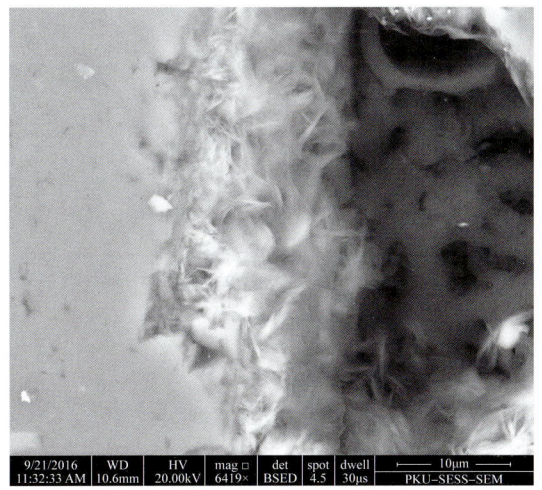

(b) 储层孔隙中伊利石与原油分布特征

图 6-1-4　鄂尔多斯盆地靖安油田田检 2-19 井长 2 亲水储层原油赋存状态

第二节　表面层性质对水驱效果的影响

表面层性质对水驱效果的影响主要体现在阳离子交换容量、带电性和高岭石单矿物晶片的迁移性，引起水敏、速敏、酸敏、碱敏、盐敏等敏感性伤害。

一、表面层性质与注入水的相互作用

如前所述,表面层矿物主要由水铝硅酸盐胶体矿物组成,具有胶体化学的诸多特性,容易与外来水介质发生各种物理化学反应,造成各种伤害。

水介质中无机盐种类和含量影响各种黏土矿物的膨胀率。美国 E.A.Roehl 测定了 4 种典型黏土矿物在不同浓度 KCl 溶液中的膨胀率:随着 KCl 浓度的增加,蒙皂石的膨胀率急剧下降,然后趋于稳定;而伊利石、绿泥石和高岭石的膨胀率没有明显变化。

上述现象可用黏土矿物结构特性做如下解释:以蒙皂石为例,盐类产生的离子抑制作用是由于它减弱了黏土矿物晶层间可交换阳离子的浓度梯度,阳离子进入晶层间,使晶层间溶液含盐量增加,最终达到饱和,从而引起静电斥力减小,降低黏土矿物的膨胀率。但是黏土矿物仍然存在膨胀,说明黏土矿物的表面水化和离子水化不受离子抑制作用的影响。

二、储层表面性质对水驱效率的影响

水驱后,检查井取心微观扫描电镜观察,发现水驱动用的主要是大孔道中连通性好的原油,而受储层表面层物理化学性质影响的束缚—半束缚态原油仍残留在地层中(图 6-2-1),由于黏土矿物使储层表面积增大,可以吸附原油或其他有机质等[77]。

根据室内实验结果,建立黏土矿物和驱油效率关系图版(图 6-2-2),$y=-3.0866x+67.096$,相关系数较高($R^2=0.6193$)。可见,储层黏土矿物含量越高,束缚油饱和度越高,驱油效率越低。

不但黏土矿物总量与驱油效率有较好的相关性,而且黏土矿物类型对驱油效率也有较大影响。分别对伊/蒙混层、伊利石、绿泥石和高岭石与驱油效率建立关系图版(图 6-2-3)。从实验统计结果来看,伊/蒙混层和伊利石对驱油效率的影响复杂。而绿泥石和高岭石与驱油效率具有较好的负相关性,得到两个关系式:

$$y=-57.063x+81.523,\ y=-2.0518x+59.85$$

相关系数均达到 0.6。

这可能是由于黏土矿物中,高岭石相对含量较高,对于砂岩储层的影响较大,绿泥石的比表面积大,性质不稳定。在驱油实验中容易和驱油剂发生作用,改变了储层的物理化学性质,从而降低了驱油效率。

黏土矿物对油层性质产生影响主要有两个原因:一是黏土矿物粒径小(大多数黏土矿物颗粒直径小于 2μm),比表面大,因而对岩石表面性质影响较大;二是多数黏土矿物具有离子交换能力,对于各种外来入侵液体敏感,产生不同的化学和物理作用,对增产措施效果影响较大。

对于注水开发油田,油层经长期的水流冲刷,有些黏土矿物被冲散、带走,有部分又重新停滞下来。那些被冲散的黏土矿物颗粒,当颗粒直径小于孔隙出口的 1/10 时,可以被

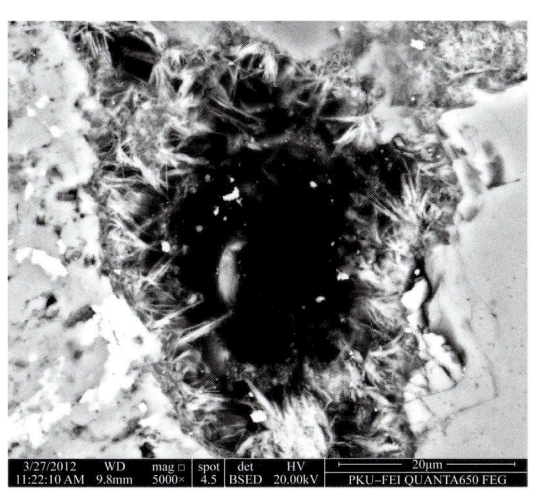

(a) 背散射观察到的表面层产状特征　　(b) 二次电子总孔隙

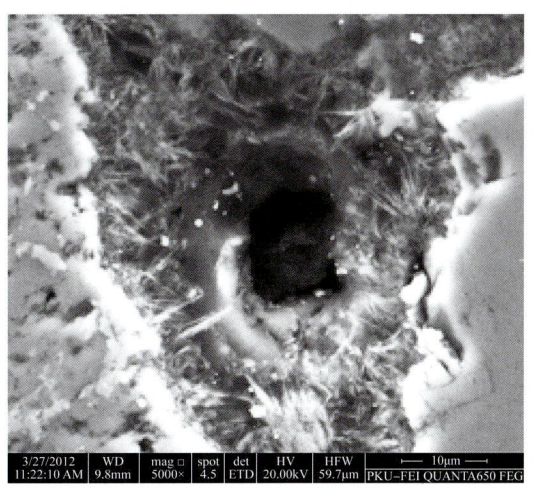

(c) 二次电子与背散射合成（有效孔隙很小，圈层结构明显，表面层内部束缚油清晰可见，表面层外部圈层形成一个油膜环）

图6-2-1　鄂尔多斯盆地安塞油田长6油层水驱后扫描电镜观察到的束缚—半束缚态油膜分布

液体携带走而使孔隙增大。但当颗粒直径大于孔隙出口的1/3时，就会在孔隙出口处沉淀下来，形成堵塞，增加了流动阻力，造成速敏伤害。

此外，当油层中含有水云母和绿泥石等黏土矿物时，进入油层中的液体与这些矿物接触会产生离子扩散现象。这是因为黏土矿物在天然状态时，每个晶片都被阳离子所包围，与晶片中的阴离子保持平衡状态。这些阳离子一般为钙离子，当含钙的黏土矿物与钠离子相遇时，钠离子取代钙离子，使晶体带负电荷，因而互相排斥，发生扩散现象。

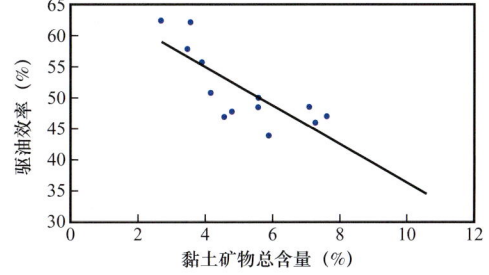

图6-2-2　大港油田某区块黏土矿物和驱油效率的关系图

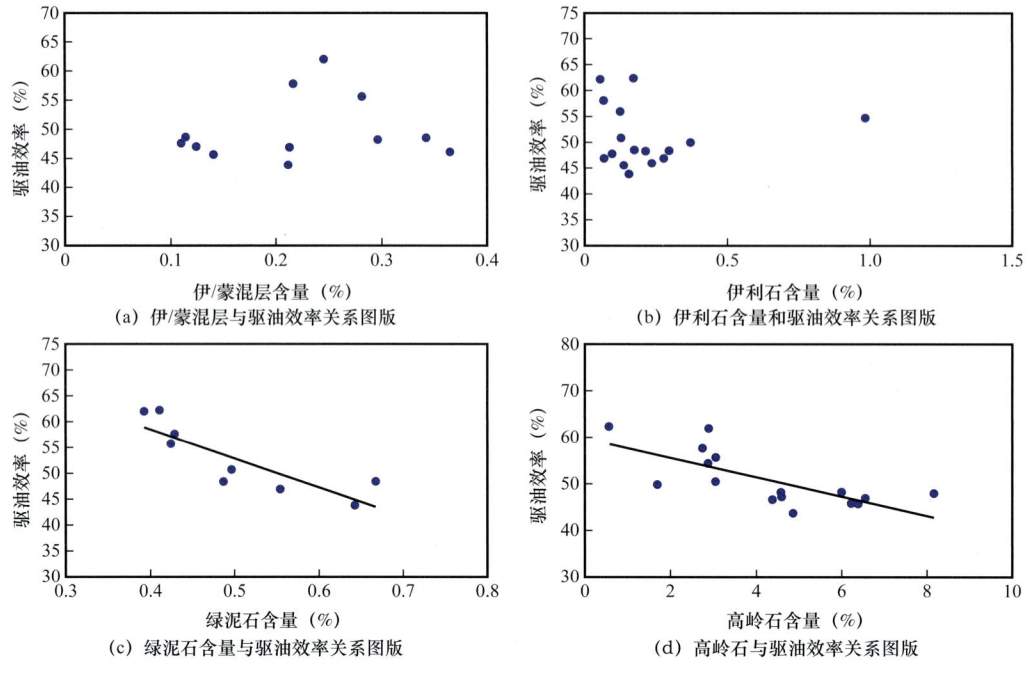

图 6-2-3　单黏土矿物含量对驱油效率的影响

三、注水前后储层物性的变化

1. 胶结中等—疏松的中高渗透储层长期注水冲刷后形成高渗流通道

注水前后产层的流体性质、孔隙结构、岩石物理化学特性等会发生一定程度的变化。比较典型的例子是准噶尔盆地西北缘七东区砾岩油藏，长期注水开发后检查井取心发现在原来胶结中等—疏松的物性较好段已经形成了高水淹通道（图 6-2-4）。克下组油藏纵向上受沉积相控制，物性好的主力油层首先形成水流优势通道而被水淹［图 6-2-4（a）］，其次被水淹的是物性较差的储层［图 6-2-4（b）］；对于水流优势通道内部而言，其纵向水淹程度的差异还受沉积韵律的影响。正韵律油层的底部岩性粗、物性好，再加上重力作用的影响，因此底部首先形成水流优势通道被水淹，这一现象在厚砂砾层尤为突出，其纵向上水洗厚度小，但水洗段驱油效率高，平面上波及面积大，含水上升较快。反韵律油层的顶部岩性粗、物性好，顶部首先形成水流优势通道被水淹，纵向上见水厚度大，含水上升速度较慢，但水洗段驱油效率不高，无明显水洗段。复合韵律油层兼有正反韵律特征，油水运动取决于正反韵律组合，如果高渗透层位偏下部，其油水运动特征类似正韵律，但见水厚度比正韵律更大，水线推进差异变小，如果高渗透层位偏上部，其油水运动特征类似反韵律；若中间存在夹层，则会出现多条水流优势通道，呈多段水淹特征。

图 6-2-4　准噶尔盆地西北缘七东区克下组 T71721 检查井胶结疏松段水淹特征

注水冲刷前后储层参数变化主要是由于注水开发过程中注入水与储层、流体相互作用引起的，其变化表现为表面层微粒的迁移和黏土矿物的变化。注入水首先使黏土矿物发生水化、膨胀，持续冲刷作用引起表面层微粒剥落，并发生迁移，形成高水淹通道。在相同的注水条件下，注入水首先沿高渗透带突进，表面层微粒和黏土矿物的迁移使孔喉半径增加，并导致孔隙度、渗透率增加。而低渗透段黏土矿物仅仅发生水化、膨胀，使孔喉半径降低，孔隙度和渗透率也降低。这种变化特征正好增加了储层内的非均质性。对于高渗透段储层水驱后孔喉半径增加，并容易形成大孔道。而低渗透段更容易发生速敏伤害，降低渗透率。

不同微相的孔隙度和渗透率变化范围是不同的。对于河道微相，泥质含量相对较低，由于长期注入水的冲刷作用，超大孔比其他微相类型要多，最大孔隙度可达到 39%，渗透率相应增加的幅度也较大。由于黏土矿物和颗粒易发生迁移，堵塞细小孔喉，造成低孔部位储层结构进一步变差。相应地，孔隙度分布范围比其他微相要宽。此外，由于注入水的长期冲刷作用，使得具有亲水特性的长石和石英表面被溶蚀裸露，储层润湿性发生变化，总体上向亲水性变化。但不同沉积微相或不同孔隙度、渗透率的砂体，润湿性变化程度亦不同。可见，长期水驱也使注入水与储层发生水岩和水化作用，岩石润湿性、黏土矿物和渗流特征、孔隙结构、孔隙组合类型发生变化。在高渗透段，岩石受注水作用影响较大，润湿性向更加亲水的方向发展。

高渗透条带有利于流体在其中渗流，由于注入水的冲刷，岩石孔壁上附着的黏土矿物被剥落，在含油砂砾岩较大孔隙中的黏土矿物被冲散冲走，沟通孔隙的喉道半径增大，孔隙变得"干净通畅"，孔隙半径普遍增大，迂回半径减小，连通性变好，缩短了流体实际渗流路径，岩石孔隙结构系数变小，因而孔隙性、渗透性好的储层孔隙度有一定程度的增大，岩石渗透率明显增大。因此，在距注水井近、水洗程度高的井段，实验测试得到的水淹层渗透率要比距注水井较远的、水洗程度低的井明显增高。

层理界面对高渗流通道的影响，首先表现在注水井吸水剖面上，这种层间非均质性会造成各层吸水能力的差别，甚至是非常悬殊的差别。层理界面对水流优势通道的影响，还表现在采油井中各产层的产液能力上，即使是同一砂岩组，各小层的产液能力也可能存在很大差异。从产液剖面统计结果看，在多层合采的情况下，有相当一部分射开层段产液量很低，甚至根本不产液。注水井中各层吸水能力的高低差异，必然会导致连通采油井中各层产液强度的不同，从而造成水流优势通道发育程度的不同，那些吸水能力强、产液程度高的层首先水淹，并且首先达到较高的产液强度；而那些吸水能力弱、产液强度低的层可能是弱水淹或未水淹。

2. 胶结致密的低渗透储层长期注水地层结垢渗透率降低

胶结致密的低渗透储层一般表面层矿物含量高，孔喉狭窄，高岭石等黏土矿物迁移（或地层结垢）堵塞喉道，造成渗透率降低（图6-2-5）。

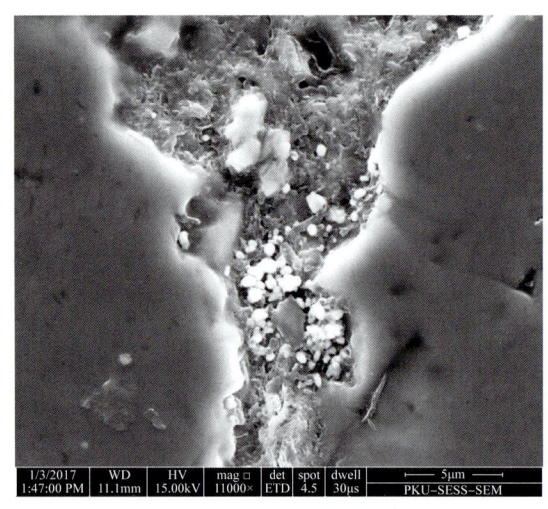
(a) 储层喉道中黏土矿物分布特征

(b) 储层黏土矿物堵塞喉道特征

图6-2-5 鄂尔多斯盆地静安油田柳捡75-60井长6油层结垢物堵塞喉道

朱玉双等（2007）开展了鄂尔多斯盆地安塞油田长6油层注水前后对比物理模拟实验，发现低渗透油层注水前后孔隙度和渗透率均具有减小的趋势（表6-2-1）。

由此可见，长期注水开发对低渗透储层影响较为复杂，气测孔隙度略有增加，气测渗透率以降低为主。对由于有细小颗粒移动、冲出的，孔隙度增大；当有部分移动但未冲出的细小颗粒，滞留在细小喉道，使喉道变窄，渗透率下降。因此，长期注水开发过程中储层物性总体渗透性变差，微观非均质性变强。

3. 注水前后储层润湿性的变化

在油田进行长期注水开发过程中，由于注入水的水洗、溶解等各种物理和化学作用，使储层岩石的表面物理性质向水湿性发生变化,进而改变了储层的润湿性。大量的检查井取心发现,在多期河道叠加的油层中普遍存在某一个物性较好的单一层水洗程度比较高,岩石颜色已发白,水湿性明显增强(图 6-2-6),滴水速渗,说明渗透率和润湿性发生了明显的改变。

表 6-2-1　安塞油田模拟注水前后储层物性变化对比(据朱玉双等,2007)

井号	样号	原始孔隙度(%)	冲刷后孔隙度(%)	孔隙度变化率(%)	原始渗透率(mD)	冲刷后渗透率(mD)	渗透率变化率(%)
王 8-15	1-270-186	14.5	14.2	-2.11	6.45	6.31	-2.40
沿 134-22	1-38-20	10.9	11.0	0.91	0.40	0.40	0
杏 2-5	3-80-77	12.6	12.6	0	0.70	0.68	-2.58
杏侧 19-3	3-64-28	11.6	11.5	-0.87	0.77	0.68	-11.10
候 23-2	1-180-97	13.3	13.2	-0.76	1.55	1.48	-4.38
王侧 11-18	1-45-8	12.9	13.0	0.77	0.14	0.11	-22.46
杏 64-36	3-123-92	13.7	13.8	0.85	0.40	0.33	-16.88
平均		12.8	12.8	0.90	1.49	1.43	-8.54

图 6-2-6　鄂尔多斯盆地静安油田柳捡 75-60 井长 6 油层水淹特征

分析原因认为,一方面注入水的长期冲刷—水洗作用,部分孔道内壁变得比较光滑,减小了注入水进入孔隙的毛细管阻力;另一方面由于注入水的溶解等化学作用,部分岩石颗粒及胶结物的表面物理性质产生了变化,使储层整体由油润湿储层向混合润湿—水润湿发展,水润湿储层变得更加亲水。

第三节　表面层性质对化学驱效果的影响

储层表面层物理化学性质对化学驱的影响主要体现在对聚合物、表面活性剂、碱等注入剂的滞留、吸附、消耗等方面，以及注入与采出井之间发生色质分离，引起配方体系改变，进而影响驱油效果等[78-86]。

一、表面层对化学剂的吸附作用

1. 表面层对化学剂的吸附机理

表（界）面层中被富集的组分称为正吸附，被排斥的组分称为负吸附。按照作用力性质的不同，一般分为物理吸附和化学吸附两种。

对于物理吸附，吸附剂与吸附质之间的相互作用力是范德华引力，主要包括色散力、诱导力、取向力及氢键等。被吸附分子不是紧贴在吸附剂表面上的某一特定位置，而是悬浮在靠近吸附质表面的空间中，这种吸附是非选择性的，且能形成多层重叠的分子层吸附。物理吸附的特点是吸附力较弱，吸附速度加快，脱附速度也加快。

对于化学吸附，吸附剂与吸附质之间的相互作用力是化学键力。两者之间发生化学反应，生成表面化合物。化学吸附的特点是吸附速度慢，不易脱附，吸附力较强。在化学吸附中，通常只形成单分子吸附层，且吸附质分子被吸附在固定位置上。这种吸附一般是不可逆的，但超过一定温度时，两者之间也可能被解吸。

在特定条件下，物理吸附和化学吸附可以同时发生，相互转化。一般情况下，上述两种吸附在机理上各不相同，但对具体的吸附过程来说，很难判定它究竟是属于哪一种吸附，大多数吸附属于物理—化学综合吸附。

按吸附界面分类，吸附可分为3种：液—固界面产生的吸附为固体吸附；气—固界面产生的吸附为气体吸附；气—液界面或液—液界面产生的吸附为液体吸附。在液—固界面处，一般由吸附剂比表面积大小、吸附质和溶剂的性质决定其吸附程度。将溶剂的因素视为不变，溶剂是大量存在的。Gile等按照等温线起始部分的斜率及随后的变化情况，将其大致分为4类（图6-3-1）。

（1）L型吸附等温线型。在稀溶液中，这种等温线最常见。通常来讲，它表示稀溶液的溶质比溶剂更易被吸附，溶剂没有强烈的竞争吸附能力。溶质是一些平面或线性的分子，以长轴或平面平行于表面的方式被吸附。

（2）S型吸附等温线。当溶质分子有强烈的竞争吸附时，以单一端基近似垂直定向地吸附于固体表面。等温线起始部分斜率较小，并凸向浓度轴。由于被吸附的溶质分子对液相中溶质分子强烈吸引，平衡浓度增大，此时等温线将有一较快上升阶段。

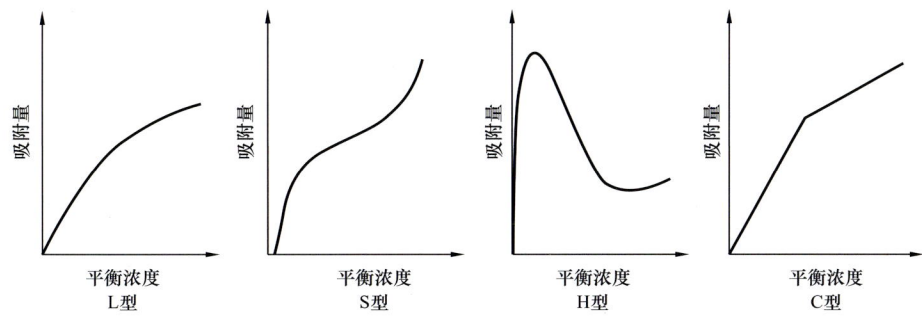

图 6-3-1　固体自溶液中的吸附等温线

（3）H 型吸附等温线。当吸附质与吸附剂间有强烈的亲和力时，溶质在极低浓度时就有很大的吸附量。通常出现的是溶液中的离子交换吸附、化学吸附、大分子及离子型的胶团吸附。

（4）C 型吸附等温线型。溶质在吸附剂表面和溶液中的分配是恒定的，故等温线起始段为一条直线。当吸附达到一定程度时，吸附就不再继续，出现这种吸附等温线的现象较少。

上述 4 类吸附等温线中，吸附量在平衡浓度升高时都有一段变化较为平缓的部分。

2. 表面层单矿物对聚合物的吸附

聚合物在高岭石、蒙皂石、伊利石、绿泥石、石英、长石、方解石、白云石上的静态吸附量随聚合物初始浓度的变化如图 6-3-2 所示。吸附量从大到小排列顺序为：蒙皂石＞绿泥石＞伊利石＞高岭石＞白云石＞方解石＞长石＞石英。聚合物吸附量随初始浓度的升高先升高，达到最大值后保持不变。当聚合物浓度在 1200mg/L 左右时，长石、石英、方解石和白云石这 4 种矿物吸附达到最大值；蒙皂石、绿泥石、伊利石和高岭土 4 种黏土矿物达到吸附最大值时需要的聚合物浓度在 2000mg/L 左右。

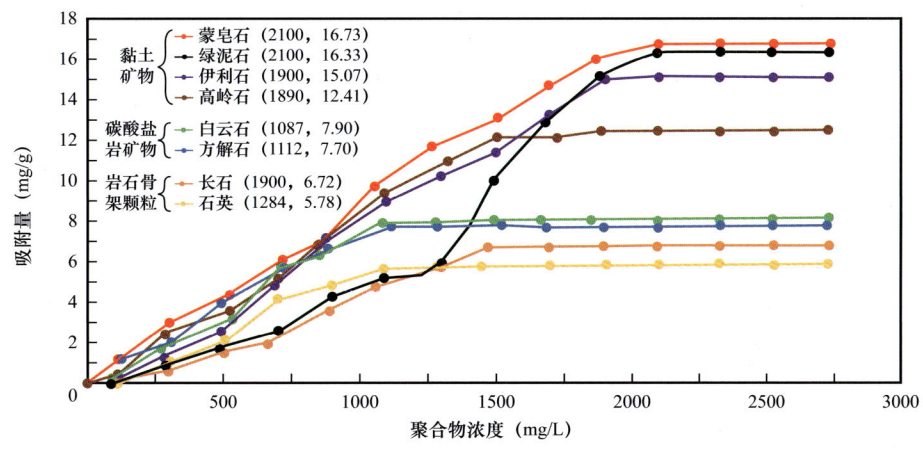

图 6-3-2　聚合物在单矿物上的静态吸附

新疆克拉玛依油田七东区弱碱三元复配体系中，配方为0.3%克拉玛依石油磺酸盐（KPS）、0.18%聚合物、1.2%Na_2CO_3，其中聚合物在高岭石、蒙皂石、伊利石、绿泥石、石英、长石、方解石、白云石上的静态吸附量随时间的变化如图6-3-3所示。

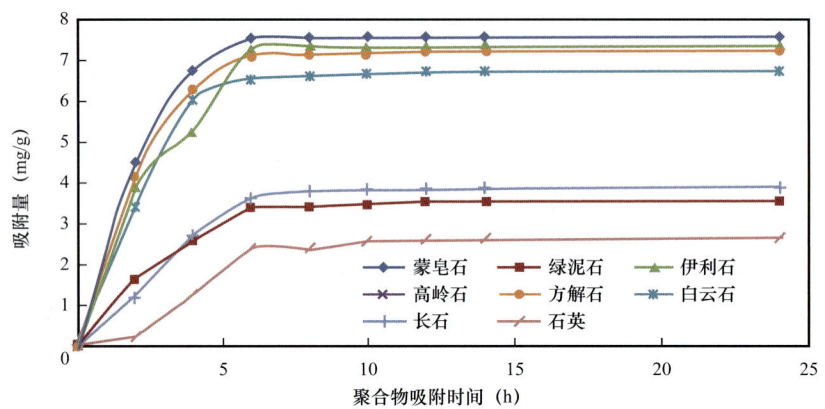

图6-3-3　弱碱三元复配体系中聚合物在单矿物上的静态吸附平衡时间

吸附量从大到小排列顺序为：蒙皂石＞绿泥石＞伊利石＞方解石＞白云石＞长石＞高岭石＞石英。当静态吸附时间达到6h左右时，聚合物在各个单矿物上的吸附达到平衡。

聚合物分子与黏土矿物表面的作用主要包括：聚合物分子上的羧基（—COO^-）与黏土矿物表面的金属活性中心或Stern层的静电引力；黏土矿物表面与聚合物分子间的色散力、诱导力和氢键。虽然属于多点吸附，但聚合物分子链大部分在溶液中游弋，在黏土矿物表面解吸作用倾向较大，黏土矿物对聚合物分子的吸附作用相对较弱。

静电作用的机理：聚丙烯酰胺经碱作用的水解产物部分水解聚丙烯酰胺溶于水后，羧钠基可发生电离，形成带负电的聚离子。带负电基团（—COO^-）与羧钠基（—$COONa$）处于电离平衡状态。部分水解聚丙烯酰胺电离后羧基上带负电，它与储层表面矿物之间就可能因静电作用而产生吸附。

氢键作用的机理：储层长期处于水侵条件下，表面可发生羟基化反应，表面上产生羟基。岩石表面上的羟基可通过氢键与聚合物中的酰氨基相连接。一个聚合物分子链上有大量可形成氢键的基团，这些基团在颗粒表面上的吸附仅是点接触，大分子链则以线团的形式存在于溶液中。聚合物的酰氨基和羧基的亲水性能，使留在溶液中的分子线团上亲水基团吸附大量的水，从而抑制了水的流动。

高岭石的结构单元由一层［SiO_4］四面体片和一层［$AlO_2(OH)_4$］八面体片连接而成，属于1∶1层型黏土矿物，晶层间存在氢键，高岭石晶格取代较少，阳离子交换容量较小。

伊利石的结构单元属于2∶1层型黏土矿物，即由两层［$(SiAl)O_4$］四面体片和一层［$AlO_4(OH)_2$］八面体片连接而成，晶层间主要存在静电引力。晶格取代发生在晶层表面的[(SiAl)O$_4$]四面体片中，约有 1/6 的 Si^{4+} 被 Al^{3+} 取代，补偿电价离子主要为 K$^+$。

绿泥石的结构单元为 2∶1∶1 层型黏土矿物，即由一层类似伊利石的 2∶1 层型结构和一层[(MgAl)(OH)$_6$]八面体水镁石片组成。水镁石片的 Mg^{2+} 被 Al^{3+} 部分取代，表面带正电荷。它可替代和交换阳离子补偿 2∶1 层型结构中 Al^{3+} 取代 Si^{4+} 产生的不平衡电价；晶层间存在氢键和静电引力；含有较多的 Fe^{2+} 和 Fe^{3+}，为酸敏矿物。

伊利石和绿泥石的晶层只有一种底面，全部由氧原子组成。高岭石的晶层有两种底面，一种全部由氧原子组成，另一种全部由 Al—OH 组成。高岭石表面存在两类羟基：一类是晶层底面的 Al—OH，另一类是晶层端面的 Si—OH 或 Al—OH。高岭石的羟基数量多于伊利石和绿泥石。

黏土矿物底面电荷的来源是晶格取代，其电荷性质和晶格中异价阳离子取代程度有关，与介质 pH 值无关。因为硅（铝）氧键断裂，黏土矿物端面荷电吸附水中定位离子，在晶层端面生成羟基，具有两性水解作用，在碱性条件下端面带负电荷。

3 种黏土矿物组成和结构的差异导致吸附量不同。高岭石的表面羟基密度大于伊利石和绿泥石的，在碱性条件下表面羟基水解，负电性较强，但高岭石阳离子交换容量较小。伊利石和绿泥石的阳离子交换容量大于高岭石，其中绿泥石矿物含有较多的 Fe^{2+} 活性中心。

石英和长石是架状结构的硅酸盐骨架矿物。石英结构中 1/4 的 Si^{4+} 被 Al^{3+} 取代后即为长石。两者的荷电机理相同，即硅（铝）氧键断裂，与水中 H$^+$ 和 OH$^-$ 结合，生成羟基表面，表面带负电荷。由于矿物破碎断面的极化程度较高，导致亲水性较强。

长石结构中存在晶格取代，在晶体表面结合 K$^+$ 或 Na$^+$ 以平衡电价，长石矿物表面有带负电荷的晶格，使长石的零电点比石英的低。同时，Al—O 比 Si—O 键易于断裂，在长石表面存在 Al 的活性中心。结构差异导致长石与石英的表面性质略有不同。

黏土矿物表面活性中心较多，属于高能表面，亲水性较强。黏土矿物的吸附量显著高于骨架矿物。骨架矿物表面多被黏土矿物覆盖，骨架矿物与三元驱替液的作用较小，三元组分的吸附损失主要由黏土矿物引起。由于绿泥石矿物的金属活性中心数量多，端面吸附活性较高，对表面活性剂和聚合物的吸附量较大，引起 Na$_2$CO$_3$ 的反应损耗也较多。

复合驱中聚合物在各个单矿物上的吸附量小于单独聚合物的吸附量，是由于黏土矿物的碱耗而使负电性增强，同性相斥而使负电性的部分水解聚丙烯酰胺的吸附量减小。

3. 表面层单矿物对表面活性剂的吸附

表面活性剂在高岭石、蒙皂石、伊利石、绿泥石、石英、长石、方解石、白云石上的静态吸附量随聚合物浓度变化如图 6-3-4 所示。

总体来看，吸附量从大到小排列顺序为：蒙皂石＞绿泥石＞伊利石＞高岭石＞白云石＞方解石＞长石＞石英。表面活性剂吸附量随浓度的升高先升高，达到最大值后保持不变。当表面活性剂浓度在 2100mg/L 左右时，长石、石英吸附达到最大值；当表面活性剂浓度在 3000mg/L 左右时，伊利石、高岭石、白云石、方解石吸附达到最大值；当表面活性剂浓度在 4000mg/L 左右时，蒙皂石、绿泥石吸附达到最大值。

弱碱三元复配体系中表面活性剂在高岭石、蒙皂石、伊利石、绿泥石、石英、长石、方解石、白云石上的静态吸附量随时间的变化如图 6-3-5 所示。

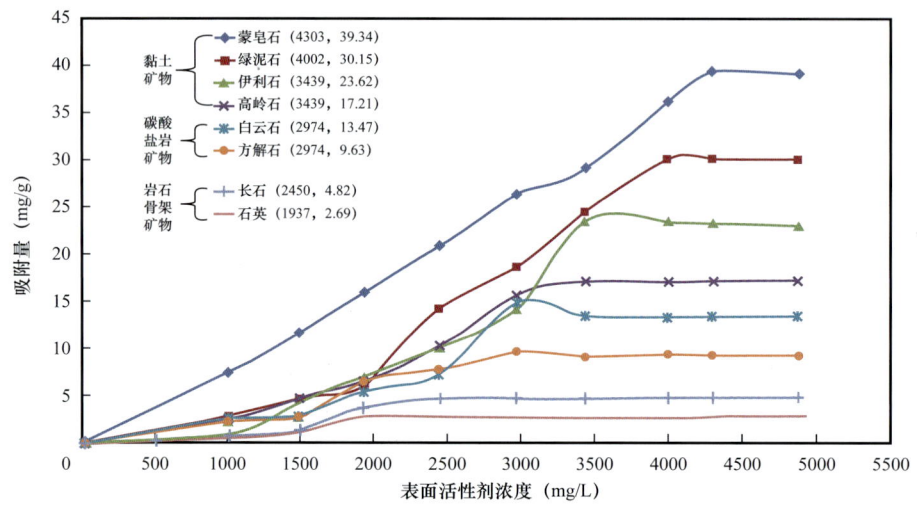

图 6-3-4　表面活性剂在单矿物上的静态吸附

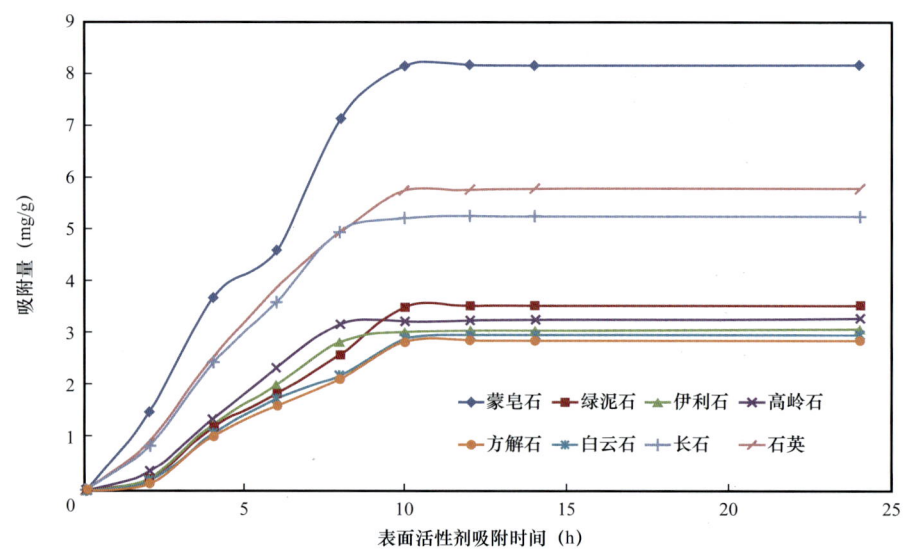

图 6-3-5　弱碱三元复配体系中表面活性剂在单矿物上的静态吸附平衡时间

吸附量从大到小排列顺序为：蒙皂石＞绿泥石＞方解石＞石英＞高岭石＞伊利石＞白云石＞长石。当静态吸附时间达到 6h 左右时，表面活性剂在各个单矿物上的吸附达到平衡。

对于非金属矿物，静电引力和侧向作用力可认为是表面活性剂吸附的主要作用力；

对于盐类矿物（如方解石）和硫化矿物（如黄铁矿），化学作用力占主要地位。

磺酸基、烷基表面活性剂与黏土矿物表面具有较强的相互作用，主要有黏土矿物表面的金属活性中心（Al^{3+}、Fe^{3+}、Fe^{2+}、Ca^{2+}、Mg^{2+}等）对表面活性剂离子的电性吸引，荷负电黏土矿物表面的Stern层与表面活性剂磺酸基间的电性相互排斥而使吸附量降低。黏土矿物表面和表面活性剂离子间的色散力、诱导力和氢键，使荷负电的胶团化阴离子表面活性剂在黏土矿物上的吸附量小于其他类型的表面活性剂。

亲油矿物（包括亲油岩石）表面对表面活性剂分子具有强烈的吸附，不仅表面活性剂极性基的静电引力对吸附有贡献，烷烃链的范德华力也起明显作用，吸附于黏土矿物的表面活性剂的胶团化作用导致多层吸附。储层矿物中，伊利石和骨架矿物为亲水矿物，高岭石为亲油矿物，所以高岭石比伊利石的吸附量更大。而在复合驱油体系中，黏土矿物的损耗量序列与单一表面活性剂体系中并不相同，绿泥石上的损耗量最大，高岭石上最小。这可能与高岭石在碱剂中的化学行为强有关，颗粒表面负电荷增多，排斥力加大，减少了表面活性剂的损耗[87]。

对比图6-3-3与图6-3-4，复合驱中表面活性剂在各个单矿物上的吸附量小于单独表面活性剂的吸附量，说明复合驱中存在竞争吸附，与矿物活性中心作用力强的组分吸附量大有关。

由于表面活性剂分子中疏水基的胶团化作用，得出比表面活性剂的吸附量要大于聚合物的吸附量。

4. 三元复合体系在岩心上的静态吸附

1）岩心聚合物吸附量测定及吸附性能评价

聚合物在松散岩心上的吸附量大于胶结岩心。随着聚合物初始浓度的增高，聚合物的吸附量先上升后保持不变。当聚合物初始浓度为1000mg/L时，两类岩心上的吸附均达到平衡。1800mg/L、分子量2500万的聚合物在胶结岩心上的静态吸附量为3.87mg/g，在松散岩心上的静态吸附量为4.67mg/g（图6-3-6）。

弱碱三元复合体系中聚合物在松散岩心上的吸附量大于胶结岩心。当聚合物初始浓度为1400mg/L时，两类岩心上的吸附均达到平衡。胶结岩心上的静态吸附量为3.11mg/g，在松散岩心上的静态吸附量为4.11mg/g（图6-3-7）。

对比松散岩心和胶结岩心，松散岩心的比表面积大，故松散岩心上的吸附量较大。

对比图6-3-5与图6-3-6发现，复合驱中聚合物在两类岩心物上的吸附量小于单独聚合物的吸附量，说明复合驱中存在竞争吸附，与矿物活性中心作用力强的组分吸附量大有关。

对比聚合物在岩心和单矿物上的吸附，得到岩心上的吸附量小于黏土矿物上的吸附量，大于骨架矿物上的吸附量，说明虽然岩心中骨架矿物的含量高，但是主要的吸附发生在黏土矿物表面层。

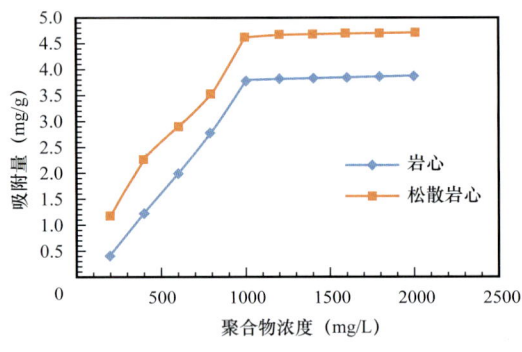

图 6-3-6 聚合物在岩心上的静态吸附等温曲线

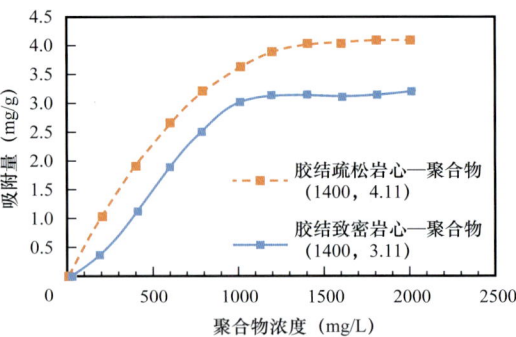

图 6-3-7 弱碱三元复合体系中聚合物在岩心上的静态吸附等温曲线

新疆克拉玛依油田七东$_1$区弱碱三元复合体系中聚合物在岩心上的静态吸附量为 3~5mg/g，大于大庆油田与河南油田聚合物的静态吸附量，小于吉林油田和长庆油田聚合物的静态吸附量。对比其他油田渗透率与吸附量的关系可知，渗透率与静态吸附量呈负相关关系，即随着渗透率的下降吸附量上升（表6-3-1）。从现象上看，是渗透率高低影响了吸附量；本质上，是储层比表面积大小影响着吸附量的多少。

表 6-3-1 国内主要液体聚合物静态吸附量

油田	区块	渗透率（mD）	类型	聚合物分子量	聚合物浓度（mg/L）	实验温度（℃）	吸附时间（h）	静态吸附量（mg/g）
新疆	七东$_1$区	560	聚合物驱	2500万	1500	—	—	3.00
大庆	—	700	三元驱	2500万	1800	—	—	1.40
	—	700	聚合物驱	2500万	1800	—	—	2.20
吉林	红113	110	二元驱	2500万/1500万	1500	—	—	5.60
	红岗	—	聚合物驱	1400万	—	55	48	5.22
长庆	北三区	100	二元驱	1500万/1000万	1500	—	—	6.30
	长垣	—	聚合物驱	2000万	—	45	48	2.67
河南	双河	—	聚合物驱	1800万	—	70	12	1.78

2）岩心表面活性剂吸附量测定及吸附性能评价

表面活性剂在松散岩心上的吸附量大于胶结岩心。随着表面活性剂初始浓度的增高，表面活性剂的吸附量先上升后保持不变。当表面活性剂初始浓度为2000mg/L时，松散岩心上的吸附均达到平衡；当表面活性剂初始浓度为2400mg/L时，胶结岩心上的吸附均达到平衡。3000mg/L克拉玛依环烷基石油磺酸盐（KPS）在胶结岩心上的静态吸附量为8.01mg/g，在松散岩心上的静态吸附量为9.36mg/g（图6-3-8）。

弱碱三元复合驱中表面活性剂在松散岩心上的吸附量大于胶结岩心。当克拉玛依石油磺酸盐（KPS）初始浓度为2500mg/L时，两类岩心上的吸附均达到平衡。胶结岩心上的静态吸附量为7.48mg/g，在松散岩心上的静态吸附量为8.9mg/g（图6-3-9）。

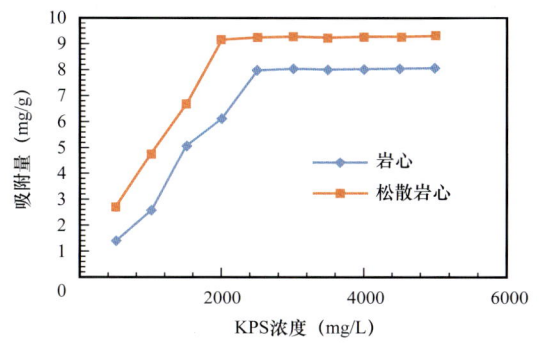 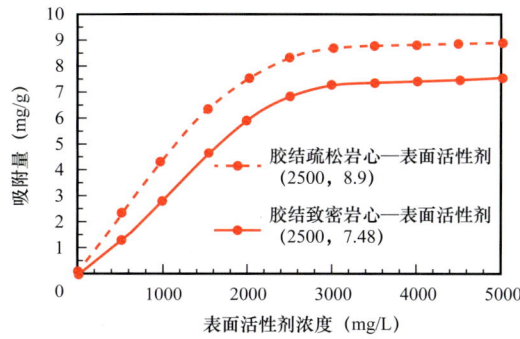

图6-3-8　克拉玛依石油磺酸盐（KPS）在岩心上的静态吸附等温曲线　　图6-3-9　弱碱三元复合体系中表面活性剂在岩心上的静态吸附

对比图6-3-8与图6-3-9发现，复合驱中表面活性剂在两类岩心上的吸附量小于单独表面活性剂的吸附量，说明复合驱中存在竞争吸附，与矿物活性中心作用力强的组分吸附量大有关。

对比表面活性剂在岩心和单矿物上的吸附，得到岩心上的吸附量小于黏土矿物上的吸附量，大于骨架矿物上的吸附量，说明虽然岩心中骨架矿物的含量高，但是吸附主要发生在黏土矿物表面层。

新疆克拉玛依油田七东$_1$区弱碱三元复合驱中表面活性剂在岩心上的静态吸附量为7~10mg/g，大于大庆油田表面活性剂的静态吸附量，小于吉林油田和长庆油田表面活性剂的静态吸附量（表6-3-2）。对比其他油田渗透率与吸附量的关系可知，渗透率与静态吸附量呈负相关关系，即随着渗透率的下降吸附量上升。除岩石的表面性质外，表面活性剂的吸附主要与其类型和胶团化趋势的大小相关。

综上所述，表面活性剂与聚合物具有相同的静态吸附规律。

表6-3-2　国内主要油田静态吸附量对比

油田	区块	渗透率（mD）	类型	表面活性剂浓度（%）	表面活性剂静态吸附量（mg/g）
大庆		700	三元驱	0.3	3.1
吉林	红113	110	二元驱	0.25	15.8
长庆	北三区	100	二元驱	0.2	17.2

5. 岩心中三元复合驱化学剂动态吸附量测定及吸附性能评价

通过克拉玛依油田七东区克下组6组岩心动态吸附量的测定发现，渗透率与吸附量呈负相关，即渗透率高的岩心驱油剂吸附量相对较低。分析认为渗透率高的岩心黏土矿物含量低，故驱油剂的吸附量也低（表6-3-3）。驱油剂在胶结岩心上的动态吸附量低于松散岩心的静态吸附量。

表6-3-3　弱碱三元复配体系复合驱油剂在岩心上的动态吸附量

岩心编号	气测渗透率（mD）	聚合物动态吸附量（mg/g）	表面活性剂动态吸附量（mg/g）	碱动态损耗量（mg/g）
20	194.8314	0.180	0.2722	0.271
6	326.6478	0.171	0.2542	0.262
27	409.7401	0.145	0.2418	0.246
1	669.2387	0.123	0.2198	0.208
12	744.6029	0.111	0.1999	0.190
21	818.5754	0.082	0.1756	0.157

大庆油田岩心动态吸附实验表明，表面活性剂与碱的消耗量接近，聚合物的吸附量最小（表6-3-4）。

表6-3-4　弱碱三元复配体系复合驱油剂在大庆油田岩心上的动态吸附量

编号	动态吸附量（mg/g）		
	表面活性剂	聚合物	NaOH
1	0.290	0.122	0.210
2	0.350	0.141	0.280
3	0.170	0.088	0.120
4	0.210	0.095	0.190

对比弱碱三元复合体系在大庆油田天然岩心上的动态吸附量，表面活性剂的吸附量偏高，聚合物和碱的消耗量类似，故在设计配方时，可以在大庆油田弱碱三元复配体系复合配方的基础上，适当提高表面活性剂的浓度，聚合物与碱的浓度保持不变。

二、多次吸附后界面张力性能评价

1. 多次吸附后界面张力变化

对于柱状岩心，黏土矿物的吸附会减弱驱油剂降低油—水界面张力的效果。随时间的变化，原液（注入水中加入驱油剂，未加入岩心进行吸附）中驱油剂降低油—水界面张力的效果最明显，从0.0087mN/m上升到0.01mN/m，随后下降0.001mN/m以下；经过1次、2次、3次吸附（每次岩心吸附24h）后驱油剂降低油水界面张力的效果相似，从

0.1mN/m 下降到 0.01mN/m 左右后保持不变；经过 4 次、5 次吸附后驱油剂降低油—水界面张力效果严重受到黏土矿物吸附作用的影响，从 0.1mN/m 缓慢下降到 0.03mN/m 左右后保持不变（表 6-3-5）。

表 6-3-5　块状岩心界面张力变化

时间（min）	界面张力（mN/m）					
	原液	1 次吸附	2 次吸附	3 次吸附	4 次吸附	5 次吸附
1	0.0087	0.0289	0.0429	0.0703	0.0727	0.0816
3	0.0094	0.0289	0.0299	0.045	0.0491	0.0555
5	0.01	0.0224	0.0273	0.036	0.0345	0.0491
10	0.0094	0.0202	0.0191	0.0254	0.0266	0.0411
20	0.0088	0.0143	0.0144	0.016	0.0217	0.0345
40	0.0064	0.0135	0.0111	0.0116	0.0204	0.036
60	0.00337	0.00979	0.00979	0.0109	0.0217	0.0375
80	0.00187	0.00916	0.00979	0.00814	0.0228	0.0411
100	0.000663	0.00786	0.00917	0.00758	0.0254	0.045
120	—	—	0.00979	—	0.0266	0.0472

对于松散岩心，黏土矿物的吸附同样会减弱驱油剂降低油—水界面张力的效果。随着时间的变化，原液（注入水中加入驱油剂，未加入岩心进行吸附）中驱油剂降低油—水界面张力的效果最明显，从 0.0087mN/m 上升到 0.01mN/m，随后下降 0.001mN/m 以下；经过 1 次、2 次、3 次、4 次吸附（每次岩心吸附 24h）后驱油剂降低油—水界面张力的效果相似，从 0.1mN/m 下降到 0.01mN/m 以下后保持不变；经过 5 次、6 次吸附后驱油剂降低油—水界面张力效果受到黏土矿物吸附作用的影响，保持在初始界面张力，不随时间降低，反而呈现轻微上升的趋势（表 6-3-6）。

表 6-3-6　松散岩心界面张力变化

时间（min）	界面张力（mN/m）						
	原液	1 次吸附	2 次吸附	3 次吸附	4 次吸附	5 次吸附	6 次吸附
1	0.0087	0.036	0.0313	0.033	0.05	0.614	2.518
3	0.0094	0.024	0.0201	0.0212	0.033	0.861	2.762
5	0.01	0.0181	0.016	0.016	0.0273	1.04	2.958
10	0.0094	0.016	0.0126	0.0125	0.0201	1.169	3.068
20	0.0088	0.0133	0.00917	0.0151	0.0143	1.117	3.01

续表

时间（min）	界面张力（mN/m）						
	原液	1次吸附	2次吸附	3次吸附	4次吸附	5次吸附	6次吸附
40	0.0064	0.0125	0.00632	0.00585	0.00979	1.054	2.779
60	0.00337	0.0095	0.00489	0.00344	0.00842	1.04	2.687
80	0.00187	0.01	0.0045	0.00235	0.00574	0.978	2.579
100	0.000663	0.0095	0.00307	0.0015	0.0045	0.902	2.545
120	—	—	0.00278	—	0.00413	0.876	2.466

2. 影响界面张力的因素

1）表面活性剂对油水界面张力的影响

表面活性剂的分子量及其分布直接影响溶解度，也影响其他性质，特别是对界面活性影响较大。表面活性剂的烷基链越长，分子量越高，油溶性越强。从增溶油或水的特点看，有一个比较合适的分子量范围。

2）碱对油水界面张力的影响

含碱的表面活性剂复合体系降低油水界面张力作用机理有两种观点：一种认为体系的高 pH 值可以激发体系的表面活性，在降低界面张力值中起主要作用；另一观点认为体系的含盐度通过调整离子强度来调节表面活性剂分子在油水相的平衡分布。当表面活性剂在油相与水相的分配比接近一定临界值时，油水界面张力值最低。

强碱的加入使体系达到高 pH 值，从而形成超低界面张力，但强碱会对地面、井筒和地层造成一定的伤害，因此通过碱的复配既可保持一定的 pH 值，又有一定的矿化度，还可以降低对储层的伤害。

由实验数据可以看出，在相同条件下，NaOH 强碱体系的油水界面张力低于 Na_2CO_3 和 $NaHCO_3$ 弱碱体系。对于低酸值的大庆原油，碱降低界面张力的主要机理是进一步增强了原油中某些物质的极性，增大了它们在溶液中的活性，因而降低了油水界面张力。而强碱的加入，物质极性增强的作用大于弱碱，因此降低大庆油水界面张力的作用更大。

3）聚合物对界面张力的影响

三元复合体系中的聚合物在驱油过程中，可以防止指进现象，保持实验段塞的均匀推进，把具有超低界面张力的表面活性剂带到水驱未波及的孔喉中，从而获得较高的原油采收率。多数表面活性剂—碱—聚合物三元体系的界面张力比其与碱表二元体系的界面张力高 0.5~1 个数量级，但少量表面活性剂的二元体系的界面张力不受聚合物加入的影响。因此，聚合物加入使复合体系的黏度增加，小分子的表面活性剂到达油—水界面的时间以及在油—水两相中的平衡分配要延长，所以黏度大的复合体系初始界面张力相对较高。

4）水质对界面张力的影响

（1）无机离子对界面张力的影响。测试不同矿化度配制水复合体系的界面张力行为可以看出，矿化度对于体系界面张力有一定程度的影响，但并不显著，这说明水质对界面张力的影响比较复杂，主要与水中矿化度、二价阳离子类型、浓度有关。

（2）采出污水中微生物及其他因素对界面张力的影响。通过采出污水高温灭菌前后界面张力的对比实验，单项考察了细菌的存在是否对体系界面张力产生影响，结果表明，灭菌前后界面张力无明显差异。这说明采出污水中的细菌存在与否对体系界面张力没有显著影响，细菌对体系界面张力的影响只能是通过消耗采出污水中的其他成分（有机组分或矿物质），从而在一定条件下、经过一定的时间后改变污水成分，进而对界面张力产生影响。

（3）采出污水中悬浮颗粒对界面张力的影响。测定采出污水离心前后界面张力，结果表明悬浮颗粒对于体系界面张力没有显著影响。

（4）采出污水中有机物对界面张力的影响。经测试，大庆油田采出污水中主要有机物包括脂肪烃、芳香烃、酚类和脂肪酸，水中挥发性有机物、腐殖酸含量非常少。

（5）采出污水中二价阳离子对界面张力的影响。经测试新疆油田七东区产出水配制石油磺酸盐复合体系的油—水界面张力结果表明，Ca^{2+}浓度在50mg/L之内对降低界面张力有利，大于100mg/L后，随Ca^{2+}浓度增加界面张力上升。少量的Ca^{2+}与磺酸基结合可以改善石油磺酸盐表面活性剂的HLB值，但随着Ca^{2+}浓度增加，石油磺酸盐沉淀而失去活性，导致油—水界面张力上升。

三、化学剂损失图版建立

1. 泥质含量与化学剂吸附图版

1）黏土矿物含量与化学剂静态吸附关系图版

以准噶尔盆地西北缘七东区克下组砾岩为例，选取储层中不同黏土矿物含量岩心样品，开展静态吸附实验测定（图6-3-10），建立了以下几种泥质含量与化学剂吸附的地区经验关系图版，指导配方体系优化。

（1）聚合物驱黏土矿物含量与静态吸附量关系：

$$y = 0.1566x + 1.242, R^2 = 0.8799$$

（2）弱碱三元复合体系中黏土矿物含量与聚合物静态吸附关系：

$$y = 0.1391x + 0.9943, R^2 = 0.8448$$

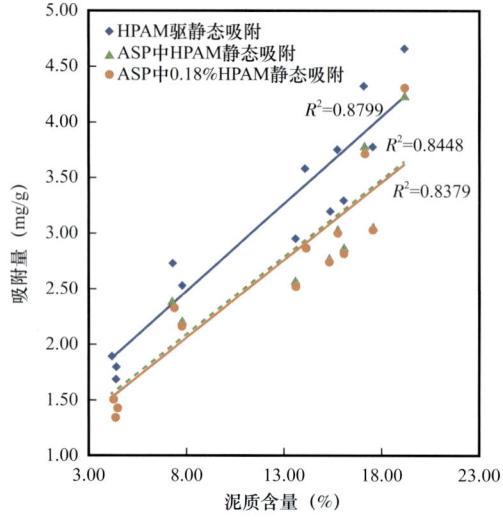
(a) HPAM、ASP中HPAM与ASP中0.18%HPAM 与泥岩的吸附特征

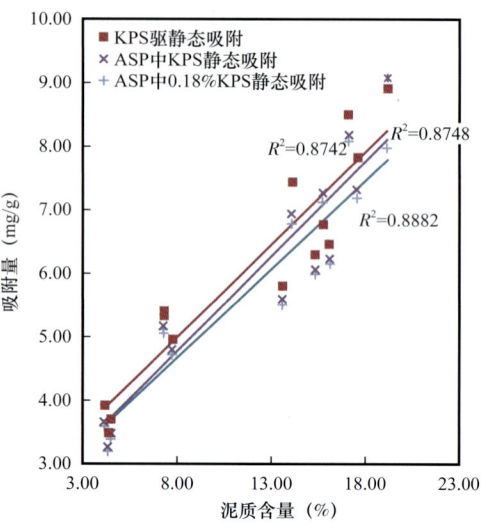
(b) KPS、ASP中KPS与ASP中0.18%KPS 与泥岩的吸附特征

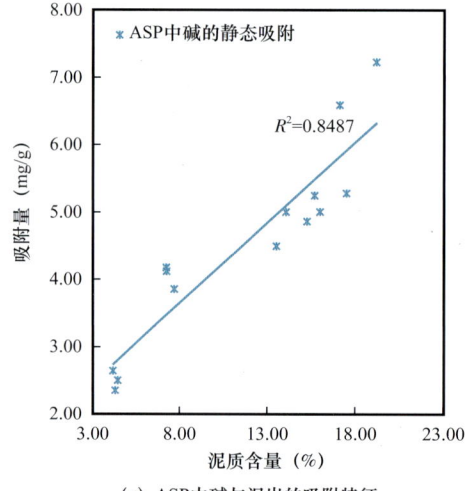
(c) ASP中碱与泥岩的吸附特征

图 6-3-10　泥质含量与化学剂静态吸附的关系

（3）弱碱三元复合体系中黏土矿物含量与0.18%浓度聚合物静态吸附关系：

$$y = 0.1394x + 0.9624, \ R^2 = 0.8379$$

（4）黏土矿物含量与KPS静态吸附关系：

$$y = 0.295x + 2.639, \ R^2 = 0.8742$$

（5）弱碱三元复合体系中黏土矿物含量与KPS静态吸附关系：

$$y = 0.3025x + 2.3595, \ R^2 = 0.8748$$

（6）弱碱三元复合体系中黏土矿物含量与0.3%KPS静态吸附关系：

$$y = 0.2797x + 2.4625,\ R^2 = 0.8882$$

（7）弱碱三元复合体系中黏土矿物含量与碱的消耗量关系：

$$y = 0.2388x + 1.74,\ R^2 = 0.8487$$

2）黏土矿物含量与化学剂动态吸附关系图版

通过准噶尔盆地西北缘七东区克下组砾岩黏土矿物含量与化学剂动态吸附实验测定（图6-3-11），建立了以下几种泥质含量与化学剂动态吸附的地区经验关系图版。

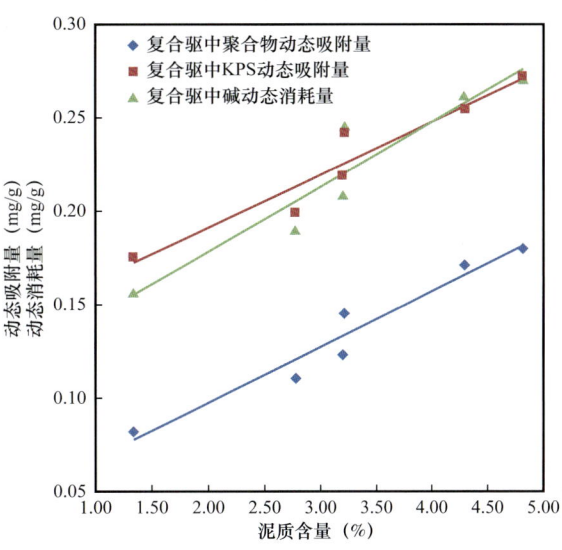

图 6-3-11　泥质含量与动态吸附相关关系

（1）复合驱中黏土矿物含量与聚合物动态吸附量关系：

$$y = 0.0284x + 0.1345,\ R^2 = 0.925$$

（2）复合驱中黏土矿物含量与克拉玛依石油磺酸盐（KPS）动态吸附量关系：

$$y = 0.0298x + 0.0378,\ R^2 = 0.9465$$

（3）复合驱中黏土矿物含量与碱动态消耗量关系：

$$y = 0.0348x + 0.1086,\ R^2 = 0.8929$$

泥质含量与吸附量之间呈正相关关系。泥质粒度小，比表面积大，容易吸附驱油剂。岩石矿物中虽然骨架矿物含量最多，但是对吸附起主要作用的是黏土矿物，理论上来讲，黏土矿物含量与吸附量之间应存在正相关关系。

2. 矿物岩石比表面积与化学剂吸附关系图版

1）矿物岩石比表面积与化学剂静态吸附关系图版

准噶尔盆地西北缘七东区克下组砾岩油藏中不同矿物岩石比表面积与化学剂静态吸附测定结果见图6-3-12，具有以下关系：

（1）聚合物驱中矿物岩石比表面积与化学剂静态吸附关系：

$$y = 0.4709x - 0.506,\ R^2 = 0.9018$$

（2）弱碱三元复合体系中聚合物驱中矿物岩石比表面积与化学剂静态吸附关系：

$$y = 0.4323x - 0.6649,\ R^2 = 0.9249$$

（3）弱碱三元复合体系中矿物岩石比表面积与0.18%聚合物静态吸附关系：

$$y = 0.4351x - 0.7141,\ R^2 = 0.9246$$

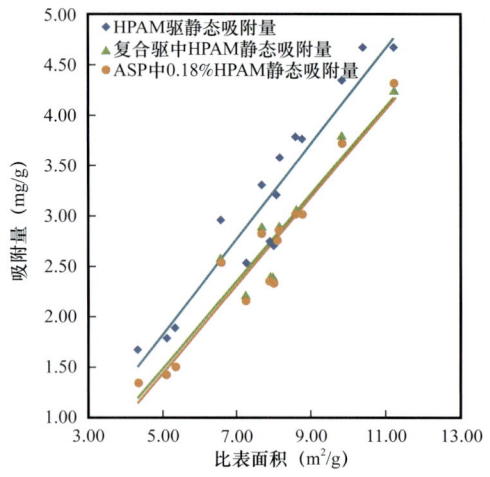
(a) HPAM、复合驱中HPAM与ASP中0.18%HPAM
与矿物岩石吸附量及比表面积的变化特征

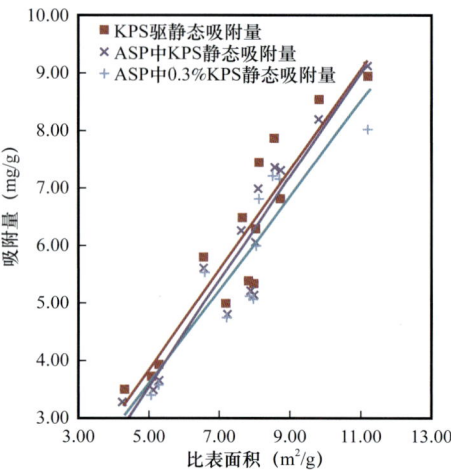
(b) KPS、ASP中KPS与ASP中0.3%KPS
与矿物岩石吸附量及比表面积的变化特征

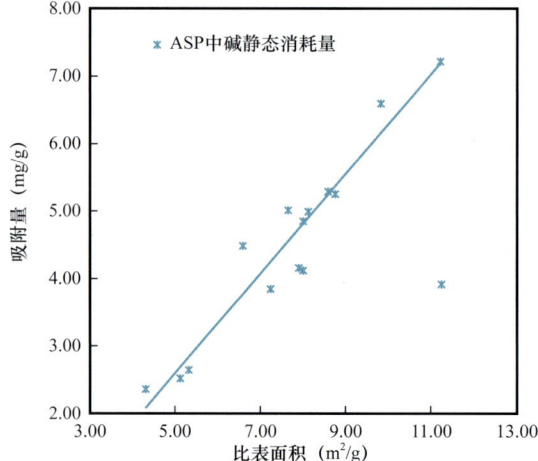
(c) ASP中碱与矿物岩石吸附量及比表面积的变化特征

图 6-3-12　比表面与静态吸附相关关系

（4）矿物岩石比表面积与 KPS 静态吸附关系：

$$y = 0.8701x - 0.5246, \ R^2 = 0.8618$$

（5）弱碱三元复合体系中矿物岩石比表面积与 KPS 静态吸附关系：

$$y = 0.9089x - 1.0111, \ R^2 = 0.8948$$

（6）弱碱三元复合体系中矿物岩石比表面积与 0.3%KPS 静态吸附关系：

$$y = 0.8193x - 0.494, \ R^2 = 0.8638$$

（7）弱碱三元复合体系中矿物岩石比表面积与碱的消耗关系：

$$y = 0.2262x + 2.7298, \ R^2 = 0.7891$$

2）矿物岩石比表面积与化学剂动态吸附关系图版

矿物岩石比表面积与化学剂动态吸附关系测定结果见图 6-3-13，具有以下关系：

（1）复合驱中矿物岩石比表面积与聚合物动态吸附量关系：

$$y = 0.0126x + 0.0584，R^2 = 0.909$$

（2）复合驱中矿物岩石比表面积与 KPS 动态吸附量关系：

$$y = 0.0125x + 0.1514，R^2 = 0.9538$$

（3）复合驱中矿物岩石比表面积与碱动态消耗量关系：

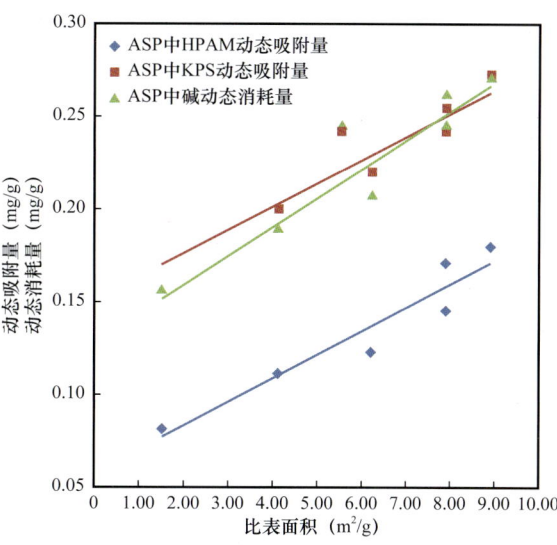

图 6-3-13　比表面积与动态吸附相关关系

$$y = 0.0155x + 0.1277，R^2 = 0.9528$$

矿物材料的粒度对表面能也有较大影响。表面能随粒度减小而增高。但对于层状硅酸盐而言，粒度对其表面能的影响是有限的，因为其表面的主体是微孔。

一般认为颗粒的粒度越小，表面能越大，或者是比表面积越大，表面能越大。比表面积与吸附量呈正相关关系。

3. 表面功与化学剂吸附关系图版

表面功函数是各种化学剂吸附的重要参数，通过对新疆克拉玛依油田七东区克下组各种储层岩石表面功与典型化学剂吸附量测定（图 6-3-14），建立了如下关系图版：

（1）表面功与聚合物驱静态吸附关系：

$$y = 0.3596x + 0.9017，R^2 = 0.9552$$

（2）弱碱三元复合体系中表面功与聚合物的静态吸附关系：

$$y = 0.3212x + 0.6807，R^2 = 0.9278$$

（3）弱碱三元复合体系中表面功与 0.18% 聚合物静态吸附关系：

$$y = 0.3226x + 0.6447，R^2 = 0.9235$$

（4）表面功与 KPS 静态吸附关系：

$$y = 0.6641x + 2.0787，R^2 = 0.9119$$

（5）弱碱三元复合体系中表面功与 KPS 静态吸附关系：

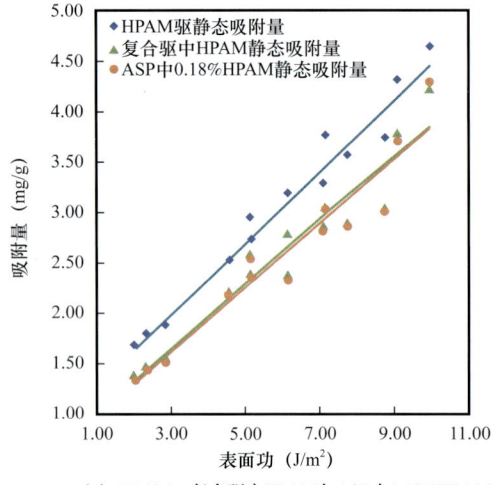
(a) HPAM、复合驱中HPAM与ASP中0.18%HPAM
与矿物岩石吸附量及表面功的变化特征

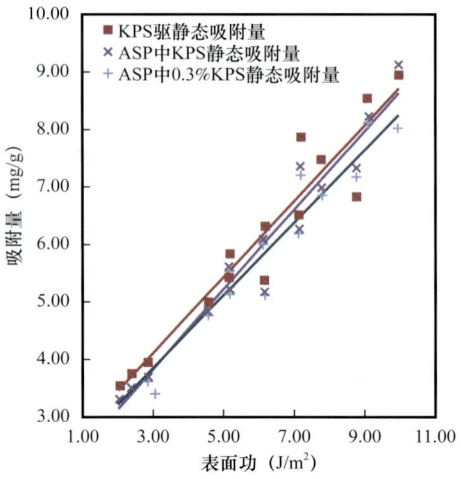
(b) KPS、ASP中KPS与ASP中0.3%KPS
与矿物岩石吸附量及表面功的变化特征

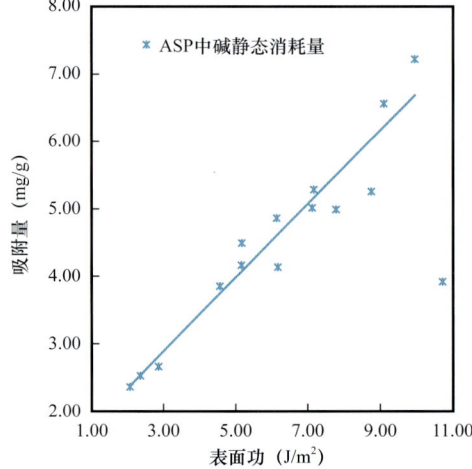
(c) ASP中碱与矿物岩石吸附量及表面功的变化特征

图 6-3-14 表面功与静态吸附相关关系

$$y = 0.6954x + 1.6983,\ R^2 = 0.9514$$

（6）弱碱三元复合体系中表面功与 0.3%KPS 静态吸附关系：

$$y = 0.6382x + 1.8793,\ R^2 = 0.9521$$

（7）弱碱三元复合体系中表面功与碱的消耗关系：

$$y = 0.551x + 1.2082,\ R^2 = 0.9302$$

从以上关系图版可以看出，矿物表面功函数与吸附能力呈正相关，即表面功函数越大，吸附能力越强。表面功函数与比表面呈正相关，当比表面积增大时，表面功函数增加，矿物吸附能力增强。

4. Zeta 电位与化学剂吸附关系图版

1）Zeta 电位与化学剂静态吸附关系图版

Zeta 电位反映了储层矿物岩石的带电性，也是各种化学剂吸附物理性质评价的重要参数，通过对新疆克拉玛依油田七东区克下组各种储层岩石 Zeta 电位与典型化学剂吸附量测定（图 6-3-15），建立了如下关系图版：

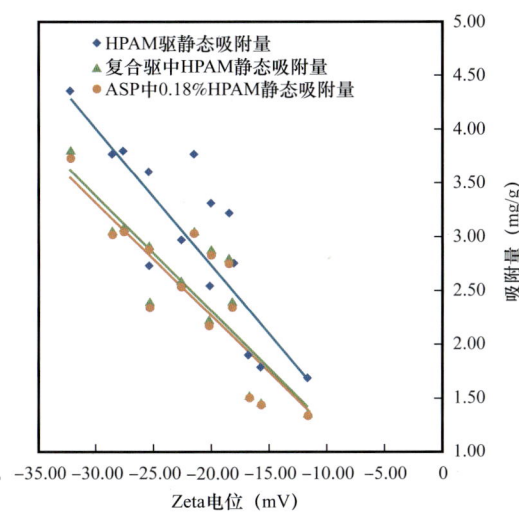

(a) HPAM、复合驱中HPAM与ASP中0.18%HPAM
与矿物岩石吸附量及Zeta电位的变化特征

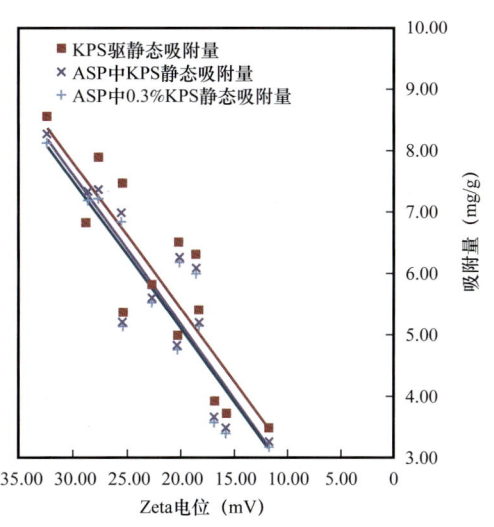

(b) KPS、ASP中KPS与ASP中0.3%KPS
与矿物岩石吸附量及Zeta电位的变化特征

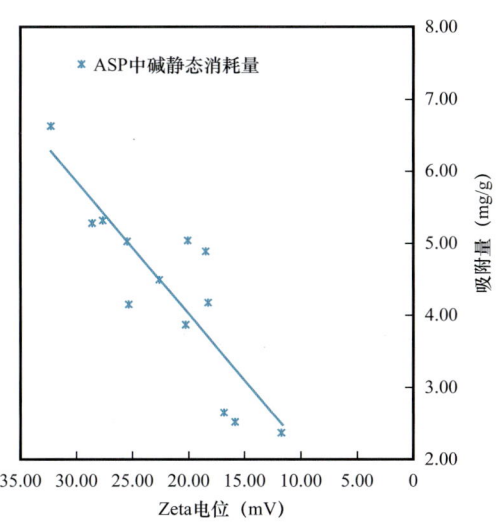

(c) ASP中碱与矿物岩石吸附量及Zeta电位的变化特征

图 6-3-15　Zeta 电位与静态吸附相关关系

（1）Zeta 电位与聚合物驱静态吸附关系：

$$y = -0.1258x + 0.2139, \quad R^2 = 0.7884$$

（2）Zeta 电位与弱碱三元复合体系中聚合物的静态吸附关系：

$$y = -0.1062x + 0.1864,\ R^2 = 0.7504$$

（3）弱碱三元复合体系中 Zeta 电位与 0.18% 聚合物静态吸附关系：

$$y = -0.1047x + 0.1829,\ R^2 = 0.7587$$

（4）Zeta 电位与 KPS 静态吸附关系：

$$y = -0.2373x + 0.7082,\ R^2 = 0.7591$$

（5）弱碱三元复合体系中 Zeta 电位与 KPS 静态吸附关系：

$$y = -0.2411x + 0.4054,\ R^2 = 0.7937$$

（6）弱碱三元复合体系中 Zeta 电位与 0.3%KPS 静态吸附关系：

$$y = -0.2371x + 0.4002,\ R^2 = 0.7923$$

（7）弱碱三元复合体系中 Zeta 电位与碱的消耗关系：

$$y = -0.1841x + 0.3238,\ R^2 = 0.7475$$

2）Zeta 电位与化学剂动态吸附关系图版

新疆克拉玛依油田七东区克下组 Zeta 电位与化学剂动态吸附测定结果见图 6-3-16，具有如下关系：

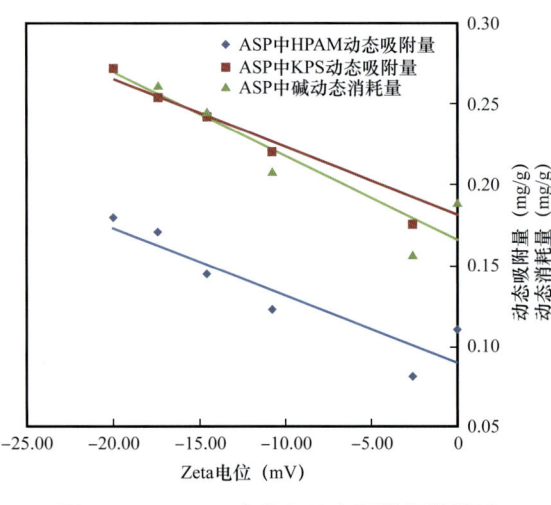

图 6-3-16　Zeta 电位与动态吸附相关关系

（1）复合驱中 Zeta 电位与聚合物动态吸附量关系：

$$y = -0.0042x + 0.0891,\ R^2 = 0.8444$$

（2）复合驱中 Zeta 电位与 KPS 动态吸附量关系：

$$y = -0.0042x + 0.1816,\ R^2 = 0.8889$$

（3）复合驱中 Zeta 电位与碱动态消耗量关系：

$$y = -0.0052x + 0.1661,\ R^2 = 0.8679$$

比表面积增大时，矿物晶体端面暴露增多，矿物表面所带电荷增大，当 Zeta 电位大于 30mV 时，系统不再稳定，发生内部凝聚现象。

七东$_1$ 区 Zeta 电位分布范围为 -10～-30mV，地下储层中黏土矿物胶体系统稳定，Zeta 电位绝对值在 30mV 范围之内。胶体带有大量的正电荷或负电荷，在没有外来流体侵入的情况下，胶体颗粒间斥力大，较为稳定。但是当有带电性的外来流体（如表面活性剂、聚合物）入侵时，Zeta 电位越大呈现对外来流体越强的吸附性。

Zeta 电位代表了矿物表面所带电荷量，其绝对值越大，吸附量越大，呈正相关关系。

5. 阳离子吸附容量与化学剂吸附图版

1）阳离子容量与化学剂静态吸附图版

阳离子容量反映了储层孔隙流体中 K^+、Na^+、Ca^{2+}、Mg^{2+} 与表面层矿物中离子的交换能力，对各种化学注入剂存在不同程度的吸附、消耗作用，特别是对碱的消耗作用突出。通过对新疆克拉玛依油田七东区克下组不同阳离子交换容量与各种化学剂吸附、消耗的测定（图 6-3-17），建立了如下关系图版：

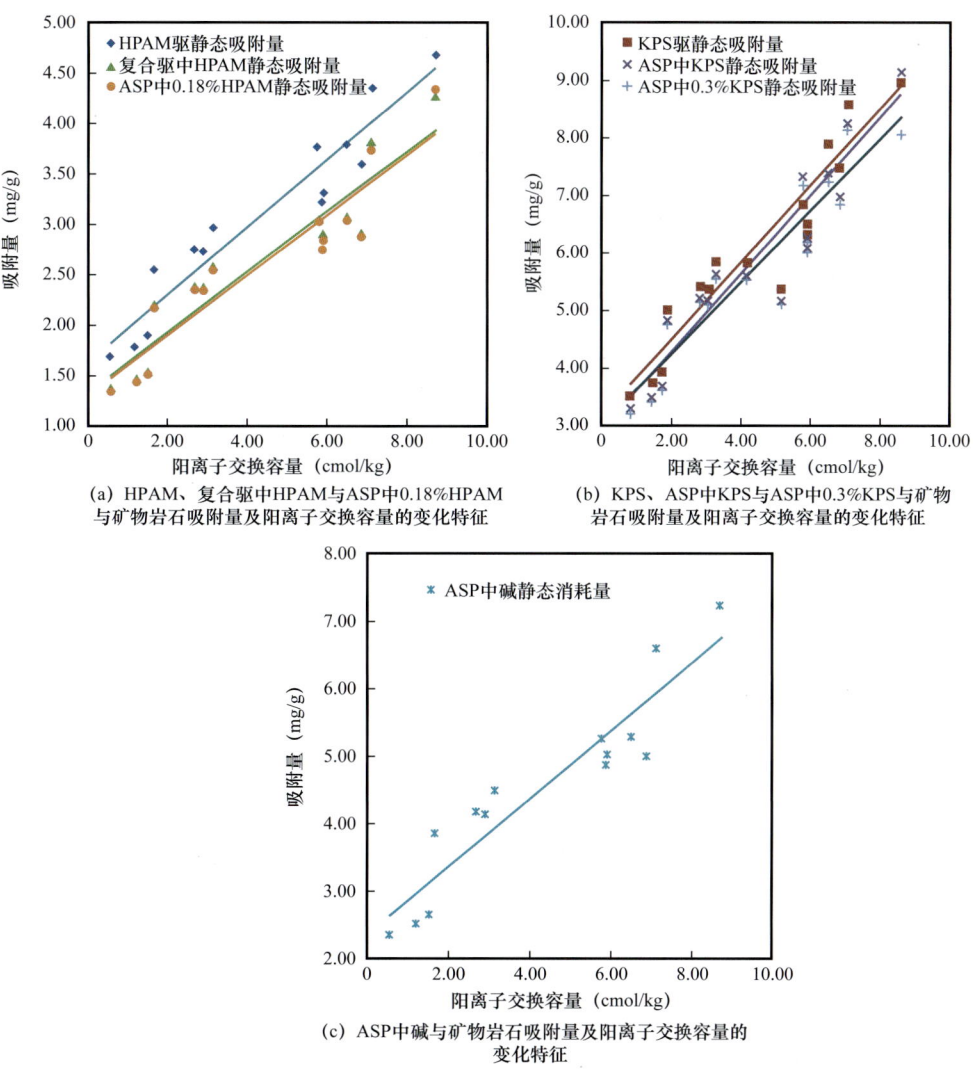

图 6-3-17　阳离子交换容量与静态吸附相关关系

（1）阳离子容量与聚合物驱静态吸附关系：

$$y = 0.3335x + 1.6332，R^2 = 0.9147$$

（2）弱碱三元复合体系中阳离子容量与聚合物的静态吸附关系：

$$y = 0.2956x + 1.3444，R^2 = 0.8744$$

（3）弱碱三元复合体系中阳离子容量与0.18%聚合物静态吸附关系：

$$y = 0.2979x + 1.3065，R^2 = 0.8767$$

（4）阳离子容量与KPS静态吸附关系：

$$y = 0.6354x + 3.3455，R^2 = 0.9292$$

（5）弱碱三元复合体系中阳离子容量与KPS静态吸附关系：

$$y = 0.6481x + 3.0989，R^2 = 0.9201$$

（6）弱碱三元复合体系中阳离子容量与0.3%KPS静态吸附关系：

$$y = 0.5906x + 3.183，R^2 = 0.9077$$

（7）弱碱三元复合体系中阳离子容量与碱的消耗关系：

$$y = 0.5061x + 2.3501，R^2 = 0.8737$$

2）阳离子容量与化学剂动态吸附图版

新疆砾岩油藏阳离子交换容量与各种化学剂动态吸附（图6-3-18）、消耗具有以下关系：

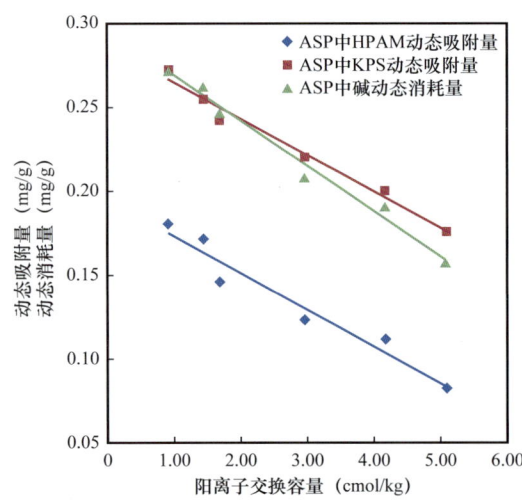

图6-3-18 阳离子交换容量与动态吸附、消耗相关关系

（1）复合驱中阳离子容量与聚合物动态吸附量关系：

$$y = -0.0219x + 0.1945，R^2 = 0.9482$$

（2）复合驱中阳离子容量与KPS动态吸附量关系：

$$y = -0.0214x + 0.2852，R^2 = 0.9822$$

（3）复合驱中阳离子容量与碱动态消耗量关系：

$$y = -0.0268x + 0.2948，R^2 = 0.9845$$

阳离子交换容量与吸附量呈正相关。阳离子交换容量越大，黏土矿物表面所带电荷越多，与聚合物、表面活性剂、碱因电荷吸引造成的吸附量越大。

6. 渗透率与吸附图版

通过对新疆克拉玛依油田七东区克下组不同渗透率储层与各种化学剂吸附量的关系测定（图6-3-19），发现渗透率与吸附量呈明显的线性负相关关系，其关系图版如下：

（1）复合驱中渗透率与聚合物动态吸附量关系：

$$y = -0.0001x + 0.2114, \quad R^2 = 0.9492$$

（2）复合驱中渗透率与KPS动态吸附量关系：

$$y = -0.0001x + 0.3007, \quad R^2 = 0.955$$

（3）复合驱中渗透率与碱动态消耗量关系：

$$y = -0.0002x + 0.3139, \quad R^2 = 0.9532$$

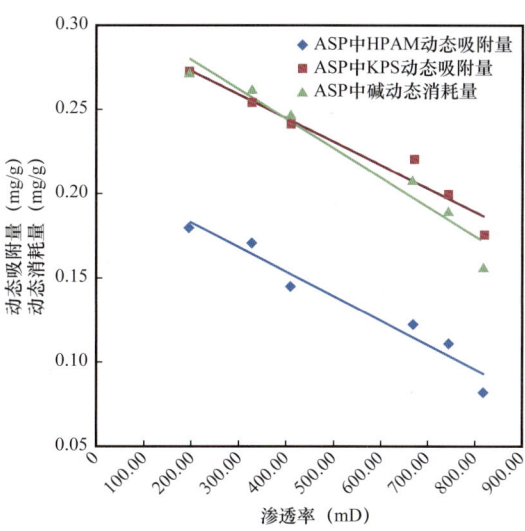

图6-3-19 渗透率与动态吸附相关关系

分析认为，渗透率大，则孔喉中的黏土矿物、泥质胶结物、杂基含量低，对驱油剂的吸附小。

四、表面层对碱的消耗作用

1. 表面层单矿物对碱的消耗实验测定

弱碱 Na_2CO_3 三元复合体系中，碱在高岭石、蒙皂石、伊利石、绿泥石、石英、长石、方解石、白云石上的静态损耗量随时间变化如图6-3-20所示。

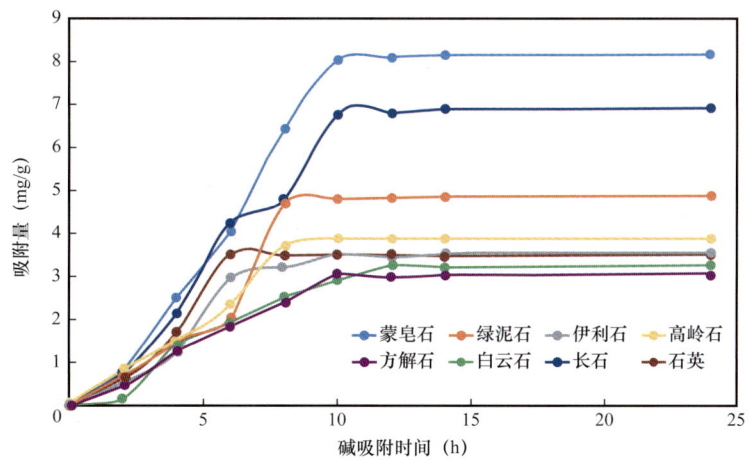

图6-3-20 弱碱三元复合体系中碱在单矿物上的静态损耗平衡时间

吸附量从大到小排列顺序为：蒙皂石＞长石＞绿泥石＞高岭石＞伊利石＞石英＞白云石＞方解石。碱在各个单矿物上的损耗在 5~10h 之间达到平衡。

对比聚合物、表面活性剂和碱三者的吸附，碱的损耗量与表面活性剂的吸附量类似，都大于聚合物的吸附量。

比较 3 种化学剂，因表面活性剂的双亲结构单元与黏土矿物表面有较强的作用，所以吸附损失最大；聚合物的分子体积大，与黏土矿物表面的作用相对较弱，吸附损失最小；Na_2CO_3 的损耗多为溶解黏土矿物反应和沉淀反应所致。

2. 岩心耗碱测定量及其消耗性能评价

弱碱三元复合体系驱油剂中碱在松散岩心的损耗量大于胶结岩心。当碱初始浓度为 1.2% 时，两类岩心上的损耗均达到平衡。胶结岩心上的静态损耗量为 5.38mg/g，在松散岩心的静态损耗量为 7.14mg/g（图 6-3-21）。

对比聚合物与表面活性剂的吸附，碱的损耗呈现了不同的趋势。当碱初始浓度很低时，碱的损耗量就达到了 4.5mg/g 及以上，说明耗碱量很大，而聚合物与表面活性剂的初始吸附量很小，随着碱初始浓度的升高，损耗量缓慢上升，聚合物与表面活性剂的吸附量上升速度大于碱（图 6-3-22）。

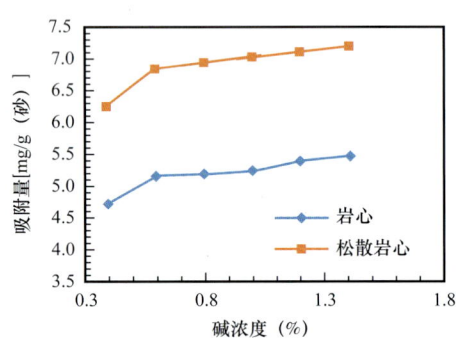

图 6-3-21　弱碱三元复合体系中碱在岩心上的静态吸附

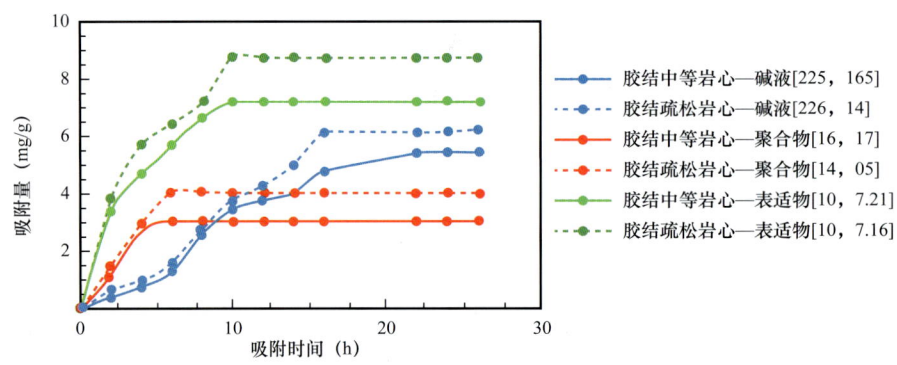

图 6-3-22　弱碱三元复合体系在岩心上的静态吸附平衡时间

储层矿物引起的碱耗可分为两部分：一是碱与岩石矿物发生化学反应引起的碱耗；二是碱在岩石表面上吸附引起的碱耗。

总体来看，驱油剂在松散岩心上的吸附量大于胶结岩心。聚合物达到吸附平衡的时间最短，为 5h 左右；表面活性剂次之，为 10h 左右；碱达到损耗平衡需要的时间最长，在 24h 才呈现达到平衡的趋势，说明碱耗在地层中始终存在。表面活性剂的吸附量最大，其次是碱，聚合物的吸附量最小，与前面的实验结果吻合。

3. 表面层矿物耗碱分析

Na_2CO_3 作为三元驱油体系中的弱碱组分普遍被采用，产生损耗的主要因素是碱与表面层矿物发生各种物理、化学作用，包括岩矿溶解、表面转型、离子交换、沉淀反应和化学吸附等。黏土矿物的 SiO_2、Al_2O_3 和 Na_2CO_3 发生化学反应：溶液中可溶性硅酸盐和铝酸盐浓度增加；Na_2CO_3 和羟基发生水解反应，增加黏土矿物粒子表面的负电性；Na_2CO_3 和黏土矿物交换出来的离子（Ca^{2+}、Mg^{2+} 等）或与岩矿中高价离子（Fe^{3+}、Fe^{2+} 等）反应生成沉淀；黏土矿物晶层断裂形成的端面正电中心吸附 OH^-。

1）强碱/弱碱

在三元驱复合体系配方中，强碱和弱碱的区别为：

（1）弱碱三元复合驱可以比水驱提高采收率 20% 以上，与强碱三元复合驱相当。

（2）弱碱三元复合驱乳化能力不比强碱三元复合驱差；而注采能力、采油速度都高于强碱三元复合驱；结垢程度弱于强碱三元复合驱。

（3）弱碱三元复合驱的特性有利于三元复合驱推广应用。因此，在三元复合驱推广应用时应选用弱碱三元复合驱，加上采用螺杆泵采油，完全可以解决结垢对生产的影响。

2）碱的损耗

在复合驱油剂确定碱浓度时，应考虑以下几个方面的所需碱量。其中，碱与原油中的酚、地层水、表面层矿物反应所引起碱的损耗，碱与环烷酸、胶质沥青质反应生成表面活性剂，有利于降低界面张力。

（1）碱与原油相互作用。中和 1g 原油所用 KOH 的量称为原油的酸值。原油的酸值越大，说明原油中与碱起反应的物质越多。

研究表明，原油中含有脂肪酸、环烷酸和芳香酸等各类羧酸。原油中的部分酸性物质可以和碱反应，生成具有一定亲水—亲油平衡能力的表面活性剂。

① 与酚的反应：

$$\text{(CH}_3\text{)}_2\text{C}_6\text{H}_2\text{-OH} + \text{NaOH} \longrightarrow \text{(CH}_3\text{)}_2\text{C}_6\text{H}_2\text{-ONa} + H_2O \quad (6\text{-}3\text{-}1)$$

② 与环烷酸的反应：

$$\text{CH}_3\text{-C}_5H_8\text{-(CH}_2)_n\text{-COOH} + \text{NaOH} \longrightarrow \text{CH}_3\text{-C}_5H_8\text{-(CH}_2)_n\text{-COONa} + H_2O \quad (6\text{-}3\text{-}2)$$

③ 与沥青质（酸）的反应：

$$\boxed{沥青质}\!-\!COOH + NaOH \longrightarrow \boxed{沥青质}\!-\!COONa + H_2O \qquad (6\text{-}3\text{-}3)$$

酸性物质亲油基分子越小，与碱反应速率越快，生成物亲水能力越强，降低界面张力能力就越差，此时碱起到牺牲剂的作用，原油中的酸首先消耗碱。酸性物质亲油基适中时，与碱反应速度适中，生成物亲水—亲油能力平衡，此时降低界面张力能力最好。相反，酸性物质亲油基分子较大时，与碱反应速率越慢，生成物亲油能力越强，降低界面张力能力差。

分析新疆克拉玛依油田七东区克下组三元试验区油藏原油性质，各井之间原油黏度差异大，含蜡量为 5.0% 左右，平均碳原子数为 17，原油酸值为 0.1mg KOH/g 左右，为低酸值原油（表 6-3-7）。

表 6-3-7 新疆克拉玛依油田七东₁区克下组砾岩油藏原油性质分析

井号	原油黏度（mPa·s）	含蜡量（%）	酸值（mg KOH/g）	原油族组分分析（%）				总收率（%）
				饱和分	芳香分	胶质	沥青质	
T71732	24.1	5.18		71.05	8.04	5.9	0.8	85.79
T71748	11.2	5.07	0.148	70.75	9.55	5.37	0.9	86.57
T71749	14.2	5.12	0.124	68.15	11.15	7.32	0.96	87.58
T71760	10.8	5.2	0.108	65.43	6.86	6.86	1.14	80.29
T71775	12.4	5.15	0.121	66.57	7.33	6.74	0.88	81.52
T71777	45.0	4.87	0.096	68.99	7.59	6.96	2.85	86.39
T71794	12.2	5.22	0.122	66.57	6.16	6.45	1.47	80.65

经计算，原油酸值平均为 0.120mg KOH/g，KOH 的摩尔质量为 56g/mol，则每克原油耗 OH^- 的量为 2.14×10^{-6} mol/g，Na_2CO_3 的摩尔质量为 106g/mol，每克原油消耗 Na_2CO_3 为 2.27×10^{-4} g/g，即 227mg/L。

（2）碱与地层水、注入水相互作用。一般在碱驱现场施工中，都使用软化盐水或螯合剂对地层进行预处理，以消除 Ca^{2+}、Mg^{2+} 的影响，因此地层水耗碱的影响较小。与碱发生作用的二价阳离子的量为注入水 + 地层水 - 油井产出水，则碱消耗总的二价阳离子的量为 1.775mmol/L，消耗 Na_2CO_3 1.775mmol/L，即 188.15mg/L。

3）碱与储层矿物相互作用

（1）矿物转换。高岭石和碱溶液反应过程复杂，反应物的成分多。在不同反应浓度下，生成物可能是钠长石、方沸石或混合物。当高岭石在碱溶液中溶蚀后有 $Si(OH)_4$ 溶解硅产生后，溶解硅可以继续与高岭石在碱性条件下生成多种矿物，会导致溶液当中硅元素浓度减小，而铝元素含量相对富集较多，造成非一致性溶蚀的现象。

（2）溶蚀作用。高岭石、石英在与碱溶液的反应过程中也会产生可溶性硅酸盐，发生溶蚀作用导致耗碱。

（3）离子交换。除了黏土矿物与碱溶液反应导致矿物转换耗碱外，黏土矿物进入流体相形成的胶体，会与碱发生阳离子交换生成沉淀，导致碱的消耗。

（4）杂基。杂基是充填于碎屑颗粒之间的细小机械混入物，一般为粉砂和黏土矿物，粒度小于0.03mm。新疆克拉玛依油田七东$_1$区储层中杂基含量高，类型多，根据此地区的构造演化历史，推断其杂基主要成分为酸性火山质（图6-3-23），大量杂基对驱油剂也有不可忽略的吸附作用，这也是造成该试验区块高碱耗的原因之一。

(a) 砾岩储层喉道杂基分布特征　　　　(b) 砾岩储层孔隙杂基分布特征

图 6-3-23　新疆克拉玛依克下组砾岩油藏扫描电镜下杂基分布特征

综上所述，虽然增大碱的浓度会造成地层结垢、四个方面的碱耗，但是考虑到碱的驱油效果，不能轻易降低碱的浓度。采用弱碱配方，已经比采用 NaOH 的强碱配方减少了很多地层结垢。

五、牺牲剂的优选

1. 牺牲剂类型

在三次采油中，岩石表面对复合驱油剂中表面活性剂和聚合物产生吸附，导致化学剂损失，发生色质分离，配方体系失衡从而降低其在多孔介质中的性能。从前述可知，吸附损失最大的是表面活性剂。为了避免表面活性剂在强化采油过程中被岩层吸附，建议在注入驱油剂之前或同时注入廉价牺牲剂，使之先被岩层吸附，以减少表面活性剂的损耗。

牺牲剂降低表面活性剂吸附损失主要有两个方面：一是牺牲剂分子预吸附在储层表面层，占据了表面活性剂吸附位，使表面活性剂吸附量降低；二是一些无机阴离子在氧化矿物表面吸附后，改变固体表面电性，使表面电荷更负，增加了对表面活性剂的静电斥力，从而有效地降低了表面活性剂的吸附损失。

1）有机牺牲剂

有机牺牲剂主要有木质素类、生物表面活性剂、高分子化合物、有机磷酸盐等（表6-3-8），其中最常用木质素磺酸盐有较强的竞争吸附能力，它能降低表面活性剂吸附损失在50%以上。

表 6-3-8　常见的有机牺牲剂类型

类型		固体	表面活性剂	牺牲剂	实验方式	牺牲效果
高分子牺牲剂	Helen K. Haskin（1984）	膨润土	石油磺酸盐	聚乙二醇	静态吸附	在膨润黏土矿物环境中，聚乙二醇减少表面活性剂损失比木质素磺酸盐高2~4倍
	H. Shamsijazeyi（2014）	砂岩和白云石	阴离子表面活性剂	聚丙烯酸酯	静态吸附	可使材料总成本显著降低至原来的1/5
	H. Shamsijazey（2014）	砂岩和白云石	阴离子表面活性剂	聚丙烯酸钠	静态吸附	显著减少
	J. Wang（2015）	碳酸盐	两性表面活性剂	磺化聚丙烯酰胺		表面活性剂吸附量降低了51.3%
生物表面活性剂	李道山，廖广志（2002）	砂岩	ORS	鼠李糖脂	静态吸附以及高渗透储层现场试验	实验室降低表面活性剂吸附损失30%，现场降低损失50%
	任佳维（2016）	砂岩	重烷基苯石油磺酸盐	内酯型槐糖脂	高渗透岩心动态吸附实验	降低表面活性剂损失25%~35%
	李欣欣（2016）	砂岩	烷基苯磺酸盐	鼠李糖脂	高渗透岩心动态吸附实验	可降低表面活性剂吸附损失9.4%
木质素类	Nik Muhammad Azhar Nik Daud	高岭土	十二烷基苯磺酸钠	木质素磺酸盐		显著减少
	李道山（2000）	砂岩	ORS-41和B-100	木质素磺酸钠	静态吸附以及高渗透岩心动态吸附实验	可使表面活性剂吸附损失减少40%~60%
	邱学青（2015）	$CaCO_3$	十二烷基苯磺酸钠	木质素羧酸钠	静态吸附	最大牺牲效果可达95.2%

续表

类型		固体	表面活性剂	牺牲剂	实验方式	牺牲效果
其他有机牺牲剂	Mohan Vaikunth Kudchadker（1977）	$CaCO_3$	十二烷基苯磺酸盐	乙氧基化沥青		添加0.2%~1.0%乙氧基化沥青的浓度后，吸附损失降低至5%~8%或0.5%
	Paul D. Berger（2004）	砂岩	磺酸盐	烷基磺化苯酚/醛树脂		显著减少
	Y. Li（2010）	砂岩	石油磺酸盐	单乙醇酰胺		0.3%的石油磺酸盐和0.2%的单乙醇酰胺配制，可提高采收率26.6%

2）无机牺牲剂

常见的无机牺牲剂类型主要有六偏磷酸钠、羧甲基纤维素钠、聚乙二醇、四硼酸钠和木质素（表6-3-9）。

表6-3-9 常见的无机牺牲剂类型

类型		固体	表面活性剂	牺牲剂	实验方式	牺牲效果
聚电解质牺牲剂	Hai He（2015）	页岩		聚电解质（PETs）		显著减少
	Mahesh Budhathoki（2016）	砂岩	烷基丙氧基乙氧基硫酸钠和烷基乙氧基硫酸钠（SAES）的混合物	聚电解质聚苯乙烯磺酸盐（PSS）		吸附量降低了一半以上
	M. R. Azam（2013）	砂岩	阴离子表面活性剂	四硼酸钠		显著减少
碱类	艾鹏（2009）	砂岩	磺酸盐	磷酸盐	静态预吸附	阻止了水中的多价金属离子同阴离子磺酸盐形成金属盐沉淀
	康万利，于森（2013）	砂岩	石油磺酸盐	六偏磷酸钠	静态预吸附	降吸附能力达86%
其他无机牺牲剂	Yining Wu（2017）	岩石	十二烷基硫酸钠	二氧化硅纳米颗粒（SNP）	静态吸附以及高渗透岩心动态吸附实验	注入SNP（0.28%）—表面活性剂溶液可使采收率提高4.68%
	Alvinda Sri Hanamertani（2018）	砂岩	阴离子表面活性剂	咪唑啉基离子液体IL	静态吸附	可使阴离子表面活性剂的吸附量降低75%

2. 牺牲剂对驱油体系性能影响

将六偏磷酸钠、羧甲基纤维素钠、聚乙二醇、四硼酸钠和木质素分别以 0.1% 和 0.05% 的浓度分别加入表面活性剂复配体系中,测定其对体系界面张力的影响。

1)不添加牺牲剂界面张力测定

重烷基苯磺酸盐与长庆石油磺酸盐(以下简称 CPS)复配,在不添加任何牺牲剂时,体系在有效物质浓度为 0.15% 时,能使界面张力达到超低,浓度为 0.3% 时能使界面张力降低至 10^{-2} 数量级(表 6-3-10)。

表 6-3-10 杨 19 区块不同重烷基苯磺酸盐 /CPS 浓度界面张力汇总

表面活性剂复配	浓度	界面张力(mN/m)							
		1min	3min	5min	10min	20min	40min	60min	80min
重烷基苯磺酸盐 /CPS	0.3%	0.195	0.0783	0.065	0.021	0.0133	0.009	0.0156	0.012
	0.15%	0.412	0.285	0.128	0.0654	0.0276	0.0071	0.0093	0.014

相比于体系重烷基苯磺酸盐 /CPS,复配重烷基苯磺酸盐 / 甜菜碱(以下简称 CHSB),能够更快地使体系界面张力降低至超低(表 6-3-11)。

表 6-3-11 不同重烷基苯磺酸盐 /CHSB 浓度界面张力汇总

表面活性剂复配	浓度(%)	界面张力(mN/m)							
		1min	3min	5min	10min	20min	40min	60min	80min
重烷基苯磺酸盐 /CHSB	0.3	0.115	0.054	0.047	0.0315	0.0217	0.009	0.0151	0.123
	0.15	0.12	0.076	0.053	0.021	0.0092	0.013	0.0125	0.11

2)添加牺牲剂

在有效物质浓度为 0.15% 的重烷基苯磺酸盐 /CPS 复配体系中,添加 0.1% 和 0.05% 两种浓度的牺牲剂,并测定其界面张力(图 6-3-24)。对于重烷基苯磺酸盐 /CPS 复配体系,可以发现羧甲基纤维素钠、聚乙二醇和四硼酸钠这 3 种牺牲剂对复配体系起到明显的促进效果,其界面张力均能达到超低;而木质素对复配体系无明显影响;六偏磷酸钠对该体系有轻微抑制作用,加入六偏磷酸钠后体系界面张力有略微提升。因此,羧甲基纤维素钠、聚乙二醇和四硼酸钠可以被选做合适的牺牲剂做后续筛选。

对于重烷基苯磺酸盐 /CHSB 复配体系,牺牲剂对其有一定影响,在加入牺牲剂后依然能达到超低界面张力的仅有羧甲基纤维素钠(图 6-3-25)。因此,该体系对应的牺牲剂选择羧甲基纤维素钠。

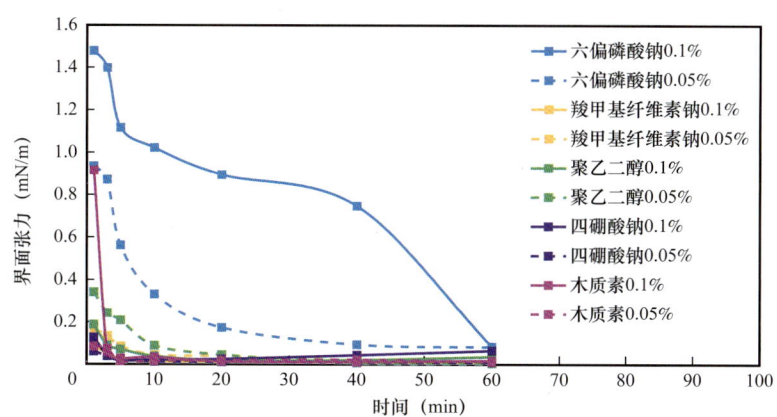

图 6-3-24　杨 19 区块重烷基苯磺酸盐/CPS（0.15%）添加牺牲剂后界面张力曲线

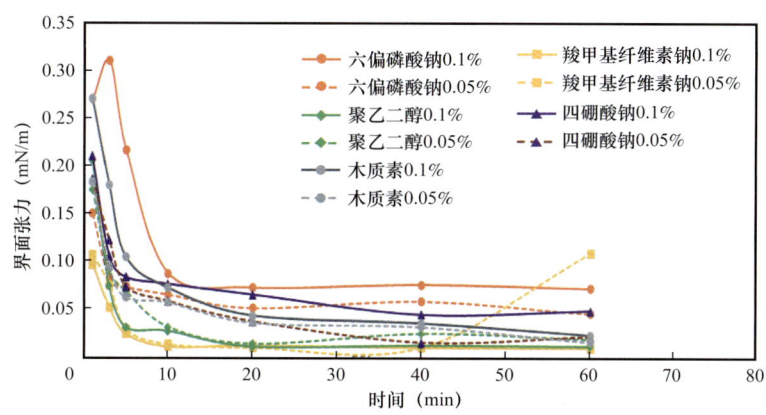

图 6-3-25　重烷基苯磺酸盐/CHSB（0.15%）添加牺牲剂后界面张力曲线

3）确定吸附固液比

取 6 个 100mL 的锥形瓶，按固液比 1∶5、1∶10、1∶15、1∶20、1∶30、1∶40 的比例，将表面活性剂溶液和油砂装入锥形瓶中，放入摇床中，在 45℃条件下以恒定速度振荡，24h 后取出样品，将上部清液倒入试管中，放入离心机里以 3000r/min 的转速离心，取上部清液。实验结果表明，固液比为 1∶30 时重烷基苯磺酸盐/CPS 吸附量已达 14.98mg/g，随后固液比虽有减小，但吸附量仍趋于稳定（吸附已达饱和）（图 6-3-26）。因此取固液比 1∶30 即可满足吸附实验要求。

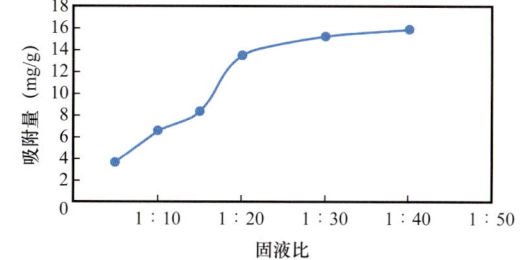

图 6-3-26　重烷基苯磺酸盐/CPS（0.15%）吸附量与固液比关系曲线

4）表面活性剂吸附量测定

取 7 个 100mL 锥形瓶，按确定的固液比将配成不同浓度的表面活性剂（有效物质浓度 1%、0.8%、0.6%、0.4%、0.3%、0.15%）和油砂（油砂预先用 0.1% 牺牲剂溶液摇床振荡 12h）装入瓶中，放入摇床中，在 45℃条件下以恒定速度振荡，24h 后取出样品，将上部清液倒入试管中，放入离心机里以 3000r/min 的转速离心，取上部清液，分别测定有无牺牲剂情况下表面活性剂的吸附量，实验结果见图 6-3-27。从图中可以看出，吸附量随着体系浓度的增大而增大，在浓度为 0.8% 后，吸附量趋于平缓；添加牺牲剂后，体系吸附量明显减少，两种牺牲剂降低吸附的效果较为接近，在浓度为 0.15% 的条件下，均能降低体系 50% 左右的吸附。

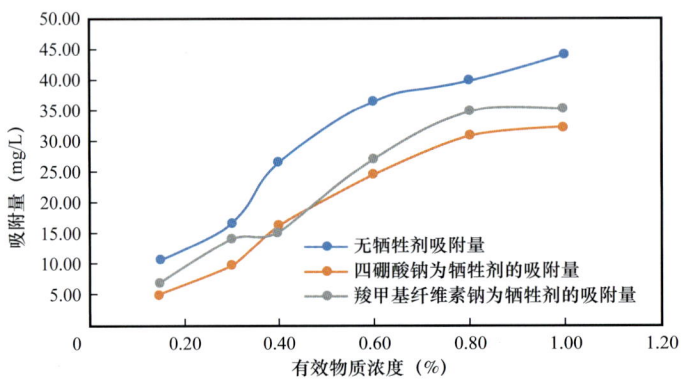

图 6-3-27　鄂尔多斯盆地某区延 9 低渗透储层重烷基苯磺酸盐 /CPS 不同牺牲剂吸附量曲线

采用磺酸盐与甜菜碱复配，测定结果见图 6-3-28。在不进行预吸附的情况下，0.15% 体系重烷基苯磺酸盐 /CHSB 在油砂表面吸附量为 8.54mg/g；添加牺牲剂后，体系吸附量明显减少，效果最好的牺牲剂是羧甲基纤维素钠，将吸附减少了 60%。

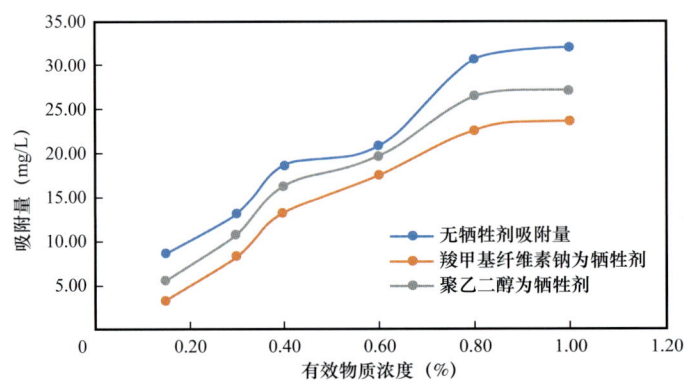

图 6-3-28　鄂尔多斯盆地某区延 9 低渗透储层重烷基苯磺酸盐 /CHSB 不同牺牲剂吸附量曲线

5）牺牲剂优选

针对不同油藏类型设定的复配体系，分别开展有无牺牲剂情况下的降低吸附程度测定（表 6-3-12）。可以看出不同复配体系加入不同的牺牲剂后降低吸附程度是不一样的，羧甲基纤维素钠降低吸附程度相对较好。

表 6-3-12　不同体系最优牺牲剂汇总

体系名称	吸附量（mg/g）		降低吸附情况
	无牺牲剂	有牺牲剂	
0.15% 区块（重烷基苯磺酸盐 /CPS）	16.33	9.31（木质素为牺牲剂）	降低吸附 40%
0.15% 区块 1（重烷基苯磺酸盐 /CHSB）	8.31	3.92（羧甲基纤维素钠）	降低吸附 52%
0.15% 区块 2（重烷基苯磺酸盐 /CPS）	10.53	5.02（四硼酸钠为牺牲剂）	降低吸附 50%
0.15% 区块 2（重烷基苯磺酸盐 /CHSB）	8.54	3.23（羧甲基纤维素钠为牺牲剂）	降低吸附 62%

3. 牺牲剂多次吸附损耗评价

分别开展有无牺牲剂条件下表面活性剂吸附量测定，将各种体系的吸附点与朗格缪尔曲线拟合，获得不同类型牺牲剂多次吸附对比图（图 6-3-29、图 6-3-30）。由图 6-3-29 和图 6-3-30 可见，拟合程度较好，属于朗格缪尔吸附。在未添加牺牲剂的情况下，各表面活性剂体系的吸附平衡值均大于有牺牲剂的体系，且添加牺牲剂预吸附后，驱油体系能够更快达到平衡（图 6-3-31、图 6-3-32）。

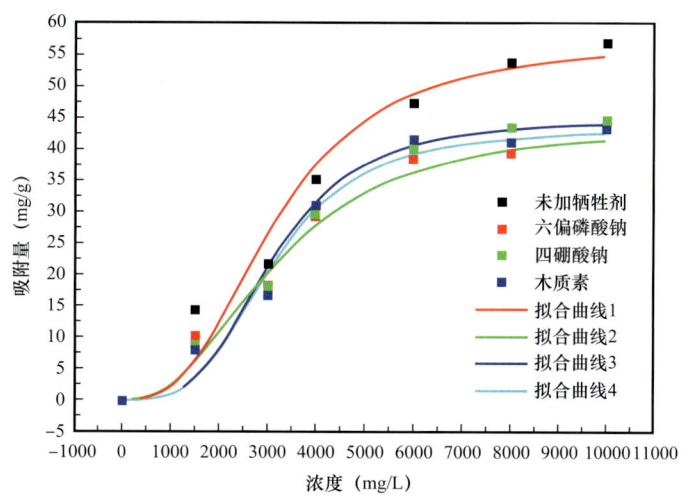

图 6-3-29　长 2 油层重烷基苯磺酸盐 /CPS 不同牺牲剂吸附拟合曲线

表面活性剂吸附的主要原因是岩石表面具有负电位，一般用两阶段吸附模型来概括其吸附原理。

第一阶段：单个分子或离子相互间通过范德华力、静电吸附、氢键作用吸附。在溶液与岩石表面接触过程中，表面活性剂与溶液中的离子及岩石上交换下来的离子相互作用生成沉淀，但也会导致表面活性剂损失严重。

第二阶段：溶液中的表面活性剂分子与已吸附的分子也存在相互作用，它们通过氢键链间的疏水作用形成表面胶团，从而使吸附量增大。

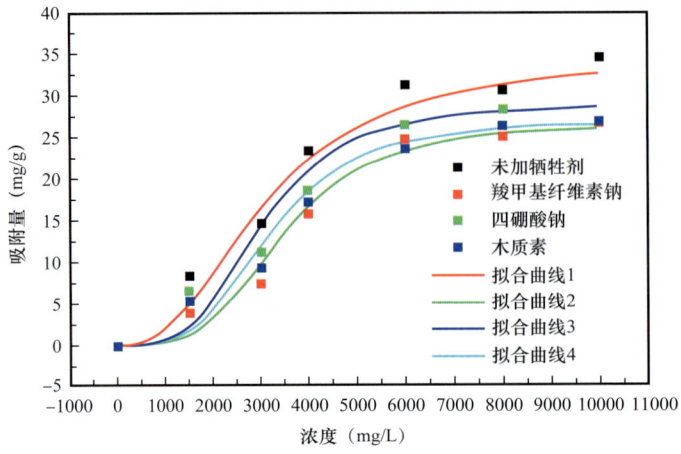

图 6-3-30　长 2 油层重烷基苯磺酸盐 /CHSB 不同牺牲剂吸附拟合曲线

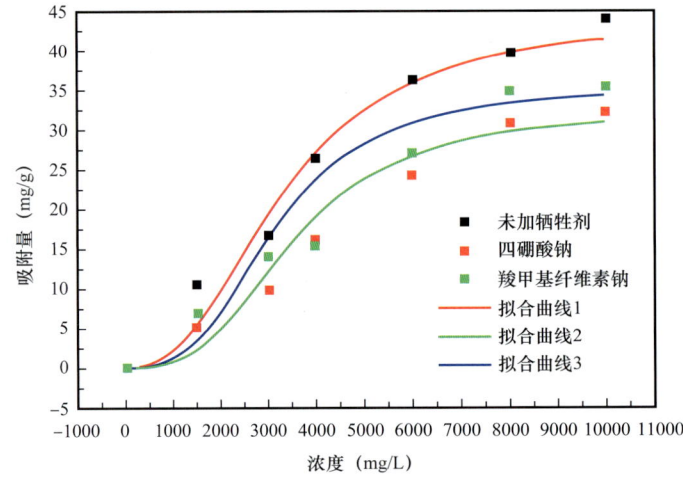

图 6-3-31　延 9 油层重烷基苯磺酸盐 /CPS 不同牺牲剂吸附拟合曲线

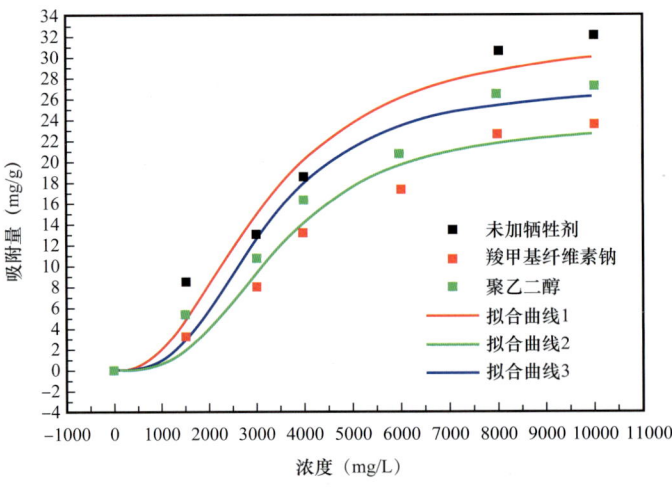

图 6-3-32　延 9 油层重烷基苯磺酸盐 /CHSB 不同牺牲剂吸附拟合曲线

由于复合体系中各化学剂分子结构不同，岩石表面对它们的吸附能力亦存在差异，导致在岩石表面发生竞争吸附，而这种竞争吸附对化学剂的运移速度产生影响，导致它们之间的差速运移。

鄂尔多斯盆地靖安油田长 2 油层重烷基苯磺酸盐 /CPS 复配体系，在未添加牺牲剂的情况下吸附平衡点大约在浓度为 8000mg/L；添加牺牲剂后，平衡浓度为 4000～6000mg/L。这主要是因为牺牲剂分子预吸附在储层表面，占据驱油体系吸附位，并且牺牲剂对岩石表面吸附性强于驱油表面活性剂，使得后续加入的表面活性剂体系不能够将牺牲剂从岩石表面替换下来。木质素磺酸盐属于阴离子表面活性剂，它在矿物表面预先吸附后，可改变表面电性，增加了对其他阴离子表面活性剂的静电斥力，从而使得表面活性剂整体的吸附量下降，提前达到吸附饱和（图 6-3-29、图 6-3-30）。

4. 吸附对界面性能的影响

在不进行预吸附的情况下，0.15% 体系重烷基苯磺酸盐 /CPS 在第 4 次吸附后，其界面张力不能达到 10^{-3}mN/m 数量级，但仍能保持在 10^{-2}mN/m 的范围内（图 6-3-33、图 6-3-34），该体系的抗吸附性较差。

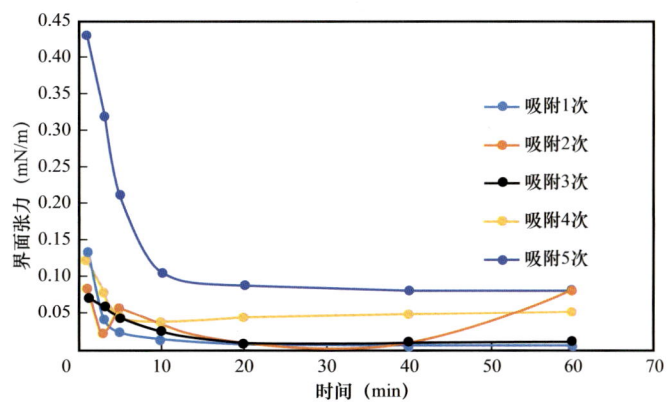

图 6-3-33　靖安油田延 9 油层重烷基苯磺酸盐 /CPS 多次吸附实验曲线

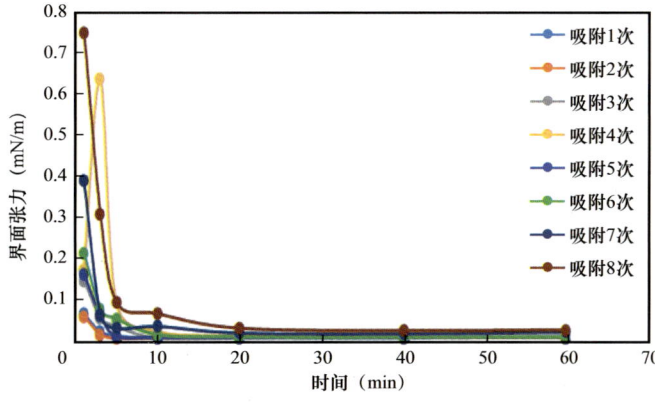

图 6-3-34　靖安油田延 9 油层重烷基苯磺酸盐 /CPS 四硼酸钠预吸附多次吸附实验曲线

在添加牺牲剂预吸附后，0.15% 的体系重烷基苯磺酸盐 /CPS 在第 6 次吸附后，其界面张力仍能接近 10^{-3} mN/m 数量级，其抗吸附性能得到显著提升（图 6-3-35、图 6-3-36）。

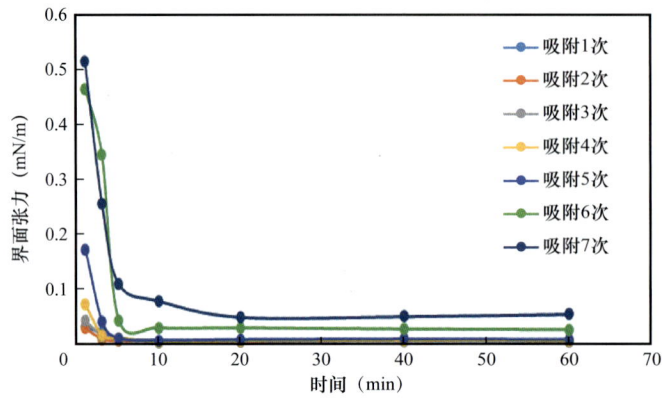

图 6-3-35　靖安油田延 9 油层重烷基苯磺酸盐 /CHSB 多次吸附实验曲线

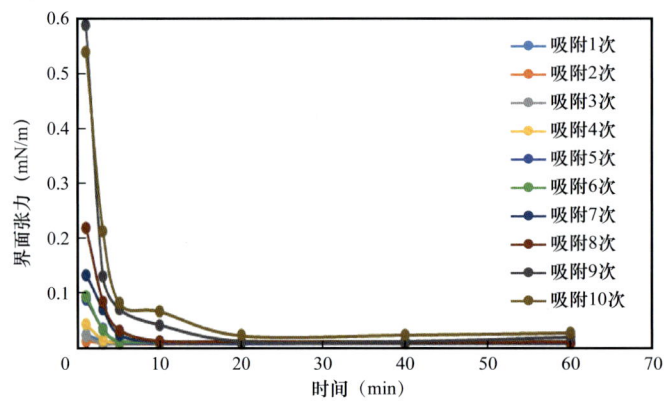

图 6-3-36　靖安油田延 9 油层重烷基苯磺酸盐 /CHSB 羧甲基纤维素钠预吸附多次吸附实验曲线

0.15% 的体系重烷基苯磺酸盐 /CHSB 拥有较好的抗吸附性能。随着吸附次数的增加，降低界面张力的速度变慢，在第 7 次吸附后，其界面张力达不到 10^{-3} mN/m 数量级。

在添加牺牲剂预吸附后，0.15% 的体系重烷基苯磺酸盐 /CHSB 在进行第 10 次吸附之后，其界面张力仍能接近 10^{-3} mN/m 数量级。该牺牲剂能够大幅降低体系的吸附损失。

0.15% 体系重烷基苯磺酸盐 /CHSB 吸附 9 次后，界面张力才能达到超低，但其仍在 10^{-2} mN/m 数量级。进行预吸附后，抗吸附性能得到大幅提升。

进行预吸附后，4 种体系的吸附损失均有所减少（图 6-3-37）。

六、体系的色质分离现象

1. 色质分离原理

一般来说，类别相同的表面活性剂吸附较为同步，常为等比例吸附。两种不同类

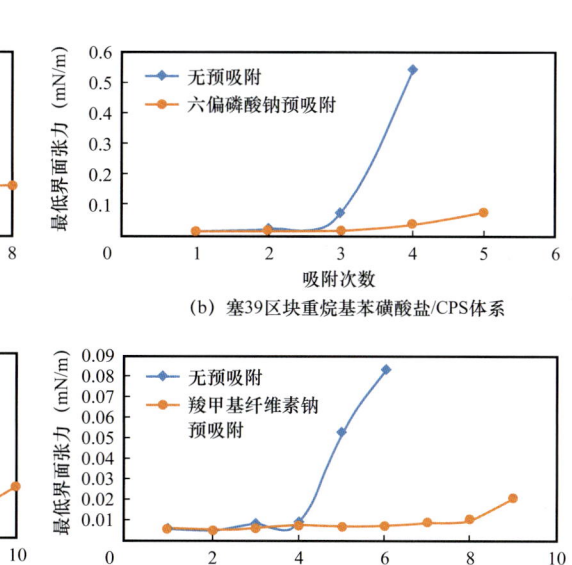

图 6-3-37　杨 19 区块和塞 39 区块不同条件下多次吸附实验曲线

别的表面活性剂（或聚合物，表面活性剂，碱的二元、三元复配体系）在注采井之间的油层中与物理化学性质活跃的表面层接触后，会受到其中蒙皂石、绿泥石、高岭石、伊利石、沸石等水铝硅酸盐胶体矿物的吸附，各种化学剂分子之间会在矿物表面发生竞争吸附。

各化学剂分子存在不同的电离平衡，表面层矿物也存在一定的电离平衡，在化学剂和储层之间存在不同程度的离子交换，有部分离子会发生反应形成稳定的化学结构，造成化学剂的损失。在此过程中，化学剂、水相、油相与储层发生着复杂的物理化学变化，在发生吸附、滞留、消耗的同时，各相之间还存在吸附、分配平衡，两种表面活性剂在油相中存在不同的分配平衡。

化学剂在多孔介质中存在吸附、再分配与捕集、机械滞留、化学沉淀等作用。不同化学剂分子大小不同，所流经的路径也不尽相同，这些效应共同作用导致了化学剂的色质分离现象，从而影响复配体系在油藏中的协同作用[88-90]。

2. 色质分离评价

重烷基苯磺酸盐/甜菜碱（CHSB）每次吸附后测定两种表面活性剂各自相对浓度，可以看出在多次吸附过程中，甜菜碱表面活性剂与阴离子表面活性剂的相对吸附能力差异比较大，甜菜碱相对浓度损失远小于重烷基苯磺酸盐表面活性剂。两者相对浓度从 7∶3 降低至 5∶5 左右，即发生了色质分离现象，是竞争吸附、离子交换、液—液分配等共同作用的结果（图 6-3-38）。

随着吸附次数的增加，体系中阴离子类表面活性剂的相对浓度逐渐降低，直至在吸附了4次后,相对浓度达到平稳。说明在吸附过程中,甜菜碱类表面活性剂受到的吸附损失小于阴离子表面活性剂,且在第4次吸附后,低浓度状态下的重烷基苯磺酸盐依然与甜菜碱 CHSB 产生了较好的协同作用,使得表面活性剂的结合更紧密,降低了色质分离的程度(图 6-3-39)。

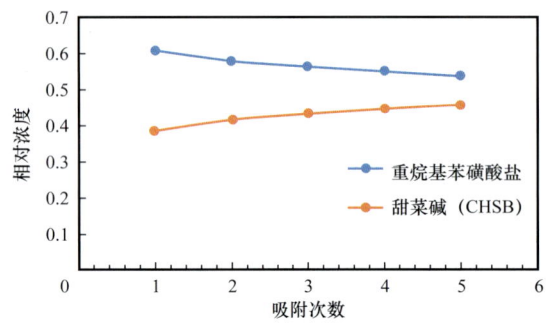
图 6-3-38　未添加牺牲剂时两种表面活性剂经过多次吸附后的相对浓度

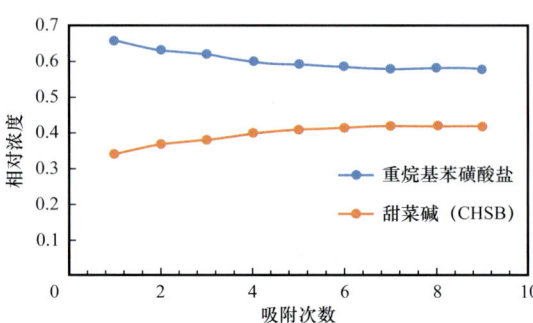
图 6-3-39　添加牺牲剂后两种表面活性剂经过多次吸附后的相对浓度

添加牺牲剂后,随着吸附次数的增大,体系中阴离子类表面活性剂的相对浓度依然逐渐降低,但其降低程度较为平缓。在进行了9次吸附后,其相对浓度稳定在6∶4左右,这主要由于牺牲剂占据了阴离子表面活性剂的吸附位点,使得重烷基苯磺酸盐的吸附大大降低,加之在低浓度情况下阴离子表面活性剂与甜菜碱协同作用依然存在,且比例接近结合,两者能够在油水界面紧密排列,但并不影响其在降低界面张力性能上的表现。

第四节　表面层性质对气驱的影响

常用的气体驱油介质有 CO_2、天然气、氮气、空气和减氧空气等,除了 CO_2 外,其他气体几乎不会与储层的界面层发生反应[91],因此本节主要介绍 CO_2 与表面层的作用。

一、CO_2 驱注入工艺技术

1. CO_2 驱技术概况

除水介质外,气介质是自然界较为廉价的注入介质,无论是高陡封闭的中高渗透油藏开采后期顶部稳定重力驱(GAGD 技术),还是低渗透致密油藏横向气驱均适合,具备大幅度提高原油采收率的优势,因此气驱已成为除热采和化学驱之外发展较快的提高原油采收率手段。

近年来,随着碳中和碳达峰目标的实施,CO_2 驱油悄然兴起。在各种 EOR(Ehanced Oil Recovery)方法中,注 CO_2 产量仅次于热力法和化学驱开采,被认为是最有发展前途

的 EOR 方法。CO_2 气体由于较容易溶于水，呈酸性，可能会改变油藏流体和表面层的各种物理化学平衡[92]。

2. CO_2 驱注入方法

目前存在几种 CO_2 非混相注入方法。每种方法都有其优势和局限性，需要根据储层流体、岩石性质以及 CO_2 捕集区域性质选择使用。CO_2 驱注入方法简述如下。

1）连续注 CO_2

按照设计注气量，连续注 CO_2（无其他类型注入流体）。通常在一次采油阶段结束后使用，适用于中质油/轻质油储层、强水湿储层和水敏性储层。

2）连续注 CO_2 后转水驱

该方法第一阶段与连续注 CO_2 相同，注 CO_2 结束后转水驱，目标是克服 CO_2 超覆（CO_2 密度小于原油造成的），从而改善流度比，进而提高原油采收率。通常用于低渗透、中等均质储层。

3）传统水气交替（WAG）注入

WAG 过程为交替注入多个 CO_2/水段塞，目标是克服 CO_2 超覆并抑制 CO_2 的窜逸。该方法适用于大多数类型储层。与其他注 CO_2 方法相比，该方法可实现较高的原油采收率，且 CO_2 总用量较低（CO_2 并不总是容易获得），因此它是最具实用性的 CO_2 注入方法之一。

4）锥形水气交替注入

该方法与 WAG 驱类似，但是各注入周期 CO_2 地下段塞体积依次递减，水地下段塞体积依次递增。这样可防止 CO_2 过早突破，而且降低了气水比。

5）水气交替注入后转气驱

WAG 驱后转低成本气驱（比如注氮气或空气），同样可以提高原油采收率，而且由于利用了较易获得的气体（通常为空气），因此能够在提高原油采收率的同时降低作业成本。

6）单井周期注气

又称为单井吞吐注气，向一口井注入 CO_2，原油从同一口井产出。近年来，应用该方法显著提高了非常规页岩储层原油采收率。

二、气体与表面层的相互作用

CO_2 是一种"活性气体"，易溶于水形成 H_2CO_3。特别是超临界 CO_2，其密度接近于

液体 CO_2，黏度低，扩散系数高，因此具有良好的传质能力，可加快反应速率，增加溶液的酸度。在 CO_2—地层水—岩石体系中，伴随着超临界 CO_2 的注入，CO_2 先扩散进入砂岩含水层孔隙，与地层水形成弱酸性流体，再与含水层岩石发生一系列复杂的物理和化学反应，进而引起储层物性、成分和地层水的组成发生变化[93]，体现在以下几个方面。

1. 矿物的溶蚀

矿物与水接触时发生的溶解反应分为全等溶解和非全等溶解。长石在酸性介质下发生非全等溶解，即在其溶解过程中，一部分离子被溶解进入溶液，另一部分转变成新的矿物。储层中长石主要分为钾长石、钠长石和钙长石，在超临界 CO_2 流体作用下发生的溶蚀反应如下：

$$2KAlSi_3O_8+9H_2O+2H^+ \longrightarrow 2K^++Al_2Si_2O_5(OH)_4+4H_4SiO_4 \qquad (6-4-1)$$

$$2NaAlSi_3O_8+H_2O+CO_2 \longrightarrow 2Na^++2HCO_3^-+Al_2Si_2O_5(OH)_4+4SiO_2 \qquad (6-4-2)$$

$$CaAl_2Si_2O_8+H_2CO_3+H_2O \longrightarrow CaCO_3+Al_2Si_2O_5(OH)_4 \qquad (6-4-3)$$

王广华等通过 CO_2 流体与岩石反应前后样品表面特征的观察，发现75℃时长石类矿物微弱溶蚀，石英和黏土矿物相对稳定。随着温度的升高，长石类矿物溶蚀加剧，石英和黏土矿物也开始发生微弱溶蚀，在200℃时长石类矿物沿双晶方向发生强烈溶蚀，溶出一些平行排列的深沟；石英溶蚀呈破碎状，表面出现了一些溶孔；伊/蒙混层呈层状溶蚀。因此，可以说明超临界 CO_2 注入后，随着温度的升高，岩石的溶蚀强度逐渐增强，且可溶的成分也逐渐增多。

2. 新生矿物的沉淀

实验表明，不同温度下均有新矿物生成，如75℃下有球形的过渡态石英生成；100℃下发现呈书页状集合体形态存在的高岭石；150℃下溶坑中析出了晶型不太规则的新矿物，能谱分析其主要组成元素 O、C、Fe 和 Si，可能为菱铁矿的中间态；200℃下还观察到氧化亚铁和叶片状绿泥石生成。如果反应时间足够长，实验中"C"和阳离子（Fe^{2+}、Mg^{2+}、Ca^{2+} 等）的硅铝酸盐可能以方解石、菱镁矿、菱铁矿、铁白云石等 CO_2 捕获矿物的形式沉淀析出，即发生 CO_2 的矿物捕获，进一步说明 CO_2—水—岩石相互间的地球化学作用除了会使岩石发生溶蚀反应外，在特定条件下还会在岩石表面或孔隙中形成新的碳酸盐，使 CO_2 以碳酸盐矿物的形式稳定存在。

3. 比表面积的变化

实验前后不同温度下岩石的质量和比表面积对比发现，岩石质量减少，比表面积变大，说明超临界 CO_2 注入使岩石中的一些可溶性矿物（如长石和黏土矿物）发生溶蚀。样品质量的变化率和比表面积的变化率随着温度的升高先变大后变小，这种现象可能是由原生矿物的溶蚀和次生矿物的沉淀共同作用引起。

在 CO_2—地层水—岩石形成的弱酸性体系中，当温度小于100℃时，矿物主要表现为溶蚀作用，且随着温度的升高，溶蚀作用加剧，从而使样品比表面积的变化率与温度呈正相关；当温度大于100℃时，随着温度的升高，矿物的溶蚀作用加剧，同时矿物表面或孔隙中开始有新矿物沉淀，从而使样品比表面积的变化率降低。CO_2 注入储层后与地层水、岩石发生的溶蚀作用，增大了岩石的比表面积，甚至形成了溶蚀孔隙。

4. 溶液总矿化度的变化

随着温度的升高，CO_2 流体对砂岩样品的溶蚀程度逐渐增强，使反应液中的离子浓度增大，总矿化度增加。尽管实验中发现有新矿物析出，但它们只能使个别离子浓度降低，而对总矿化度的影响很小；特别是反应液中非成矿离子浓度的增加（如 K^+ 和 Na^+），进一步说明较短时间内，矿物的溶解速率大于沉淀速率。

5. 阳离子质量浓度的变化

超临界 CO_2 注入后，反应液中 K^+ 和 Na^+ 质量浓度随温度升高而增大，说明样品中的长石类矿物易发生溶蚀反应，而且溶蚀程度随温度的升高逐渐增强。一些有关 CO_2 地质储存的数值模拟结果表明，伴随着 CO_2 流体的注入，溶液中的 Ca^{2+} 转变为碳酸盐沉淀，从而使 Ca^{2+} 质量浓度降低。Ca^{2+} 质量浓度随温度的升高明显增加，一方面说明钙长石的溶蚀强度加剧；另一方面也说明该反应条件下，短时间内不利于方解石、白云石等含钙碳酸盐的形成。但是，在高温下（温度高于150℃），反应液中 Fe^{2+} 和 Al^{3+} 质量浓度明显降低，高温条件下易形成含铁新矿物和一些未知的铝硅酸盐新矿物。特别是150℃时发现的富"C"含铁矿物，说明了 CO_2 地质储存的可行性和稳定性。

6. 阴离子质量浓度的变化

注入 CO_2 后溶液中 HCO_3^- 的质量浓度明显增加，说明 CO_2 注入后，多数会以离子态（HCO_3^- 和 CO_3^{2-}）存在于溶液中；随着温度的升高，溶液中 HCO_3^- 的质量浓度先降低后增加，这和溶液中 Fe^{2+} 质量浓度的变化相似，说明随着温度的升高，溶液中溶出的 Fe^{2+} 与 HCO_3^- 反应生成了 $FeCO_3$ 难溶碳酸盐；当温度高于200℃时，生成的碳酸盐络合物不稳定，发生溶解 [$CO_2+H_2O+FeCO_3 \longrightarrow Fe(HCO_3)_2$]，从而使 HCO_3^- 的质量浓度增大。结合 Worden 关于菱铁矿形成的温度在 100～200℃ 的论述，推断菱铁矿的形成温度可能在150℃左右。因此，在 CO_2 地质储存的实际工程中，应选择合适的深度。

7. 反应液中 pH 值的变化

当超临界 CO_2 流体注入后，溶液 pH 值随着温度的升高呈上升趋势，并且始终呈弱酸性。该变化过程可用碳酸的生成和解离平衡来解释。首先，CO_2 溶于水形成碳酸，溶液酸性变强；其次，CO_2 在地层水中的溶解度随着温度和矿化度的升高而变小；同时，岩石溶蚀的程度也随着温度的升高而加剧，消耗大量的 CO_2，使平衡向右移动；但在 50℃ 以上时，碳酸的解离平衡常数却随着温度的升高而降低，酸性变得越来越弱，不能为反应提供足够多的 H^+，因此引起溶液酸性变弱，pH 值逐渐升高。

三、CO_2 在表面层中的吸附

1. CO_2 在储层表面层中的吸附特点

CO_2 吸附到储层表面层矿物内是一种自然发生的现象，原因是表面层矿物颗粒吸附位空缺，通过 CO_2 占据吸附位造成吸附势降低，逐渐实现热力学平衡。吸附过程不需要催化剂或引发剂诱导吸附，这是页岩 CO_2 吸附的一个很大的优势。CO_2 在页岩表面上的吸附主要为物理吸附。物理吸附由吸附剂与吸附质分子间范德华力引起，一般情况下为多层吸附。由于黏土矿物对 CO_2 吸附为多层吸附，因此可实现较大的 CO_2 埋存量。局限性是范德华力作用较弱，通常会发生 CO_2 解吸，尤其是各吸附外层的 CO_2 分子。这将对储层 CO_2 长期埋存产生显著影响，因此研究解吸滞后效应以及储层 CO_2 长期埋存能力影响因素非常重要。

CO_2 分子在储层表面层吸附层数受吸附位数量、储层条件（比如，储层热力学条件、储层润湿性和储层流体饱和度）等因素的影响。

2. CO_2 在储层表面层中的吸附量变化

不同储层岩样 CO_2 吸附能力差距显著，主要是由表面层矿物含量和类型等方面的差异造成的：（1）随着黏土矿物含量的增加，CO_2 吸附能力显著增加；（2）某些类型矿物，尤其是碳酸盐矿物，易与 CO_2 发生反应，会产生沉淀，不利于 CO_2 稳定埋存；（3）储层热力学条件也会对 CO_2 吸附量造成影响，储层压力越高，CO_2 分子间距越短，因此储层 CO_2 吸附能力越强；（4）随着储层压力升高，储层 CO_2 吸附能力增加在一定范围内是成立的，如果储层压力高于上限值，CO_2 分子间可能会产生斥力，这样可能会降低页岩储层 CO_2 吸附能力；（5）储层温度越高，CO_2 分子能级越高，CO_2 分子会更加活跃，从而更易于从页岩表面解吸；（6）其他因素也会对储层 CO_2 吸附能力造成影响，包括储层流体类型和饱和度等。

四、CO_2 驱的局限性

1. CO_2 驱的局限性

CO_2 在地下高温、高压条件下，会与储层表面层水铝硅酸盐胶体矿物及地层水流体发生各种物理化学反应，产生不利影响（表 6-4-1）。

表 6-4-1 CO_2 驱负面影响一览表

因素	描述	影响
盖层	可能导致 CO_2 逃逸至地表	负面
井筒密封性	可能导致 CO_2 井筒泄漏和井筒压力上升	负面
储层流体	各种类型流体会影响 CO_2 的吸附稳定性并与 CO_2 相互作用	负面/正面
页岩矿物组成	部分种类矿物表面可吸附 CO_2，部分种类矿物可与 CO_2 发生反应	负面/正面
页岩黏土矿物含量	黏土矿物具有很强的 CO_2 吸附能力	正面
储层压力	一般地，储层压力越高，储层 CO_2 埋存能力越强	正面
储层温度	储层温度越高，CO_2 分子能级越高，因此 CO_2 吸附量越低	负面
CO_2 纯度	页岩中不同类型气体吸附行为不同；因此，CO_2 纯度会影响页岩储层 CO_2 吸附量	负面/正面
CO_2 相态	由于不同相态 CO_2 性质不同，因此 CO_2 相态可能会影响 CO_2 吸附量	未知

2. CO_2 吸附埋存的优势和局限性

CO_2 利用和就地埋存是减少原油、天然气生产过程 CO_2 排放影响的非常有利的方案。这样会起到显著的环境保护作用，也将彰显石油天然气行业为碳减排所付出的巨大努力，还将在降低有害物质排放方面发挥重要作用。虽然该方法极富应用前景且具有很多优势，但同时也存在很多不可忽视的局限性（表 6-4-2）。

表 6-4-2 CO_2 吸附埋存的优势和局限性

CO_2 吸附埋存的优势	CO_2 吸附埋存的局限性
吸附自然发生，不需要任何添加剂	吸附作用力弱（范德华力）
多层吸附	经常发生 CO_2 分子解吸
可能实现 CO_2 大量埋存	CO_2 吸附量受页岩储层条件影响
在某些储层热力学条件下，有利于 CO_2 吸附到页岩表面	页岩储层能否实现 CO_2 长期储存仍不确定
CO_2 可以吸附在许多类型页岩储层矿物表面	CO_2 吸附量可能受页岩储层流体饱和度影响
能级较低的 CO_2 分子即可吸附到页岩表面	CO_2 吸附量受页岩储层岩性和黏土矿物含量的影响
CO_2 吸附可以在采油过程中发生	页岩储层 CO_2 吸附埋存受地层 CO_2-EOR 技术应用可行性的限制

讨论与思考

讨论

1. 碱与表面层的相互作用及其三元复合体系优化

地下油藏可以看作各种矿物岩石和流体在漫长地质历史时期的物理化学平衡，尤其是黏土矿物类层状和沸石类架状水铝硅酸盐矿物组成的表面层不断地与地层水进行离子交换，处于亚平衡状态。人类在开采油气"一瞬间"（相对漫长地质历史时期而言）打破了这种平衡，新的平衡还没有来得及建立起来，相对的淡水注入使得离子交换容量非常大（这一点可以从钻井过程中井壁周围形成的正负离子交换自然电位差 SP 测井得到证实）。

各种聚合物、碱、表面活性剂除了与油水之间相互作用外，与矿物岩石发生物理化学作用应该是主要的。如注入碱时大量的 Na^+ 交换表面层中 Ca^{2+} 作用，不但消耗了碱，而且发生了 $CaCO_3$ 结构沉淀，造成储层伤害。大庆油田早期开展的强碱三元复合驱试验造成井筒大量结垢和近年来新疆七东$_1$区三元复合驱在油井中长时间检测不到注入碱就说明了这一点。因此，人们逐渐认识到强碱三元复合驱向弱碱、无碱、有机碱复合驱体系转变，无碱化驱油体系是今后发展的主要趋势。

2. 原始油藏地层水对储层物理化学性质的推断及化学助剂的优选

单一矿物的室内实验室物理化学性质评价是相对明确的，但是地下油藏各种矿物类型、含量变化引起的物理化学性质差异只有通过有限的岩心测试获得，很难模拟地下油藏实际状况。可以通过原始地层水的离子类型（水型）、浓度（矿化度）间接推断储层物理化学性质，指导配方体系优化。例如，$CaCl_2$ 型地层水（鄂尔多斯盆地延长组，矿化度为 20000~40000mg/L）在化学驱体系中尽量不要使用碱，在气介质驱替和深部调驱中尽量不要使用 CO_2，抑制过多的阳离子交换消耗碱，造成地层结垢。

3. 储层带电性及对表面活性剂吸附损失

表面层物理化学性质主要是由黏土矿物和沸石决定的，无论是层状结构，还是架状结构，这两种水铝硅酸盐胶体矿物均是硅氧四面体与铝氧八面体松散结合，化学键长、键能弱，空穴大，晶格上的碱金属（K^+、Na^+）和碱土金属（Ca^{2+}、Mg^{2+}）及 Fe^{2+} 流失和交换频繁，往往是低价阳离子 H^+、K^+、Na^+ 容易替代高价阳离子 Ca^{2+}、Mg^{2+}、Fe^{2+}，造成碎屑岩储层（主要是表面层）普遍带负电荷，以 Zeta 电位形式表达。黏土矿物（主要是蒙皂石和绿泥石）、沸石、火山碎屑物质含量越高，带负电性越高。

松辽盆地白垩系和渤海湾盆地古近系 Zeta 电位负电性较低（一般为 −10～−5mV）；鄂尔多斯盆地由于浊沸石和绿泥石含量高，一般为 −20～−10mV；准噶尔盆地西北缘二叠系、三叠系砾岩油藏各种黏土矿物、沸石类及火山碎屑物质含量普遍高，化学易变性强，储层带电性高，通常为 −30～−20mV。储层的带电性越强，对表面活性剂的吸附越强，尤其是对阳离子和两性离子的吸附更为突出。因此，对于新疆和长庆这样带负电性强的油藏，在化学驱、深部调驱、压裂液、防膨剂和压裂驱油表面活性剂体系优化时尽量不要使用阳离子或两性离子类表面活性剂，各种助剂去阳离子化应该是今后一个发展趋势。针对强带电性储层化学配方体系和工艺设计时，可以考虑先期加入一定量的廉价牺牲剂。

4. 化学剂与活跃的储层表面发生各种物理作用和化学作用，对采收率及其化学驱效果有着重要影响，如何优选注入化学剂和配方体系优化是今后重要的研究方向

油藏在空间中的延伸不是无限的，而是有限的，有边界的；不是开放的，而是封闭的，它可以是不渗透地层（或断层）封闭，也可以是水力学封闭。油田开发过程中，除了油藏内的流体运动、变化之外，油藏各种属性也发生剧烈的变化。比如弹性开采，随着采出油量、气量的增加，地层压力下降，油层孔隙及喉道变小，渗透率降低，造成原油采收率降低。再比如，用注水、注气、注聚合物、注碱—聚合物—表面活性剂三元复合体系、热采等开采方式，油藏要发生更为激烈的变化。注入的流体打破原来油藏热力学、物理化学等平衡关系，重新建立新的平衡，这个新平衡的建立过程就是油藏的变化过程。可能导致以下两种结果：（1）减小原油与各种接触面的表面张力，促进原油流动；（2）产生各种不利的物理、化学反应，抑制原油从地层中流出，利弊因储层特性、注入剂特性及其二者相互作用差异而定。

5. 气驱是抑制储层表面物理化学性质变化，提高微纳米级孔径中原油动用程度的重要途径

除了二氧化碳以外，减氧空气、氮气、甲烷气一般不与表面层矿物发生作用，且容易进入水介质不能到达的纳米空间，达到气驱的目的，是较为理想的注入介质，尤其是对水敏等各种敏感性较强的储层具有明显的优势，是老油田和低渗透、致密油、页岩油提高原油采收率的重要发展方向。

思考

1. 储层表面物理化学性质对弹性开采影响程度如何？
2. 储层表面层物理化学性质对不同驱替介质的影响程度如何？

3. 弹性开采由于没有外来注入介质，储层表面物理化学性质变化较小，主要体现在压敏和微纳米级孔径中原油更加难以流动，是不是可以理解为表面层性质对弹性开采影响小？

4. 储层表面各种物理性质和化学性质容易受注入水介质的影响，发生水敏、速敏、碱敏、盐敏、酸敏和润湿性、界面张力的变化，对开发效果影响明显，如何优化注入流体的配方体系？

第七章 储层表面性质与采油气工艺

井筒作业过程中各种入地液体（如钻井液、压裂液、酸化液、修井液、堵水调剖剂等）都属于外来流体（相对于原始油藏而言），常含有一种或者多种化学添加剂，可能与原始地层流体和表面层矿物易发生物理、化学作用。有些作用是积极的（如酸化改善储层）；有些作用是消极的（如压裂液、钻井液、堵水调剖液伤害储层）。与采油工艺相关的工作液与储层表面层相互作用机制研究及其储层伤害防治是本章讨论的重点。

第一节 表面层与钻（完）井液相互作用及其体系优化

一、储层表面层与钻（完）井液相互作用

1. 钻（完）井液的性质

钻（完）井液是油藏以高压形式最先接触的外来流体，为了保护井壁的稳定性，液体黏度往往比较高、密度大、化学剂成分复杂，容易与近井地带的储层表面层矿物发生水敏、盐敏等物理、化学作用，对侵入带和过渡带地层造成一定的伤害。

对储层表面层矿物影响较大的钻（完）井液性质主要包括液体矿化度、离子类型、固相颗粒、黏度、pH值、滤失量和表面张力等，储层伤害机理主要有以下几个方面。

1）钻（完）井液的矿化度

钻（完）井液的矿化度不同，引起黏土矿物膨胀分散和运移的程度亦不同。一般来说，钻（完）井液矿化度与地层水的矿化度差别越大，越容易形成阳离子交换和孔喉中新矿物沉淀结垢，地层伤害就越严重，表现在自然电位异常幅度差越大，深浅电阻率幅度差也较大。

钻（完）井液矿化度、水型、离子类型及离子浓度与地层越相近，对储层渗透率影响越小，不同矿化度的钻（完）井液对储层渗透率伤害程度不同，因此，钻（完）井液优化过程中应考虑与地层的配伍性。

2）固相颗粒侵入引起储层的伤害

固相颗粒对储层渗流通道的堵塞普遍存在于各个作业环节，钻完井过程中主要有：

（1）外来小于裂缝有效宽度的固相颗粒钻井液中的有害固相颗粒、水泥微粒等侵入地层裂缝深部或被裂缝表面吸附形成"泥膜"，导致裂缝渗流能力降低，其伤害程度和侵入深度、颗粒大小、滤饼形成以及压差大小有关。

（2）双重介质储层本身的微粒运移对储层伤害的影响。由于外力作用使充填在裂缝面间的断层泥、次生矿物和成岩矿物（主要是自生石英和黏土矿物）微粒运移后，沉积堵塞裂缝，影响渗流通道，导致储层渗流能力降低。

（3）在钻井过程中，井漏是双重介质地层孔洞缝或低压低渗透地层发育天然裂缝经常发生的情况，也是造成储层伤害的重要因素之一。由于正压差和储层裂缝的存在，钻井液中有害细小固相颗粒、黏土、加重材料、钻屑等可随裂缝的延伸运移，进入裂缝深部且不易返排，造成储层流体流向井筒的渗流阻力陡然增加，严重伤害产层。

3）外来流体与表面层矿物及流体之间不配伍造成的伤害

侵入裂缝的外来流体（钻井液及滤液）和存在于裂缝中的次生充填的敏感性表面层矿物以及与储层中的酸性气体 CO_2、H_2S 不配伍，将会发生一系列物理、化学作用，从而引起储层敏感性伤害和有机物、无机物沉淀，堵塞裂缝、孔隙，导致储层渗透率降低。

4）应力敏感性伤害

应力敏感性伤害是指在上覆岩层压力与孔隙流体压力共同作用下产生的有效应力变化对其渗透率的影响，随有效应力上升，压缩裂缝（甚至闭合）和孔隙，增大了油气的渗流阻力，存在渗透率显著下降的现象。

天然裂缝—孔隙型双重介质，在不同有效应力条件下，渗透率及应力敏感系数的变化规律：当有效应力开始增加时，裂缝首先被压缩闭合，引起储层渗透率急剧降低，应力敏感系数增大；随着有效应力继续增加，一般超过15MPa后，裂缝形变已基本完成，此时储层孔隙才开始形变，相应的渗透率降低趋于平缓，最终由于颗粒间的支撑作用，渗透率基本不再变化。由于裂缝形变后几乎不可恢复，致使卸压后岩样渗透率回升幅度很小，即裂缝滞后效应明显。

Nikolaevskily等针对胶结疏松的储层，建立了岩石弹性状态、不断变化的孔隙压力以及岩石物性之间关系的弹塑性模型，应用大量实验数据阐述了井壁失稳与储层伤害的关系。利用该模型可对井壁的应力状态进行预测，输入参数包括初始孔隙度、孔隙压力、渗透率、岩石弹性模量、黏聚力、摩擦系数和膨胀系数。他还阐述了地应力各向异性和孔隙结构破坏对近井壁储层伤害的影响，以及井眼轨迹和断层对伤害的影响。由于井壁失稳，岩石结构破坏，当达到一定程度时，便会引起出砂，从而影响油井产量。即使不出砂，靠近井壁处也会形成一个范围不等的塑性带，从而导致永久性伤害。

5）钻（完）井液的pH值

钻（完）井液的pH值对储层岩石的碱敏性影响较大。一般来说，随着驱替液pH值升高，微粒启动速度越小，岩心渗透率伤害越严重。

Tchistiakov依据胶体化学原理，系统地阐述了黏土矿物引起的储层伤害，特别是对各种物理、化学因素影响黏土颗粒稳定性、运移及砂岩储层渗透率的规律进行了理论分析。主要影响因素包括储层流体的流速、化学组成、pH值和温度以及黏土矿物组成、微观结构、可交换阳离子容量等。研究表明，钻（完）井液与表面层矿物相互作用引起的储层伤害不仅取决于其矿物总含量，还取决于矿物类型及其相对含量、微观结构和形态等。在油层物理和石油地质分析中，当储层岩石孔隙中含有高岭石颗粒时，往往认为储层伤害的机理是微粒运移，然而，Hayatdavoudi等发现，在低温下并不是微粒运移，而是高岭石被过氧化钠氧化，反应过程是地层微粒从高岭石母体上被逐渐分散和解离的过程，最终产物包含埃洛石的小螺旋结构。假定大部分黏土矿物可溶解于氢氧化钠，在钠离子充足及适当的压力条件下，高岭石会转化为蒙皂石，高岭石族的其他矿物还可能转化为珍珠石和埃洛石。根据渗透率恢复值试验结果及扫描电镜、X衍射分析结果，高岭石在室温以及pH值达到12的条件下，短时间内就可能引起储层伤害。减轻高岭石伤害的有效方法是将高岭石接触的流体pH值控制在8以内，以防止过氧化钠等强氧化剂的产生。

6）钻（完）井液的滤失量

钻（完）井液的滤失量越大，形成较大范围侵入带和过渡带的同时，伤害储层深度就越深。如果滤液矿化度低于地层水矿化度，则滤液对地层水的稀释程度越大，滤液进入地层引起的水敏伤害就越严重。

钻井液失水首先引起水锁效应（水锁效应指外来液相在压差的作用下进入裂缝和孔隙深部，并在界面间形成弯液面，而产生一毛细管阻力）。而利用自然地层压力，很难将这些外来侵入液体返排出来，导致出现储层渗透率降低的现象。尤其是低渗透裂缝油气藏水锁伤害比较严重，钻井液中固相颗粒的粒径、储层渗透率、压差等因素影响着储层伤害的程度和深度，特别是固相颗粒在储层中沉淀是造成储层渗透率下降的一个重要原因。颗粒沉淀引起渗透率下降的过程包括表面沉降、孔隙桥堵以及内滤饼和外滤饼的形成，其机理可分为表面沉淀和孔隙架桥。

7）钻（完）井液的界面张力

钻（完）井液的界面张力主要对黏土矿物膨胀、缩小孔喉、增加水锁伤害的程度有所影响。根据毛细管阻力与流体界面张力成正比，可知溶液的界面张力越低，其侵入储层后，返排时所受到的毛细管阻力也越低，相应地返排压力就越低，侵入的溶液更容易被返排。因此，在其他条件基本相同的情况下，钻（完）井液的界面张力越低，滤液侵入储层后，返排更加容易，由表面层矿物膨胀和缩小孔道引起的水锁伤害就越小。用大庆油田两性离子聚合物钻井液进行实验，结果表明没有加入表面活性剂时，钻井液的界面张力和表面张力都较高，对岩心的渗透率伤害较大；当加入优选出的表面活性剂后，降低了钻井液的界面张力，对岩心的渗透率伤害程度可以降低20%左右。

2. 温度的影响

一般温度增加除了使外来流体与表面层矿物的作用速度加快外，还可以使外界液体滤失到储层中的速度更快，加大储层伤害的程度。

1）温度对储层敏感性的影响

除碱敏性外，储层的水敏、速敏、酸敏、盐敏等都随温度的增加伤害程度增加。

2）温度对钻井液伤害程度的影响

利用大庆油田天然岩心和两性离子聚合物钻井液，进行了储层伤害深度和伤害程度的模拟实验。结果发现，60℃以前，温度对钻井液的累计滤失量和侵入储层深度影响不大，但温度超过60℃后，随着温度的增加，钻井液的累计滤失量和侵入储层深度都迅速增加，说明随着温度增加，钻井液渗透率恢复值减小，储层伤害程度增加。

3）温度对热采井储层渗透率的影响

在稠油热采开发过程中，储层中黏土矿物在高温作用下会发生下列变化：

（1）蒙皂石在小于100℃范围内基本不溶解，主要是通过固相矿物的阳离子交换而变形。温度为100~200℃时，因注入的蒸汽含Na^+，常使蒙皂石转化为钠蒙皂石，水敏膨胀性更强。当温度继续升高，在200~300℃时，因白云石溶解提供Ca^{2+}和Mg^{2+}，取代了Na^+而使钠蒙皂石又转化为钙蒙皂石或钙镁蒙皂石。

（2）高岭石在100℃开始减少，300℃时已不存在。在高温作用下，高岭石与白云石、石英、水反应生成蒙皂石、伊利石、方沸石和非晶质矿物水铝英石等。

（3）伊利石含量不大时，随温度升高变化不大，当钾长石溶解提供了K^+时可使蒙皂石转化为伊/蒙混层和伊利石。当储层中伊利石含量较高时（如在200~300℃时），它与石英、长石发生反应，生成硅胶凝体或铝胶凝体或水铝英石。

（4）绿泥石在300℃以下变化不大，当温度达到300℃时，由于白云石溶解，提供了Mg^{2+}而形成镁绿泥石。

综上所述，在高温下储层中的黏土矿物与骨架矿物容易反应，从而使储层中黏土矿物含量增加，渗透率下降。

3. 作用时间

大量的室内实验表明，在地层渗透率基本相同的情况下，钻（完）井液浸泡时间越长，微粒越容易运移，侵入带半径越大，引起地层渗透率伤害越严重。

对井壁附近储层某一部位岩石中的表面层矿物来说，在一定的外来流体介质中，储层伤害程度一般在开始的几个小时内变化较大，随着时间延长，储层伤害程度变化就很小了。但是，随着时间的延长，侵入储层的滤液量会不断增加，这样一方面增加了钻（完）井液滤液侵入储层的深度；另一方面随着滤液的不断侵入，必然会进一步稀释与表面层矿物接触的地层水盐度，使表面层矿物引起储层伤害的程度增加。因此，随着钻（完）井液与储层作用时间的延长，储层中表面层矿物引起储层伤害的程度会增加，并且伤害的深度也会不断增加。可见，要获得原始较真实的地球物理信息，及时测井是非常有必要的。

由此可见，钻完井液与储层作用的时间不同，不但影响表面层矿物变化和储层伤害的程度，而且也对不同深度表面层矿物变化引起的储层伤害情况有所影响。缩短钻井周期，及时固井对保护储层是非常必要的。

4. 压差的影响

压差主要是指作业过程中的井口施工压力、液柱压力与油层孔隙压力之差，其中对表面层矿物伤害储层影响最大的是钻（完）井过程中钻井液液柱压力与储层孔隙压力之差（以下简称钻井压差）。钻井压差对储层伤害的影响比较复杂，不仅与压差本身大小有关，而且还与钻（完）井液中固相颗粒与储层孔喉是否匹配有关。如果钻（完）井液中的固相颗粒与储层孔喉的匹配性不好，钻（完）井压差会增加，钻井液中的固相颗粒和滤液进入储层中的量就越大，引起表面层膨胀和分散就越严重，作用范围就越大，导致的伤害程度和伤害深度都增加；如果钻（完）井液中的固相颗粒与储层孔喉的匹配性较好，则可以形成比较好的封堵滤饼，从而限制钻（完）井液中固相颗粒和滤液大量进入储层，降低表面层膨胀和分散的程度及作用范围，从而使伤害程度和伤害深度降低。

一般地，当钻（完）井压差小于 2.5MPa 时，钻（完）井液伤害储层程度随着压差的增加，渗透率恢复值增大，即伤害程度降低。当伤害压差增加到 2.5MPa 左右时，钻井液的渗透率恢复值达到最大，伤害程度最小，当进一步增加伤害压差时，渗透率恢复值降低，伤害程度增加。之所以出现这样的实验结果，可能是由于伤害压差低于 2.5MPa 时，形成的滤饼强度较低，容易被破坏，因此钻（完）井液中的固相和滤液进入储层的可能性较大，而使伤害程度较大；当伤害压差为 2.5MPa 左右时，形成的滤饼强度较高，不容易被破坏，因而伤害程度较低；当伤害压差大于 2.5MPa 时，虽然形成的滤饼强度较高不容易被破坏，钻（完）井液中的固相不易进入储层，但由于压差大，钻（完）井液滤失速度增大。因此，进入储层的钻（完）井液滤失量增加，从而使储层伤害程度增加。

二、钻（完）井液体系优化

钻（完）井液优化的原则是尽量降低固相颗粒含量，且与储层表面层各种矿物及孔隙中无机盐流体不发生各种物理、化学反应。水基钻（完）井液成本低，防护效果较好，目前在油田上使用量最多，主要有以下几种类型。

1. 钻（完）井液改性

将常规钻井液进行改性处理，主要是降低固相含量，添加酸溶或油溶性处理剂，使其变成具有保护油层作用的钻（完）井液。

2. 聚合物类钻（完）井液

采用聚合物类钻（完）井液在提高黏度的同时，添加含有可被酸、油、水溶解的固相物质（如 $CaCl_2$、$CaCO_3$ 等），起调节密度和暂堵作用，这种体系优点是替代或减少了膨润土的用量，但是进入地层后容易对大孔道进行堵塞，难以降解，形成永久性伤害。

3. 水包油钻（完）井液

将一定量的油分散于水中形成乳状的钻（完）井液，起到防止井漏和保护油层的作用。

4. 无固相钻（完）井液

悬浮物颗粒直径小于 $2\mu m$ 的清洁盐水体系。

5. 阳离子聚合物钻（完）井液

这种钻（完）井液有较强的抑制表面层矿物水化膨胀、防止井壁坍塌和保护油层的作用。

6. 油基钻完（井）液

油基钻（完）井液所产生的滤液是油不是水，因而不会使油层中水敏性表面层矿物膨胀或产生化学作用而伤害油层。但有机膨润土的颗粒直径和添加剂（主要是乳化剂）的选择必须匹配恰当，以防止固相颗粒堵塞和产层润湿性反转而伤害油层。

7. 气体钻（完）井液

在油田钻井中使用的气体钻（完）井液主要是指泡沫流体钻（完）井液，是由气体（空气）、液体、发泡剂和稳定剂配成的分散体系。用泡沫流体钻井不仅可以实行负压钻进，以防止井漏和保护油层，而且还可以延长钻头寿命，提高机械钻速。

综上所述，在选用钻（完）井液时，应根据不同油藏地质条件和工艺水平，既要考虑钻（完）井液与储层表面层矿物的相互作用，避免储层伤害，又要考虑经济效益。

三、钻（完）井过程中储层伤害预防

首先考虑既要求有钻井液的特点，又要求有完井液的特点，特别考虑储层保护问题，研究容易转化成完井液的钻井液体系。采用强抑制高润滑暂堵复合盐水低伤害钻井液体系，具有抑制性优良、高润滑性、滤饼薄、密度可调、低失水、储层伤害小，聚合物成分易生物降解且暂堵性好，滤饼易返排，能在长时间浸泡下有效保护储层等特点。体系中选用粒级匹配合理的惰性碳酸钙颗粒作为支撑暂堵剂，用改性水溶性淀粉作为变形粒子，在近井地带快速形成一个薄而致密、无或微渗透的暂堵带，阻止钻（完）井液中的液相和固相颗粒进一步侵入储层。钻（完）井液做到"易堵易解"、低失水、低伤害，从而实现在钻井、完井、投产过程中，储层不被工作液伤害，达到保护储层的目的。

1. 钻（完）井过程中表面层矿物引起的储层伤害

在油气层钻井及固井过程中，表面层矿物引起的储层伤害主要有钻井液及固井水泥浆滤液侵入储层后引起的水敏（盐敏）、碱敏和水锁伤害，以及欠平衡钻井过程中负压差过大引起的压力敏感性伤害等。钻（完）井过程中储层伤害主要包括：

（1）由于钻井液和完井液性能差、失水量大造成的伤害。

（2）密度高、压差大形成较大范围的侵入带和过渡带。

（3）固相含量高、滤饼作用小引起的残渣伤害。

（4）浸泡油层时间长以及滤液化学成分与储层表面层矿物相互作用等原因造成的伤害。

常见的敏感性矿物可分为水敏性矿物、酸敏性矿物、碱敏性矿物、盐敏性矿物及速敏性矿物等。

2. 预防钻（完）井过程中表面层矿物伤害储层的技术措施

1）水敏（盐敏）伤害的预防

根据前面介绍的水敏伤害机理及其影响因素，在钻井和固井过程中可以采用以下方法来减轻黏土矿物引起的水敏（盐敏）伤害。

（1）提高钻井液及水泥浆滤液的抑制性。通过适当提高钻井液及水泥浆滤液的矿化度，或加入小阳离子（如氯化钾、甲酸钾）等抑制剂，或使用抑制性较强的钻井液体系（如正电胶体系）来增加滤液的抑制性，减轻滤液进入储层时引起的水敏伤害。对于水敏性特别强的储层，可以考虑使用油基或油包水型乳化钻井液。

（2）降低钻井液及水泥浆的滤失量。改善滤饼质量，形成好的暂堵，降低水泥浆的滤失量，进而降低钻井液及水泥浆滤液侵入储层的深度，从而减轻黏土矿物引起的水敏伤害深度。

（3）控制合适的钻井液液柱压力及缩短钻井液浸泡油气层的时间都有利于减少进入油气层的钻井液滤液量，从而减轻黏土矿物引起的水敏伤害深度。

（4）减少起、下钻的压力激动，控制合理的环空返速，防止井漏发生，都有利于减少钻井液滤液的侵入量，从而减轻黏土矿物引起的水敏伤害程度。

2）水锁伤害的预防

防止油气层水锁伤害的方法可以通过加入表面活性剂来降低钻井液及水泥浆滤液的界面张力，以利于侵入油气层的钻井液及水泥浆滤液返排，从而减轻水锁伤害的程度，对于油层，也可以通过使用油基钻井液来防止水锁伤害。

3）碱敏伤害的预防

防止油气层碱敏伤害的方法一般是通过降低钻井液及水泥浆滤液的 pH 值来实现。在条件允许的情况下，应控制钻井液及水泥浆在临界 pH 值以下，pH 值低于临界值时，对于钻井液及水泥浆的性能影响较大的情况，在不严重影响性能的条件下，应尽量降低钻井液及水泥浆的 pH 值，以减轻碱敏伤害的程度。

四、固井过程中的油层保护

1. 固井过程中的储层伤害

1）水泥浆颗粒引起的伤害

水泥浆中有不同粒径的固相颗粒，可能进入储层孔隙喉道，从而堵塞伤害油层，不过对于低渗透层来说，因本身孔喉非常细小，水泥浆固体颗粒进入和伤害的可能性较小。例如，长庆安塞油田长 6 油层平均喉道半径为 0.3~0.8μm，最大为 1.9μm，而水泥浆中 99.9% 固体颗粒粒径大于此喉道半径，所以影响不大。

2）水泥浆滤液对地层的伤害

由于水泥浆密度大、井底压差大，因而水泥浆的失水量比钻（完）井液都大，是引起储层伤害的主要因素。

3）水泥浆滤液中无机物结晶沉淀对地层的伤害

水泥浆中有大量的无机物离子（如 Ca^{2+}、Fe^{3+}、Mg^{2+}、OH^- 和 SO_4^{2-} 等），随水泥浆滤液进入储层中可能会与表面层矿物发生各种物理、化学作用，结晶析出或沉淀出无机盐类，从而堵塞孔道，伤害储层。

2. 固井过程中的储层保护

1）改善水泥浆性能

API 油井水泥对化学成分、制造工艺和性能标准要求都非常严格，使用这种油井水泥，可以减轻对油层的伤害。

2）使用添加剂改变水泥浆性能

添加剂主要包括：（1）降失水剂（如羧甲基纤维素、羟乙基纤维素等）；（2）缓凝剂和促凝剂（如单宁酸钠和氯化钙等）；（3）减阻剂和分散剂（如木质素磺酸盐等）；（4）减重剂（如空心微球等）；（5）增强剂（如石英砂等）；（6）隔离液（如 SNC 等）。

3. 改进固井技术

1）水泥环密封完整性

通过开展水泥环密封完整性机理研究，确立水泥环参数对水泥环密封完整性的影响规律，提高水泥环抗冲击及有效封隔性（图 7-1-1）。

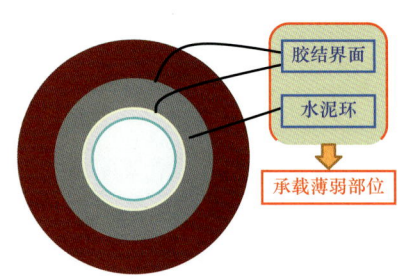

图 7-1-1　套管—水泥环—地层组合体示意图

2）影响因素及规律

水泥环的弹性模量越小，变形能力越强，载荷作用下不易压碎破坏，卸载后抗撕裂能力较好（图7-1-2、图7-1-3）。

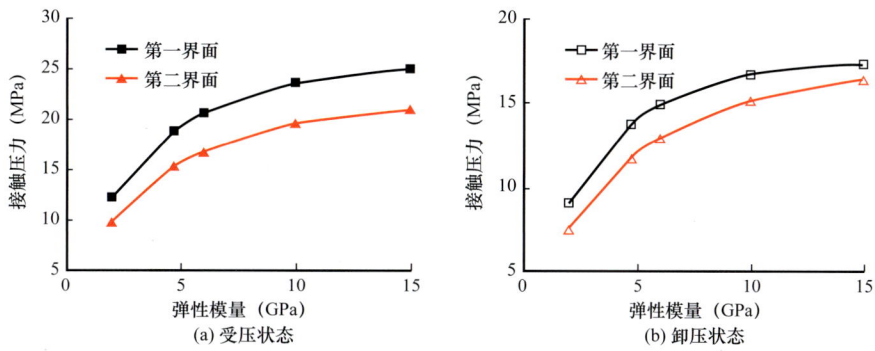

图 7-1-2　第一界面和第二界面在高地应力状态下弹性模量与接触压力的关系

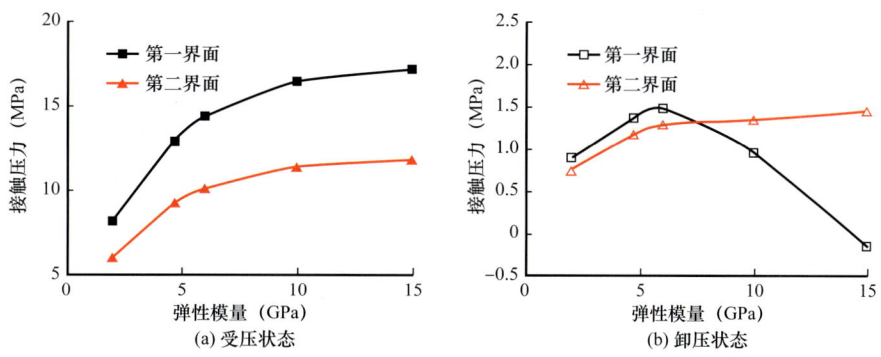

图 7-1-3　第一界面和第二界面在低地应力状态下弹性模量与接触压力的关系

基于紧密堆积原理，优选增韧材料，降低水泥浆的弹性模量，提高水泥浆的抗冲击能力（图7-1-4）。通过室内实验，常规增韧粒子 SFP-1 在油井水泥浆中出现憎水和团聚现象，不利于水泥浆的有效胶结。

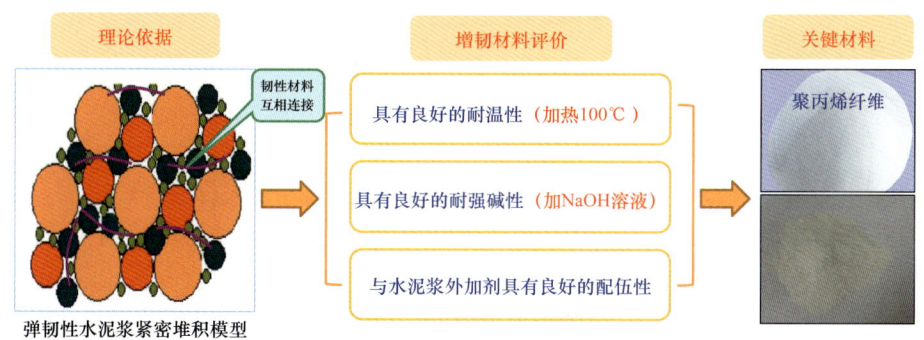

图 7-1-4　增韧材料优选流程图

采用表面活性剂对增韧颗粒表面进行亲水处理，粒径主要分布在 10~100μm 之间，提高了增韧颗粒的分散度，颗粒在浆体中分散性好，无漂浮现象。

韧性水泥浆体系特点：失水量低，体系稳定，水泥浆抗折强度高，弹性模量低，有利于提高固井质量，同时具有良好的膨胀性，可以防止气窜。

3）合理压差固井

水泥浆在注替和候凝过程中，井眼和环形空间的液柱总压力略大于地层孔隙压力，且不发生漏失和油、气、水窜通现象。

4）提高水泥顶替效率

提高水泥顶替效率是注水泥作业成功和保护油层的关键。

（1）优选扶正器类型。水平段采用整体式半刚性扶正器和树脂刚性滚珠螺旋扶正器（图7-1-5），保证套管居中度。

（2）优化扶正器安放位置。根据水平井井眼轨迹等基础数据，通过固井软件模拟，优化扶正器安放位置（图7-1-6），确保居中度达到67%以上。

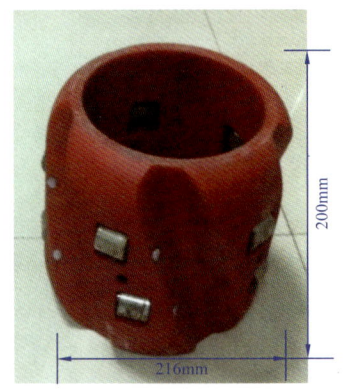

(a) 整体式半刚性扶正器　　(b) 树脂刚性滚珠螺旋扶正器

图7-1-5　不同扶正器结构图

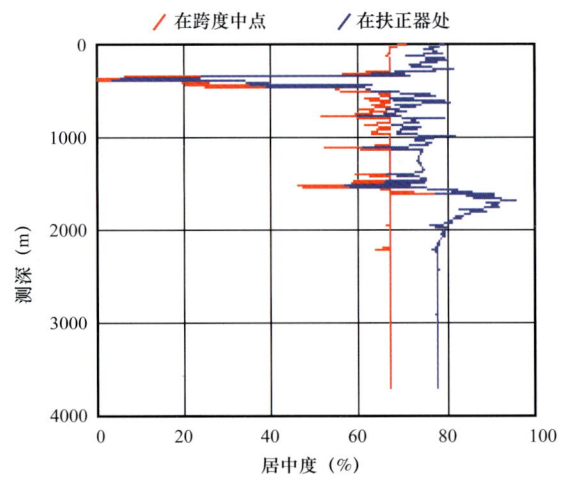

图7-1-6　固井模拟优化扶正器安放位置图

（3）优选长水平段套管安全下入工具。针对长水平段水平井，由于其裸眼段长，套管下入过程中摩阻大、遇阻风险高，可采用漂浮接箍下套管技术，配合旋转引鞋等工具，大幅降低套管下入摩阻，1500m水平段降低摩阻6~8t，实现套管安全下入。

4. 采用低密度水泥固井技术

使用空心微球或泡沫水泥固井，降低水泥浆液柱压力，减少水泥浆对油层的伤害。采用球型化关键添加剂，提高紧密堆积与塑性形变能力，水泥浆弹性模量可降低40%以上，可满足长水平井多段、大排量压裂有效封隔要求。

五、射孔过程中油层保护

射孔过程中对油层的伤害通常表现在射孔弹的碎屑物堵塞孔眼，以及射孔液的固相和滤液伤害油层。在射孔弹打开油层的短时间内，如果井内液柱压力过大或射孔液性能不符合要求，就可能使大量固体颗粒紧粘在孔眼内油层表面上，从而伤害油层的渗透能力。射孔液通过射孔孔眼进入油层的较深部位，对油层的伤害有时比钻井还要严重，因而应该十分重视。

针对射孔过程中可能伤害油层的原因，目前主要采取以下保护油层措施：

（1）优选与储层表面层性质相匹配的射孔完井液。目前，主要有无固相清洁盐水、无固相聚合物盐水、暂堵性聚合物和阴离子有机聚合物等射孔液。选用季铵盐类阳离子可抑制储层表面层矿物的水化膨胀、分散和迁移，防止储层伤害，是较为理想的一种射孔完井液。

（2）采用油管传输和负压射孔工艺。负压射孔是利用成孔瞬间较高压力梯度的瞬时冲刷，清除孔眼中碎屑堵塞及孔眼周围破碎压实带中的细微颗粒堵塞。

第二节　表面层与压裂液相互作用及其体系优化

近20年来为满足各种储层压裂改造作业需要，研究开发了多种压裂液体系，以改善和提高压裂液性能。先后经历了油基、瓜尔胶、聚合物、二氧化碳干法、黏弹性表面活性剂、超分子多元缔合自交联等阶段，主要向低伤害、低成本和高性能方向发展。无聚合物超低伤害的清洁压裂液、低聚合物压裂液及交联酸压裂液相继得到发展和应用。目前，国内外广泛使用的是羟丙基瓜尔胶压裂液，其优势是抗温、耐盐性好，携砂能力强，但存在成本高、压裂液返排周期长和破胶液残渣含量高等缺点。超分子多元缔合自交联体系成本低，在线混配，使用简单，储层伤害低，已经逐渐替代瓜尔胶体系。今后压裂驱油一体化是发展的主要方向。无论哪种体系，压裂液与储层表面层矿物间的相互作用，是否产生储层伤害以及伤害程度等是评价压裂液体系的重要指标。

一、储层表面性质引起的压裂液物理伤害

储层表面性质引起的压裂液物理伤害主要是指压裂过程中残渣堵塞造成的伤害，包括无机堵塞和有机堵塞。

1. 无机堵塞

无机堵塞主要来源有两类：一类是瓜尔胶、聚合物、暂堵剂等含有的固相颗粒进入低渗透储层孔喉中造成的伤害，相对于滤液侵入造成的化学伤害来说不是主要的危害；另一类则是外来液体与储层流体不配伍，在储层中形成无机结垢（如碳酸钙、硫酸钙、硫酸钡和碳酸铁等沉淀）。

2. 有机堵塞

压裂液中经常使用的许多化学添加剂，与地层中的油相混合，形成油或水的乳化物，堵塞喉道，因此，压裂液中需加入一定浓度的破乳剂。

3. 破胶不彻底的大分子聚合物堵塞喉道

液体破胶和携砂始终是两个自相矛盾的问题，从储层保护角度看，破胶越彻底越好，但从携砂角度看，过早破胶会造成裂缝前段脱砂，形成砂敏、砂桥，甚至砂堵，对施工不利。如何解决好这两个互为统一的矛盾体是困惑油藏工程师和压裂工程师的难题。近年来，采用胶囊全程加入过硫酸铵和高黏液携砂阶段加入破胶剂解决了部分问题，但是从保证施工顺利的角度来看，在压裂现场实施起来比较困难。2020年底，在长庆油田元284区块超低渗透大规模水平井、定向井压裂后，焖井60～80天后开井，大部分井产出乳白色黏稠物（图7-2-1），镜下观察主要是未彻底破胶的大分子聚合物，呈树枝状（或网格状、团块状），直径300～1000μm，长度1000～5000μm（图7-2-2），远大于地下储层孔喉半径，这些聚合物在地下存留数月造成了严重的储层伤害，表现为产液量相对较低，含水率高，见油周期长。

图 7-2-1　长庆油田元284区块不同压裂液体返排物对比

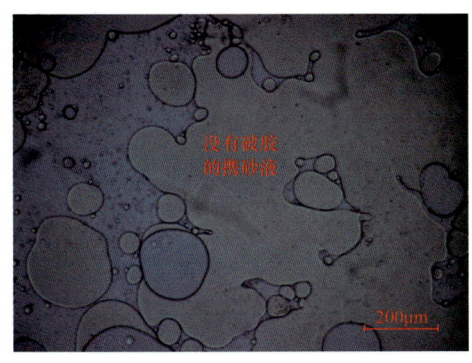 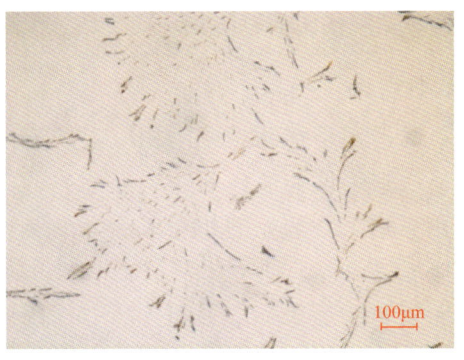

图 7-2-2　长庆油田元 284 区块不同压裂液体返排物镜下特征

二、储层表面性质引起的压裂液化学伤害

1. 液体伤害

压裂施工中，压裂液在高压下被挤入地层，滤液进入地层孔隙介质内，与储层流体和表面层矿物发生物理和化学反应，导致地层伤害。

1）表面层矿物水化膨胀和分散运移

几乎所有砂岩储层颗粒表面或粒间均含有一些表面层矿物，其含量在 1%～20% 之间不等。压裂液与地层表面层矿物的相互作用，包括表面层矿物水化膨胀和地层细微颗粒分散、运移，造成地层堵塞，渗透率降低。

黏土稳定剂的作用机理主要是无机盐抑制黏土矿物水化，或利用高分子材料的长链对黏土矿物颗粒表面进行"包裹"，阻止水分子进入晶层，使黏土矿物的完整性不受到破坏。压裂施工前，通常根据地层黏土矿物成分及含量选用不同类型的黏土稳定剂。压裂液通常在碱性条件下（pH 值为 8.0～10.5）发生交联反应，提高溶液 pH 值可以改善压裂液的热稳定性能和延迟交联时间，特别适用于高温深井压裂施工，由此引起的地层伤害可以通过在压裂液中加入氯化钾（1%～2%）来消除，氯化钾岩心流动实验渗透率伤害率低于某些阳离子聚合物。水基压裂液中，推荐使用无机防膨和有机防膨联合作为黏土矿物稳定剂。

如前所述，储层界面电化学性质包括离子交换性、带电性及其酸、碱、盐敏感性等，黏土矿物的结构层（四面体片和八面体片晶层）通常带有电荷，是具有一系列电化学性质的根本原因，并直接影响着黏土矿物的性质。如准噶尔盆地西北缘克下组油藏 Zeta 电位分布范围一般为 $-30 \sim -10 mV$，地下储层中黏土矿物胶体系统稳定，胶体带有很多的正电荷或负电荷，在没有外来流体侵入的情况下，胶体颗粒间斥力大，非常稳定，但是当有带电性的外来流体（如表面活性剂、聚合物）入侵时，Zeta 电位越大呈现对外来流体越强的吸附性，水铝硅酸盐胶体的稳定性变差，从而产生絮凝沉淀，伤害储层。相对其他油田，该地区压裂液储层伤害问题突出。

2）水锁

相对渗透率是指两相或两相以上的流体共存时每一相的有效渗透率与其绝对渗透率的比值，反映了该相流体通过岩心能力的大小。从油水两相相对渗透率曲线可知，水相饱和度稍有增大，油相的相对渗透率就迅速下降。压裂施工过程中，侵入区滤液以"指进"替换地层流体，使水相饱和度增加。施工结束后返排，由于压裂对象一般是低渗透、非常规储层，喉道狭窄，毛细管压力作用使部分压裂液束缚在储层中，排液困难，导致储层伤害。伤害程度受地层压降、黏滞力和毛细管压力影响，地层压降越慢，排液压差越大，伤害越小，黏滞力与地层孔隙大小、压裂液黏度和流速有关，一般在低渗透致密油气层压裂改造施工中，毛细管阻力较高（可达 1.4MPa）。排液困难，可能会造成永久性堵塞，严重伤害储层。在中低压油藏中大液量压裂，返排率低引起的水锁伤害，产量达不到设计要求，是目前低渗透/非常规油气经济有效开发面临的主要问题之一。

为了减少压裂液水锁对储层的伤害，可采取以下措施：

（1）在水基压裂液中加入表面活性剂作为助排剂（如氟碳类超低浓度表面活性剂等），降低油水界面张力，增大接触角，减小毛细管阻力。

（2）改善压裂液破胶性能，实现压裂液在地层中水化破胶，减小压裂液在地层介质中流动的黏滞阻力。

（3）压裂液快速破胶，并在压裂结束后采用小油嘴，余压强制裂缝排液，减少压裂液在地层的滞留时间。

（4）使用液氮、CO_2 助排等。

3）乳化

地层中固有的油和水极少会产生乳化液堵塞喉道，当滤失到地层中的水（或油）基压裂液与地层油（或水）发生乳化时，易堵塞地层。这种堵塞作用是乳化液中的分散相在流经地层毛细管喉道时产生的贾敏效应叠加而成，由此引起的地层伤害程度取决于乳状液黏度和稳定性。

为消除压裂过程中造成的乳化堵塞，主要采取以下措施：

（1）使用优质压裂液，彻底破胶，减少压裂液残渣，降低破胶液黏度以及防止地层"微粒"生成，消除油水表面膜稳定因素。

（2）压裂液中使用破乳剂，消除压裂液进入地层后潜在的乳化堵塞。

4）润湿性

对于砂岩油藏，岩石表面一般为亲水性，即优先被水润湿。如果表面活性剂使用不当，可能使润湿性发生反转，即将亲水性转为亲油性。如阳离子表面活性剂亲水基吸附在矿物颗粒表面，亲油基吸附原油，使润湿性发生反转（从亲水性向亲油性转化），导致原油难以离开原位，影响单井产量。

2. 压裂液残渣引起的地层伤害

压裂液残渣是压裂液破胶后不溶于水的固相微粒,其来源主要是植物胶类稠化剂的水不溶物和其他添加剂的杂质。残渣对压裂效果的影响存在双重性:一是形成滤饼,阻碍压裂液侵入地层深处,提高了压裂液效率,减轻了地层伤害;另一方面是堵塞地层基质内孔隙和喉道,增强了乳状液的表面膜厚度,使其难以破乳,降低了地层和裂缝渗透率,伤害地层。

压裂液残渣含量及性质与压裂液添加剂配方、温度和时间等因素有关。对于水不溶物含量小于10%的稠化剂,在破胶体系(破胶剂种类及用量)选择较好时,压裂液残渣含量较低,一般小于5.0%;而对于水不溶物含量大于20%的稠化剂,若破胶体系选择不当,压裂液残渣含量可大于20%。易破胶的硼交联压裂液体系残渣明显低于较难破胶的有机金属(如钛、锆)交联压裂液。

残渣对地层与裂缝的伤害程度,还与其在破胶液分散体系中的粒径大小及分布规律有关。使用激光粒度分析仪可测量残渣破胶液中粒径的分布。当固体颗粒直径小于地层孔喉直径的1/3时,则不易进入油层造成伤害。低渗透/非常规油气藏岩心孔隙一般最大孔径均小于10μm,平均孔径小于1μm。因此,压裂液能进入岩心中起伤害作用的残渣颗粒较少,对低渗透储层基质的伤害主要是滤液引起的伤害。

压裂液破胶后残渣对储层和支撑裂缝存在一定的伤害。破胶水化液表观黏度小于10mPa·s,破胶后的产物中仍有短链分子或支状分子存在,并吸附于支撑剂和岩石表面,从而降低裂缝导流能力;残渣伤害主要是由于残渣颗粒堵塞了裂缝中部分孔隙喉道,导致流动能力降低。对支撑裂缝导流能力的伤害是破胶液和残渣叠加作用的结果,残渣含量越大,伤害越严重。

另外,不溶性降滤失剂和支撑剂中的破碎、化学反应沉淀、地层原油中蜡和沥青的析出等因素均能对地层造成伤害。

因此,除了在压裂施工过程中,加强现场质量控制外,首先还要选用水不溶物含量低的稠化剂和易降解破胶的交联剂;其次,要优选破胶体系,实现压裂液彻底破胶、水化,减少压裂液残渣对基质和裂缝导流能力的伤害。

3. 压裂液滤饼和浓缩对地层的伤害

压裂液在裂缝表面形成具有一定弹性的薄膜,即滤饼。其形成受诸多因素的控制,包括压裂液成分、流速、压差以及储层特性等。

由于滤饼的渗透率比地层渗透率小得多,因此滤饼阻碍了地层流体向压裂缝的流动,同时由于裂缝闭合、支撑剂嵌入,滤饼占据了部分以至整个支撑剂之间的间隙,导致裂缝导流能力大大降低,阻碍压裂液返排和原油产出。

在压裂施工中动态滤失和裂缝闭合造成最终支撑裂缝宽度的差异,导致交联聚合物在支撑裂缝内浓度的提高,即浓缩。

三、压裂液体系优化

1. 黏弹性表面活性剂压裂液体系

1) 黏弹性表面活性剂压裂液特点

1997年,斯伦贝谢公司首先提出并开发了一种新型的表面活性剂压裂液体系(Viscoelastic Surfactant Fracturing Fluid,VES),是以双子表面活性剂分子自组装形成的网络结构来提高液体的黏弹性,满足造缝携砂的要求,具有无残渣、低伤害的特点。此后,该体系得到不断的丰富和发展。但是由于其耐温性差、成本高、黏度低、携砂能力差等,大大限制了推广应用。

双子黏弹性表面活性剂具有亲水亲油的两亲性质,当溶解在水中时有自聚集的倾向,形成类似高分子的蠕虫状胶束,胶束相互缠绕形成具有黏弹性的网络结构。为了提高表面活性剂形成胶束的性能,近年来,双子Gemini型表面活性剂压裂液发展很快。不同于以往的单链表面活性剂,新型的Gemini表面活性剂通过短的连接基团将两个具有长疏水碳链的单链表面活性剂连接起来,可以大大降低表面活性剂头部基团之间的排斥力,利于表面活性剂自组装形成胶束,使其可以在很低的浓度下就可以有很好的增稠效果及优异的耐温性能,以满足携砂造缝的要求。

地层中的油类物质会增溶到胶束内部,使蠕虫状胶束胀破成球状胶束,无残渣,表(界)面张力低,易返排。表面活性剂浓度降低,蠕虫状胶束逐渐转变成球状胶束(图7-2-3),也会使压裂液破胶,破胶液表(界)面张力低,用于水井压裂时,无须返排,既有利于环保,又有利于驱油。

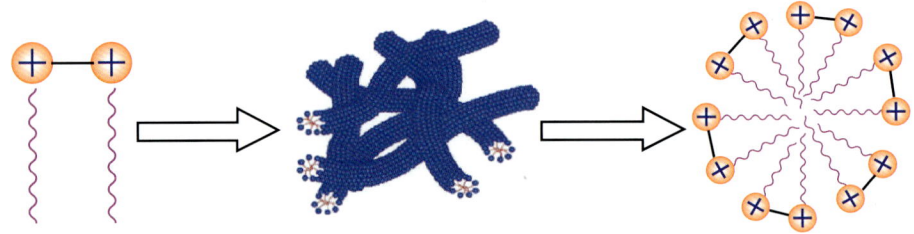

图7-2-3 双子表面活性剂压裂液结构—功能示意图

2) 新型黏弹性表面活性剂压裂液优点

(1) 在线混配。与常规水基压裂液使用8~10种添加剂相比,简单混合即可成胶,配液简单,使用方便。

(2) 抗盐性好,溶解性强,对配液水质要求不高。

(3) 耐温、耐剪切和携砂性能好。最高使用温度可达到140℃,目前国内其他种类压裂液增稠剂很难达到这种性能。

(4) 无须加入破胶剂,遇地层油水即可破胶,破胶液黏度低,无残渣,无滤饼。室内可通过加入1∶1的煤油或4%的乙二醇单丁醚在地层温度下使表面活性剂类清洁压裂液破胶，而聚合物类和疏水缔合类等压裂液往往破胶不彻底。

（5）应用于水井压裂时，无须返排，可大大降低注入水的表（界）面张力，降低地层毛细管阻力，既有利于注水，又有利于驱油。

（6）应用于油井压裂时，返排液可以清除油污，使地层渗透率提高，有利于原油产出。

（7）应用此种增稠剂配制的压裂液还具有防膨、降摩阻等功能。

由此可见，甜菜碱、季铵盐类多元共聚形成的双子表面活性剂可以相互缠绕，增加液体的弹性以提高携砂能力，在地下高温油藏中稀释后还可以表现出降低界面张力、改变润湿性、渗吸置换等功能[94]，有利于保护储层和提高原油采收率，是未来压裂—焖井—吞吐—洗油一体化主要发展方向。关键是要降低成本，提高携砂能力。

2. 改性的多元缔合自交联压裂液

1）超分子多元缔合自交联压裂液特点

改性的多元超分子缔合自交联压裂液近几年发展很快，分乳状液和悬浮液两种类型。悬浮液多元缔合耐盐型增稠剂粉剂、亲油性溶剂和乳化剂等通过悬浮工艺制备所得。所配液体组分少、超快速溶、耐盐性好、低伤害、易破胶返排、可重复配液，很好地兼顾了减阻和携砂功能，构成一体化压裂液体系。在常规和非常规油气藏均可方便使用，特别是为大规模压裂和在线连续配液以及地层水、采出水再利用提供了优异的解决方案。

室内配液评价实验可用吴茵混调器在较高转速下将乳液缓慢均匀地加入水中，并注意避免卷入空气生成泡沫，1～2min 成胶后即成为性能优良的基础压裂液。这种类型的压裂液体系具有抗盐、自交联、低浓度携砂、快速成胶等特点，可在线混配，使用方便。其他组分（如破胶剂、防膨剂和助排剂）可在水中提前加入溶解。现场可直接在混砂车交联液配液箱上采用计量泵调整浓度，实现大规模连续配液，为无级变黏度携砂提供了方便。

2）多元缔合自交联在线混配压裂液优点

（1）清洁低伤害：配制的液体中不溶物含量少，配液时不会生成鱼眼，易破胶，无残胶、无残留、无重金属成分，液体稳定，不会腐败，环境友好。

（2）快速溶解：清水和盐水中 1～2min 基本溶解，基液黏度低，且具备基础动态携砂性能，适宜大规模连续配液。

（3）耐盐性好：高矿化度地层水、返排液和采出水均可直接配液，最高耐矿化度达到 50000mg/L。

（4）适应温度范围广：30～160℃均可使用，满足超低温破胶和超高温剪切稳定性。

（5）防膨助排效果好：破胶液具有一定防膨助排效果，配合防膨剂和助排剂效果更好。

（6）降阻率一般在 70% 以上，具有超低浓度携砂的特点：经 2021 年在长庆页岩油定向井压裂 10 余口井试验，滑溜水阶段浓度为 0.05%～0.1%，8m³/min 排量下可实现砂比

10%的携砂能力。

（7）无级变黏度造缝—携砂一体化压裂：具有低黏度、高携砂的特性，低浓度时既可以作为低黏常规滑溜水，也可以作为优良的可携砂滑溜水，当提高浓度时可成为中黏或高黏携砂液，从而实现滑溜水和携砂液的一体化操作。

（8）自交联，无须加入助排剂、杀菌剂、交联剂等，在0.3%浓度以下可以在地下高温储层中分解成单体，无须破胶剂。

3. 胶囊破胶剂改善压裂液破胶性能

如前所述，破胶与交联是两个矛盾统一体，从储层伤害角度希望尽快彻底破胶，但从携砂的角度来看，则遵循高黏液能将支撑剂送到远端地层，防止途中脱砂，形成砂桥、砂堵，影响施工质量。人们试图全程少量加入过硫酸盐氧化剂和后期高黏液加砂阶段尾追破胶剂，但难以评价效果好坏。

为了解决上述难题，研发出了胶囊破胶剂随压裂液同时进入地层，达到一定时间后发挥破胶作用，提高破胶剂浓度将明显改善压裂液破胶性能，能减少支撑裂缝伤害。但高浓度破胶剂将使压裂液流变性和携砂能力变差，严重影响压裂施工。20世纪90年代初研究和开发的缓释型胶囊破胶剂，在不严重影响压裂液流变性能的同时使提高破胶剂用量成为可能。利用特殊工艺将常用的酶或过硫酸盐破胶剂包裹起来，形成0.45~0.90mm的胶囊颗粒，利用膜的渗透作用和裂缝闭合的挤压作用释放破胶活性物质。与常规破胶剂相比，其特点是能缓慢释放破胶剂，缓释时间可控，将破胶剂浓度提高到常规破胶剂的5~10倍，对压裂液流变性能影响很小；破胶彻底，消除了压裂液浓缩及滤饼引起的压裂液伤害。

4. 使用优质植物胶稠化剂降低压裂液残渣

目前，国内外使用的压裂液稠化剂包括天然植物胶及其改性产品、纤维素衍生物和合成聚合物。国外油田使用的稠化剂以植物胶及其改性产品（即瓜尔胶及羟丙基瓜尔胶）为主，约占市场份额的60%。国外加工的羟丙基瓜尔胶水不溶物含量低（小于5%），增黏能力强（1%溶液黏度大于280mPa·s），用量小（一般为0.48%），大大降低了压裂液体系中因稠化剂造成的残渣。

国内在20世纪80年代广泛使用田菁胶及其改性产品，现场使用中由于性能不稳定、质量差、水不溶物高（改性产品水不溶物仍高达15%~20%）、增黏能力差（1%溶液黏度仅为80~170mPa·s）、用量大（现场部分井使用浓度达1%），大大增加了压裂液体系中的残渣含量，造成地层的严重伤害。到90年代初取而代之的是国外种植、国内加工改性的羟丙基瓜尔胶和国产的香豆胶原粉。国内加工的羟丙基瓜尔胶与国外产品相比质量较差、水不溶物含量较高（一般为8%~14%），黏度低（1.0%溶胶黏度仅为150~260mPa·s），使用浓度较高（一般为0.55%~0.70%）。

在压裂液配方实验中，只有通过增加稠化剂和交联剂的浓度、减少破胶剂用量等来弥补耐温性能的不足。但这将严重影响压裂液破胶性能和增加残渣含量，导致储层伤害。

因此，国内加工的改性瓜尔胶须改进加工工艺，降低水不溶物含量，提高增黏能力和耐温性能，从而降低稠化剂用量，减少压裂液残渣，这也是稠化剂的发展方向。

5. 多功能压裂液体系

减小毛细管阻力，加快压裂液返排，防乳、破乳是减少压裂液对地层伤害的重要措施。目前，国内较多的压裂液添加剂性能单一、效果较差、现场应用较烦琐。"一剂多效"是压裂液添加剂发展方向之一。中国石油勘探开发研究院研制的DL-6助排破乳剂具有低的表面张力（小于1.0mN/m），可改善油藏润湿性，减小毛细管阻力，消除水锁，同时还具有良好的破乳性能（在70℃，20min内破乳率达100%）。在辽河、吉林、胜利等油田的应用证实了其技术可行性，压裂后返排液表面张力低，增产明显。

四、低渗透油藏压驱一体化进一步提高原油采收率

1. 压驱一体化技术思路

2009年以来，北京大学、陕西科技大学等单位积极探索陆相页岩油、致密砂岩油、致密砾岩油、超低渗透、特低渗透开发稳产高产前沿理论技术。针对陆相非常规复杂的储层表面物理化学性质和制约采收率的强水敏、强压敏、强非均质、微纳米复模态存储、多流态复杂渗流、注水效果差、能量衰减快、微纳米级孔喉大量油膜吸附、高蜡质、低流度、供液不足等关键因素研究，研发新型压裂液体系和工艺技术，简化工艺流程，采用压裂—增能—吞吐—洗油一体化，将弹性一次采油、增能—吞吐二次采油和注入表面活性剂的三次采油紧密结合新理念。提出地质—工程一体化和压裂—吞吐—洗油一体化提高低渗透—非常规油气藏有效动用程度和采收率新思路，形成非常规油藏压驱一体化提质增效关键理论技术（图7-2-4），为陆相页岩油、致密油、低渗透后期稳产开发探索出了一条低成本、高时效、快速上产、井场施工简单、快捷方便的有效开发途径。

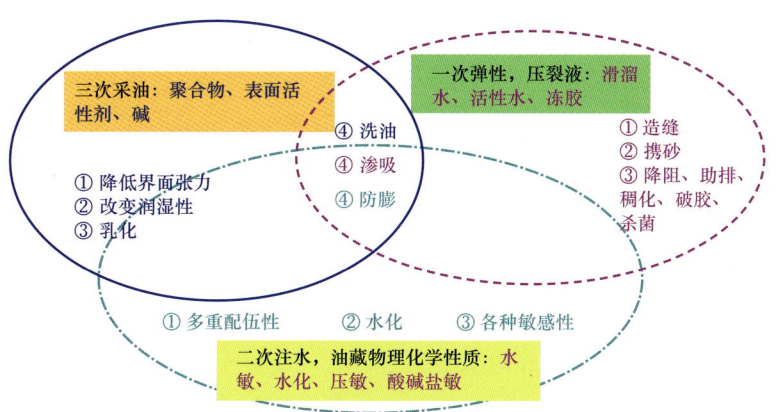

图7-2-4　低渗透、非常规油藏压裂驱油一体化技术思路图

2. 压驱一体化基本做法

针对我国目前已发现大量强水敏、强非均质致密砂砾岩油藏压裂受效时间短、动用程度低等现状，探索砂砾岩混杂岩性储层表面物理化学性质与压裂液、滑溜水、防膨剂、表面活性剂等注入介质相互作用机制，揭示低渗透—非常规油藏微纳米含油气系统渗吸置换及表面活性剂洗油机理，优化多功能压裂液体系和压裂吞吐施工参数，开展强非均质陆相油藏随井间储层和应力场变化的全缝长压裂数值模拟、参数优化设计及产能预测，通过增加压裂前置液快速补充地层能量，同时加入一定比例的个性化表面活性剂体系，形成吞吐洗油一体化的多功能压裂关键理论技术，提高了低渗透—非常规油藏有效动用程度。

3. 压驱一体化基本原理

近年来，压裂技术发展很快，研究的热点就是从传统的压裂造缝向注水（注气）二次采油以及通过加入表面活性剂等向三次采油方向的发展。因此，在压裂过程中增加前置液量，对注不进去水或注水困难的油藏快速补充能量。同时针对低渗透、非常规油藏将来难以实现化学驱三次采油的现状，在压裂过程中加入提高原油采收率用表面活性剂，达到一次采油、二次采油和三次采油同步实现的目的。

4. 压驱一体化主要内容

（1）低渗透/非常规储层表面物理化学性质及其与注入介质（压裂液、表面活性剂等）相互作用机制。

（2）低渗透/非常规储层微观渗吸置换机理与压裂吞吐参数优化。

（3）低渗透/非常规储层微纳米含油气系统与表面活性剂洗油机理及多功能压裂液体系优化。

（4）低渗透/非常规储层随井筒以外储层和应力场变化的全缝长压裂数值模拟与参数优化设计及产能预测。

5. 压驱一体化油藏的适应性

多功能压裂适用于以下油藏：

（1）注水困难的低渗透、特低渗透油藏，如鄂尔多斯盆地大量的低—特低渗透油藏、大庆外围扶杨特低渗透油藏、准噶尔盆地腹部莫北等特低渗透油藏，大港枣园油田、胜利渤南沙四段灰质砂岩油藏等。

（2）主要依靠水平井大规模压裂弹性开采的页岩油，如鄂尔多斯盆地长7致密油、大庆齐家古龙凹陷高台子页岩油、渤海湾盆地页岩油、青海英西地区古近系混积岩致密油、吐哈三塘湖盆地中二叠统芦草沟组页岩油等。

（3）致密砂砾岩油藏，如准噶尔盆地西北缘玛湖凹陷目前大量发现砂砾岩致密油、渤海湾盆地致密砾岩油藏、二连盆地致密砾岩油藏等。

（4）以上各种油藏的重复压裂。

6. 压驱一体化关键技术

（1）油层物理、储层表面物理化学与压裂、吞吐、洗油多功能新型压裂液体系优化。

（2）压裂选井、选层、物理模拟、数值模拟及压裂优化设计。

（3）防膨剂研发及规模化生产应用。

（4）表面活性剂研发及规模化生产应用。

（5）传统瓜尔胶、清洁压裂液、滑溜水在致密砾岩油藏中改性新产品研发及规模化生产应用。

（6）高强度缝口、缝内暂堵剂复合体系研发及规模化生产应用等。

7. 压驱一体化矿场实施及效果跟踪评价

1）新疆玛湖致密砾岩油藏矿场实施及效果跟踪评价

2018年11月23—26日，在玛2开发试验井区玛2218井和玛2279井乌尔禾组衰竭式开采5年后关停井中采用重复压裂—增能—吞吐—洗油一体化新理念。玛2218井初期产量为30t/d，经过一年多生产，压力稳定在3.3MPa，产量稳定在7～14t/d之间，含水率稳定在30%左右（图7-2-5）。玛2279井、玛2218井初期产量为30t/d，经过60天生产，压力稳定在2.2MPa，产量稳定在3.5～5.0t。

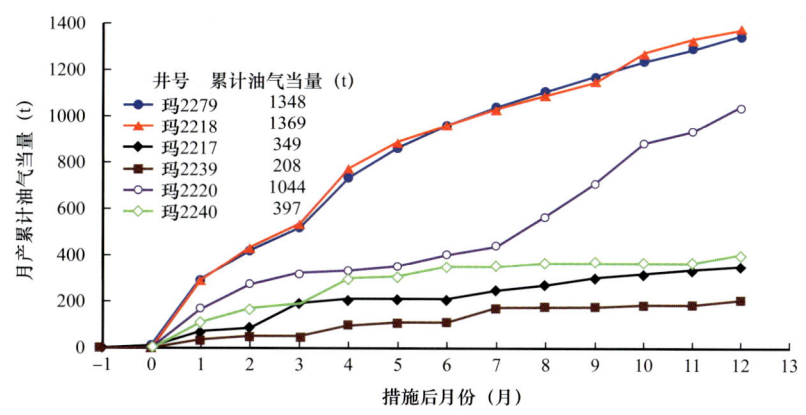

图7-2-5 新疆玛湖致密砾岩油藏压驱一体化效果对比图

2）长庆油田元284区长6超低渗透油藏矿场实施及效果跟踪评价

2019年10月，在长庆油田元284区长6超低渗透油藏开展压驱一体化重复压裂矿场实施，使单井产量从施工前的0.88t/d提高到5t/d以上，截至2020年9月22日，含水率低至32%，压裂后总产油量为1094t，其中增油883.6t，产油量稳中有升、含水率逐渐下降（图7-2-6）。

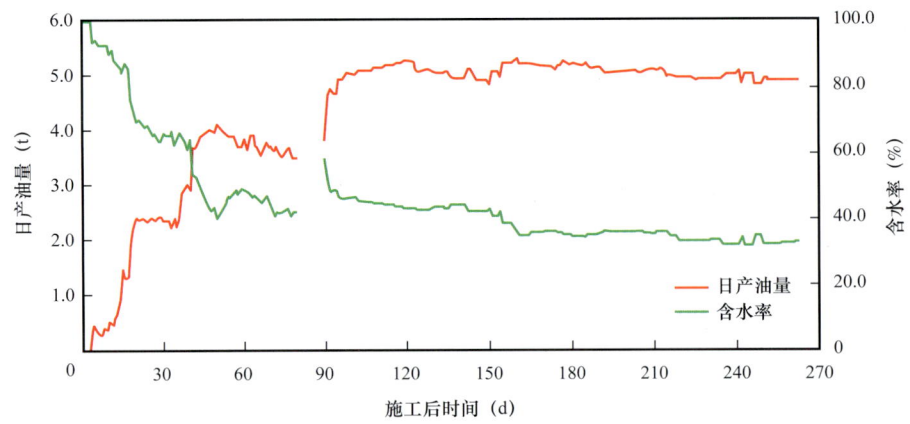

图 7-2-6　长庆油田元 284 区长 6 超低渗透油藏压驱一体化效果分析图

第三节　表面层与酸化液相互作用及其体系优化

一、碳酸盐胶结物表面层矿物材料与酸化

除了碳酸盐油气藏以外，碎屑岩储层中往往含有不同程度的碳酸盐胶结物（图 7-3-1），通过酸化解堵或深部地层注酸，溶解碳酸盐化学胶结物，疏通喉道，改善储层渗流能力是较为常用的方式。但是，储层表面层矿物不仅有碳酸盐胶结，水铝硅酸盐胶体矿物是主体，而且这些矿物往往很难溶于酸，遇到酸时使胶体矿物沉淀造成伤害，遇到绿泥石等酸敏矿物更是如此。由此可见，酸化解堵和储层伤害是一个相互转化、相互制约的矛盾体。要解决好这些问题的切入点就是通过大量的室内岩心实验，开展表面层矿物与酸液的相互作用机制研究。

大量的实验表明，由盐酸、氢氟酸、柠檬酸、缓蚀剂等组成的土酸体系对碳酸盐胶结物溶解是经济有效的手段，但是对水铝硅酸盐胶体矿物也起到了副作用，尤其是在高泥质低渗透储层中往往酸化效果不明显，如鄂尔多斯盆地三叠系延长组普遍存在含量较高的绿泥石酸敏矿物。较为理想的碎屑岩酸化体系是采用多元有机酸与络合剂形成的复配体系，既能溶解碳酸盐类胶结物，又能减少水铝硅酸盐类矿物的伤害。

二、水铝硅酸盐表面层矿物材料与酸化

对于表面层矿物材料为高岭石、蒙皂石、伊利石和绿泥石等水铝硅酸盐胶体矿物，酸化作用不明显，往往起到相反作用。如鄂尔多斯盆地吴起采油厂长 6、长 8 和长 9 主力油层属于滨浅湖相沉积，表面层以绿泥石为主，前期开展了多井次酸化措施，始终没有效果，相反产液量和地层能力不断下降，经后期酸敏实验和储层表面物理化学性质研究，

认为储层中的绿泥石是酸化效果不理想的主要原因之一。因此，以黏土矿物为主的碎屑岩储层一般很难通过常规酸化方式改善储层。

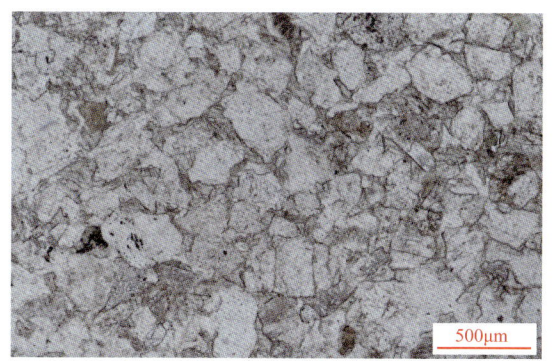
(a) 单偏光碳酸盐胶结孔隙连通特征

(b) 正交偏光碳酸盐胶结孔隙连通特征

(c) 单偏光碳酸盐胶结孔隙不连通特征

(d) 正交偏光碳酸盐胶结孔隙不连通特征

图 7-3-1　碎屑岩中碳酸盐胶结物分布特征（红色、灰白色部分指示方解石）

三、酸化过程中黏土矿物伤害储层防治

酸化过程中黏土矿物引起的储层伤害问题主要有酸敏伤害和水锁伤害。

预防酸化过程中酸敏伤害的方法，是在酸化液中加入黏土稳定剂、微粒稳定剂和铁离子稳定剂，防止酸化过程中释放出的黏土矿物微粒水化膨胀和分散运移，以及绿泥石溶解后产生的铁离子生成二次沉淀伤害储层。

预防酸化过程中水锁伤害的方法，是在酸化液中加入助排剂，以利于残酸及时返排，一方面可以减轻水锁伤害，同时也有利于减轻酸敏伤害。

此外，使用合适的前置液和酸液浓度，以及及时返排，也利于减轻酸化过程中黏土矿物引起的储层伤害。

如何发挥酸化的积极作用，尽量减小或避免对储层的伤害，是酸化设计须考虑的首要问题。核心是酸液与储层及其流体的配伍性，重点是如何防止铁离子沉积。铁离子主要来源于地层中的绿泥石、黄铁矿、菱铁矿等矿物以及注入水中的铁离子、油套管、地面管道的铁锈等。

注水管道的全程防腐和高质量的水质处理可大大减少铁离子含量,但地层中的铁离子无法除掉。为此,在酸化液中通常加入铁离子螯合剂,以防止铁离子沉积。常用的螯合剂有乙二胺四乙酸(EDTA)、次氮三乙酸(NTA)、草酸、柠檬酸、羟基亚乙基二膦酸(HEDP)异抗坏血酸和异抗坏血酸钠及羟基胺络合物等。当然,在用某种铁离子螯合剂的同时,还要考虑酸液与其他离子的配伍性,如酸液中有 HF,就要考虑 Ca^{2+}、Mg^{2+} 和 Na^+ 的沉淀,当储层有这些离子时,可用盐酸进行预处理。

各种离子沉淀都有一定条件,尤其是 pH 值影响最大,因此合理控制 pH 值,及时而彻底地排酸,是防止沉淀伤害的有效措施之一。

四、酸化解堵技术方法

如果在生产作业过程中黏土矿物已经造成了储层伤害,可以用土酸、氟硼酸等含氟离子的酸进行酸化作业,可部分溶解掉已水化膨胀、分散的黏土矿物,达到部分解除黏土矿物引起的储层伤害目的。现场施工前,先进行室内模拟评价实验,选择伤害储层最小的酸液配方及施工工艺,并精心设计和优化施工设计,避免造成过大的、新的储层伤害。

低渗透油田储层具有孔隙度低、渗透率低、含油丰度低、黏土矿物含量高等特点,导致储层物性差,敏感性强,易受到伤害。为了进一步提高油田开发效果,在增产增注措施过程中,根据作业中造成油层伤害的原因及方式,采取有效措施避免对油层造成伤害。在酸化解堵作业过程中要做好以下几点:

(1)优选与油气层和流体相配伍的酸液和添加剂。经多年现场试验表明,采用无机酸、有机酸、钙镁络合剂、表面活性剂、缓蚀剂组成的酸化解堵体系效果较好。

(2)使用前置液。使用以盐酸为主的前置液可以起到以下作用:① 隔开地层水,防止氢氟酸与地层水生成 CaF_2 沉淀;② 溶解含钙、含铁胶结物,减少沉淀生成;③ 保持酸度,防止生成氢氧化铁和硅胶沉淀;④ 使黏土矿物和岩层表面为水润湿,减少废氢氟酸乳化。

(3)酸液浓度要适度及降低反应速率。过高浓度的酸液会溶解过量的胶结物和岩石骨架,破坏岩石结构,引起岩石颗粒剥落,造成堵塞。无机酸与有机酸结合使用能有效控制酸岩反应速率,当酸液进入地层时,无机酸首先产生反应,而有机酸因缓慢的电离速度而不发生反应,因而酸液始终保持较大的活性,从而保证整个处理区均能得到较好的处理效果。

(4)防止生成二次沉淀和及时返排。在酸化解堵剂中添加铁、钙、镁等络合剂及洗油剂,与酸渣、$Fe(OH)_2$、$Fe(OH)_3$ 反应生成中性的非沉淀物。及时返排,以防止残酸在油层中停留时间过长,造成二次沉淀。

第四节　表面层与堵水调剖液相互作用及其体系优化

一、堵水调剖液类型及其特征

1. 堵水调剖液类型

堵水调剖技术的发展经历了油井堵水、注水井单井调剖、井组区块调剖、油藏整体调剖4个阶段的发展后，20世纪90年代后期提出了深部调驱技术（深部液流转向技术）。目前已经成为高含水后期老油田和低渗透油田多次改造后稳产的重要措施手段之一。调堵机理也由早期的强堵剂形成物理屏障式堵塞改变地层纵向吸水剖面或产液剖面机理，发展到今天的利用预交联凝胶颗粒和弱凝胶的"变形虫"和"蚯蚓"流动和运移机理，改变油藏内部长期水驱形成定势的流线场、压力场分布，使深部流体转向。纳米微球、体膨颗粒、凝胶等复合调堵作用提高了水驱开发效果。

堵水调剖剂以交联聚合物凝胶类堵剂为最多，占市场份额的2/3以上，适用于近井调堵、大剂量深部调堵和深部调驱液流转向。

调堵剂体系按性能及作用机理可分为十大类，即水泥类、交联聚合物冻胶类、树脂类、颗粒类、泡沫类、改变岩石表面润湿性类、沉淀类、酸化解堵类、微生物类和复合类。

随着注水时间增加，水驱矛盾也随之加大，再加之层内矛盾凸显，近井调剖效果已不能满足增产作业要求，以增大处理半径为目标的大剂量延迟交联调剖剂便迅速发展，但地层水的稀释、聚合物的吸附使其组分损失、长时间在地层条件下动态运移等诸多的不确定因素使调剖剂在水驱油田高含水开采期的成胶性能难以保证，加之经济及技术上的限制，延迟交联不再被认可[95-96]。方便有效的预交联凝胶颗粒深度调剖（调驱）剂及弱凝胶调剖（调驱）剂的出现及成功应用，使一般意义上的地层吸水调剖调驱扩展到了改善油藏深部压力场及流线场分布，达到了深部流体转向、提高水驱开发效果的目的。

堵水法目前采用的有机械堵水法和化学堵水法两类。化学堵水是通过堵水剂的化学作用对出水层进行堵塞；机械堵水采用分隔器将出水层位在井筒内卡开，从而阻止水流入井筒内。

根据堵水剂对油层和水层的堵塞作用，化学堵水可分为非选择性堵水和选择性堵水，依施工要求还有永久堵和暂堵。非选择性堵水是堵剂在油井层中能够同时封堵油层和水层的化学剂，选择性堵水是堵剂只与水起作用并不与油起作用，因此只在水层造成堵塞而对油层影响甚微。堵水调剖剂技术要在油田应用中获得成功并且产生效益，除了有好的堵剂外，还须深入研究高窜流通道、剩余油分布、水淹规律与处理工艺，化学介质、工程工艺相互协同，不可偏废。

机械堵水只适用于油水界面清楚且各小层间存在一定厚度隔层的油藏。对于隔层不发育的厚油层，或因隔层厚度太小而无条件实施分层注水或分层采液的油藏，则只能采用化学堵水法。

目前，堵水调剖特别是深部调剖及相关配套技术在高含水油田控水稳油措施中占有重要地位，但是随着油藏水驱或聚合物驱高含水问题的日益突出，对技术要求越来越高，需推动深部调剖及相关配套技术的不断创新和发展。主要包括：（1）黏土矿物絮凝体系深部调驱技术；（2）泡沫深部调驱技术；（3）弱凝胶深部调驱技术；（4）胶态分散体凝胶深部调驱技术；（5）体膨颗粒深部调驱技术；（6）含油污泥深部调驱技术；（7）微生物深部调驱技术；（8）无机凝胶涂层深部调驱技术；（9）聚合物微球深部调驱技术；（10）柔性调剖剂深部调驱技术等。

2. 堵水调剖剂的优缺点

1）非选择性堵剂

（1）水泥类堵水剂。水泥类无机堵水剂是最早使用的堵水剂，利用其凝固后的不透水性进行封堵，通常用于打水泥塞封下层水；挤入窜槽井段封堵窜槽水，或挤入水层堵水。由于价格便宜、强度大，适用范围较大，至今仍在研究和使用。主要产品有水基水泥、油基水泥、活化水泥、微粒水泥及超细水泥等。

水泥类无机堵水剂的缺点是由于水泥颗粒大，不易进入中低渗透性地层，地下凝固时间不好控制，因而用挤入水层的方法堵水时，封堵强度不高，成功率低，有效期短。长时间以来，这类堵剂的应用范围受到限制。

最近研制成功的微粒水泥和新型水泥添加剂给水泥类堵剂带来了新的活力。研发超细、减阻、减缓、低滤、油水接触面改性油基水泥（各种添加剂），也可以看作选择性堵剂发展的主流。无机水泥类堵剂与有机堵剂结合是将来的主要发展方向。

（2）树脂型堵剂。树脂型堵剂是指由低分子材料通过缩聚反应产生的高分子树脂，树脂按受热后性质的变化，可分为热固性树脂和热塑性树脂两种。

非选择性堵剂常采用热固性树脂，如脲醛树脂、环氧树脂、糖醇树脂、三聚氰胺-甲醛树脂等。脲与甲醛在 NH_4OH 等碱性催化剂作用下缩聚成体型高分子化合物，称为脲醛树脂。常用环氧树脂、环氧苯酚树脂和二烯烃环氧树脂。施工时，在泵注前可向液态环氧树脂中添加硬化剂，和环氧树脂反应后聚合成坚硬惰性固体。糖醇在酸存在时本身会进行聚合反应，生成坚固的热固性树脂。糖醇树脂堵水是先将酸液（80%磷酸）打入欲封堵的水层，后泵入糖醇溶液，中间加隔离液（柴油）以防止酸与糖醇在井筒内接触。当酸在地层与糖醇接触混合后，便产生剧烈的放热反应，生成坚硬的热固性树脂，堵塞储层大孔道。

综上所述，树脂类堵剂具有以下优点：① 可以注入地层孔隙，并且具有足够高的强度；② 可以封堵孔隙、裂缝、孔洞、窜槽和炮眼；③ 树脂固化后呈中性，与井下液体不反应，因而有效期长。其缺点是成本较高，无选择性，使用时通常仅限于井底周围径向30cm 以内，使用前必须检测处理层位并加以隔离，树脂固化前对水、表面活性剂、碱和酸的污染敏感，使用时须注意。

（3）无机盐沉淀型调剖堵水剂。无机盐沉淀型调剖堵水剂主要是硅酸钙堵剂，利用相对密度为 1.50~1.61 的水玻璃（Na_2SiO_3）和相对密度为 1.3~1.5 的氯化钙溶液，中间以柴油隔离，依次挤入地层，使水玻璃与氯化钙在地层内相遇，则生成白色硅酸钙沉淀，堵塞地层孔隙。水玻璃与氯化钙的比例约为 1:1，总用量可根据水层厚度、孔隙度及挤入半径确定。这种封堵剂来源广、成本低，施工安全简便，封堵效果好，解堵容易（高压酸化、碱液压裂），但在施工时须采取有效保护措施，防止堵塞油层、伤害地层。

（4）凝胶型堵剂。凝胶是固态或半固态的胶体体系，由胶体颗粒、高分子或表面活性剂分子互相连接形成的空间网状结构，结构空隙中充满了液体，被包在其中固定不动，使体系失去流动性，其性质介于固体和液体之间。凝胶分为刚性凝胶和弹性凝胶两类。

① 硅酸凝胶：硅酸凝胶是常用的凝胶之一，在稀的硅酸溶液中加入电解质或适当含量的硅酸盐溶液和酸，则生成硅酸凝胶。该凝胶软而透明，有弹性，其强度足以阻止通过储层的水流。堵水机理是 Na_2SiO_3 溶液遇酸后，先形成单硅胶，后缩合成多硅胶。由长链结构形成的一种空间网状结构，在其中充满了液体，故呈凝胶状，主要靠这种凝胶物封堵油层出水部位或出水层。硅酸凝胶的优点在于价廉且能处理周围半径 1.5~3.0m 的地层，能进入地层小孔隙，在高温下稳定。缺点是 Na_2SiO_3 完全反应后微溶于流动的水中，强度较低，需要加固体增强或用水泥封口。

② 氰凝堵剂：氰凝堵剂由主剂（聚氨酯）、溶剂（丙酮）和增塑剂（邻苯二甲酸二丁酯）组成，当氰凝材料挤入地层后，聚氨酯分子两端所含的异氰酸根与水反应生成坚硬的固体，将地层孔隙堵死。该堵剂作业时要求绝对无水，又要使用大量有机溶剂，因此尚需进一步研究。

③ 丙凝堵剂：丙凝堵剂是丙烯酰胺（AM）和 N,N-亚甲基双丙烯酰胺（MBAM）的混合物，在过硫酸铵引发和铁氰化钾的缓凝作用下，聚合生成不溶于水的凝胶而堵塞地层孔隙，该剂可用于油水井堵水。

2）选择性堵剂

选择性堵水适用于不易用封隔器将油层与待封堵水层分开的施工作业。尽管选择性堵剂作用机理有很大不同，但都是利用油和水、出油层和出水层之间的性质差异进行选择性堵水。这类堵剂按分散介质的不同，可分为水基堵剂、油基堵剂和醇基堵剂，分别以水、油和脂及醇作溶剂配制而成。

（1）水基堵剂。水基堵剂是选择性堵剂中应用最广、品种最多、成本较低的一种堵剂，它包括各类水溶性聚合物、泡沫、水包油型乳状液及某些皂类等。其中，最常用的是水溶性聚合物。

（2）油基堵剂。有机硅类化合物包括四氯化硅、氯甲硅烷和低分子氯硅氧烷等。它们对地层温度适应性好，可用于一般地层温度，也可用于高温（200℃）地层。羟基卤代甲硅烷是有机硅化合物中使用最广泛且易水解、低黏度的液体，其通式是 R_nSiX_{4-n}，其中

R 为羟基，X 为卤素（F、Cl、Br、I），n 为 1~3 的整数。羟基卤代甲硅烷可与水反应，生成相应的硅醇中多元羟基很容易缩聚，再生成聚硅醇沉淀，达到暂堵水层的目的。

（3）醇基堵剂。醇基堵剂是由多羟基化合物和多异氰酸酯聚合而成，聚合时保持异氰酸基（—NCO）的数量超过羟基（—OH）的数量，即可制得有选择性堵水作用的聚氨酯。

醇基堵剂包括松香二聚物、醇基复合堵剂等，应用较少。为了探索用于地层温度高、油层渗透率低的深井隔离液以及在不提升井下设备条件下选择性封堵油层含水带的可能性，原苏联研究人员在实验研究的基础上，研制出一种封堵材料，其组分主要是水溶性聚合物和硅酸钠含水乙醇溶液。

（4）稠油堵剂。稠油类堵剂包括活性稠油、偶合稠油和稠油固体粉末等。近几年，国内外一些油田开展了活性稠油堵水技术研究，即在具有一定黏度的稠油中加入 W/O 型乳化剂。活性稠油进入地层后，遇水能在较低搅动强度下形成稳定的 W/O 型乳状液，黏度增加，阻止地层水向井底流动；遇油则被稀释，黏度下降，流出地层。因此，活性稠油是一种堵水不堵油的选择性堵水剂。

综上所述，在选择性堵剂中，聚合物堵剂、稠油堵剂引起人们重视。部分水解聚丙烯酰胺有独特的堵水选择性，且易于交联，适用于不同渗透性地层。稠油堵剂是唯一一种可以回收使用的堵剂，但使用时要注意地层的预处理，使地层被油润湿并增加含油饱和度，以利于稠油进入。

二、堵水调剖液与储层表面层相互作用

黏土矿物絮凝体系深部调驱技术利用膨润土水化后颗粒能与聚合物形成絮凝体系，在地层孔喉处产生堵塞，起到调剖的作用。主要机理如下。

1. 絮凝堵塞

当钠土颗粒与聚丙烯酰胺溶液相遇时，聚丙烯酰胺的亲水基团即与钠土颗粒表面的羟基通过氢键产生桥联作用，形成体积较大的絮凝体，封堵大孔道。

2. 积累膜机理

当用钠土双液法封堵大孔道时，在砂岩孔道表面上，羟基先与 HPAM 通过氢键结合，然后由 HPAM 亲水基团与黏土矿物表面的羟基氢键结合，可在孔道表面重复产生被 HPAM 桥接起来的黏土矿物黏附层，从而降低大孔道的渗透率。

3. 机械堵塞

黏土矿物颗粒本身对一定大小的孔道有封堵作用，当黏土矿物颗粒的粒径大于 1/3 地层孔径时，产生颗粒架桥形成堵塞。这种方式在堵塞大孔道的同时，特别容易堵塞小孔

道（小孔道中黏土矿物含量往往较高），造成整体伤害，没有达到"堵而不死"的目的。

含油污泥是原油脱水处理过程中伴生的工业垃圾，主要成分是水、泥质、胶质、沥青质和蜡质等。作为调剖剂，与其他化学调剖剂相比，含油污泥具有良好的抗盐、抗高温、抗剪切性能，便于大剂量调剖挤注，是一种价格低、调剖效果好的堵剂。同时也解决了含油污泥外排问题，减少了环境污染和含油污泥固化费用，具有较好的应用前景。

在含油污泥中加入适量添加剂，调配成黏稠的微米级油/水型乳化悬浮体，当乳化悬浮体在地层达到一定的深度后，受地层水稀释的作用，乳化悬浮体遭到破坏，其中的泥质粘连聚集形成较大粒径沉降在大孔道中，使孔道通径变小，增加了注入水的渗流阻力，迫使注入水改变渗流方向，从而达到扩大水波及体积、改善注水开发效果的目的。

油污泥进入地层后，由于其成分复杂，与表面层矿物会发生复杂多样的物理、化学作用，对小孔道的堵塞伤害要大于对大孔道的堵塞程度。

无机凝胶涂层深部调驱技术主要利用高矿化度地层中 Ca^{2+}、Mg^{2+} 沉淀，对高渗透层的堵塞，势必也对低渗透小孔道进行沉淀堵塞，造成伤害。

三、堵水调剖过程中储层伤害防治

调驱剂类型的选择是降低储层伤害的主要手段之一，除了考虑调驱剂与地层的配伍性（调驱剂粒径与地层孔喉关系、调驱剂化学性质与地层水矿化度的关系、调驱剂的热稳定性与地层温度的关系和调驱剂的酸碱性与地层 pH 值的关系）外，还应考虑在堵塞大孔道的同时，尽量减少对小孔道的堵塞，有利于小孔道中的剩余油渗流，防止伤害中低渗透储层。

讨论与思考

讨论

1. 近井地带是油气从远端地层汇聚和进入井筒的重要"门户"，采油气作业过程中各种工作液与储层表面层矿物的相互作用显得格外重要

在钻井、完井、压裂、酸化、修井、堵水、调剖等施工过程中，近井地带储层中敏感性矿物会与外来流体及它所携带的固体微粒相接触，发生各种复杂的物理、化学等作用，使储层受到不同程度的伤害，导致储集空间缩小、渗透率降低，从而降低储层的生产能力。钻井液作为外来介质最早进入地层，以高压的形式快速进入地层与储层相互作用，形成的侵入带和过渡带不同程度地伤害储层，错过了油气层发现。很多探井试油未获得工业油流，后期井口溢流原油或老井复查重新试油获得良好的效果，都说明钻井液

储层伤害大。由此可见，钻井液与储层表面层相互作用研究，优化钻井液体系，最大限度地保护油层显得非常重要。

2. 储层伤害是由储层内部潜在伤害因素及外部工作液条件共同作用的结果

油、气经运移聚集，在特殊地质条件下可形成油气藏。地下油气藏由多孔介质的岩石及分布其中的流体组成，可以看作各种离子饱和状态下的不稳定黏土矿物（胶体）矿物相互作用的物理化学场。发生一系列的物理、化学变化，使孔隙度、渗透率、润湿性、岩石力学性质等原始油藏物性发生改变，致使地下油气水状态、驱油过程变得十分复杂。

内部潜在伤害因素主要指储层的岩性、物性、孔隙结构、敏感性及流体性质等储层固有的特性发生改变。外部条件主要是指在措施作业过程中，外来流体与储层表面层矿物接触时，在地层条件下经物理、化学、生物等作用，将在孔隙壁上形成化学沉淀或结垢，使孔隙缩小、喉道堵塞，储层物性变差。当外来流体与地层水之间配伍性不好时，就会发生有害的化学反应，形成乳化物、有机结垢、无机结垢和某些化学沉淀物（如碳酸钙、硫酸钙、硫酸钡等化学沉淀），使孔喉缩小甚至堵塞，导致储层伤害。当含有高硫酸盐的外来流体与含有大量钙离子的地层水相接触时，可能形成硫酸钙沉淀；外来流体中的氯化铁可与储层中的硫化氢在地层条件下形成硫化铁沉淀。内部潜在因素往往是通过外部条件变化而起作用的。由此可见，储层表面层矿物的各种物理化学性质内因条件是决定性的。

3. 补能—压裂—吞吐过程中焖井时间和开井工作制度优化

近两年来，国内悄然兴起了大规模压裂后焖井数个月，再开井的压裂—补能—吞吐新工艺（如新疆玛湖致密砾岩水平井新井投产），投产效果与早期（2020年以前）相比没有明显改善。说明大液量压裂后焖井—补能—吞吐的愿望是好的，前提是要确保液体在地下没有伤害（或伤害较低）。从渗吸置换的角度讲，焖井时间越长，渗吸置换洗油越充分；从能量保持水平角度讲，焖井时间过长，液体扩散滞留在地层中，相当于增加了注采比，开井后能量不足，没有达到补充能量、提高液量的目的。甚至部分井还不如压裂后立即返排投产的效果。

最佳开井时机因每口井周围油藏地质条件和储层表面物理化学性质差异而有所不同，主要看焖井后井口压力下降规律，当压力下降平稳或落零后开井较为适宜。在补充能量时根据措施井周围储层表面物理化学性质，配制合适浓度的渗吸表面活性剂，既加快了渗吸置换速度，又缩短了能量散失的时间，是一种较为理想的压裂—吞吐能量补充方式。

4. 关于酸与黏土矿物相互作用的探讨

长期以来，人们认为酸很难溶解黏土矿物，甚至造成酸敏性伤害，因此针对泥质胶结的储层一般不进行酸化，这是一个误区。实验表明，过硫酸铵、羟胺类、糖苷类、盐酸、草酸等强极性氧可以使黏土矿物晶格松动，将晶格所吸附的水分子脱出，从而使黏土矿物体积收缩，同时加入柠檬酸、草酸及改性的乙二胺四乙酸（EDTA）可以使 Mg^{2+}、Fe^{2+} 络合，形成毛细通道，恢复储层的渗透率。因此，在低渗透致密储层压裂过程中先期注入一定量的破压剂、扩喉增渗剂等（由多元有机酸和络合剂、渗吸剂组成），焖井 14～20 天，让酸与储层表面层矿物有充分的相互作用过程，达到降低近井或近裂缝地带破裂压力、改善渗流通道的目的。

5. 堵水调剖作业中如何做到堵而不死

堵水调剖有效期往往比较短（长庆油田一般在 180 天左右），经常会发生要么堵死，要么没有效果，如何做到"堵而不死"是关键。除了研究好药剂与大孔喉的匹配关系外，还应重视储层表面层各种物理化学性质研究，搞清药剂与储层的物理、化学作用机制。优选适合油藏具体物理化学条件的堵水调剖剂。

思考

1. 不同的开发方式和开发阶段，储层表面研究的目的和任务是什么？
2. 各种化学剂与储层表面的作用机理是什么？
3. 堵水调剖中如何做到"堵而不死"？
4. 采油气作业过程中如何做到工作液体系优化？

参 考 文 献

[1] 叶力佳,杜玉成.非金属矿物材料吸附重金属离子的研究进展[J].中国非金属矿工业导刊,2002,30(6):27-28.

[2] 杨胜来,魏俊之.油层物理学[M].北京:石油工业出版社,2004.

[3] 王德民,程杰成,杨清彦.黏弹性聚合物溶液能够提高岩心的微观驱油效率[J].石油学报,2000,21(5):45-51.

[4] 张旭阳,杨青,侯文峰,等.不同孔隙结构砂砾岩储层水驱油效率评价[J].重庆科技学院学报(自然科学版),2011,13(6):47-50,80.

[5] 黄志宇,张太亮,鲁红升.表面及胶体化学[M].2版.北京:石油工业出版社,2012.

[6] Berge L I, Feder J, Jossang T. Rheology of particles in Xanthan solutions flowing through a single pore[J]. Journal of Colloid and Interface Science, 1990, 133(1):295-297.

[7] 李威.浅析三次采油技术的运用及发展趋势[J].化学工程与装备,2013(4):140-141.

[8] 眭纯华,厉华,毕新忠.世界三次采油现状及发展趋势[J].国外油田工程,2010,26(12):13-16.

[9] 吴晓波,李海贵,白川.三次采油新技术的应用研究[J].化工管理,2013(3):28.

[10] 杨海龙,卓兴家.三次采油技术的现状及发展趋势[J].内蒙古石油化工,2010,36(22):92-94.

[11] Wang Demin, Liu Heng, Niu Jiangang, et al. Application results and understanding of several problems during the large scale application of polymer flooding in Daqing oil field[C]. SPE 50928, 1998.

[12] Wang Demin, Zhang Zhenhua, Li Qun, et al. A pilot polymer flooding of Saertu formation S II 10-16 in the North of Daqing oil field[C]. SPE 37009, 1996.

[13] 张文柯.表面活性剂驱油体系研究进展[J].广东化工,2013,40(4):164-166,169.

[14] 陈忠,张哨楠,沈明道.黏土矿物在油田保护中的潜在危害[J].成都理工学院学报,1996,23(2):80-87.

[15] 李福垲.砂岩油层中黏土矿物对储层性质的影响[J].石油勘探与开发,1980(6):74-76.

[16] 王行信,周书欣.砂岩储层黏土矿物与油层保护[M].北京:地质出版社,1992.

[17] Dogan A U, Dogan M, Onal M, et al. Baseline studies of the clay minerals society source clays: Specific surface area by the Brunauer Emmett Teller(BET) method[J]. Clays and Clay Minerals, 2006, 54(1):62-66.

[18] 杨正红,高原.含有微孔的多孔固体材料的比表面测定[J].现代科学仪器,2010(1):97-102.

[19] 陈蓉,曲志浩.油层润湿性研究现状及对采收率的影响[J].中国海上油气(地质),2011,15(5):350-353.

[20] 彭珏,康毅力.润湿性及其演变对油藏采收率的影响[J].油气地质与采收率,2008,15(1):72-76.

[21] 舒小彬,刘建成,韩传见,等.储层岩石润湿性对开发的影响[J].内蒙古石油化工,2004,30(6):135-136.

[22] 宋新旺,程浩然,曹绪龙,等.油藏润湿性对采收率影响的实验研究[J].石油化工高等学校学报,2009(4):49-52.

[23] 苏欢,吴新民,李文彬.储层润湿性改变对采收率的影响[J].石油钻探技术,2010(6):92-94.

[24] 王所良,汪小宇,黄超,等.改变低渗透油藏润湿性提高采收率技术研究进展[J].断块油气田,2012(4):472-476.

[25] Kallel W, van Dijke M I J, Sorbie K S, et al. Modelling the effect of wettability distributions on oil recovery from microporous carbonate reservoirs[J]. Advances in Water Resources, 2015, 95: 317-328.

[26] Karimi M, Al-Maamari R S, Ayatollahi S, et al. Mechanistic study of wettability alteration of oil-wet calcite: The effect of magnesiμm ions in the presence and absence of cationic surfactant[J]. Colloids and Surfaces A: Physicochemical and Engineering Aspects, 2015, 482: 403-415.

[27] 陈涛平,崔志松,张晓娇.润湿性对低渗透油层采收率影响的实验研究[J].西安石油大学学报(自然科学版),2009,24(6):42-45.

[28] 崔志松.低渗透油层润湿性对采收率的影响研究[D].大庆:大庆石油学院,2009.

[29] 计玲,陈科贵,王刚,等.岩石润湿性机理研究[J].西部探矿工程,2009(7):100-102.

[30] 李俊刚.改变岩石润湿性提高原油采收率机理研究[D].大庆:大庆石油学院,2006.

[31] 潘光,黄桥高,胡海豹,等.微观结构对超疏水表面润湿性的影响[J].高分子材料科学与工程,2010(7):163-166.

[32] 李素梅,张爱云,王铁冠.原油极性组分的吸附与储层润湿性及研究意义[J].地质科技情报,1998,17(4):66-71.

[33] Ershadi M, Alaei M, Rashidi A, et al. Carbonate and sandstone reservoirs wettability improvement without using surfactants for chemical enhanced oil recovery (C-EOR)[J]. Fuel, 2015, 153: 408-415.

[34] Graue A, Viksund B G, Baldwin B A. Reproducible wettability alteration of low-permeable cutcrop chalk[J]. SPE Reservoir Evaluation & Engineering, 1999, 2(2): 134-140.

[35] 姚凤英,姚同玉,李继山.油层润湿性反转的特点与影响因素[J].油气地质与采收率,2007,14(4):76-78.

[36] 王所良.低界面张力体系改变岩石润湿性机理研究[D].青岛:中国石油大学(华东),2011.

[37] 郭尚平,黄延章,等.物理化学渗流微观机理[M].北京:石油工业出版社,1990.

[38] 纪友亮.油气储层地质学[M].东营:中国石油大学出版社,2009.

[39] Labrid J. The use of alkaline agents in enhanced oil recovery process[J]. 1993.

[40] Evans D B, Stepp A K, French T. Improved crude oil recovery by alkaline flooding enhanced with microbial hydrocarbon oxidation[C]. SPE 39661, 1998.

[41] 王协群,邹维列.电渗排水法加固湖相软黏土矿物的试验研究[J].武汉理工大学学报,2007(2):95-99.

[42] Sprynskyy M. Solid-liquid-solid extraction of heavy metals(Cr, Cu, Cd, Ni and Pb)in aqueous systems of zeolite -sewage sludge[J]. Journal of Hazardous Materials, 2009, 161(2-3): 1377-1383.

[43] 李继山, 姚同玉, 刘先贵. 砂岩表面Zeta电位与渗流过程的关系[J]. 西北大学学报(自然科学版), 2005, 35(4): 459-462.

[44] 赵福麟. EOR原理[M]. 东营: 石油大学出版社, 2001.

[45] 王继乾, 张龙力, 李传, 等. 双亲分子与石油沥青质作用的Zeta电位[J]. 石油学报(石油加工), 2009, 25(1): 84-90.

[46] 王炜, 封顶成. 乳化油废水Zeta电位值的影响因素研究[J]. 工业用水与废水, 2010, 41(6): 55-57.

[47] Aggour M A, Muhammadain A M. Investigation of waterflooding under the effect of electrical potential gradient[J]. Journal of Petroleum Science and Engineering, 1992, 7(3): 319-327.

[48] Wang D, Kang T, Han W. Electrochemical modification of the porosity and Zeta potential of montmorillonitic soft rock[J]. Geomechanics and Engineering, 2010, 2(3): 191-202.

[49] Bhattacharyya K G, Gupta S S. Influence of acid activation on adsorption of Ni(Ⅱ)and Cu(Ⅱ)on kaolinite and montmorillonite: Kinetic and thermodynamic study[J]. Chemical Engineering Journal, 2008, 36(1): 1-13.

[50] 吴胜和. 储层表征与建模[M]. 北京: 石油工业出版社, 2010.

[51] Bird R B, Armstrong R C, Hassager O. Dynamics of polymeric liquids. Vol. 1. Fluid Mechanics[M]. 2nd ed. New York: Wiley-Interscience, 1987.

[52] 佟曼丽. 流经孔隙介质时聚合物稀溶液德博拉数的确定[J]. 油田化学, 1992, 9(1): 50-53.

[53] 熊伟. 低渗透油藏有效开发基础研究[D]. 北京: 中国科学院研究生院(渗流流体力学研究所), 2011.

[54] 全洪慧, 朱玉双, 张洪军, 等. 储层孔隙结构与水驱油微观渗流特征——以安塞油田王窑区长6油层组为例[J]. 石油与天然气地质, 2011(6): 952-960.

[55] 陈永生. 油藏流场[M]. 北京: 石油工业出版社, 1998.

[56] 王朝, 王冠民, 杨清宇, 等. 吴起—志丹地区延长组下组合浊沸石的纵向分布特征与成因[J]. 吉林大学学报(地球科学版), 2019, 49(5): 1247-1260.

[57] 刘红现, 许长福, 覃建华, 等. 砾岩油藏孔隙结构与驱油效率[J]. 石油天然气学报, 2010, 32(4): 189-191.

[58] 余烨, 何文祥, 李建廷, 等. 马岭油田北三区储层敏感性及润湿性分析[J]. 特种油气藏, 2009, 16(2): 78.

[59] 陈永武, 任磊夫. 辽河盆地西部凹陷黏土矿物的成岩作用研究[J]. 沉积学报, 1985, 3(3): 51-60.

[60] 唐洪明. 矿物岩石学实验教程[M]. 北京: 石油工业出版社, 2014.

[61] 赵长永，师翔，廖伟，等．砾岩中浊沸石的形成和溶蚀对储层物性的影响——以准噶尔盆地西北缘中拐凸起下二叠统佳木河组砾岩气藏为例［J］．北京大学学报（自然科学版），2023，59（5）：782-792．

[62] 车申．黏土矿物岩的比表面积研究分析［J］．中国粉体工业，2011（3）：7-10．

[63] 孙美玲．兰州地区黄土的比表面积分析［D］．兰州：兰州大学，2014．

[64] 温诗铸．纳米摩擦学［M］．北京：清华大学出版社，1998：150-152．

[65] 秦安国．油水表面和液（油、水）/固表面协同修饰提高驱油效率［D］．成都：西南石油大学，2012．

[66] 张宏方，王德民，王立军．不同类型聚合物溶液在多孔介质中的渗流规律研究［J］．新疆石油地质，2002，23（5）：72-75．

[67] 姚同玉．油层润湿性反转及其对渗流过程的影响［D］．北京：中国科学院研究生院（渗流流体力学研究所），2005．

[68] 许雅，谭文才，王涛．砂岩储层润湿性研究进展［J］．国外测井技术，2009（5）：8-11．

[69] 吴诗平，鄢捷年，赵凤兰．原油沥青质吸附与沉积对储层岩石润湿性和渗透率的影响［J］．石油大学学报（自然科学版），2004，28（1）：36-40，139．

[70] 吴天江，李华斌，刘建东．低渗透率岩石润湿性对驱油效率的影响［J］．油气地质与采收率，2009，16（5）：66-68，75．

[71] 杨兴华．低渗透油藏注水开发中黏土矿物的变化及作用分析［D］．大庆：大庆石油学院，2008．

[72] 吴志坚，刘海宁，张慧芳．离子强度对吸附影响机理的研究进展［J］．环境化学，2010（6）：997-1003．

[73] 武瑾，王红岩，拜文华，等．渝东南龙马溪组页岩储层特征及吸附影响因素分析［J］．断块油气田，2013（6）：713-718．

[74] 熊伟，郭为，刘洪林，等．页岩的储层特征以及等温吸附特征［J］．天然气工业，2012（1）：113-116，130．

[75] 林腊梅，张金川，韩双彪，等．泥页岩储层等温吸附测试异常探讨［J］．油气地质与采收率，2012（6）：112-113．

[76] 孙磙礅．油藏物性对低渗储层压敏性影响的试验研究［J］．石油天然气学报，2013（3）：118-121，167．

[77] David J．Improved secondary recovery by control of water mobility［J］．Journal of Petroleum Technology，1964，16（8）：911-916．

[78] 段文猛．ASP三元复合驱中各驱油剂的吸附滞留研究［D］．成都：西南石油学院，2002．

[79] 何江川，王元基，廖广志，等．油田开发战略性接替技术［M］．北京：石油工业出版社，2013．

[80] 李道山．三元复合驱表面活性剂吸附及碱的作用机理研究［D］．大庆：大庆石油学院，2002．

[81] 李海波．三元复合驱用化学剂相互作用研究［D］．大庆：东北石油大学，2012．

[82] 盛聪．锦16块二元驱油藏工程方案设计［D］．大庆：东北石油大学，2012．

［83］隋军，廖广志，牛金刚.大庆油田聚合物驱油动态特征及驱油效果影响因素分析［J］.大庆石油地质与开发，1999，18（5）：17-20.

［84］孙恒.红岗油田萨尔图油层二元驱及实施效果研究［D］.大庆：东北石油大学，2013.

［85］朱家俊，付爱兵，朱苏阳.济阳坳陷陆相油藏束缚油的计算方法［J］.测井技术，2011（3）：259-261.

［86］朱友益，侯庆锋，简国庆，等.化学复合驱技术研究与应用现状及发展趋势［J］.石油勘探与开发，2013，40（1）：90-96.

［87］唐洪明，孟英峰，杨潇，等.储层矿物对聚丙烯酰胺耗损规律研究［J］.油田化学，2001，18（4）：342-346.

［88］Cannella W J，Huh C，Seright R S. Prediction of Xanthan in porous media［C］. SPE 18089，1988.

［89］Chauveteau G，Kohler N. Influence of microgels in Xanthan polysaccharide solutions on their flow through various porous media［C］. SPE 9295，1980.

［90］Dauben D L，Menzie D E. Flow of polymer solutions through porous media［J］. Journal of Petroleum Technology，2013，19（8）：1065-1073.

［91］米洪刚，雷霄.涠洲12-1油田注气重力辅助稳定驱替机理研究［J］.石油钻采工艺，2007，29（6）：28-31.

［92］Agada S，Geiger S，Doster F. Wettability，hysteresis and fracture-matrix interaction during CO_2 EOR and storage in fractured carbonate reservoirs［J］. International Journal of Greenhouse Gas Control，2016，46：57-75.

［93］王广华，赵静，张凤君，等.砂岩储层中CO_2—地层水—岩石的相互作用［J］.中南大学学报（自然科学版），2013，44（3）：1167-1173.

［94］宋文玲，方旗.甜菜碱活性剂驱油体系对界面张力的影响［J］.大庆石油地质与开发，2008，27（5）：105-107.

［95］Allen E，Boger D V. The influence of rheological properties on mobility control in polymer augmented water flooding［C］. SPE 18097，1988.

［96］Bagassi M，Chauveteau G，Lecourtier J，et al. Behavior of adsorbed polymer layer in shear and elongational flows［J］. Macromolecules，1989，22（1）：262-266.

后 记

《储层表面物理化学》介绍了储层中除骨架矿物以外的各种矿物组成、分布产状、物理化学性质及其对储层物性、原油赋存状态、采收率、开发效果和采油气工艺的影响。不同于传统的储层地质研究，注重孔喉中各种填隙物的成因、产状和物理化学性质表征，更偏重于胶体特性的描述。从一个多学科交叉融合的新视角探索微纳米世界原油赋存状态及其影响因素，进而研究对原油采收率的影响，提出提高采收率的有效途径，处理好勘探开发过程中外来介质对储层伤害和有效驱替的辩证关系。

书中虽然涉及的专业面比较广，列举了诸多现象，如在地下高温、高压、高矿化度、封闭环境下胶体矿物所表现的各种特性，这些性质与胶体溶液中各种物理化学性质异同点还需要深入研究。储层中各种化学成因的矿物、火山凝灰质、机械杂基与油、气、水及外来介质的相互作用是油气田勘探开发研究的永恒话题，本书仅仅起到了"抛砖引玉"的作用。在探索微纳米世界原油赋存状态和提高采收率的道路上，还有很多未知领域需要不断地研究。